普通高等教育应用型本科系列教材

机械工业出版社精品教材

机械制图与 AutoCAD

主　编　胡建生

副主编　李翠华

参　编　王春华　马英强　陈佳山

主　审　李卫民

机 械 工 业 出 版 社

本书针对应用型本科、高职高专制图教学的特点，大幅缩减了传统的画法几何内容；强化了应用性、实用性技能的训练。

本书配套有《机械制图与 AutoCAD 习题集》。本书是立体化教材，配套资源丰富、实用，包括《机械制图与 CAD 教学软件》，其内容与纸质教材无缝对接，可实现人机互动，完全替代教学模型和挂图；《习题答案》和《电子教案》可单独打印，方便教师备课和教学检查；同时配有《模拟试卷》《试卷答案》及《评分标准》；本书配有助学的 89 个二维码，扫码即可观看带配音讲解的三维模型演示及软件操作。本书全部采用 2018 年 10 月底之前颁布实施的国家标准。

本书的所有配套资源都在《机械制图与 CAD 教学软件》文件夹中。凡使用本书作教材的教师，可登录机械工业出版社教育服务网（http://www.cmpedu.com）注册后免费下载本书的配套资源。咨询电话：010-88379375。

本书按 60~80 学时编写，可作为应用型本科、高职高专工科非机械类专业的制图教材，也可供机械类职业技能培训及工程技术人员使用或参考。

图书在版编目（CIP）数据

机械制图与 AutoCAD/胡建生主编. —北京：机械工业出版社，2019. 11（2024. 6 重印）

普通高等教育应用型本科系列教材

ISBN 978-7-111-64542-9

Ⅰ. ①机… Ⅱ. ①胡… Ⅲ. ①机械制图-AutoCAD 软件-高等学校-教材 Ⅳ. ①TH126

中国版本图书馆 CIP 数据核字（2019）第 298349 号

机械工业出版社（北京市百万庄大街 22 号 邮政编码 100037）
策划编辑：王英杰 责任编辑：王英杰 王 丹
责任校对：杜雨霏 封面设计：鞠 杨
责任印制：单爱军
保定市中画美凯印刷有限公司印刷
2024 年 6 月第 1 版第 6 次印刷
184mm×260mm · 14. 75 印张 · 363 千字
标准书号：ISBN 978-7-111-64542-9
定价：45. 00 元

电话服务	网络服务
客服电话：010-88361066	机 工 官 网：www. cmpbook. com
010-88379833	机 工 官 博：weibo. com/cmp1952
010-68326294	金 书 网：www. golden-book. com
封底无防伪标均为盗版	机工教育服务网：www. cmpedu. com

前　言

2019年2月，国务院公布《国家职业教育改革实施方案》，实施方案指出，把职业教育摆在教育改革创新和经济社会发展中更加突出的位置；把发展高等职业教育作为优化高等教育结构和培养大国工匠、能工巧匠的重要方式，使城乡新增劳动力更多接受高等教育。

高等职业学校具有实施学历教育与培训并举的法定职责，主要培养高素质劳动者和技术技能型人才。本书内容与高等职业教育制图课在人才培养中的作用、地位相适应；教材体系的确立和教学内容的取舍，与应用型本科、高职高专工科非机械类专业培养目标相适应；与毕业生就业岗位的技术应用、知识面较宽的要求相适应。与本书配套的《机械制图与AutoCAD习题集》将同时出版。

本书按60~80学时编写，可作为应用型本科、高职高专工科非机械类专业的制图教材，也可供机械类职业技能培训及工程技术人员使用或参考。本套教材具有以下特点：

1）考虑到应用型本科、高职高专院校教学改革的不断深入、制图课学时数削减较多的实际状况，本书大幅缩减了传统的画法几何内容；强化了应用性、实用性技能的训练；注重基础知识的介绍，降低学生的学习难度，突出读图能力的训练。

同时，将机械制图和AutoCAD（2014简体中文版）两部分内容合在一起，以满足机械制图和计算机绘图的教学需求。任课教师可根据本校的教学要求和教学条件灵活地选择教学方式，既可分两部分单独教学，也可将AutoCAD部分穿插在机械制图的教学中。

2）《技术制图》《机械制图》和相关的国家标准是绘制机械图样和制订制图教学内容的根本依据。凡在2018年10月底之前颁布实施的制图国家标准和相关标准，全部在本套教材中予以贯彻，无论是正文还是插图，均按现行标准进行编写、绘制，充分体现了本套教材的先进性。

3）本套教材配套资源包括：两个版本的教学工具，《机械制图与CAD教学软件》（AutoCAD版）和《机械制图与CAD教学软件》（CAXA版）；教师备课用《习题答案》《电子教案》（PDF格式）；《模拟试卷》《试卷答案》及《评分标准》（Word格式）；配有助学的89个二维码，扫码即可观看带配音讲解的三维模型演示及软件操作；习题集中所有题目都有单独的答案，可供任课教师讲解、答疑。教材配套资源丰富、实用，是名副其实的立体化制图教材。

4）《机械制图与CAD教学软件》是助教工具，免费提供给任课教师下载使用。教学软件是根据讲课思路设计的，软件的内容与纸质教材无缝对接，完全可以替代教学模型和挂图，彻底摒弃黑板、粉笔等传统的教学模式，大大提高讲课效率和教学效果。教学软件具备以下主要功能：

①“死图”变“活图”。将教材中稍有难度的平面图例，按1：1的比例建立精确的三维实体模型。在讲课过程中，任课教师通过eDrawings公共平台，可随意控制三维实体模型移动、翻转，实现不同角度的观看；实现六个基本视图和轴测图之间的转换；实现三维实体

模型的剖切；实现三维实体模型和线条图之间的转换；实现装配体的爆炸、拆卸、装配、运动仿真、透明显示等功能，将教材中的“死图”变成了可由人工控制的“活图”。

② 调用绘图软件边讲边画，实现师生互动。对于教材中需要讲解的例题，预先链接在教学软件中，任课教师可直接调用绘图软件，边讲、边画，进行正确与错误的对比分析等，在课堂上取消板图，实现师生互动，激发学生的学习热情。

③ 讲解习题。配套《机械制图与 AutoCAD 习题集》中一些题目的答案不是唯一的，根据教学的实际需求，编写了教学参考资料《习题答案》（PDF 格式），所有题目全部配有参考答案，任课教师可单独打印，以便于备课。同时，将《习题答案》中的所有习题，按照不同题型，处理成具有单独结果、答案包含解题步骤、配置有轴测图、配置有三维实体模型等多种形式，分章链接在教学软件中，任课教师可在课堂上任选某道题进行讲解、答疑，减轻了教学负担。

④ 调阅教材附录。将教材中的附录逐项分解，分别链接在教学软件的相关部位，任课教师可带领学生直观地查阅教材附录。

5）根据在校生的实际状况，对教材中不易理解的 89 个例题或图例，配置了三维实体模型（附配音及动画演示），扫描二维码即可观看，有利于学生理解课堂上讲授的内容，使二维码成为助学工具。在配套的《机械制图与 AutoCAD 习题集》中，287 道习题都有单独的答案，除了选择、判断等比较简单的题目外，79%的题目配有由教师掌控的二维码（教师课前需将二维码传到手机中）。为避免学生不认真思考，抄袭完成作业，任课教师可根据教学进程和教学的实际状况，有选择地将某道题的二维码发送给任课班级的群或某个学生，学生扫描二维码才可看到解题步骤或答案。此举也可有效地激发学生的学习兴趣，减轻学生的学习负担。

6）提供电子教案。将《机械制图与 CAD 教学软件》的全部内容作为电子教案，供任课教师打印，方便教师备课和教学检查。

7）提供两套《模拟试卷》《试卷答案》及《评分标准》，任课教师既可直接使用，也可根据本校的实际状况进行调整。模拟试卷是给任课教师提供的参考，旨在为改革制图课的考核环节提供一种新思路。

参加本书编写的有：胡建生（编写绪论、第一章、第二章）、李翠华（编写第三章、第六章）、陈佳山（编写第四章、第五章）、王春华（编写第七章、第八章）、马英强（编写第九章）。全书由胡建生教授统稿。《机械制图与 CAD 教学软件》由胡建生、李翠华、王春华、马英强、陈佳山、王全玉设计制作。

本书由李卫民教授主审，参加审稿的还有史彦敏教授、汪正俊副教授、贾芸副教授。参加审稿的各位老师对初稿进行了认真、细致的审查，提出了许多宝贵意见和建议，在此表示衷心感谢。

欢迎任课教师和广大读者批评指正，并将意见或建议反馈给我们（主编 QQ：1075185975；责任编辑 QQ：365891703）。

编　者

目　录

前言

绪论 …… 1

第一章　制图的基本知识和技能 …… 2

第一节　制图国家标准简介 …… 2

第二节　尺寸注法 …… 8

第三节　几何作图 …… 12

第四节　平面图形分析及作图方法 …… 21

第五节　常用绘图工具的使用方法 …… 24

第二章　投影基础 …… 27

第一节　投影法和视图的基本概念 …… 27

第二节　三视图的形成及其对应关系 …… 30

第三节　几何体的投影 …… 33

第四节　几何体的尺寸注法 …… 46

第三章　组合体 …… 49

第一节　组合体的形体分析 …… 49

第二节　组合体三视图的画法 …… 53

第三节　组合体的尺寸注法 …… 56

第四节　看组合体视图的方法 …… 62

第四章　轴测图 …… 70

第一节　轴测图的基本知识 …… 70

第二节　正等轴测图 …… 71

第三节　斜二等轴测图 …… 79

第五章　图样的基本表示法 …… 84

第一节　视图 …… 84

第二节　剖视图 …… 88

第三节　断面图 …… 98

第四节　局部放大图和简化画法 …… 101

第五节　第三角画法简介 …… 104

第六章　图样中的特殊表示法 …… 109

第一节　螺纹 …… 109

第二节　螺纹紧固件 …… 116

第三节　直齿圆柱齿轮 …… 118

第四节　键联结和销联接 …… 122

第五节　滚动轴承 …… 124

第六节　圆柱螺旋压缩弹簧 …… 127

第七章　零件图 …… 130

第一节　零件的表达方法 …… 130

第二节　零件图的尺寸标注 …… 134

第三节　零件图上技术要求的注写 …… 137

第四节　零件上常见的工艺结构 …… 147

第五节　读零件图 …… 149

第六节　零件测绘 …… 151

第八章　装配图 …… 154

第一节　装配图的表达方法 …… 154

第二节　装配图的尺寸标注、技术要求及零件编号 …… 158

第三节　装配结构简介 …… 159

第四节　读装配图和拆画零件图 …… 161

第九章　AutoCAD 基本操作及应用 …… 169

第一节　AutoCAD 界面 …… 169

第二节　AutoCAD 基本操作 …… 172

第三节　常用的文件操作 …… 177

第四节　简单图形的绘制 …… 179

第五节　抄画平面图形并标注尺寸 …… 185

第六节　补画视图 …… 191

第七节　零件图的绘制 …… 199

第八节　装配图的绘制 …… 211

附录 …… 217

附录 A　螺纹 …… 217

附录 B　常用的标准件 …… 218

附录 C　极限与配合 …… 223

参考文献 …… 230

绪　论

一、图样及其在生产中的作用

根据投影原理、标准或有关规定，表示工程对象，并有必要的技术说明的图，称为图样。

图样与文字、语言一样，是人类表达和交流技术思想的工具。在现代生产中，无论是机器设备的设计、制造、安装、维修，还是房屋的建造，都要根据图样进行。因此，图样是传递和交流技术信息与技术思想的媒介和工具，是工程界通用的技术语言。所有从事工程技术工作的人员都必须学习和掌握这门语言。

“机械制图与 AutoCAD”是应用型本科、高职高专院校工科专业学生必修的技术基础课，是研究机械图样的绘制和识读规律的一门学科，旨在培养学生的空间思维能力，使其掌握手工绘图和计算机绘图的基本技能，是学习后续课程必不可少的基础。

二、本课程的主要内容和基本要求

本课程的主要任务是培养学生阅读机械图样和手工画图、计算机绘图的能力。通过本课程的学习，应达到如下基本要求：

1）掌握正投影法的基本原理及其应用，培养空间想象能力和思维能力。

2）熟悉制图国家标准及相关的行业标准，掌握并正确运用各种表示法，具备绘制和识读简单的机械图样的能力。初步具备查阅标准和技术资料的能力。

3）通过教学实践环节，对本课程的基本知识和技能进行综合运用和全面训练。掌握手工绘图的基本技能和 AutoCAD 的基本操作，初步具备计算机绘图技能。

4）通过本门课程的学习，培养认真负责的工作态度和一丝不苟的工作作风。

三、学习本课程的注意事项

“机械制图与 AutoCAD”是一门既有理论又注重实践的技术基础课程，学习时应注意以下几点：

1）本课程的核心内容是学习如何用二维平面图形来表达三维空间物体（画图），以及由二维平面图形想象三维空间物体的形状（读图）。在听课和复习过程中，要重点掌握正投影法的基本理论和基本方法，不断地“照物画图”和“依图想物”，切忌死记硬背。只有通过循序渐进的练习，才能不断提高空间思维能力和表达能力。

2）本课程的实践性较强。因此，课后及时完成相应的练习或作业，是学好本课程的重要环节。只有通过大量的实践，才能不断提高画图与读图能力，提高绘图的技巧。

3）要重视实践，树立理论联系实际的学风。在测绘、上机操作等实践环节，既要用理论指导画图，又要通过画图实践加深对基础理论和作图方法的理解，以利于工程素质的培养。

4）要重视学习并严格遵守技术制图和机械制图等国家标准的相关内容，对常用的标准应该牢记并能熟练地运用。

第一章　制图的基本知识和技能

第一节　制图国家标准简介

机械图样作为技术交流的共同语言，必须有统一的规范，否则会给生产和技术交流带来混乱。中国国家标准化管理委员会发布了《技术制图》和《机械制图》等一系列国家标准，对图样的内容、格式、表示法等做了统一规定。《技术制图》国家标准是一项基础技术标准，在内容上具有统一性和通用性，在制图标准体系中处于最高层次；《机械制图》国家标准是机械专业的制图标准。《技术制图》和《机械制图》国家标准是绘制机械图样的根本依据，工程技术人员必须严格遵守其有关规定。

图 1-1 所示的“白皮书”，就是与机械图样绘制密切相关的《技术制图》和《机械制图》国家标准，是图样的绘制与使用的准绳，我们必须要严格遵守其中的有关规定。

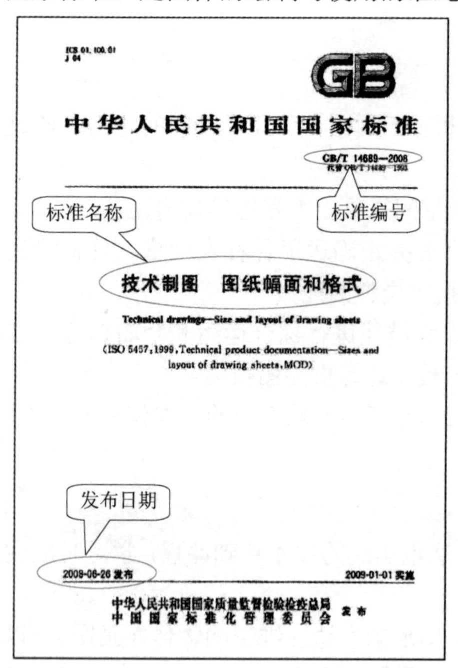

a）

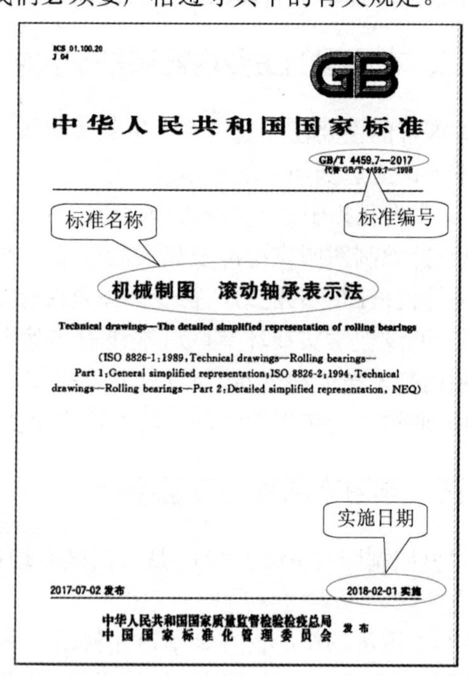

b）

图 1-1　制图国家标准封面

图 1-1 所示标准的全称分别是：

GB/T 14689—2008　技术制图　图纸幅面和格式

GB/T 4459.7—2017　机械制图　滚动轴承表示法

标准编号“GB/T 4459.7—2017”中，“GB/T”表示“推荐性国家标准”，简称“国标”（其中 G 是“国家”一词汉语拼音的首字母，B 是“标准”一词汉语拼音的首字母，T 是“推”字汉语拼音的首字母；“4459.7”表示标准的编号（其中 4459 为标准顺序号，后面的 7 表示本标准的第 7 部分）；“2017”是该标准发布的年号。

一、图纸幅面和格式（GB/T 14689—2008）

1. 图纸幅面

图纸宽度与长度组成的图面，称为图纸幅面。基本幅面共有五种，其代号由“A”和相应的幅面号组成，见表 1-1。基本幅面的尺寸关系如图 1-2 所示，绘图时优先采用表 1-1 中的基本幅面。

表 1-1　基本幅面（摘自 GB/T 14689—2008）　　（单位：mm）

幅面代号	A0	A1	A2	A3	A4
$B\times L$（短边×长边）	841×1189	594×841	420×594	297×420	210×297
e（无装订边的留边宽度）	20		10		
c（有装订边的留边宽度）	10			5	
a（装订边的宽度）	25				

> 提示：国家标准规定，机械图样中的尺寸以毫米（mm）为单位时，不需标注单位符号（或名称）。如采用其他单位，则必须注明相应的单位符号。本书文字叙述和图例中的尺寸单位均为 mm。

图纸幅面代号中幅面号的几何含义，实际上就是对 0 号幅面的裁切次数。例如，A1 中的“1”，表示将整张纸（A0 幅面）的长边对裁一次所得的幅面，如图 1-2b 所示；A4 中的“4”，表示将整张纸的长边依次对裁四次所得的幅面，如图 1-2e 所示。

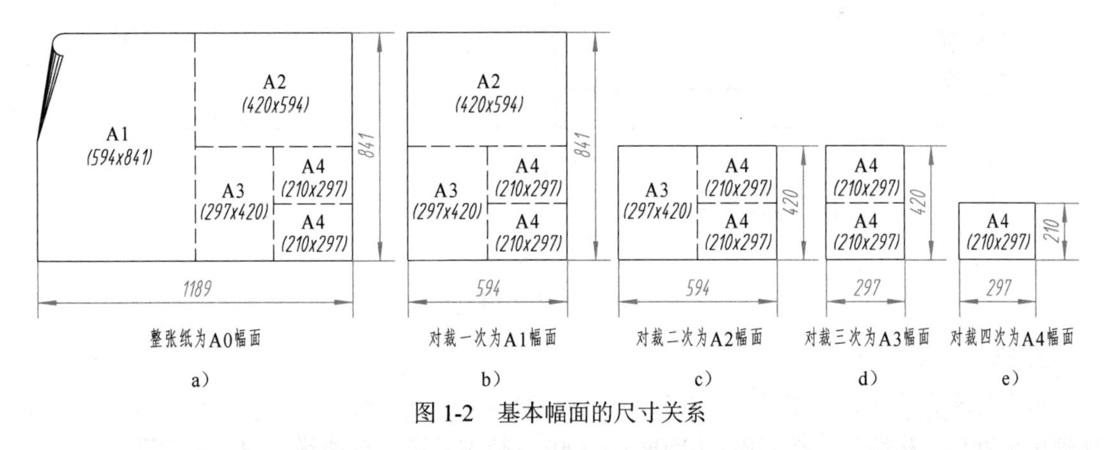

图 1-2　基本幅面的尺寸关系

> 提示：必要时，也允许选用加长幅面。加长幅面的尺寸是由基本幅面的短边成整数倍增加后得出的。

2. 图框格式

图框是图纸上限定绘图区域的线框，如图 1-3、图 1-4 所示。在图纸上必须用粗实线画出图框，其格式分为不留装订边和留装订边两种，但同一产品的图样只能采用一种格式。

不留装订边的图纸，其图框格式如图 1-3 所示。留装订边的图纸，其图框格式如图 1-4 所示。基本幅面的图框及留边宽度等，按表 1-1 的规定绘制。优先采用不留装订边的格式。

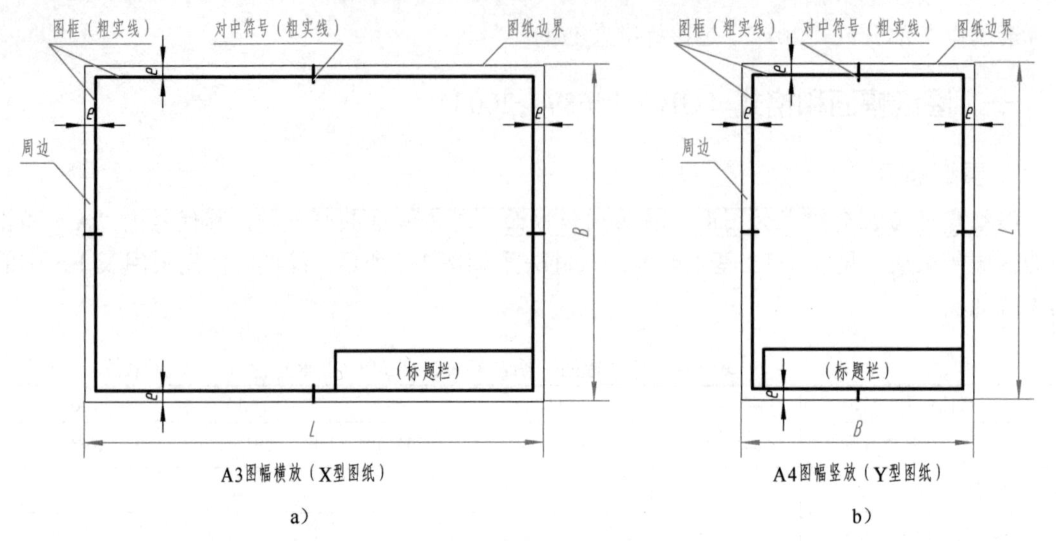

a）　　b）

图 1-3　不留装订边的图框格式

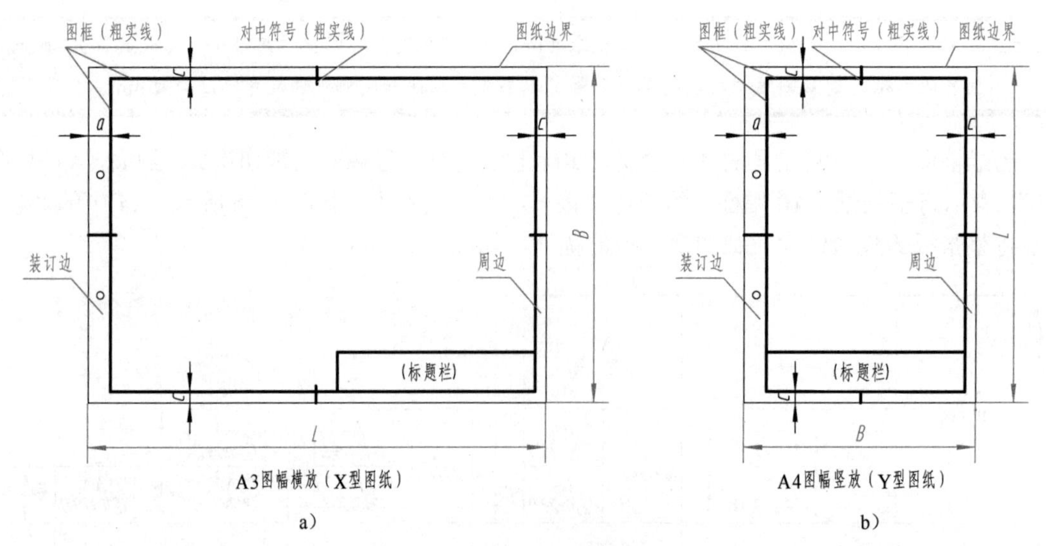

a）　　b）

图 1-4　留装订边的图框格式

3. 标题栏及方位

由名称及代号区、签字区、更改区和其他区组成的栏目，称为标题栏。在机械图样中必须画出标题栏。标题栏应按 GB/T 10609.1—2008《技术制图　标题栏》的规定绘制。

在学校的制图作业中，为了简化作图，建议采用图 1-5 所示的简化标题栏和明细栏。

标题栏一般应置于图样的右下角。若标题栏的长边置于水平方向并与图纸的长边平行，则构成 X 型图纸，如图 1-3a、图 1-4a 所示；若标题栏的长边与图纸的长边垂直，则构成 Y 型图纸，如图 1-3b、图 1-4b 所示。在此情况下，标题栏中的文字方向为看图方向。

> 提示：简化标题栏的格线粗细，应参照图 1-5 绘制。标题栏的外框是粗实线，其右侧和下方与图框重叠在一起；明细栏中除表头外的横格线是细实线，竖格线是粗实线。

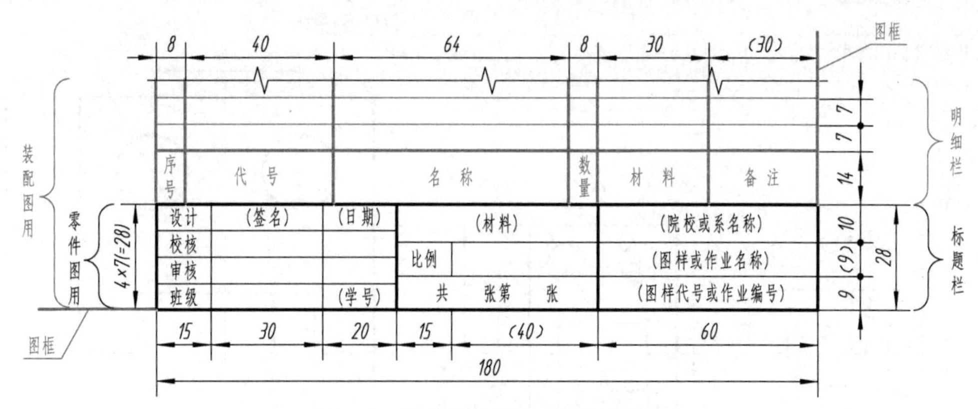

图 1-5 简化标题栏和明细栏的格式

4. 对中符号

对中符号是从图纸四边的中点画入图框内约 5mm 的粗实线段，通常作为图样缩微摄影和复制的定位基准标记。对中符号用粗实线绘制，线宽不小于 0.5mm，如图 1-3、图 1-4 所示。当对中符号处在标题栏范围内时，则伸入标题栏部分省略不画，如图 1-3b、图 1-4b 所示。

二、比例（GB/T 14690—1993）

图中图形与其实物相应要素的线性尺寸之比，称为比例。简单说来，就是“图∶物”。

绘制图样时，应在表 1-2“优先选择系列”中选取适当的绘图比例。必要时，也允许从表 1-2“允许选择系列”中选取。

为了在图样上直接反映实物的大小，绘图时应尽量采用原值比例。因各种实物的大小与结构千差万别，绘图时，应根据实际需要选取放大比例或缩小比例。绘图比例一般应填写在标题栏中的“比例”一栏内。

表 1-2 比例系列（摘自 GB/T 14690—1993）

种 类	定 义	优先选择系列	允许选择系列
原值比例	比值为 1 的比例	1∶1	—
放大比例	比值大于 1 的比例	5∶1　2∶1 5×10^n∶1　2×10^n∶1　1×10^n∶1	4∶1　2.5∶1 4×10^n∶1　2.5×10^n∶1
缩小比例	比值小于 1 的比例	1∶2　1∶5　1∶10 1∶2×10^n　1∶5×10^n　1∶1×10^n	1∶1.5　1∶2.5　1∶3 1∶1.5×10^n　1∶2.5×10^n　1∶3×10^n 1∶4　1∶6 1∶4×10^n　1∶6×10^n

注：n 为正整数。

图样中所标注的尺寸数值必须是实物的实际大小，与绘制图形所采用的比例无关，如图1-6 所示。

三、字体（GB/T 14691—1993）

字体是指图中文字、字母、数字的书写形式。在图样上除了要用图形来表达零件的结构形状外，还必须用文字、字母及数字来说明它的大小和技术要求等其他内容。

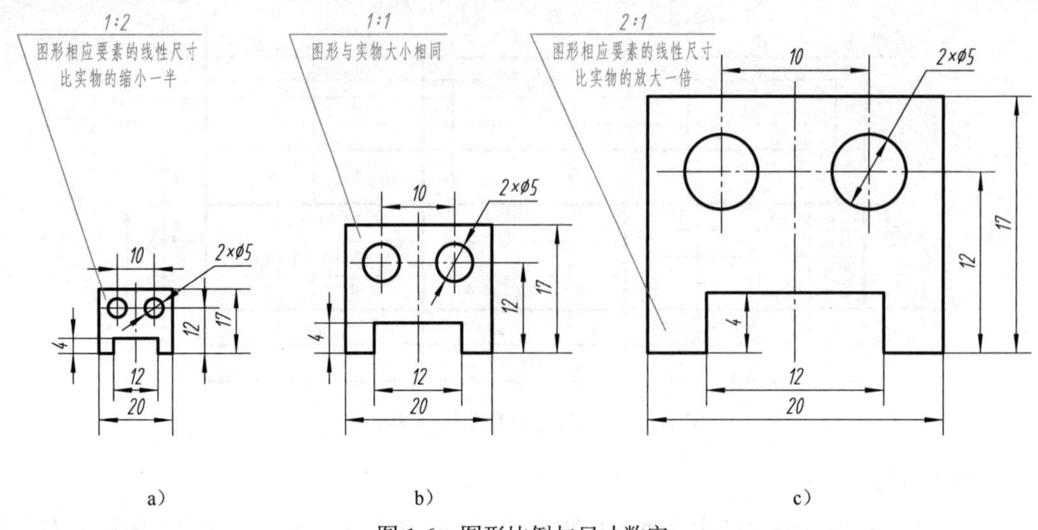

图 1-6　图形比例与尺寸数字

1. 基本规定

1）字体高度代表字体的号数，用 h 表示。字体高度的公称尺寸系列为：1.8mm、2.5mm、3.5mm、5mm、7mm、10mm、14mm、20mm。如需要书写更大的字，其字体高度应按 $\sqrt{2}$ 的比率递增。

2）汉字应写成长仿宋体字，并应采用国家正式公布的简化字。汉字的高度 h 应不小于 3.5mm，字宽为 $h/\sqrt{2}$。

3）字母和数字分 A 型和 B 型两种。A 型字体的笔画宽度 $d=h/14$，B 型字体的笔画宽度 $d=h/10$。在同一张图样上，只允许选用一种型式的字体。

4）字母和数字可写成直体（正体）或斜体。斜体字字头向右倾斜，与水平基准线成 75°。

提示：用计算机绘制机械图样时，汉字、数字、字母（除表示变量外）一般应以直体输出。

2. 字体示例

汉字、数字和字母的示例，见表 1-3。

表 1-3　字体示例

字体		示例
长仿宋体汉字	5 号	学好机械制图，培养和发展空间想象能力
	3.5 号	计算机绘图是工程技术人员必须具备的绘图技能
拉丁字母	大写	ABCDEFGHIJKLMNOPQRSTUVWXYZ *ABCDEFGHIJKLMNOPQRSTUVWXYZ*
	小写	abcdefghijklmnopqrstuvwxyz *abcdefghijklmnopqrstuvwxyz*
阿拉伯数字	直体	0123456789
	斜体	*0123456789*

（续）

字　体	示　　例
字体应用示例	10JS5(±0.003)　M24-6h　R8　10^3　S^{-1}　5%　D_1　T_d　380kPa　m/kg $\phi 20^{+0.010}_{-0.023}$　$\phi 25\frac{H6}{f5}$　$\frac{II}{1:2}$　$\frac{3}{5}$　$\frac{A}{5:1}$　Ra 6.3　460r/min　220V　l/mm

四、图线（GB/T 4457.4—2002）

图样中所采用各种型式的线，称为图线。国家标准 GB/T 4457.4—2002《机械制图　图样画法　图线》规定了在机械图样中使用的九种图线，其名称、线型、线宽及一般应用见表 1-4。

图线的应用示例，如图 1-7 所示。

表 1-4　图线的名称、线型、线宽及一般应用（摘自 GB/T 4457.4—2002）

名　称	线　　型	线宽	一　般　应　用
粗实线	d	*d*	可见棱边线、可见轮廓线、相贯线、螺纹牙顶线、螺纹终止线、齿顶圆（线）、表格图和流程图中的主要表示线、系统结构线（金属结构工程）、模样分型线、剖切符号用线
细实线		*d*/2	过渡线、尺寸线、尺寸界线、指引线和基准线、剖面线、重合断面的轮廓线、短中心线、螺纹牙底线、尺寸线的起止线、表示平面的对角线、零件成形前的弯折线、范围线及分界线、重复要素表示线、锥形结构的基面位置线、叠片结构位置线、辅助线、不连续同一表面连线、成规律分布的相同要素连线、投射线、网格线
细虚线	12d　3d	*d*/2	不可见棱边线、不可见轮廓线
细点画线	6d　24d	*d*/2	轴线、对称中心线、分度圆（线）、孔系分布的中心线、剖切线
波浪线		*d*/2	断裂处边界线、视图与剖视图的分界线
双折线	(7.5d)　14d　30°	*d*/2	
粗虚线		*d*	允许表面处理的表示线
粗点画线		*d*	限定范围表示线
细双点画线	9d　24d	*d*/2	相邻辅助零件的轮廓线、可动零件的极限位置的轮廓线、重心线、成形前轮廓线、剖切面前的结构轮廓线、轨迹线、毛坯图中制成品的轮廓线、特定区域线、延伸公差带表示线、工艺用结构的轮廓线、中断线

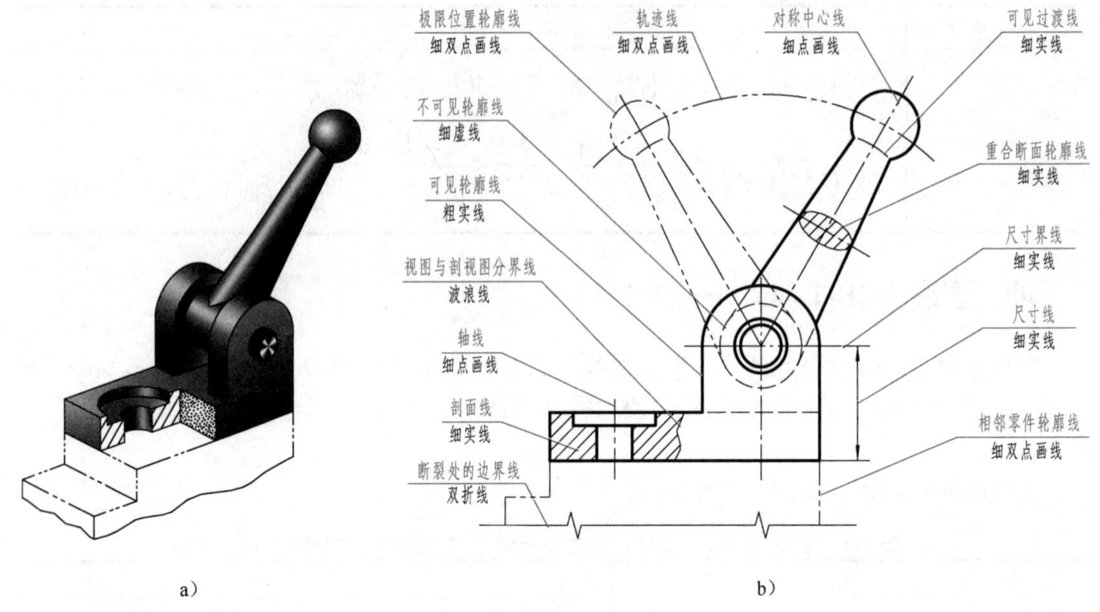

图 1-7　图线的应用示例

机械图样中采用粗、细两种线宽，线宽的比例关系为 2∶1。图线的宽度应按图样的类型和大小，在下列数系中选取：0.13mm、0.18mm、0.25mm、0.35mm、0.5mm、0.7mm、1.0mm、1.4mm、2mm。

粗实线（包括粗虚线、粗点画线）的宽度通常采用 0.7mm，与之对应的细实线（包括波浪线、双折线、细虚线、细点画线、细双点画线）的宽度为 0.35mm。

在同一图样中，同类图线的宽度应基本一致。细（粗）虚线、细（粗）点画线及细双点画线的线段长度和间隔应各自大致相等。

第二节　尺寸注法

在机械图样中，图形只能表达零件的结构形状，若要表达它的大小，则必须在图形上标注尺寸。尺寸是加工制造零件的主要依据，不允许出现错误。如果尺寸标注错误、不完整或不合理，将给机械加工带来困难，甚至会生产出废品而造成经济损失。

一、标注尺寸的基本规则（GB/T 4458.4—2003）

尺寸是用特定长度或角度单位表示的数值，并在技术图样上用图线、符号和技术要求表示出来。标注尺寸的基本规则如下：

1）零件的真实大小应以图样上所注的尺寸数值为依据，与图形的大小及绘图的准确度无关。

2）零件的每一尺寸，一般只标注一次，并应标注在反映该结构最清晰的图形上。

3）标注尺寸时，应尽可能使用符号和缩写词。常用的符号或缩写词见表 1-5。

表 1-5　常用的符号或缩写词（摘自 GB/T 4458.4—2003）

名　称	符号或缩写词	名　称	符号或缩写词	名　称	符号或缩写词
直　径	ϕ	厚　度	t	沉孔或锪平	⌴
半　径	R	正方形	□	埋头孔	⌵
球直径	$S\phi$	45°倒角	C	均　布	EQS
球半径	SR	深　度	↧	弧　长	⌒

注：正方形符号、深度符号、沉孔或锪平符号、埋头孔符号、弧长符号的线宽为 $h/10$，符号高度为 h（h 为图样中字体高度）。

二、尺寸的组成

每个完整的尺寸一般由尺寸数字、尺寸线和尺寸界线组成，通常称为尺寸三要素，如图1-8 所示。在机械图样中，尺寸线终端一般采用箭头的形式，如图 1-9 所示。

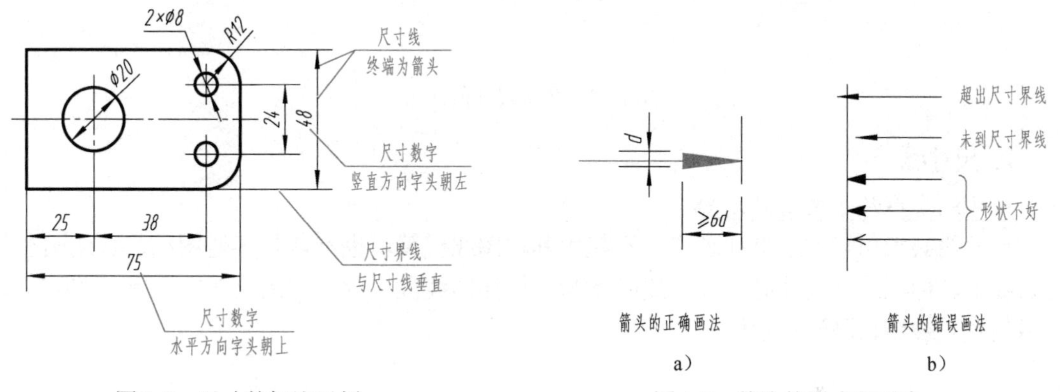

图 1-8　尺寸的标注示例　　　图 1-9　箭头的形式和画法

1. 尺寸数字

尺寸数字表示尺寸度量的大小。

1）线性尺寸的尺寸数字，一般注在尺寸线的上方或左方，如图 1-8 所示。线性尺寸数字的方向：水平方向字头朝上，竖直方向字头朝左，倾斜方向字头保持朝上的趋势，并尽量避免在图 1-10a 所示的 30°范围内标注尺寸。当无法避免时，可按图 1-10b 所示的引出形式标注。

2）尺寸数字不可被任何图线所通过，当不可避免时，图线必须断开，如图 1-11 所示。

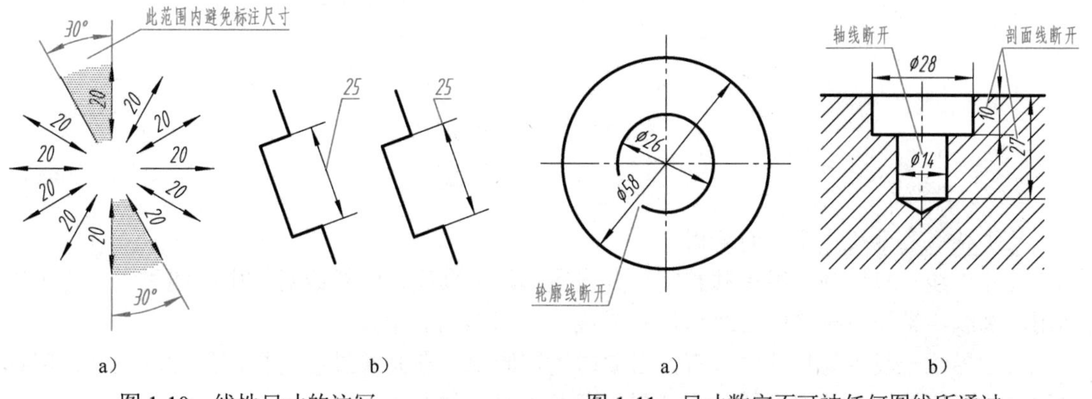

图 1-10　线性尺寸的注写　　　图 1-11　尺寸数字不可被任何图线所通过

3）标注角度的尺寸界线应沿径向引出，尺寸线画成圆弧，其圆心为该角的顶点，半径取适当大小，标注角度的数字，一律水平方向书写，角度数字一般写在尺寸线的中断处，如图 1-12a 所示。必要时，允许注写在尺寸线的上方或外侧（或引出标注），如图 1-12b 所示。

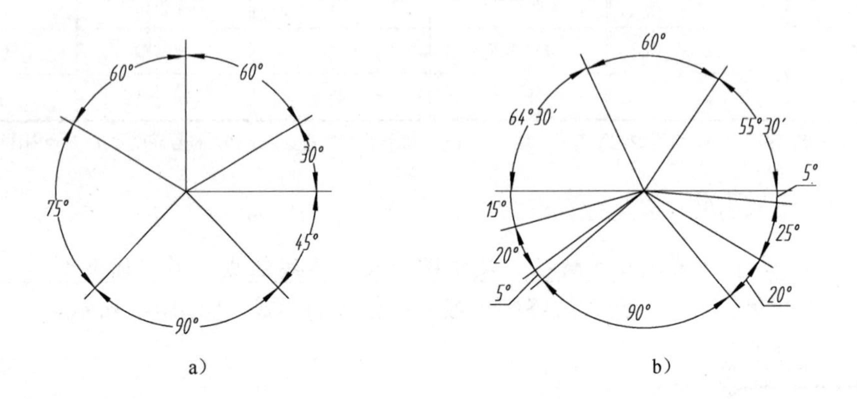

图 1-12　角度尺寸的注写

2. 尺寸线

尺寸线表示尺寸度量的方向。

尺寸线必须用细实线单独画出，不能用其他图线代替，也不得与其他图线重合或画在其延长线上。标注线性尺寸时，尺寸线必须与所标注的线段平行，如图 1-13a 所示。图 1-13b 所示是尺寸线错误画法的示例。

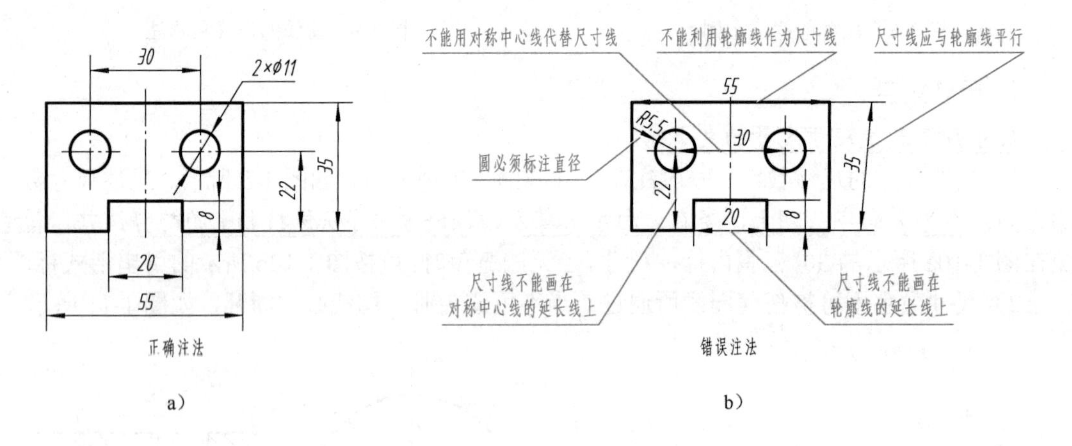

图 1-13　尺寸线的画法

3. 尺寸界线

尺寸界线表示尺寸度量的范围。

尺寸界线一般用细实线单独绘制，并自图形的轮廓线、轴线或对称中心线引出。也可以利用轮廓线、轴线或对称中心线作尺寸界线，如图 1-14a 所示。

尺寸界线一般应与尺寸线垂直，必要时允许倾斜。在光滑过渡处标注尺寸时，必须用细实线将轮廓线延长，从它们的交点处引出尺寸界线，如图 1-14b、c 所示。

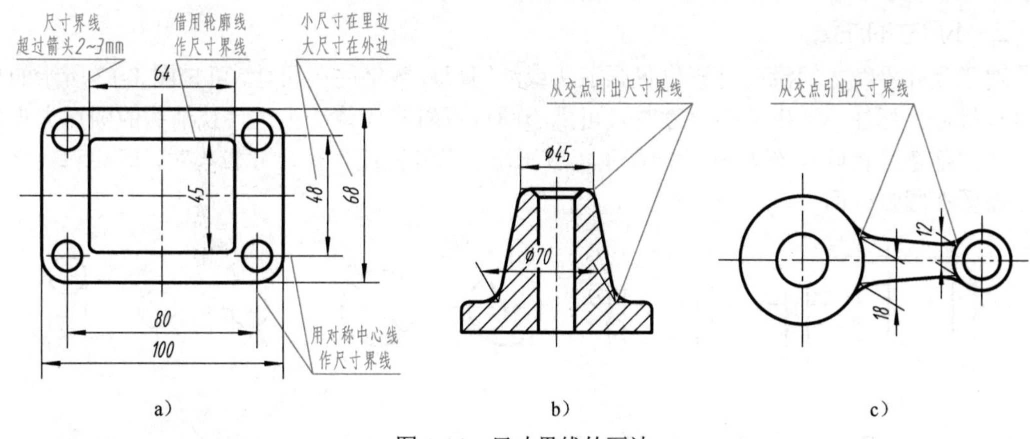

图 1-14　尺寸界线的画法

三、常用的尺寸注法

1. 圆、圆弧及球面尺寸的注法

1）标注整圆的直径尺寸时，以圆周为尺寸界线，尺寸线通过圆心，并在尺寸数字前加注直径符号“ϕ”，如图 1-15a 所示。

2）标注大于半圆的圆弧直径，其尺寸线应画至略超过圆心，只在尺寸线一端画箭头指向圆弧，如图 1-15b 所示。标注小于或等于半圆的圆弧半径时，尺寸线应从圆心出发引向圆弧，只画一个箭头，并在尺寸数字前加注半径符号“R”，如图 1-15c 所示。

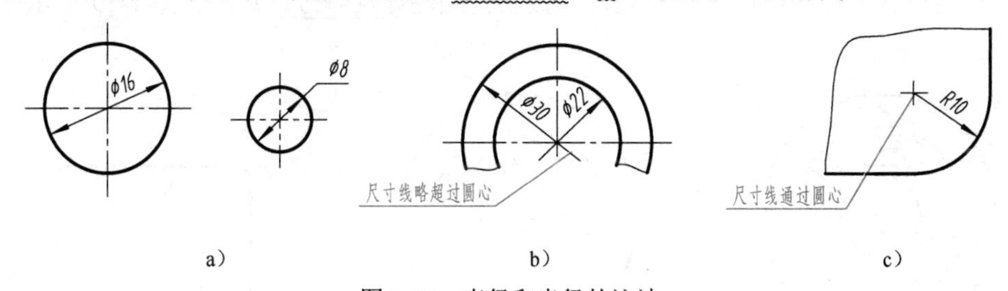

图 1-15　直径和半径的注法

3）当圆弧的半径过大或在图纸范围内无法标出圆心位置时，可采用折线的形式标注，如图 1-16a 所示。当不需标出圆心位置时，则尺寸线只画靠近箭头的一段，如图 1-16b 所示。标注球面的直径时，应在尺寸数字前加注球直径符号“$S\phi$”，如图 1-16c 所示；标注球面的半径时，在尺寸数字前加注球半径符号“SR”，如图 1-16d 所示。

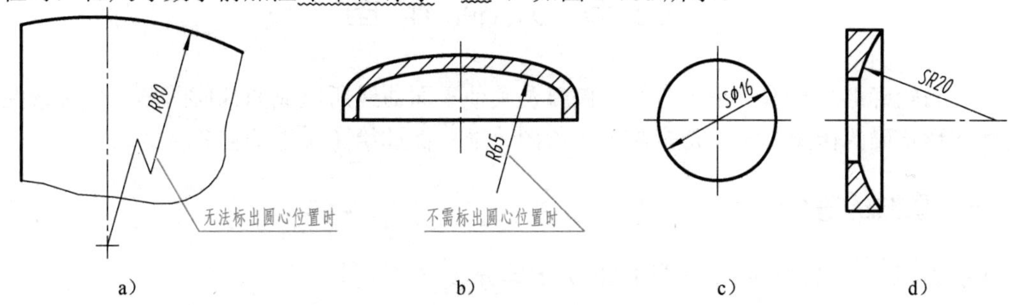

图 1-16　大圆弧和球面的注法

2. 小尺寸的注法

对于尺寸界线之间没有足够位置画箭头或注写尺寸数字的小尺寸，可按图 1-17 所示的形式进行标注。标注一连串的小尺寸时，可用小圆点或斜线代替箭头（代替箭头的圆点大小应与箭头尾部宽度相同），但最外两端箭头仍应画出。当直径或半径尺寸较小时，箭头和数字都可以布置在圆弧外面。

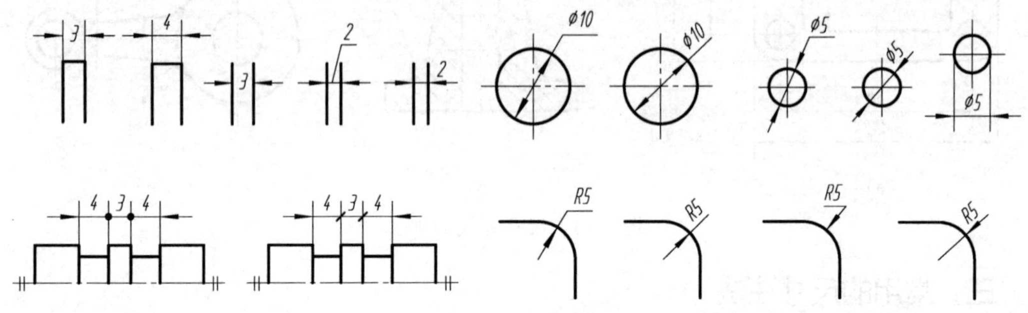

图 1-17　小尺寸的注法

四、简化注法（GB/T 16675.2—2012）

1）在同一图形中，对于尺寸相同的孔、槽等组成要素，可仅在一个要素上注出其尺寸和数量，并用缩写词“EQS”表示“均匀分布”，如图 1-18a 所示。当组成要素的定位和分布情况在图形中已明确时，可不标注其角度，并省略“EQS”，如图 1-18b 所示。

2）标注板状零件的厚度时，可在尺寸数字前加注厚度符号“*t*”，如图 1-19 所示。

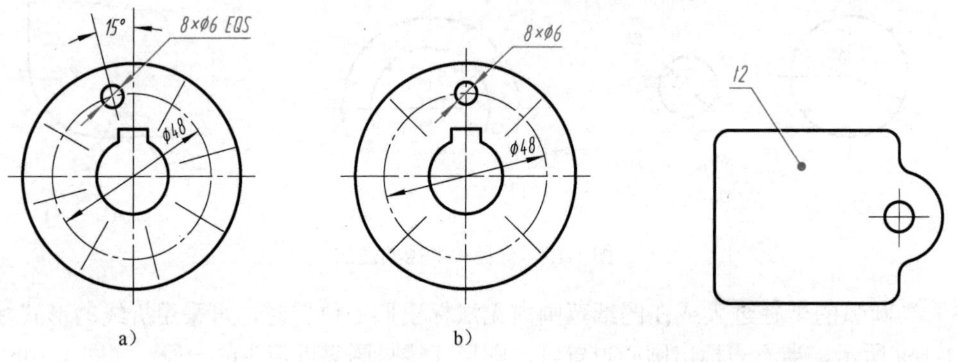

图 1-18　均布尺寸的简化注法　　图 1-19　板状零件厚度的注法

第三节　几 何 作 图

零件的轮廓形状基本上是由直线、圆弧及其他平面曲线所组成的几何图形。熟练掌握常见几何图形正确的作图方法，是提高手工绘图速度、保证绘图质量的重要技能之一。

一、直线的等分

【例 1-1】　试将直线 *AB*（图 1-20a）七等分。

作图步骤

①过点 *A*，作任意直线 *AM*，以适当长度为单位，在 *AM* 上量取七个等分点，得 1、2、3、4、5、6、7 点，如图 1-20b 所示。

②连接 *B*7，过 1、2、3、4、5、6 各点，作 *B*7 的平行线与 *AB* 相交，即可将 *AB* 直线七等分，如图 1-20c 所示。

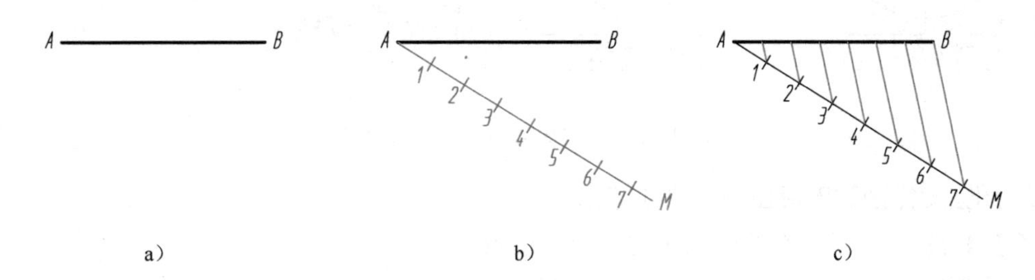

图 1-20　直线的等分

二、圆的等分及作正多边形

1. 三角板与丁字尺配合作正三（六）边形

【例 1-2】　用 30°（60°）三角板和丁字尺配合，作圆的内接正三边形。

作图步骤

①过点 *B*，用 60°三角板画出斜边 *AB*，如图 1-21a 所示。

②翻转三角板，过点 *B* 画出斜边 *BC*，如图 1-21b 所示。

③用丁字尺连接水平边 *AC*，即得圆的内接正三边形，如图 1-21c、d 所示。

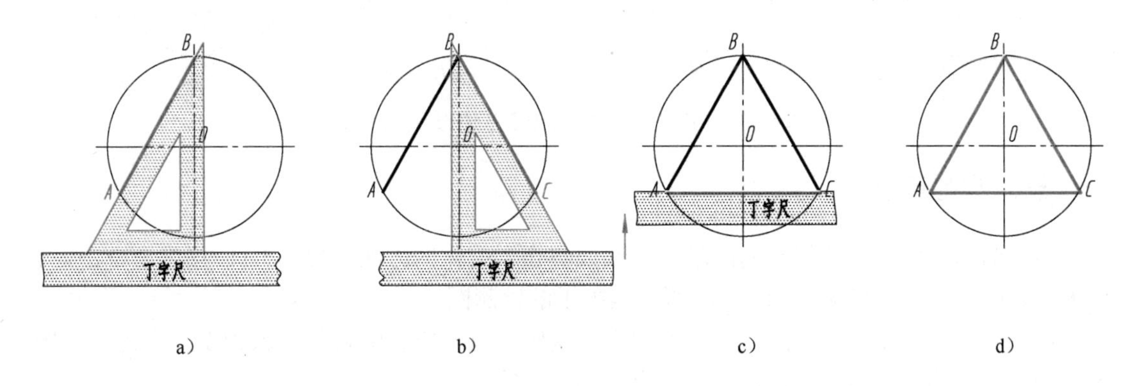

图 1-21　作已知圆的内接正三边形

【例 1-3】　用 30°（60°）三角板和丁字尺配合，作圆的内接正六边形。

作图步骤

①过点 *A*，用 60°三角板画出斜边 *AB*；向右平移三角板，过点 *D* 画出斜边 *DE*，如图 1-22a 所示。

②翻转三角板，过点 *D* 画出斜边 *CD*；向左平移三角板，过点 *A* 画出斜边 *AF*，如图 1-22b 所示。

③用丁字尺连接两水平边 *BC*、*FE*，即得圆的内接正六边形，如图 1-22c、d 所示。

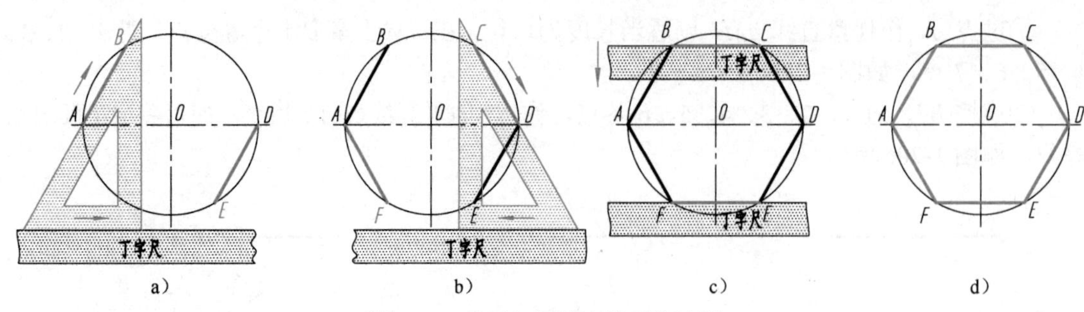

a）　b）　c）　d）

图 1-22　作已知圆的内接正六边形

2. 用圆规作圆的内接正三（六）边形

【例 1-4】　作已知圆的内接正三（六）边形。

作图步骤

①以圆的直径端点 *F* 为圆心、已知圆的半径 *R* 为半径画弧，与圆相交于点 *B*、*C*，如图 1-23a 所示。

②依次连接点 *A*、*B*、*C*、*A*，即得到圆的内接正三边形，如图 1-23b 所示。

③再以圆的直径端点 *A* 为圆心、已知圆的半径 *R* 为半径画弧，与圆相交于点 *D*、*E*，如图 1-23c 所示。

④依次连接点 *A*、*E*、*B*、*F*、*C*、*D*、*A*，即得到圆的内接正六边形，如图 1-23d 所示。

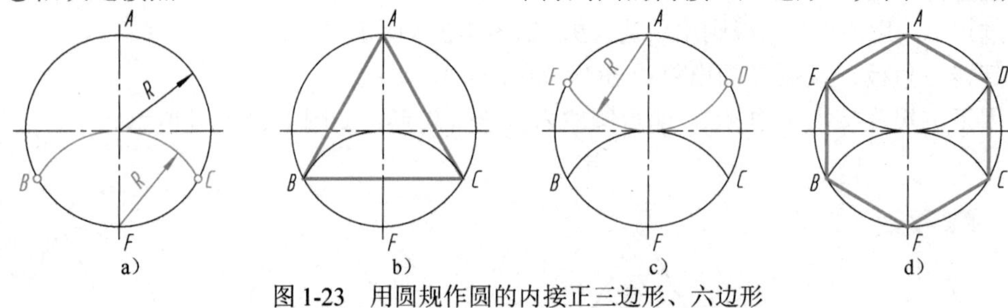

a）　b）　c）　d）

图 1-23　用圆规作圆的内接正三边形、六边形

三、圆弧连接

用一圆弧光滑地连接相邻两线段（直线或圆弧）的作图方法，称为圆弧连接。圆弧连接在零件轮廓图中经常可见，图 1-24a 所示为扳手的轴测图。

从图 1-24b 可以看出，圆弧连接实质上就是圆弧与直线、圆弧与圆弧相切。因此，作图时必须先求出连接弧的圆心，确定连接点（切点）的位置。

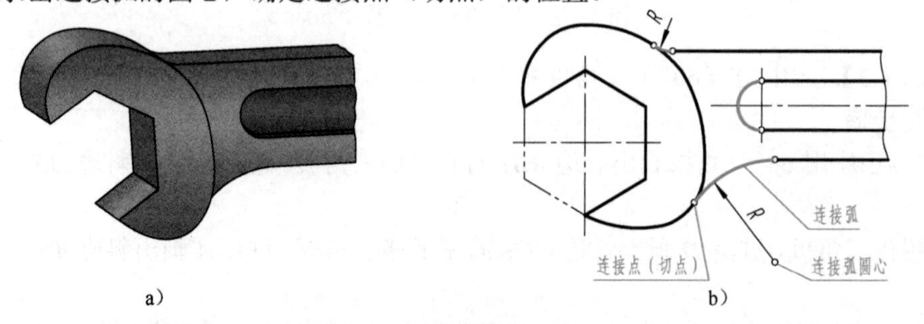

a）　b）

图 1-24　圆弧连接示例

1. 圆弧连接的作图原理

圆弧连接的作图原理见表 1-6。

表 1-6　圆弧连接的作图原理

类别	圆弧与直线连接（相切）	圆弧与圆弧连接（外切）	圆弧与圆弧连接（内切）
图例			
作图原理	①连接弧的圆心轨迹是已知直线的平行线，两平行线之间的距离等于连接弧的半径 R ②由圆心向已知直线作垂线，垂足即为切点	①连接弧的圆心轨迹是已知圆弧的同心圆，该同心圆的半径等于两圆弧半径之和（R_1+R） ②两圆心的连线与已知圆弧的交点即为切点	①连接弧的圆心轨迹是已知圆弧的同心圆，该同心圆的半径等于两圆弧半径之差 $\mid R_1-R \mid$ ②两圆心连线的延长线与已知圆弧的交点即为切点

2. 圆弧连接的作图步骤

【例 1-5】　用半径为 R 的圆弧连接钝角的两边（图 1-25a）。

作图步骤

①分别作与已知角两边的距离为 R 的平行线，交点 O 即为连接弧圆心，如图 1-25b 所示。

②自点 O 分别向已知角两边作垂线，垂足 M、N 即为切点，如图 1-25c 所示。

③以点 O 为圆心、R 为半径，在两切点 M、N 之间画连接圆弧，即完成作图，如图 1-25d 所示。

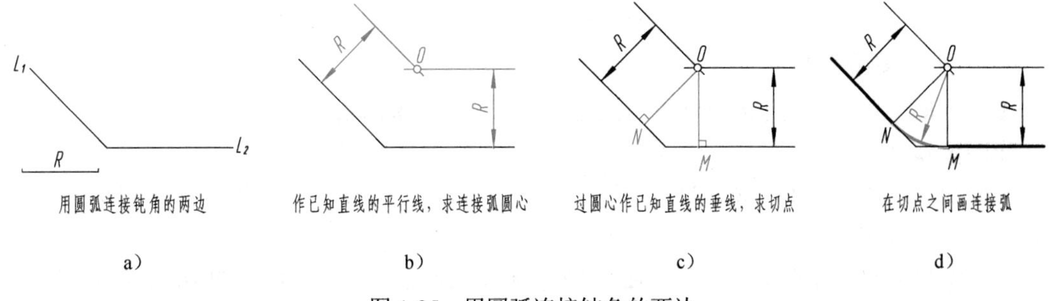

图 1-25　用圆弧连接钝角的两边

【例 1-6】　用半径为 R 的圆弧连接直角的两边（图 1-26a）。

作图步骤

①以角顶为圆心、R 为半径画弧，交直角两边于 M、N，如图 1-26b 所示。

②再分别以 M、N 为圆心、R 为半径画弧，两圆弧的交点 O 即为连接弧圆心，如图 1-26c 所示。

③以点 O 为圆心、R 为半径，在两切点 M、N 之间画连接圆弧，即完成作图，如图 1-26d

所示。

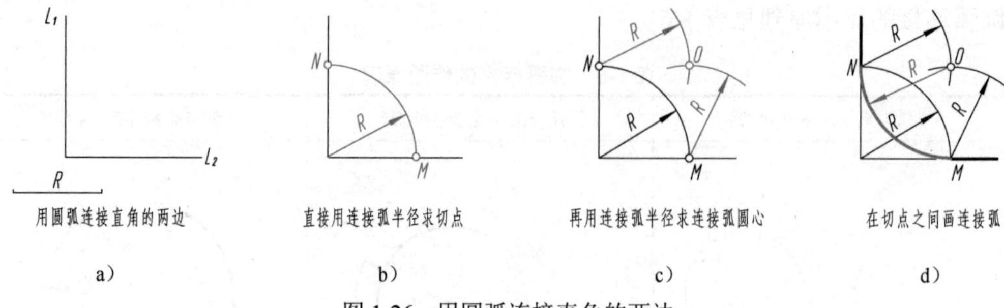

图 1-26　用圆弧连接直角的两边

【例 1-7】　用半径为 R 的圆弧连接直线和圆弧（图 1-27a）。

作图步骤

①作直线 L_2 平行于直线 L_1（其间距为 R）；再作已知圆弧的同心圆（半径为 R_1+R），与直线 L_2 相交于点 O，点 O 即为连接弧圆心，如图 1-27b 所示。

②作 OM 垂直于直线 L_1 于点 M；连接 OO_1 与已知圆弧交于点 N（M、N 即切点），如图 1-27c 所示。

③以点 O 为圆心、R 为半径画圆弧，连接直线 L_1 和圆弧 O_1 于点 M、N，即完成作图，如图 1-27d 所示。

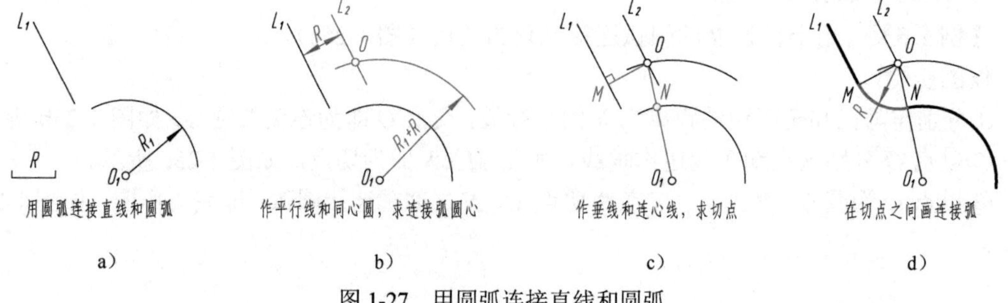

图 1-27　用圆弧连接直线和圆弧

3. 圆弧与圆弧连接

【例 1-8】　用半径为 R 的圆弧与两已知圆弧外切（图 1-28a）。

作图步骤

①分别以（R_1+R）和（R_2+R）为半径、以 O_1 和 O_2 为圆心，画弧交于点 O（即连接弧圆心），如图 1-28b 所示。

②连接 OO_1 与已知弧交于点 M，连接 OO_2 与已知弧交于点 N（M、N 即切点），如图 1-28c 所示。

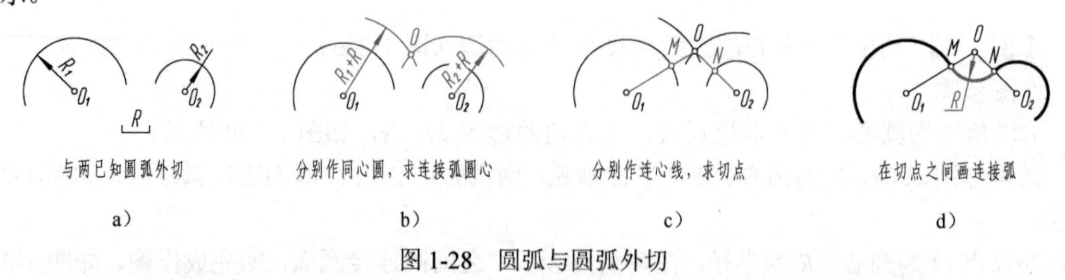

图 1-28　圆弧与圆弧外切

③以点 O 为圆心、R 为半径画圆弧，连接两已知圆弧于点 M、N，即完成作图，如图 1-28d 所示。

【例 1-9】 用半径为 R 的圆弧与两已知圆弧内切（图 1-29a）。

作图步骤

①分别以（R-R_1）和（R-R_2）为半径、以 O_1 和 O_2 为圆心，画弧交于点 O（即连接弧圆心），如图 1-29b 所示。

②连接 OO_1、OO_2 并延长，分别与已知弧交于点 M、N（M、N 即切点），如图 1-29c 所示。

③以点 O 为圆心、R 为半径画圆弧，连接两已知圆弧于 M、N，即完成作图，如图 1-29d 所示。

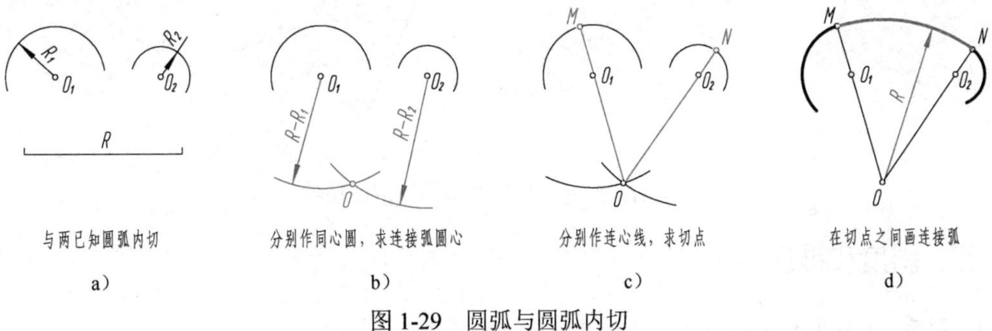

图 1-29　圆弧与圆弧内切

【例 1-10】 用半径为 R 的圆弧与两已知圆弧混合连接（图 1-30a）。

作图步骤

①分别以（R_1+R）和（R_2-R）为半径、O_1 和 O_2 为圆心，画弧交于点 O（即连接弧圆心），如图 1-30b 所示。

②连接 OO_1、OO_2 并延长，分别与已知弧交于点 M、N（M、N 即切点），如图 1-30c 所示。

③以点 O 为圆心、R 为半径画圆弧，连接两已知圆弧于 M、N，即完成作图，如图 1-30d 所示。

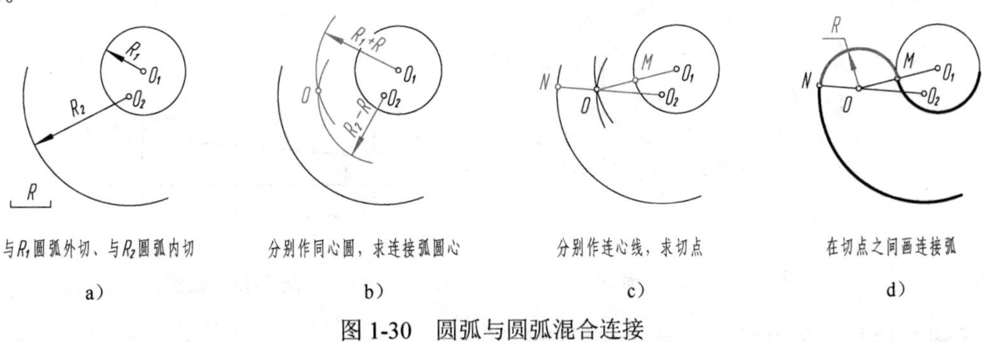

图 1-30　圆弧与圆弧混合连接

四、用三角板作圆弧的切线

零件的平面轮廓常有直线光滑地与圆弧相切。作直线与圆弧相切时，通常借助三角板作图，求出其切点。

【例 1-11】 用三角板作两圆的同侧公切线。

作图步骤

①将一块三角板的直角边调整到与两圆相切，另一块三角板紧靠在第一块三角板的斜边上，如图 1-31a 所示。

②推移第一块三角板，使其另一直角边分别过圆心 O_1、O_2，作直线 O_1A、O_2B 分别与两圆相交，求得切点 A、B，如图 1-31b、c 所示。

③连接 A、B 两点，AB 即为所求，如图 1-31d 所示。

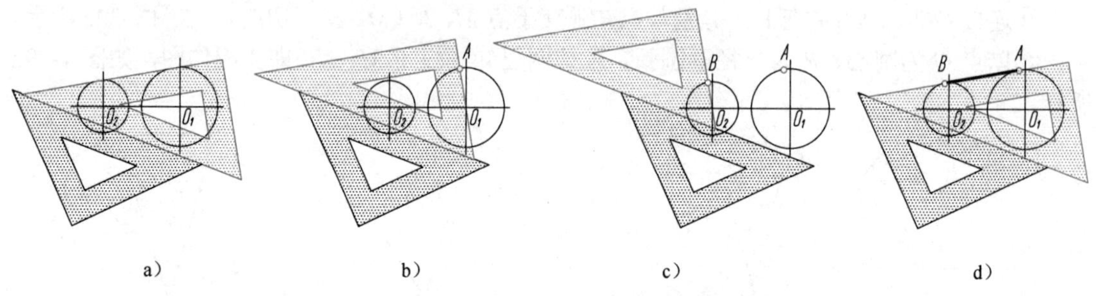

图 1-31　用三角板作两圆的同侧公切线

五、斜度和锥度

1. 斜度（GB/T 4096—2001、GB/T 4458.4—2003）

两指定截面的棱体高 H 和 h 之差与该两截面之间的距离 L 之比，称为斜度（图 1-32），代号为“S”。可以把斜度简单理解为一个平面（或直线）对另一个平面（或直线）倾斜的程度。用关系式表示为：

$$S=\frac{H-h}{L}=\tan\beta$$

通常把比例的前项化为 1，以简单分数 1∶n 的形式来表示斜度。

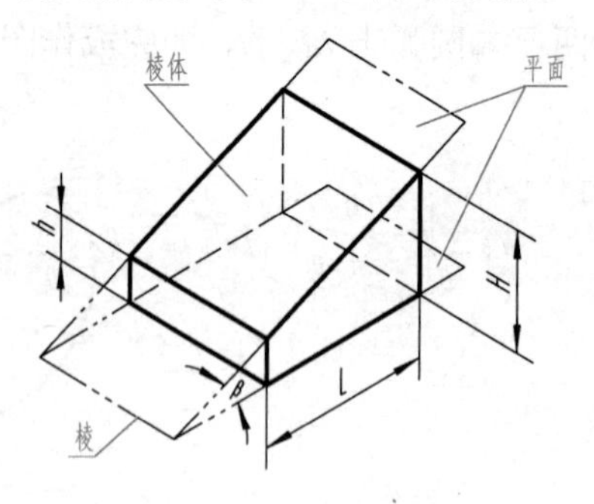

图 1-32　斜度的概念

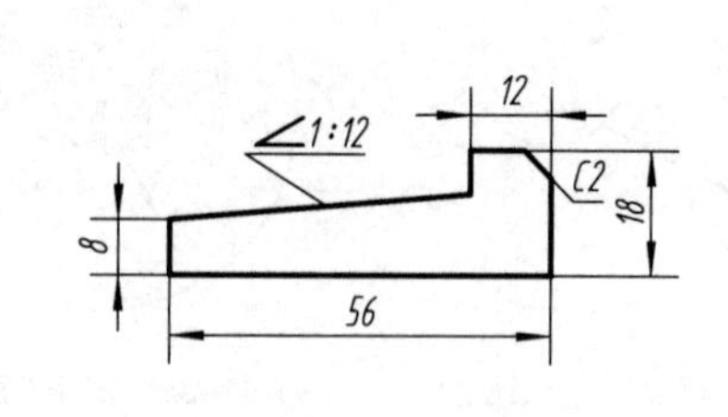

图 1-33　楔键

【例 1-12】　画出图 1-33 所示楔键的图形。

作图步骤

①根据图中的尺寸，画出已知的直线部分。

②过点 A，按 1∶12 的斜度画出直角三角形，求出斜边 AC，如图 1-34a 所示。

③过已知点 D，作 AC 的平行线，如图 1-34b 所示。

④描深加粗楔键图形，标注斜度符号，如图 1-34c 所示。

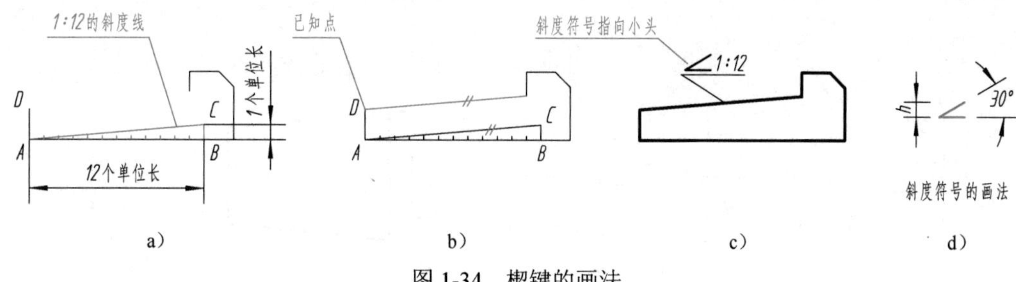

图 1-34 楔键的画法

斜度符号的底线应与基准面（线）平行，符号的尖端方向应与斜面的倾斜方向一致。斜度符号的大小及画法，如图 1-34d 所示。

2. 锥度（GB/T 157—2001、GB/T 4458.4—2003）

两个垂直圆锥轴线截面的圆锥直径 D 和 d 之差与该两截面之间的轴向距离 L 之比，称为锥度（图 1-35），代号为“C”。可以把锥度简单理解为圆锥底圆直径与锥高之比。

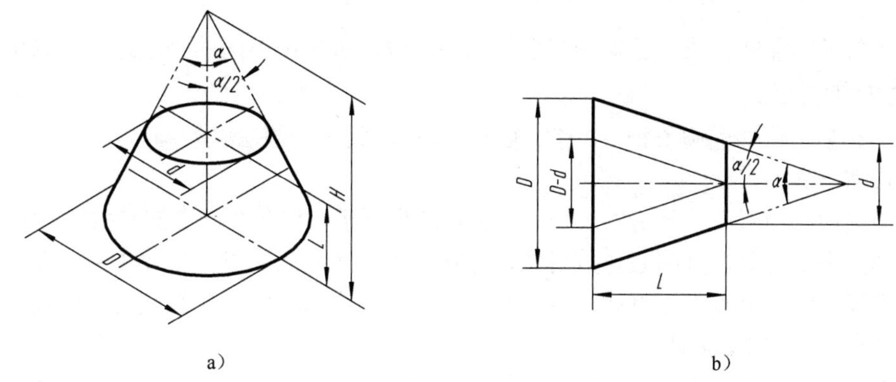

图 1-35 锥度的定义

由图 1-35 可知，α 为圆锥角，D 为最大端圆锥直径，d 为最小端圆锥直径，L 为圆锥长度，即

$$C=\frac{D-d}{L}=2\tan\frac{\alpha}{2}$$

与斜度的表示方法一样，通常也把锥度的比例前项化为 1，写成 1∶n 的形式。

【例 1-13】 画出图 1-36 所示具有 1∶5 锥度的图形。

作图步骤

①根据图中的尺寸，画出已知的直线部分。

②任意确定等腰三角形的底边 AB 为 1 个单位长度，高为 5 个单位长度，画出等腰三角形 ABC，如图 1-37a 所示。

③分别过已知点 D、E，作 AC 和 BC 的平行线，如图 1-37b 所示。

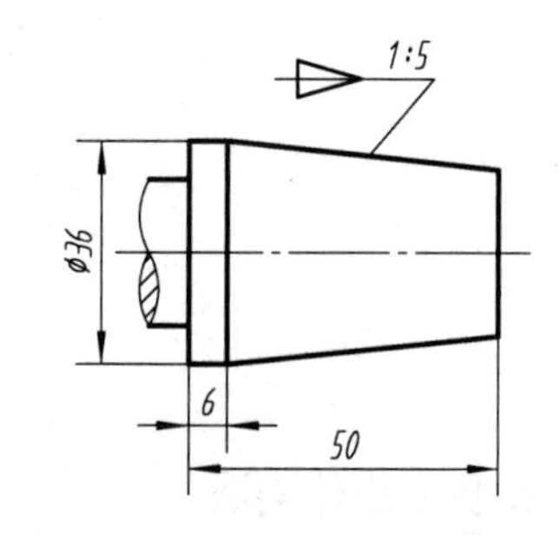

图 1-36 具有 1∶5 锥度的图形

④描深加粗图形，标注锥度代号，如图 1-37c 所示。

标注锥度时用引出线从锥面的轮廓线上引出，锥度符号的尖端指向锥度的小头方向。锥度符号的大小及画法，如图 1-37d 所示。

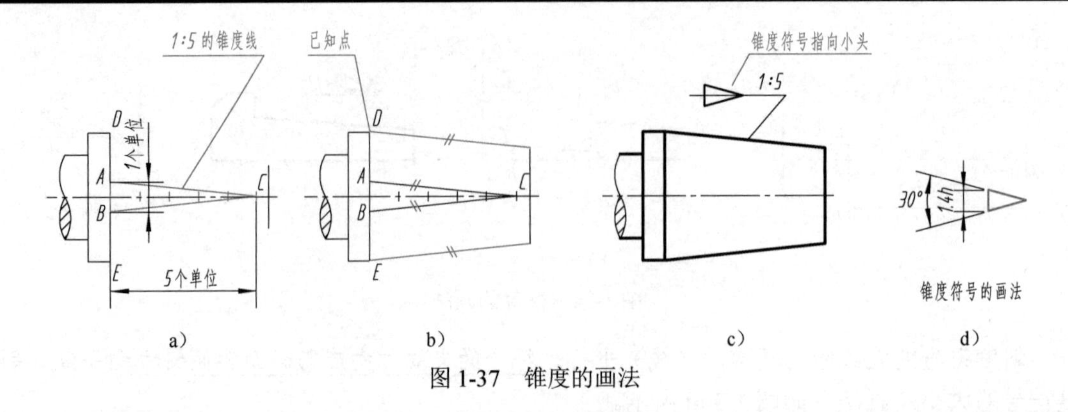

图 1-37　锥度的画法

提示：斜度符号和锥度符号的线宽为 $h/10$（h 为图样中字体高度）。

六、椭圆的近似画法

椭圆是常见的非圆曲线。已知椭圆的长轴和短轴，可采用不同的画法近似地画出椭圆。

1. 辅助同心圆法

【例 1-14】　已知椭圆长轴 AB 和短轴 CD，用辅助同心圆法画椭圆。

作图步骤

①以椭圆中心为圆心，分别以长轴、短轴长度为直径，作两个同心圆，如图 1-38a 所示。

②作圆的十二等分，过圆心作放射线，分别求出与两圆的交点，如图 1-38b 所示。

③过大圆上的等分点作竖直线，过小圆上的等分点作水平线，竖直线与水平线的交点即为椭圆上的点，如图 1-38c 所示。

④用曲线板光滑连接诸点即得椭圆，如图 1-38d 所示。

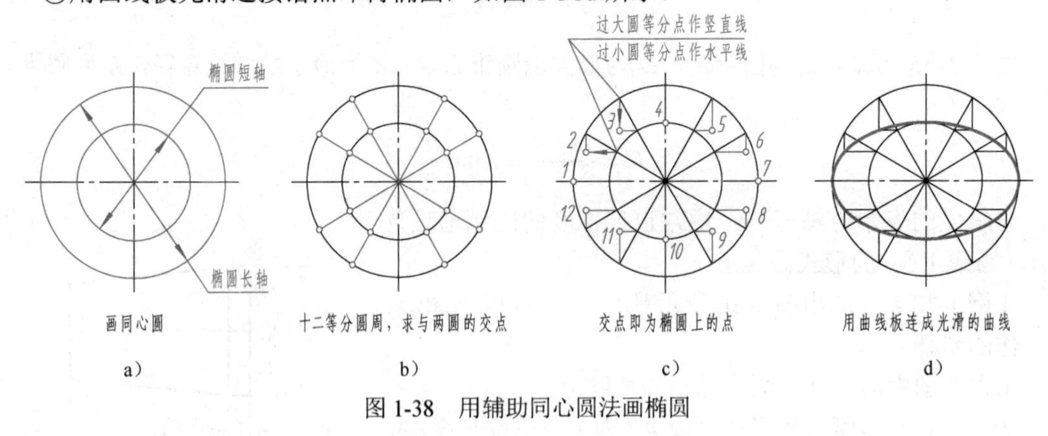

图 1-38　用辅助同心圆法画椭圆

2. 四心近似画法

【例 1-15】　已知椭圆长轴 AB 和短轴 CD，用四心近似画法画椭圆。

作图步骤

①连接 AC，以点 O 为圆心、OA 为半径画弧得点 E，再以点 C 为圆心、CE 为半径画弧得点 F，如图 1-39a 所示。

②作 AF 的垂直平分线，与 AB 交于点 1，与 CD 交于点 2。取 1、2 两点的对称点 3 和点

4（点 1、2、3、4 即圆心），如图 1-39b 所示。

③连接点 21、点 23、点 43、点 41 并延长，得到一菱形，如图 1-39c 所示。

④分别以点 2、点 4 为圆心，R（R=2C=4D）为半径画弧，与菱形的延长线相交，即得两段大圆弧；分别以点 1、点 3 为圆心，r（r=1A=3B）为半径画弧，与所画的大圆弧连接，即得到椭圆，如图 1-39d 所示。

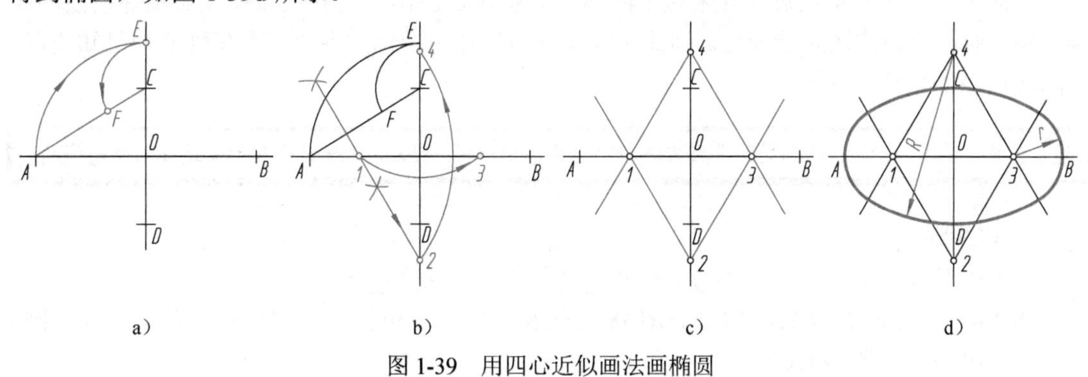

图 1-39　用四心近似画法画椭圆

第四节　平面图形分析及作图方法

平面图形是由许多线段连接而成的，这些线段之间的相对位置和连接关系靠给定的尺寸来确定。画平面图形时，只有通过分析尺寸，确定线段性质，明确作图顺序，才能正确地画出图形。

一、尺寸分析

平面图形中的尺寸，按其作用可分为两类。

1. 定形尺寸

将确定平面图形上几何元素形状大小的尺寸，称为定形尺寸。

例如，线段长度、圆及圆弧的直径和半径、角度大小等即为定形尺寸。图 1-40 中的 ϕ16、R17、ϕ30、R26、R128、R148 等（黑色）尺寸，均为定形尺寸。

2. 定位尺寸

将确定几何元素位置的尺寸称为定位尺寸。

在图 1-40 中，（红色尺寸）150 确定了左端线的位置，150 为定位尺寸；27、R56 确定了 ϕ16 的圆心位置，27、R56 为定位尺寸；22 确定了 R22、R43 圆心的一个坐标值，22 为定位尺寸。

标注定位尺寸时，必须有个起点，这个起点称为尺寸基准。平面图形有长和高两个方向，每个方向至少应有一个尺寸基准。定位尺寸通常以图形的对称中心线、较长的底线或边线作为尺寸基准。图 1-40 中，水平方

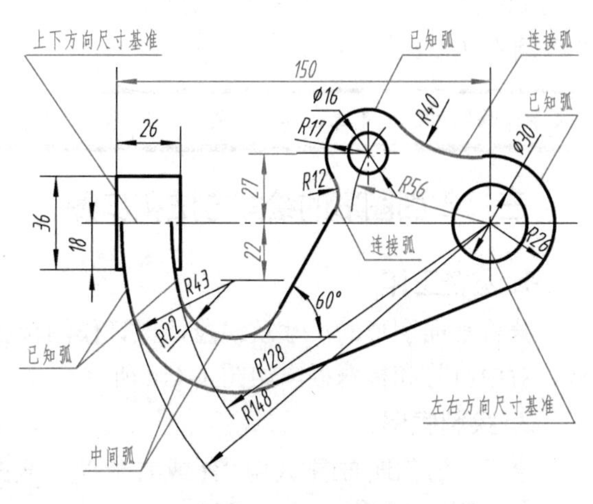

图 1-40　平面图形分析

向的细点画线为上下方向的尺寸基准；右侧竖直方向的细点画线为左右方向的尺寸基准。

二、线段分析

在平面图形中，有些线段具有完整的定形和定位尺寸，绘图时，可根据标注的尺寸直接绘出；而有些线段的定位尺寸并未完全注出，要根据已注出的尺寸及该线段与相邻线段的连接关系，通过几何作图才能画出。因此，按线段的尺寸是否标注齐全，将线段分为已知线段、中间线段和连接线段三类。

> 提示：绘制平面图形时，遇到的大多数直线和圆都是已知线段。因此，这里只介绍圆弧连接的作图问题。

1. 已知弧

给出半径大小及圆心两个方向定位尺寸的圆弧，称为已知弧。

图 1-40 中的 *R*17、*R*26、*R*128、*R*148 圆弧及 *ϕ*16、 *ϕ*30 圆即为已知弧，此类圆弧（圆）可直接画出（参见图 1-41c）。

2. 中间弧

给出半径大小及圆心一个方向定位尺寸的圆弧，称为中间弧。

图 1-40 中的 *R*22、*R*43 两圆弧，圆心的上下位置由定位尺寸 22 确定，但缺少确定圆心左右位置的定位尺寸，是中间弧。画图时，必须根据 *R*128 与 *R*22 圆弧内切、*R*148 与 *R*43 圆弧内切的几何条件（*R*=128－22、*R*=148－43），分别求出其圆心位置，才能画出 *R*22、*R*43 圆弧（参见图 1-41d）。

3. 连接弧

已知圆弧半径，而缺少两个方向定位尺寸的圆弧，称为连接弧。

图 1-40 中的 *R*40 圆弧，其圆心没有定位尺寸，是连接弧。画图时，必须根据 *R*40 圆弧与 *R*17、*R*26 两圆弧同时外切的几何条件（*R*=40+17、*R*=40+26）分别画弧，求出其圆心位置，才能画出 *R*40 圆弧。

*R*12 圆弧的圆心也没有定位尺寸。画图时，必须根据 *R*12 圆弧与 *R*17 圆弧外切、*R*12 圆弧与 60° 直线相切的几何条件（*R*=12+17、作 60° 直线的平行线）求出其圆心位置，才能画出 *R*12 圆弧（参见图 1-41e）。

> 提示：画图时，应先画已知弧，再画中间弧，最后画连接弧。

三、平面图形的绘图方法和步骤

1. 准备工作

分析平面图形的尺寸及线段，拟订作图步骤→确定比例→选择图幅→固定图纸→画出图框、对中符号和标题栏，如图 1-41a 所示。

2. 绘制底稿

合理、匀称地布图，（用 2H 或 H 铅笔）画出基准线→画已知弧和直线→画中间弧→画连接弧，如图 1-41b、c、d、e 所示。

绘制底稿时，图线要尽量清淡，准确，并保持图面整洁。

3. 加深描粗

加深描粗前，要全面检查底稿，修正错误，擦去画错的线条及作图辅助线。加深描粗后，画出尺寸界线和尺寸线，如图 1-41f 所示。

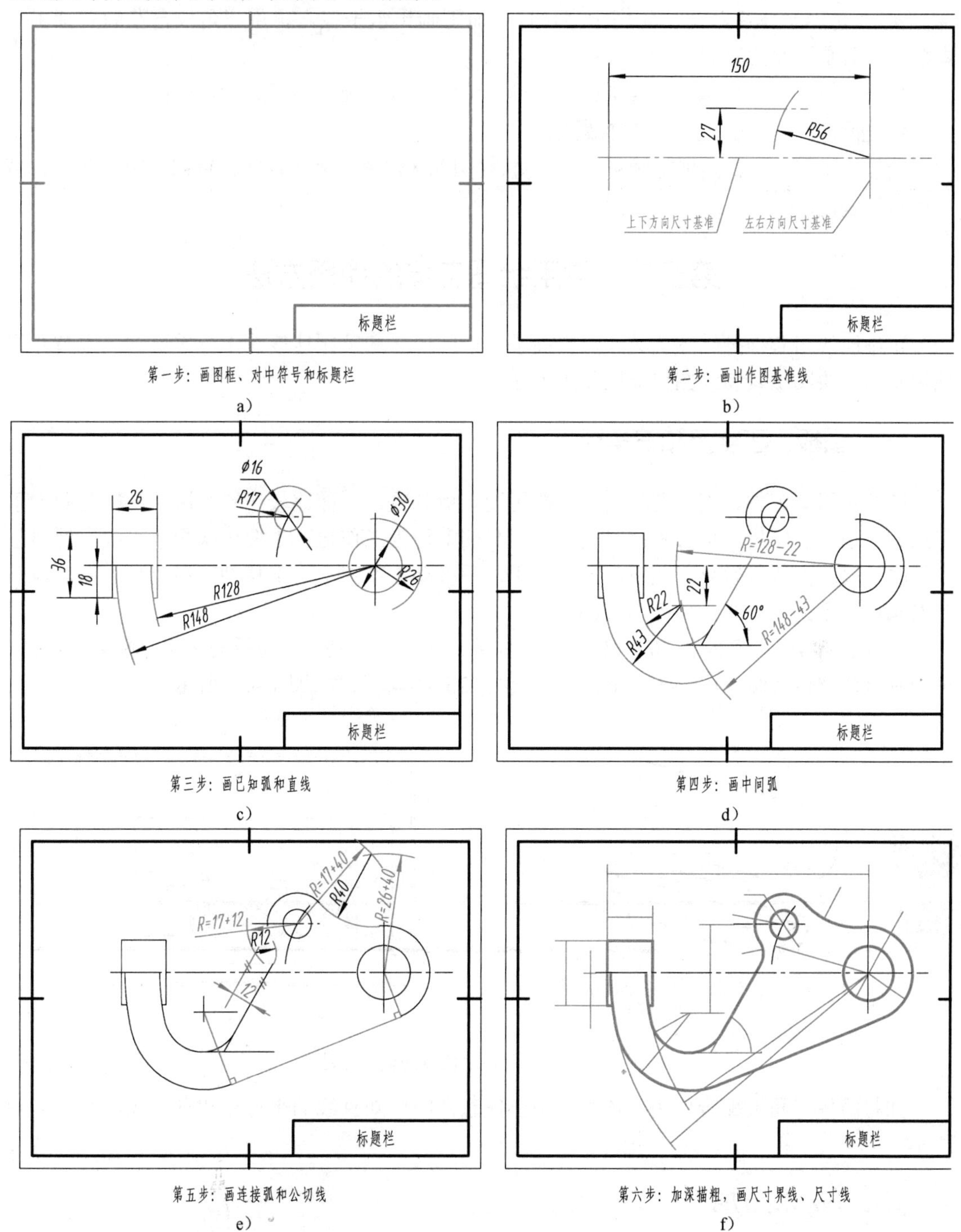

图 1-41　平面图形的画图步骤

加深描粗时要注意以下几点：

（1）*先粗后细* 先（用 B 或 2B 铅笔）加深全部粗实线，再（用 HB 铅笔）加深全部细虚线、细点画线及细实线等。

（2）*先曲后直* 在加深同一种线（特别是粗实线）时，应先画圆弧或圆，后画直线。

（3）*先水平、后垂斜* 先用丁字尺自上而下画出水平线，再用三角板自左向右画出垂直线，最后画倾斜的直线。

加深描粗时，应尽量做到同类图线粗细、浓淡一致，圆弧连接光滑，图面整洁。

4. 画箭头、标注尺寸、填写标题栏

加深描粗后，可将图纸从图板上取下来，（用 HB 铅笔）先画箭头，再标注尺寸数字，最后填写标题栏。

第五节 常用绘图工具的使用方法

正确地使用和维护绘图工具，对提高手工绘图质量和绘图速度是十分重要的。本节介绍几种常用的绘图工具和绘图仪器的使用方法。

一、图板、丁字尺和三角板

图板是用来铺放、固定图纸的，一般用胶合板制成，板面比较平整光滑，图板左侧为丁字尺的导边。丁字尺由尺头和尺身构成，尺身的上边为工作边，主要用来画水平线。使用丁字尺时，尺头内侧必须靠紧图板的导边，用左手推动丁字尺上、下移动，沿尺身的上边自左向右画出一系列水平线，如图 1-42a 所示。

三角板由 45°三角板和 30°（60°）三角板各一块组成一副。三角板与丁字尺配合使用时，可画垂直线，也可画 30°、45°、60°以及 15°、75°的斜线，如图 1-42b 所示。

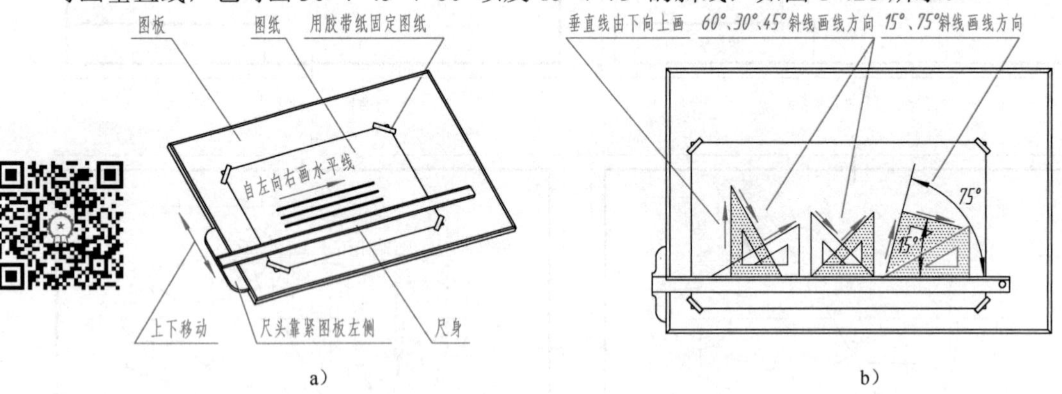

图 1-42 丁字尺和三角板的使用方法

如将两块三角板配合使用，还可以画出任意方向已知直线的平行线和垂直线，如图 1-43 所示。

二、圆规和分规

圆规是用来画圆或圆弧的工具。圆规的一条腿上装有钢针，另一条腿上除具有肘形关节

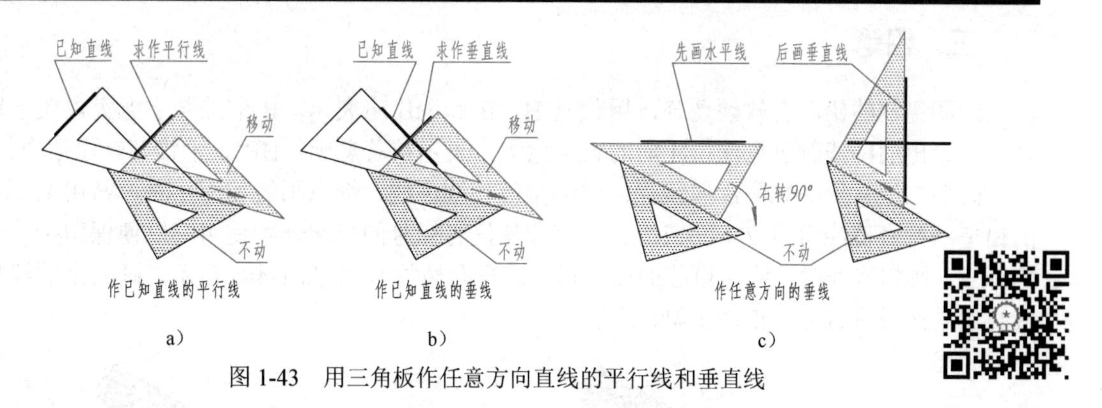

a)　　b)　　c)

图 1-43　用三角板作任意方向直线的平行线和垂直线

外，还可以根据作图需要装上不同的附件。圆规的附件有钢针插脚、铅芯插脚、鸭嘴插脚和延伸插杆等。

圆规的钢针一端为圆锥形，另一端为带有肩台的针尖。画图时应使用有肩台的一端，以防止圆心针孔扩大。同时还应使肩台与铅芯尖平齐，针尖及铅芯与纸面垂直，如图 1-44 所示。

为了画出各种图线，应备有各种不同硬度和形状的铅芯。加深圆弧时用的铅芯，一般要比画粗实线的铅芯软一些，圆规铅芯的削法如图 1-45 所示。

画圆时，先将圆规两腿分开至所需的半径尺寸，借左手食指把针尖放在圆心位置，将钢针扎入图纸和图板，按顺时针方向稍微倾斜地转动圆规，转动速度和用力要均匀，如图 1-46 所示。

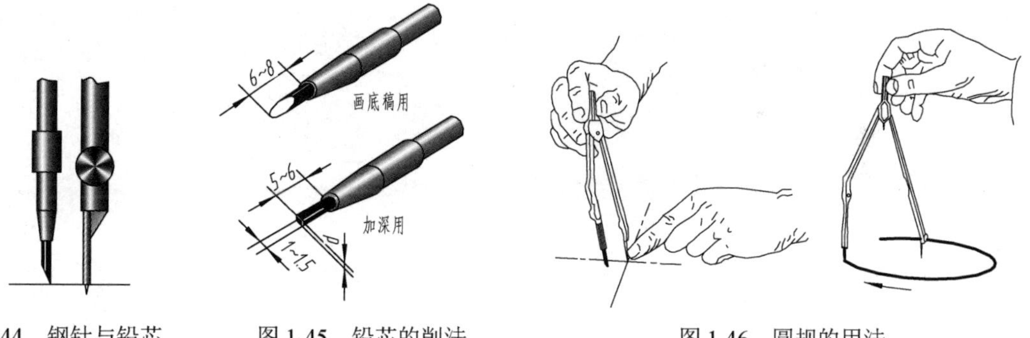

图 1-44　钢针与铅芯　　图 1-45　铅芯的削法　　图 1-46　圆规的用法

分规是用来量取尺寸和等分线段或圆周的工具。分规的两条腿均安有钢针，当两条腿并拢时，分规的两个针尖应对齐，如图 1-47a 所示。调整分规两脚间距离的手法，如图 1-47b 所示。分规的使用方法，如图 1-47c 所示。

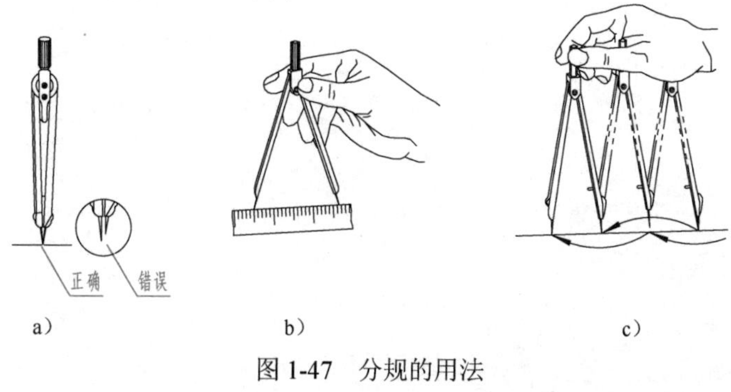

a)　　b)　　c)

图 1-47　分规的用法

三、铅笔

绘图铅笔的铅芯有软硬之分，用代号 H、B 和 HB 来表示。B 前的数字愈大，表示铅芯愈软，绘出的图线颜色愈深；H 前的数字愈大，表示铅芯愈硬；HB 表示铅芯软硬适中。

画粗实线常用 2B 或 B 的铅笔；画细实线、细虚线、细点画线和写字时，常用 H 或 HB 的铅笔；画底稿线常用 2H 的铅笔。铅笔应从没有标号的一端开始使用，以便保留铅芯软硬的标号。画粗实线时，应将铅芯磨成铲形（扁平四棱柱），如图 1-48a 所示。画其余的线型时应将铅芯磨成圆锥形，如图 1-48b 所示。

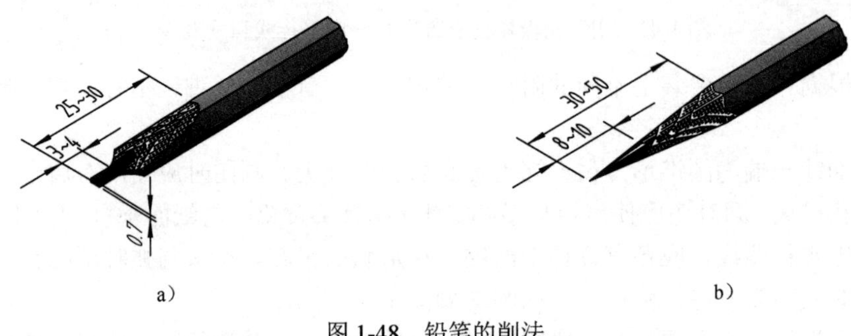

图 1-48　铅笔的削法

除上述常用工具外，绘图时还要备有削修铅笔的小刀、固定图纸的胶带纸、清理图纸的小刷子，以及橡皮、擦图片等工具和用品。

第二章　投 影 基 础

第一节　投影法和视图的基本概念

一、影子的形成

物体在阳光或灯光的照射下，会在墙上或地面上产生灰黑色的影子，如图 2-1 所示。形成这种现象应具备以下三个条件：

（1）*物体*　不同的物体有不同的影子。如人和桌子的影子不可能一样。

（2）*光源*　同一物体处在同一位置，光源不同，则影子也不同。如早晨和中午看到自己的影子是不一样的。

（3）*承影面*　同一物体处在同一位置，影子落到不同地方，得到的影子也不一样。如人的影子落在地面上与落在墙面上是不一样的。

a）

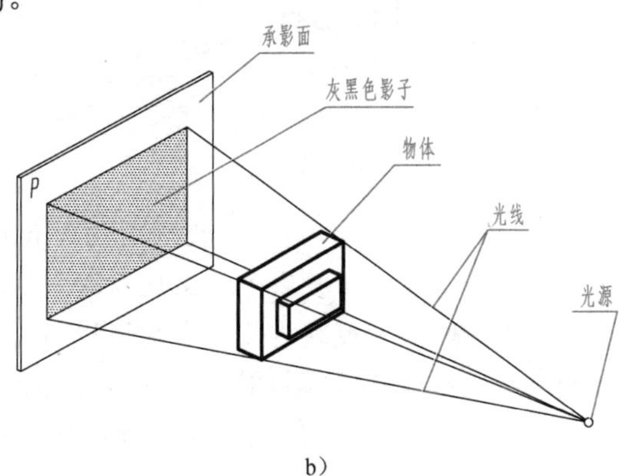

b）

图 2-1　投影的形成

二、投影法的基本概念

人们从物体与其影子的几何关系中，经过科学的总结、抽象，逐步形成了投影法，使在图纸上准确而全面地表达物体形状和大小的要求得以实现。

投射线通过物体，向选定的面投射，并在该面上得到图形的方法称为投影法。

根据投影法得到的图形，称为投影。

在投影法中，把光线称为投射线，物体的影子称为投影，影子所在的墙面或地面称为投影面，如图 2-2 所示。由此可看出，要获得投影，必须具备投射线、物体、投影面这三个基本条件，亦称为投影三要素。

根据投射线的类型（平行或汇交），投影法分为以下两类：

投影法
- 中心投影法
- 平行投影法
  - 正投影法
  - 斜投影法

1. 中心投影法

投射线汇交一点的投影法，称为中心投影法，如图 2-2 所示。用中心投影法所得的投影大小，随着投影面、物体、投射中心三者之间距离的变化而变化。用中心投影法绘制的图样具有较强的立体感，但不能反映物体的真实形状和大小，且度量性差，作图比较复杂，在机械图样中很少采用。

2. 平行投影法

假设将投射中心 S 移至无限远处，则投射线相互平行，如图 2-3 所示。这种投射线相互平行的投影法，称为平行投影法。根据投射线与投影面是否垂直，又可将平行投影法分为正投影法和斜投影法两种。

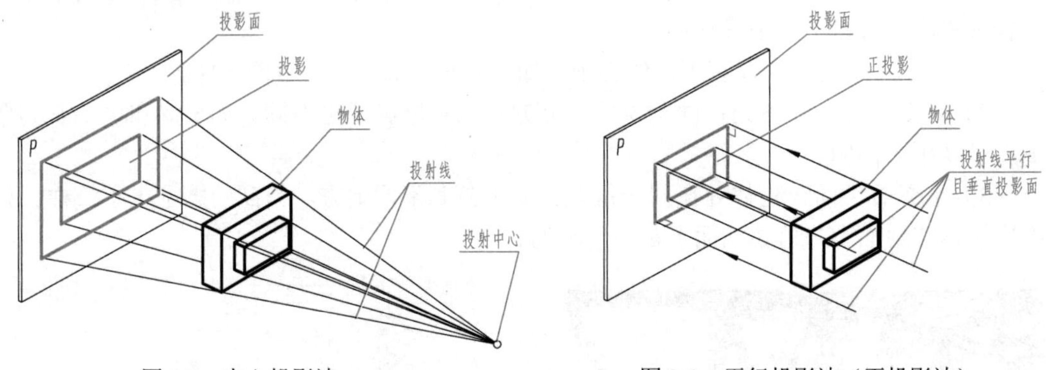

图 2-2　中心投影法　　　　图 2-3　平行投影法（正投影法）

（1）正投影法　投射线与投影面相垂直的平行投影法，称为正投影法。根据正投影法所得到的图形，称为正投影（或正投影图），如图 2-4a 所示。

由于正投影法能反映物体的真实形状和大小，度量性好，作图简便，所以在工程上的应用十分广泛。机械图样都是采用正投影法绘制的，正投影法是机械制图的理论基础。

（2）斜投影法　投射线与投影面相倾斜的平行投影法，称为斜投影法。根据斜投影法所得到的图形，称为斜投影（或斜投影图），如图 2-4b 所示。

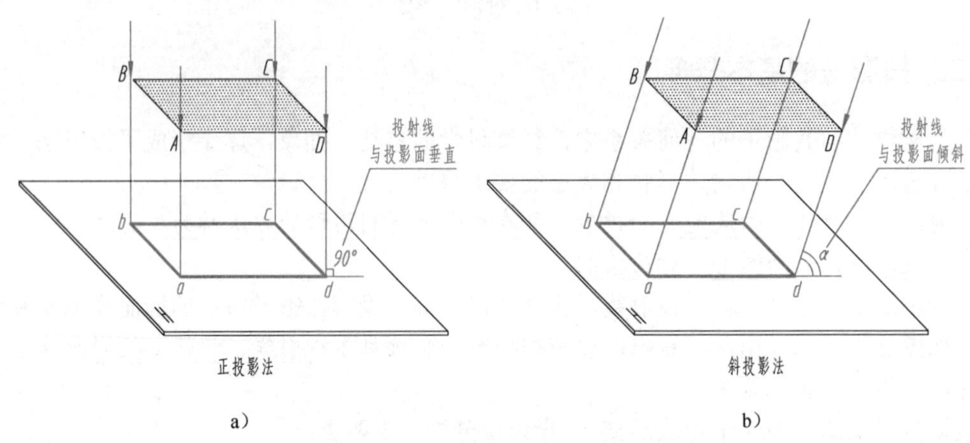

图 2-4　平行投影法

提示：为了叙述方便，以后把“正投影”简称为“投影”。

三、正投影的基本性质

1. 真实性

平面（直线）平行于投影面，投影反映实形（实长），这种性质称为真实性，如图 2-5a 所示。

2. 积聚性

平面（直线）垂直于投影面，投影积聚成直线（一点），这种性质称为积聚性，如图 2-5b 所示。

3. 类似性

平面（直线）倾斜于投影面，投影变小（短），这种性质称为类似性，如图 2-5c 所示。

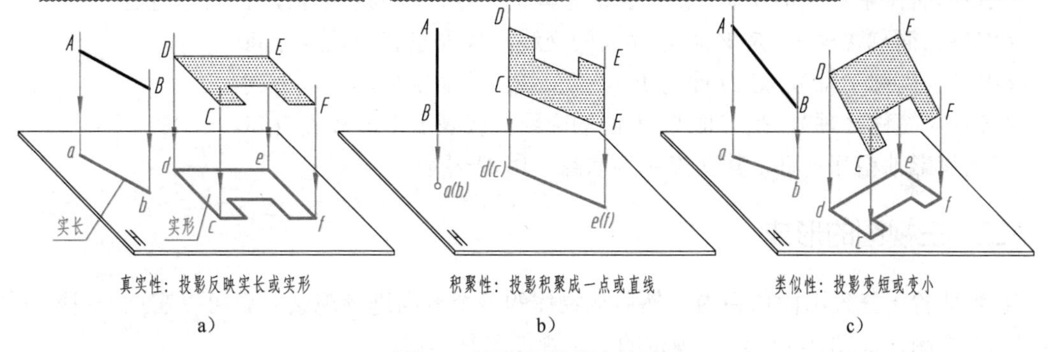

图 2-5 正投影的基本性质

四、视图的基本概念

用正投影法绘制物体的图形时，可把人的视线假想成相互平行且垂直于投影面的一组投射线。根据有关标准和规定，用正投影法所绘制出物体的图形称为视图，如图 2-6 所示。

一般情况下，一个视图不能完整地表达物体的形状。由图 2-6 可以看出，这个视图只反映物体的长度和高度，而没有反映物体的宽度。

如图 2-7 所示，两个不同的物体，在同一投影面上的投影却相同。因此，要反映物体的完整形状，常需要从几个不同方向进行投射，获得多面正投影，以表示物体各个方向的形状，综合起来反映物体的完整形状。

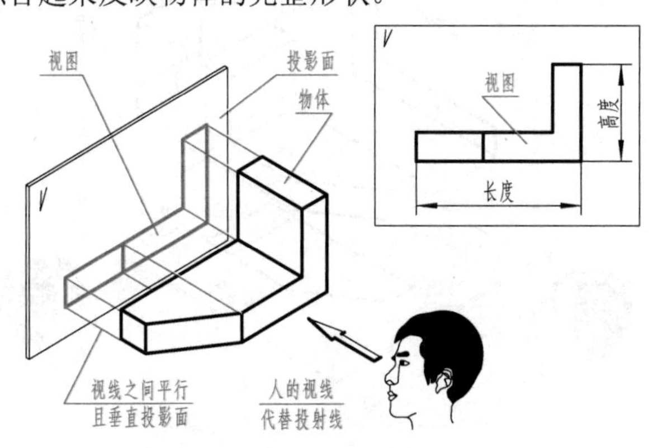

图 2-6 视图的概念

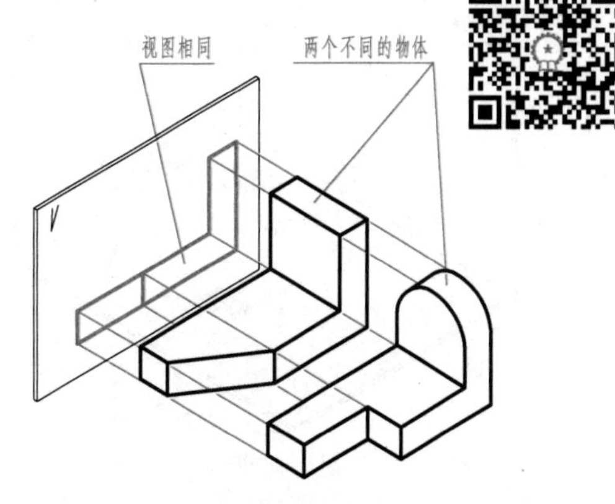

图 2-7 一个视图不能确定物体的形状

提示：绘制视图时，可见的棱线和轮廓线用粗实线绘制，不可见的棱线和轮廓线用细虚线绘制。

第二节　三视图的形成及其对应关系

一、三投影面体系的建立

在多面正投影中，相互垂直的三个投影面构成三投影面体系，分别称为正立投影面（简称正面或 *V* 面）、水平投影面（简称水平面或 *H* 面）和侧立投影面（简称侧面或 *W* 面），如图 2-8 所示。

三投影面体系中，相互垂直的投影面之间的交线，称为投影轴，它们分别是：

OX 轴（简称 *X* 轴），是 *V* 面与 *H* 面的交线，代表左右即长度方向。

OY 轴（简称 *Y* 轴），是 *H* 面与 *W* 面的交线，代表前后即宽度方向。

OZ 轴（简称 *Z* 轴），是 *V* 面与 *W* 面的交线，代表上下即高度方向。

三条投影轴相互垂直，其交点称为原点，用 *O* 表示。

二、三视图的形成

将物体置于三投影面体系内，然后从物体的三个方向进行观察，就可以在三个投影面上得到三个视图，如图 2-9 所示。规定的三个视图名称是：

主视图——由前向后投射所得的视图。

左视图——由左向右投射所得的视图。

俯视图——由上向下投射所得的视图。

这三个视图统称为三视图。

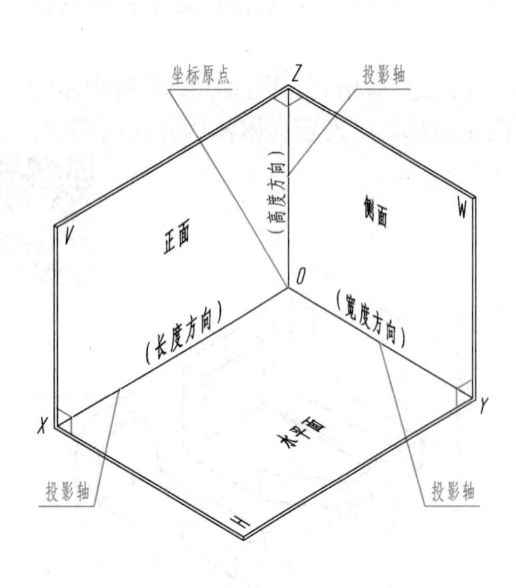

图 2-8　三投影面体系

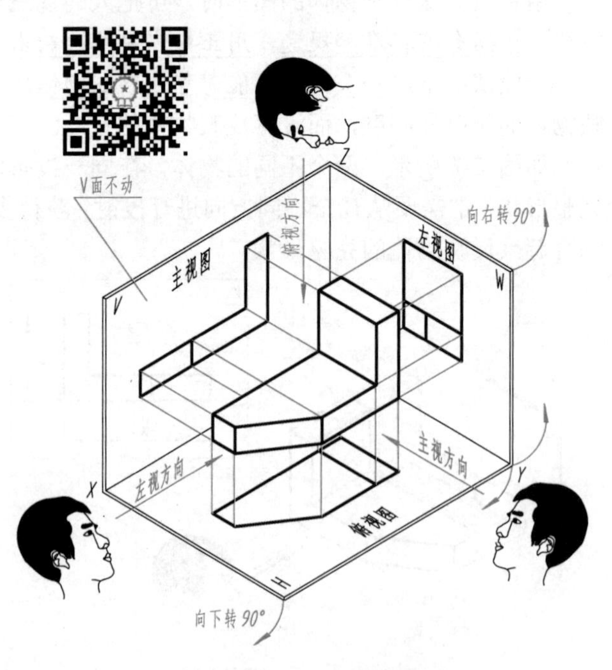

图 2-9　三视图的形成

为把三个视图画在同一张图纸上，必须将相互垂直的三个投影面展开在同一个平面上。展开方法如图 2-9 所示，规定：*V* 面保持不动，将 *H* 面绕 *X* 轴向下旋转 90°，将 *W* 面绕 *Z* 轴向右旋转 90°，就得到展开后的三视图，如图 2-10a 所示。实际绘图时，应去掉投影面边框和投影轴，如图 2-10b 所示。

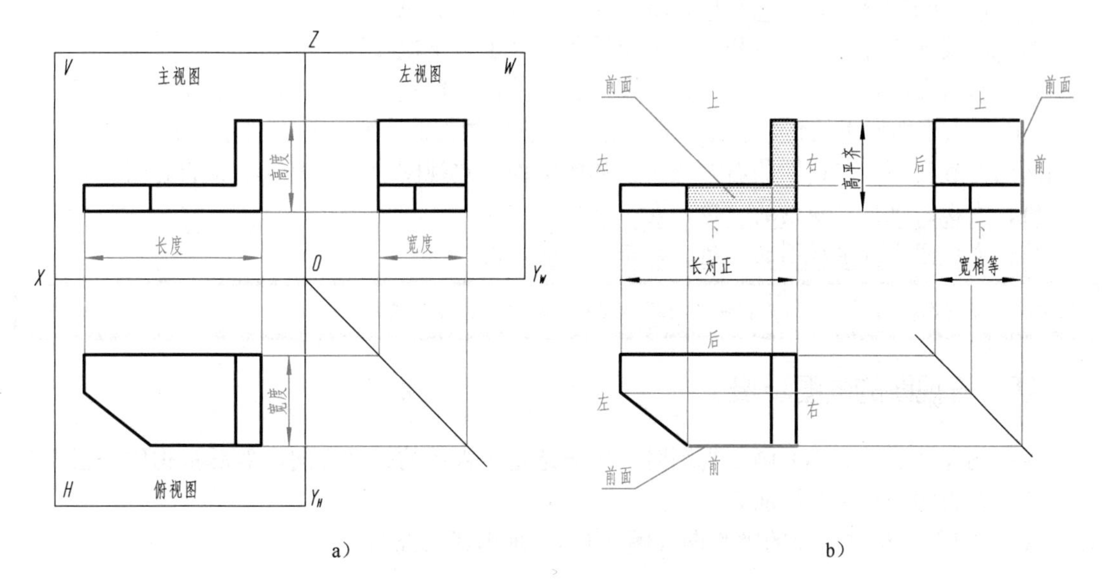

a）　　　　b）

图 2-10　展开后的三视图

三、三视图之间的对应关系及投影规律

由三视图的形成过程可以总结出三视图之间的位置关系、投影规律及方位关系。

1. 位置关系

由三视图的展开过程可知，三视图之间的相对位置是固定的，即主视图定位后，左视图在主视图的右方，俯视图在主视图的下方。各视图的名称不需标注，如图 2-10b 所示。

2. 投影规律

规定：物体左右之间的距离（*X* 轴方向）为长度；物体前后之间的距离（*Y* 轴方向）为宽度；物体上下之间的距离（*Z* 轴方向）为高度。从图 2-10a 可以看出，每一个视图只能反映物体两个方向的尺度，即

主视图——反映物体的长度（*X* 轴方向尺寸）和高度（*Z* 轴方向尺寸）；

左视图——反映物体的高度（*Z* 轴方向尺寸）和宽度（*Y* 轴方向尺寸）；

俯视图——反映物体的长度（*X* 轴方向尺寸）和宽度（*Y* 轴方向尺寸）。

由此可得出三视图之间的投影规律，即

主俯“长对正”；
主左“高平齐”；　（简称“三等”规律）
左俯“宽相等”。

三视图之间的“三等”规律，不仅反映在物体的整体上，也反映在物体的任意一个局部结构上，如图 2-10 所示。这一规律是画图和看图的依据，必须深刻理解和熟练运用。

3. 方位关系

物体有左右、前后、上下六个方位，搞清楚三视图的六个方位关系，对画图、看图是十分重要的。从图 2-10b 可以看出，每一个视图只能反映物体两个方向的位置关系，即

主视图反映物体的左、右和上、下位置关系（前、后重叠）。

左视图反映物体的上、下和前、后位置关系（左、右重叠）。

俯视图反映物体的左、右和前、后位置关系（上、下重叠）。

画图与看图时，要特别注意俯视图和左视图的前、后对应关系，在三个投影面的展开过程中，由于水平面向下旋转，俯视图的下方表示物体的前面，俯视图的上方表示物体的后面；当侧面向右旋转后，左视图的右方表示物体的前面，左视图的左方表示物体的后面。即

俯、左视图远离主视图的一边，表示物体的前面；

俯、左视图靠近主视图的一边，表示物体的后面。

> 提示：物体的左、俯视图不仅宽相等，还应保持前、后位置的对应关系。

四、三视图的画图步骤

根据物体（或轴测图）画三视图时，应先选定主视图的投射方向，然后将物体摆正（使物体的主要表面平行于投影面）。

【例 2-1】 根据支座的轴测图（图 2-11a）画出其三视图。

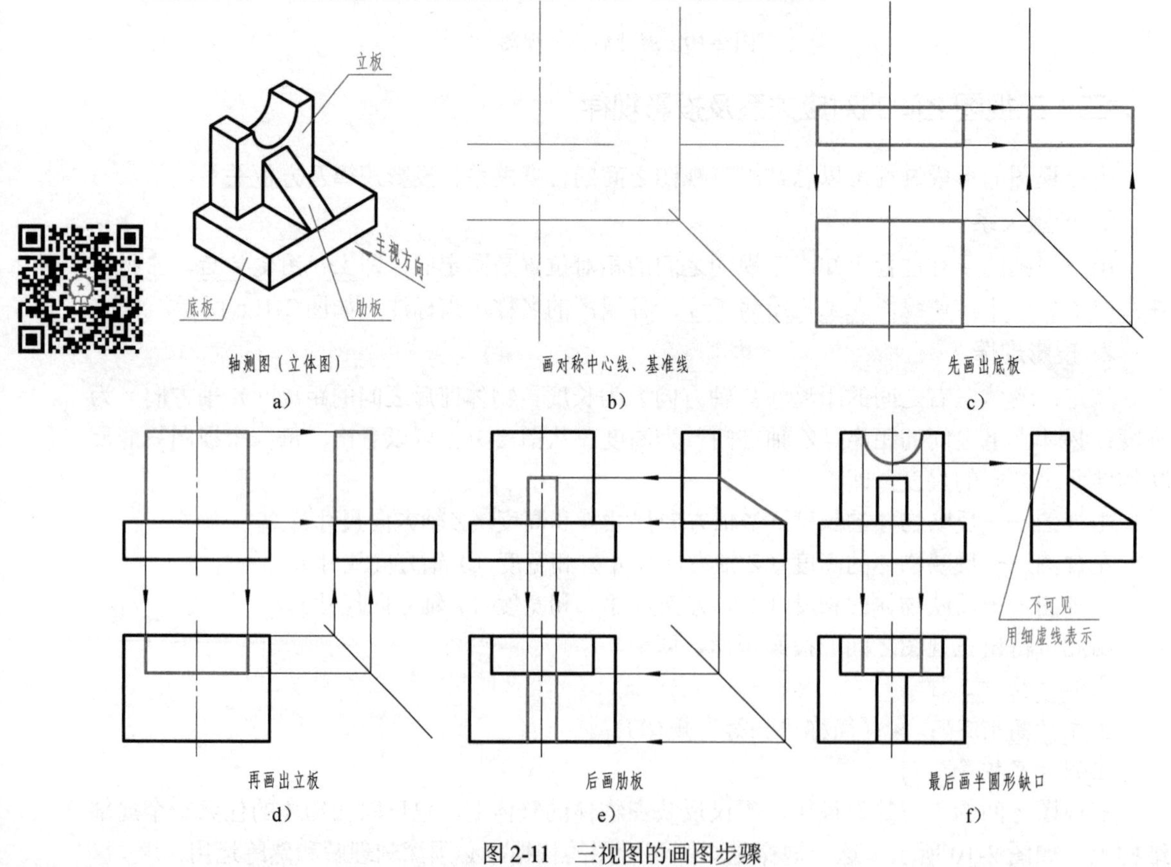

图 2-11　三视图的画图步骤

分析

图 2-11a 所示支座的下方为一长方形底板；底板后部有一块立板，立板中间有一半圆形通槽；立板坐在底板之上，后面平齐；立板前面有一块三角形肋板。根据支座的形状特征，由前向后为主视图的投射方向。

作图步骤

①先画出对称中心线、基准线，确定三视图的位置，如图 2-11b 所示。

②该物体由三部分组成，应分部分画出。依次画出底板、立板和肋板，如图 2-11c、d、e 所示。

③最后画出细节（半圆形缺口），如图 2-11f 所示。

画三视图时，物体的每一组成部分，最好是三个视图配合着画。不要先把一个视图画完后，再画另一个视图。这样，不但可以提高绘图速度，还能避免漏线、多线。画物体某一部分的三视图时，应先画反映形状特征的视图，再按投影关系画出其他视图。

> 提示：画三视图时图线重合怎么办？国家标准规定，可见的轮廓线和棱线用粗实线表示，不可见的轮廓线和棱线用细虚线表示。图线重合时，其优先顺序为：可见轮廓线和棱线（粗实线）→不可见轮廓线和棱线（细虚线）→剖面线（细实线）→轴线、对称中心线（细点画线）→假想轮廓线（细双点画线）→尺寸界线和分界线（细实线）。

第三节　几何体的投影

几何体分为平面立体和曲面立体两大类。表面均为平面的立体，称为平面立体，如图 2-12a、b 所示；表面由曲面与平面或全部由曲面所组成的立体，称为曲面立体，如图 2-12c、d、e、f 所示。

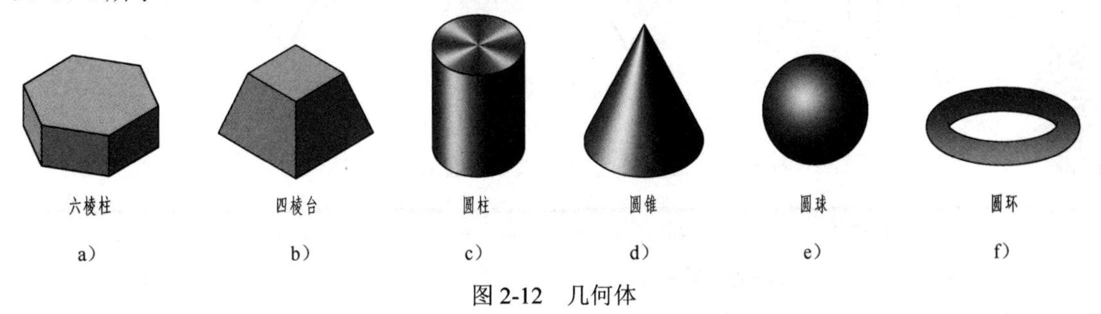

图 2-12　几何体

一、平面立体

1. 棱柱

（1）棱柱的三视图　图 2-13a 所示为一个正三棱柱的投影。它的顶面和底面平行于 H 面；三个矩形侧面中，后面平行于 V 面，左右两面垂直于 H 面；三条侧棱垂直于 H 面。

作图步骤

画三视图时，先画顶面和底面的投影，在水平投影中，它们均反映实形（正三角形）且重叠；其正面和侧面投影都有积聚性，分别为平行于 X 轴和 Y 轴的直线；三条侧棱的水平投影都有积聚性，为三角形的三个顶点，它们的正面和侧面投影，均平行于 Z 轴且反映了棱柱的高。画完这些面和棱线的投影，即得该三棱柱的三视图，如图 2-13b 所示。

（2）棱柱表面上的点　平面立体表面上点的投影，可根据点的投影规律（即点的两面投影连线，垂直于相应的投影轴）直接求出。但需判别点的投影的可见性：若点所在表面的投影可见，则点的同面投影可见；反之为不可见。

【例 2-2】　如图 2-13c 所示，已知三棱柱上一点 M 的正面投影 m'，求 m 和 m''。

分析

根据 m' 的位置，可判定 M 在三棱柱的左侧棱面上。因左侧棱面垂直于水平面，该棱面的水平投影积聚为一条直线，所以点的水平投影 m 必落在该直线上。根据 m' 和 m 即可求出侧面投影 m''。

作图步骤

①先过 m' 作 X 轴的垂线，求出 m。

②再过 m' 作 Z 轴的垂线、过 m 作 Y_H 轴、Y_W 轴的垂线，两条垂线的交点即为 m''。

判别可见性

由于点 M 在三棱柱的左侧棱面上，该棱面的侧面投影可见，故 m'' 可见（不加圆括号）。

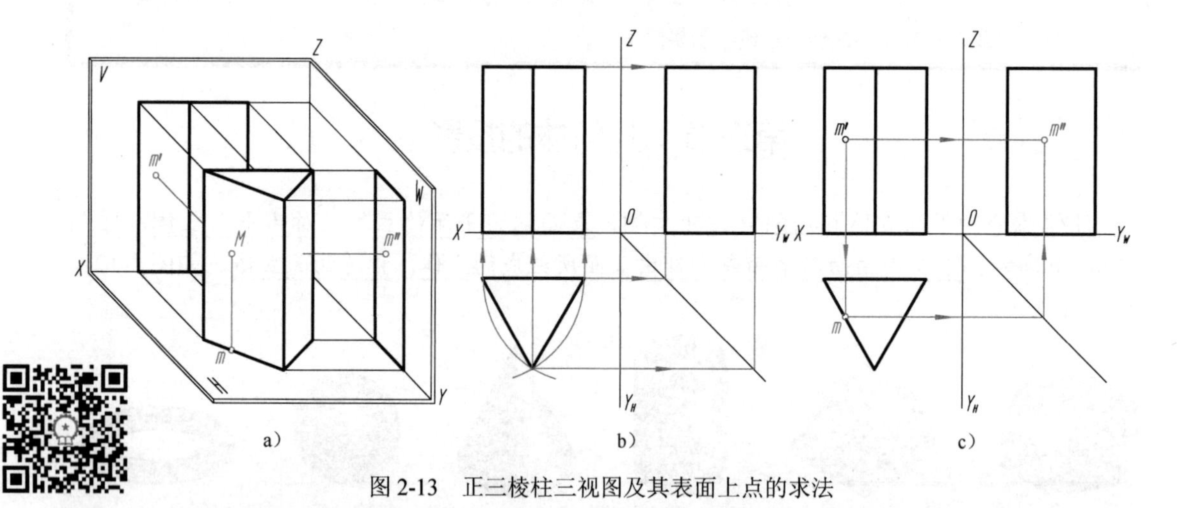

图 2-13　正三棱柱三视图及其表面上点的求法

> 提示：空间的点用大写拉丁字母表示，如 A、B、C…；点的水平投影用相应的小写字母表示，如 a、b、c…；点的正面投影用相应的小写字母加一撇表示，如 a'、b'、c'…；点的侧面投影用相应的小写字母加两撇表示，如 a''、b''、c''…。

（3）平面截切棱柱　当立体被平面截断成两部分时，其中任何一部分均称为截断体，用来截切立体的平面称为截平面，截平面与立体表面的交线称为截交线，如图 2-14 所示。截交线具有两个基本性质：

1）共有性。截交线是截平面与立体表面的共有线。

2）封闭性。由于任何立体都有一定的范围，所以截交线一定是闭合的平面图形。

【例 2-3】　如图 2-15a、b 所示，在四棱柱上方切割一个矩形通槽，试完成四棱柱矩形通槽的水平投影和侧面投影。

分析

如图 2-15b 所示，四棱柱上方的矩形通槽是由三个特殊位置平面切割而成的。槽底平行于 *H* 面，其正面投影和侧面投影均积聚成水平方向的直线，水平投影反映实形。两侧壁平行于 *W* 面，其正面投影和水平投影均积聚成竖直方向的直线，侧面投影反映实形且重合在一起。可利用积聚性求出通槽的水平投影和侧面投影。

作图步骤

①根据通槽的主视图，先在俯视图中作出两侧壁的积聚性投影；再按“高平齐、宽相等”的投影规律，画出通槽的侧面投影，如图 2-15c 所示。

②擦去作图辅助线，校核切割后的图形轮廓，加深描粗，如图 2-15d 所示。

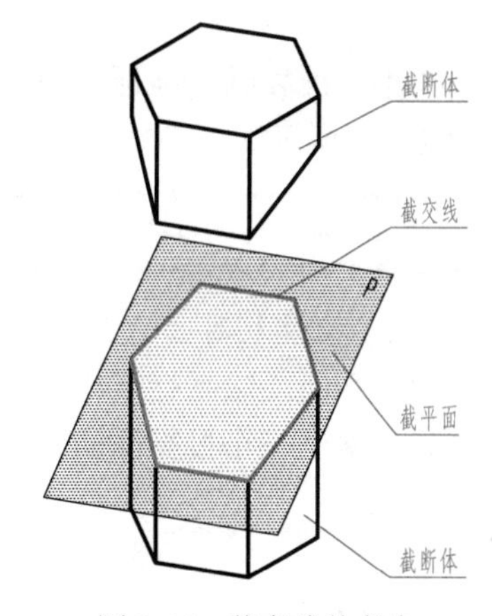

图 2-14　截交线的产生

判别可见性

注意区分槽底侧面投影的可见性，即槽底的侧面投影积聚成直线，中间一段不可见，应画成细虚线。

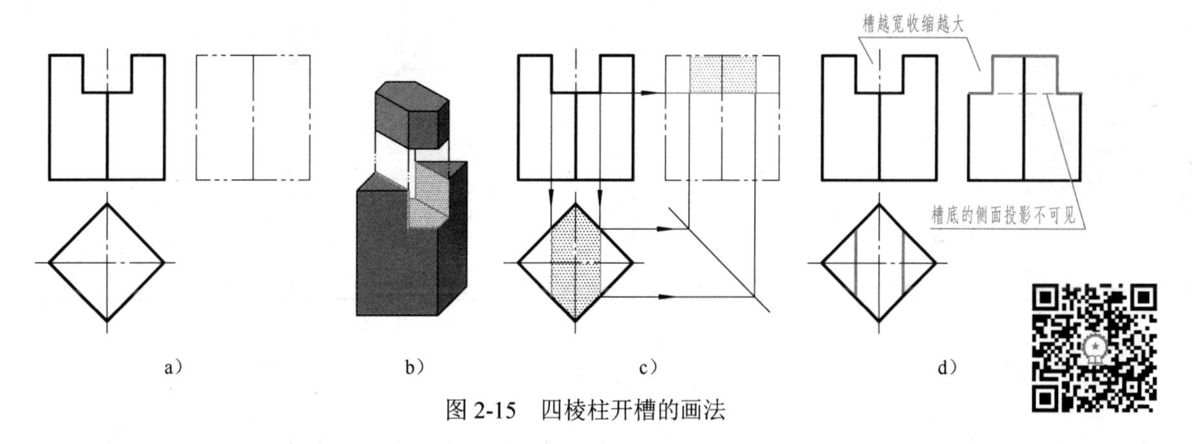

图 2-15　四棱柱开槽的画法

> 提示：因四棱柱最前、最后两条侧棱在开槽部位被切去，故左视图中的外形轮廓线，在开槽部位向内“收缩”。其收缩程度与槽宽有关，槽越宽收缩越大。

2. 棱锥

（1）棱锥的三视图　如图 2-16a 所示，正三棱锥由底面和三个棱面所组成。底面平行于 *H* 面，其水平投影反映实形，正面和侧面投影积聚为一直线。△*SAC* 垂直于 *W* 面，侧面投影积聚为一斜线，水平投影和正面投影都是类似形（不反映实形）。△*SAB* 和△*SBC* 与三个投影面均倾斜，其三面投影均为类似形（不反映实形）。最前面的棱线 *SB* 平行于 *W* 面（反映实长），*SA*、*SC* 与三个投影面均倾斜（不反映实长），*AC* 垂直于 *W* 面（侧面投影积聚成一点），*AB*、*BC* 平行于 *H* 面（水平投影反映实长）。

作图步骤

①画正三棱锥的三视图时，先画出底面△*ABC*（正三角形）的各面投影，如图 2-16b

所示。

②根据锥高画出锥顶 S 的各面投影，连接各顶点的同面投影，即为正三棱锥的三视图，如图 2-16c 所示。

> 提示：正三棱锥的侧面投影不是等腰三角形，如图 2-16c 所示。

（2）**棱锥表面上的点**　正三棱锥的表面有平行于投影面的平面，也有同时倾斜于三个投影面的平面。求平行于投影面的平面上点的投影，可利用该平面投影的积聚性直接作图；求同时倾斜于三个投影面的平面上点的投影，可通过在平面上作辅助线的方法求得。

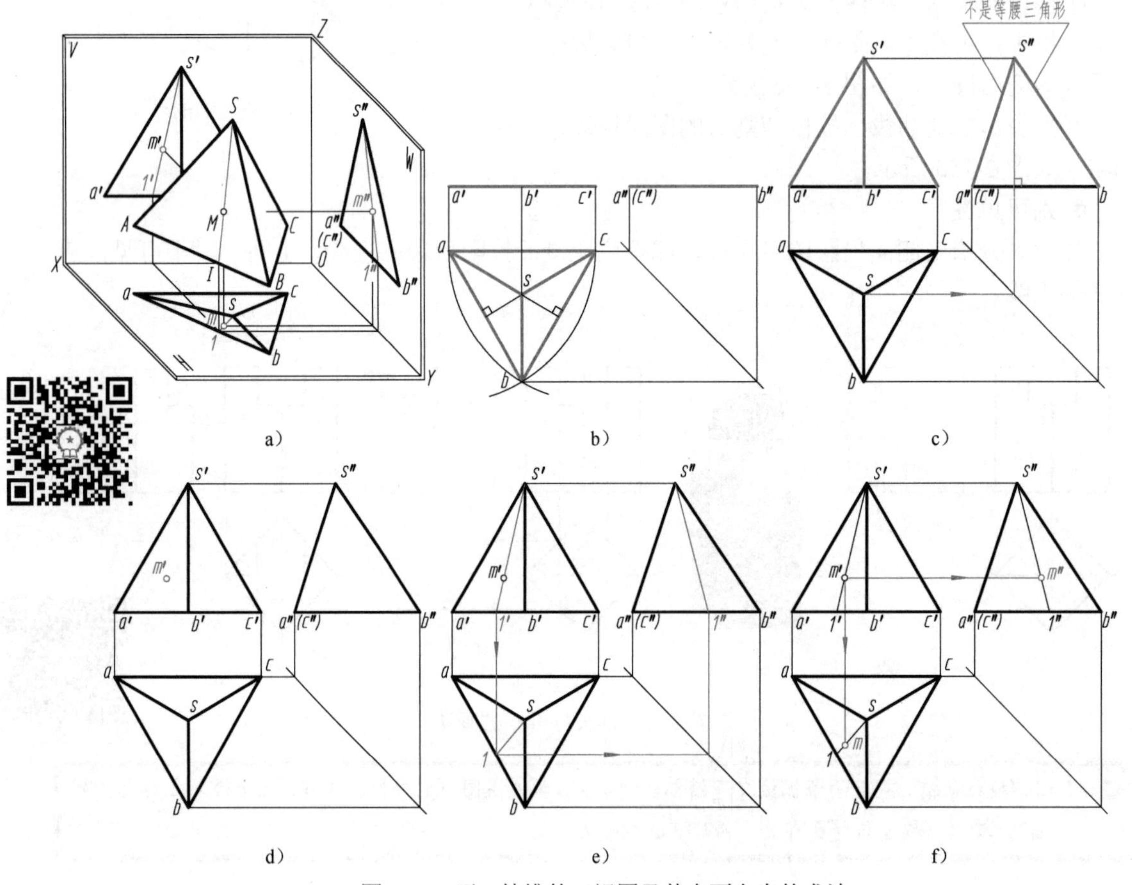

图 2-16　正三棱锥的三视图及其表面上点的求法

【例 2-4】　如图 2-16d 所示，已知棱面△SAB 上点 M 的正面投影 m'，求点 M 的其他两面投影。

分析

由于棱面△SAB 同时倾斜于三个投影面，没有积聚性，所以不能利用平面的积聚性直接作图，只有通过在平面上作辅助线的方法才能解决，如图 2-16a 所示。

作图步骤

①连接锥顶 s' 及点 m' 并延长得辅助线的正面投影 $s'1'$，求出辅助线的水平投影 $s1$ 和侧面投影 $s''1''$，如图 2-16e 所示。

②再由 m'直接求出 m 和 m''即可，如图 2-16f 所示。

（3）平面截切棱锥　平面截切平面立体时，其截交线为平面多边形。

【例 2-5】　正六棱锥被垂直于正面的平面截切，补全截切后正六棱锥的俯、左视图。

分析

由图 2-17a、b 可见，正六棱锥被垂直于 V 面的平面截切，截交线是六边形，六个顶点分别是截平面与六条侧棱的交点。由此可见，平面立体的截交线是一个平面多边形；多边形的每一条边，是截平面与平面立体各棱面的交线；多边形的各个顶点就是截平面与平面立体棱线的交点。求平面立体截交线的投影，实质上就是求截平面与各条棱线交点的投影。

作图步骤

①利用截平面的积聚性投影，先确定截交线各顶点的正面投影 a'、b'、c'、d'（B、C 各为前后对称的两个点）；直接求出最低点（也是最左点）和最高点（也是最右点）的水平投影 a、d 及侧面投影 a''、d''，如图 2-17c 所示。

②再直接求出 B、C 两个点的水平投影 b、c 及侧面投影 b''、c''，如图 2-17d 所示。

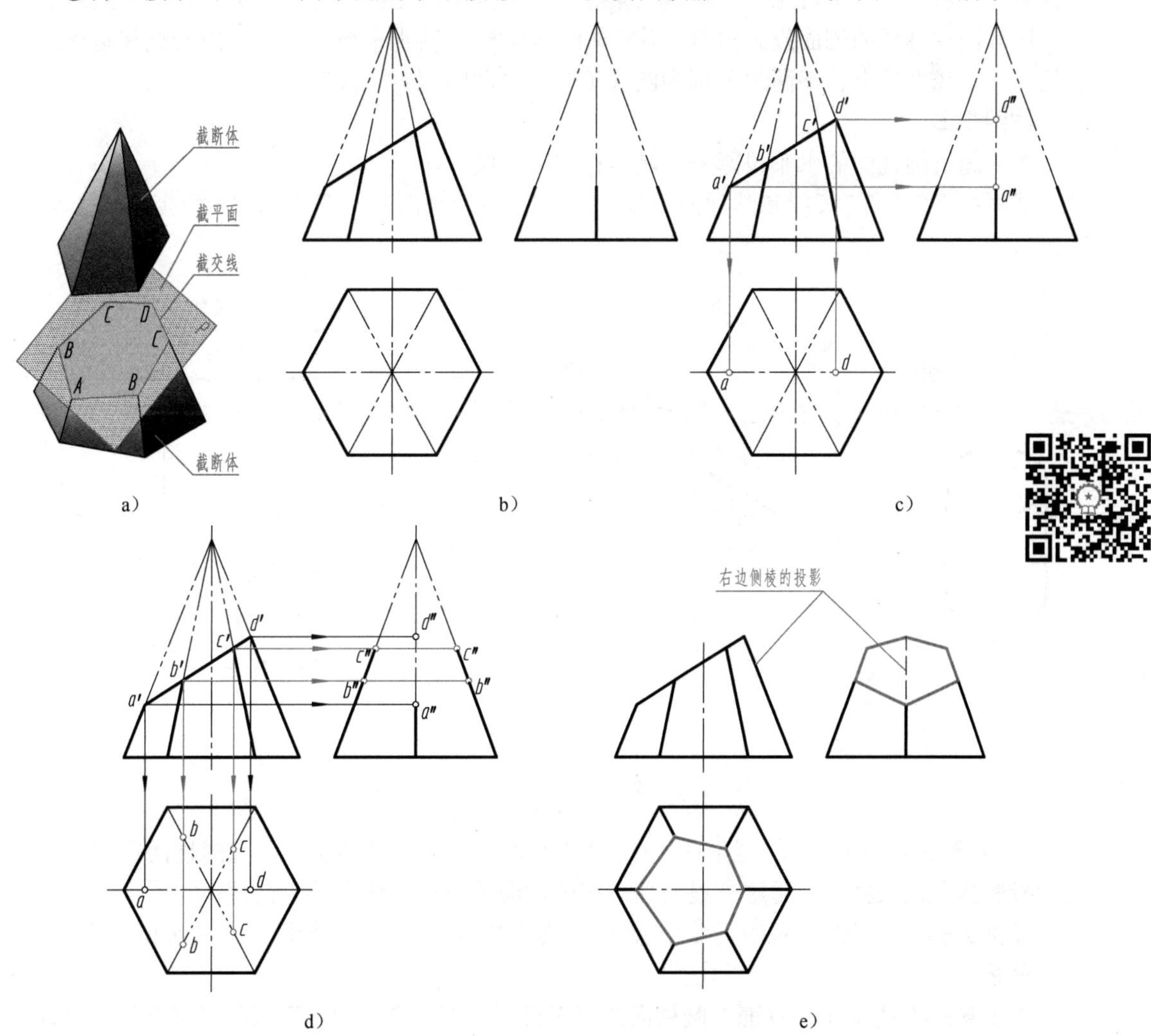

图 2-17　正六棱锥截交线的画法

③擦去作图辅助线，依次连接各顶点的同面投影，即为截交线的投影，如图 2-17e 所示。

提示：正六棱锥右边棱线在侧面投影中有一段不可见，应画成细虚线，如图 2-17e 所示。

二、曲面立体

1. 圆柱

（1）圆柱面的形成　圆柱面可看作一条直线（母线）围绕与它平行的轴线回转而成，如图 2-18a 所示。母线转至任一位置时称为素线。由一条母线绕轴线回转而形成的表面称为回转面，由回转面构成的立体称为回转体。

（2）圆柱的三视图　由图 2-18b 可以看出，圆柱的主视图为一个矩形线框。其中，左右两条轮廓线是两个由投射线组成（和圆柱面相切）的平面与 V 面的交线。这两条交线也正是圆柱面上最左、最右素线的投影，最左、最右素线把圆柱面分为前后两部分，圆柱投影前半部分可见，后半部分不可见，而这两条素线是可见与不可见的分界线。最左、最右素线的侧面投影和圆柱轴线的侧面投影重合（不需画出其投影），其水平投影在横向中心线和圆周的交点处。矩形线框的上、下两边分别为圆柱顶面、底面的积聚性投影。

作图步骤

①先画出圆柱面的水平投影——具有积聚性的圆。

②再根据“三等”规律和圆柱的高度，完成主、左两视图——两个相同的矩形，如图 2-18c 所示。

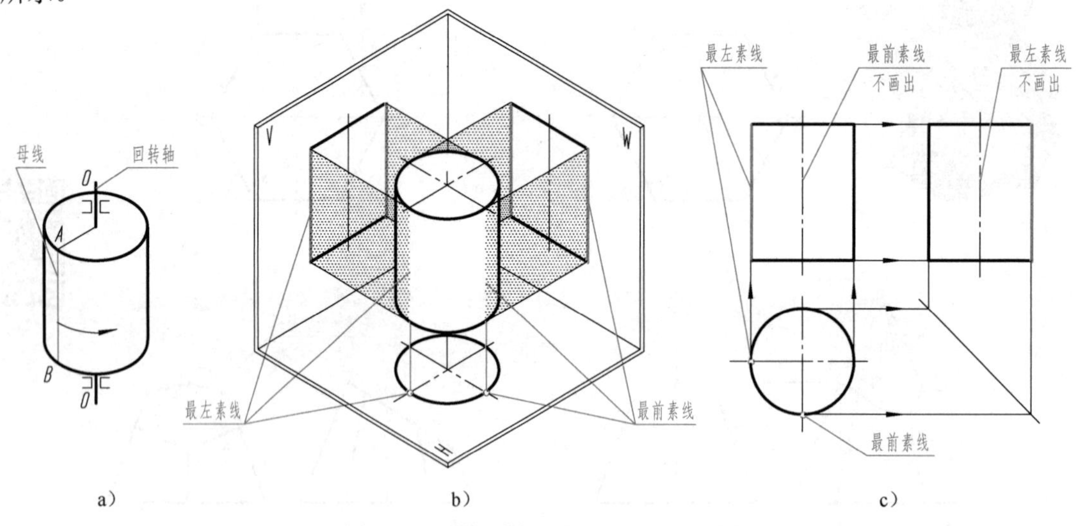

图 2-18　圆柱面的形成、视图及其分析

（3）圆柱表面上的点　当圆柱面的回转轴垂直于某一投影面时，则圆柱面在该投影面上的投影具有积聚性。利用这一投影性质在圆柱面上取点，作图较为简捷。

【例 2-6】　如图 2-19a 所示，已知圆柱面上点 M、N 的一面投影，求其另两面投影。

分析

由于圆柱的轴线垂直 H 面，圆柱面的水平投影积聚成圆，因此可根据“三等”规律直接求出点 M、N 的另两面投影。

作图步骤

①根据给定的 m'的位置，可判定点 M 在前半圆柱面的左半部分；因圆柱面的水平投影有积聚性，故 m 必在前半圆周的左部。可根据 m'先直接求出 m，再根据 m'和 m 求得 m''，如图 2-19b 所示。

②根据给定的 n''的位置，可判定点 N 在圆柱面的最后素线上，其正面投影不可见。根据 n''直接求出 n 和（n'），如图 2-19c 所示。

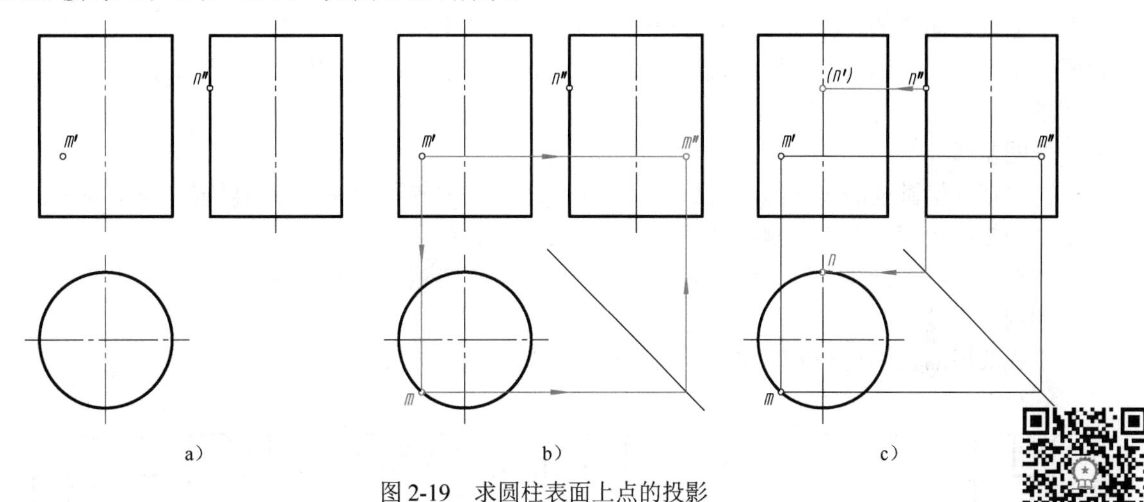

图 2-19 求圆柱表面上点的投影

（4）平面截切圆柱 当截平面与圆柱轴线平行时，其截交线为矩形；当截平面与圆柱轴线垂直时，其截交线为圆；当截平面与圆柱轴线倾斜时，其截交线为椭圆。假设截平面垂直于正投影面，如图 2-20a、b 所示，椭圆的正面投影积聚为一斜线，水平投影与圆柱面投影重合，根据截交线的正面投影和水平投影，便可直接求出截交线的侧面投影，如图 2-20 所示。

作图步骤

①求特殊点。由截交线的正面投影，直接作出截交线上的特殊点，即最高、最前、最后、最低点的投影，如图 2-20b 所示。

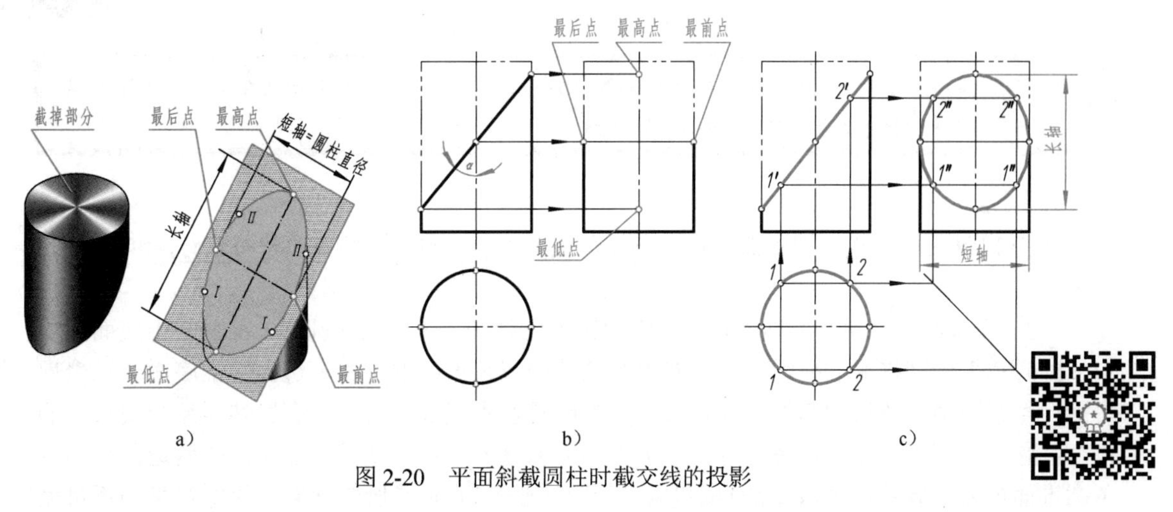

图 2-20 平面斜截圆柱时截交线的投影

②求中间点。作图时，在投影为圆的视图上任意取两点（或取等分点）及其对称点。根

据水平投影 1、2（Ⅰ、Ⅱ各为前后对称的两个点），利用投影关系求出正面投影 1′、2′和侧面投影 1″、2″，如图 2-20c 所示。

③连点成线。将各点光滑地连接起来，即为截交线的投影。

【例 2-7】 如图 2-21a 所示，完成开槽圆柱的水平投影和侧面投影。

分析

如图 2-21b 所示，开槽部分的侧壁是由两个平行于 *W* 面的平面、槽底是由一个平行于 *H* 面的平面截切而成的，圆柱面上的截交线分别位于被切出槽的各个平面上。由于这些面均与投影面平行，其投影具有积聚性或真实性。因此截交线的投影应依附于这些面的投影，不需另行求出。

作图步骤

①根据开槽圆柱的主视图，先在俯视图中作出两侧壁的积聚性投影；再按“高平齐、宽相等”的投影规律，作出通槽的侧面投影，如图 2-21c 所示。

②擦去作图辅助线，校核切割后的图形轮廓，加深描粗，如图 2-21d 所示。

判别可见性

槽底的侧面投影积聚成直线，中间一段不可见，应画成细虚线。

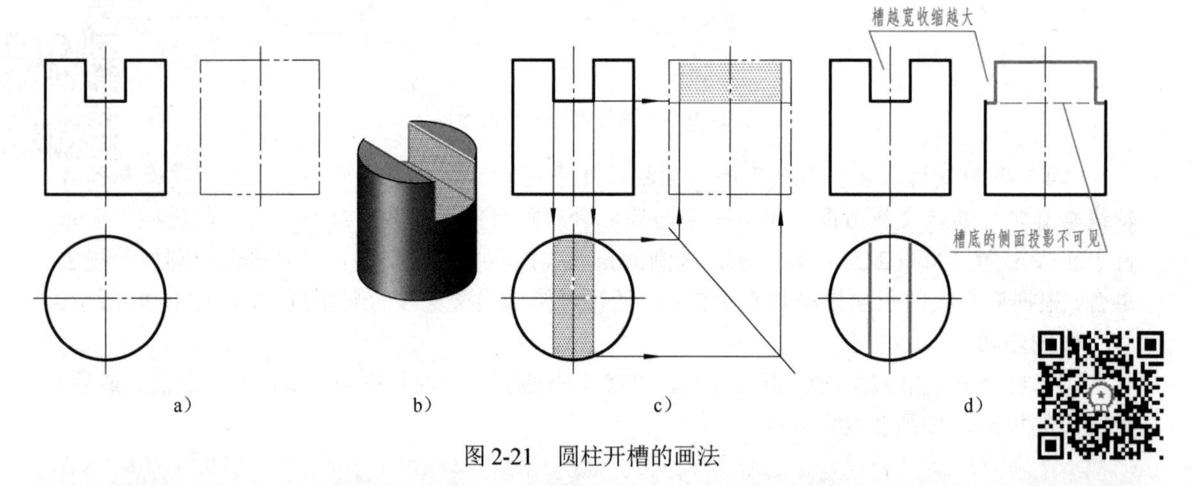

图 2-21 圆柱开槽的画法

提示：因圆柱的最前、最后两条素线均在开槽部位被切去，故左视图中的外形轮廓线在开槽部位向内“收缩”。其收缩程度与槽宽有关，槽越宽收缩越大。

2. 圆锥

（1）圆锥面的形成 圆锥面是由一条直母线围绕和它相交的轴线回转而成的，如图 2-22a 所示。

（2）圆锥的三视图 图 2-22b 所示为圆锥的三视图。俯视图的圆形，反映圆锥底面的实形，同时也表示圆锥面的投影。主、左视图的等腰三角形线框，其下边为圆锥底面的积聚性投影。主视图中三角形的两边，分别表示圆锥面最左素线 *SA* 和最右素线 *SB*（反映实长）的投影，它们是圆锥面正面投影可见与不可见部分的分界线；左视图中三角形的两边，分别表示圆锥面最前、最后素线 *SC*、*SD* 的投影（反映实长），它们是圆锥面侧面投影可见与不可见部分的分界线。

作图步骤

①画圆锥的三视图时，先画出圆锥底面的投影——圆。

②再根据“三等”规律和圆锥的高度，画出锥顶的投影，完成主、左两视图——两个相同的等腰三角形，即完成圆锥的三视图，如图 2-22b 所示。

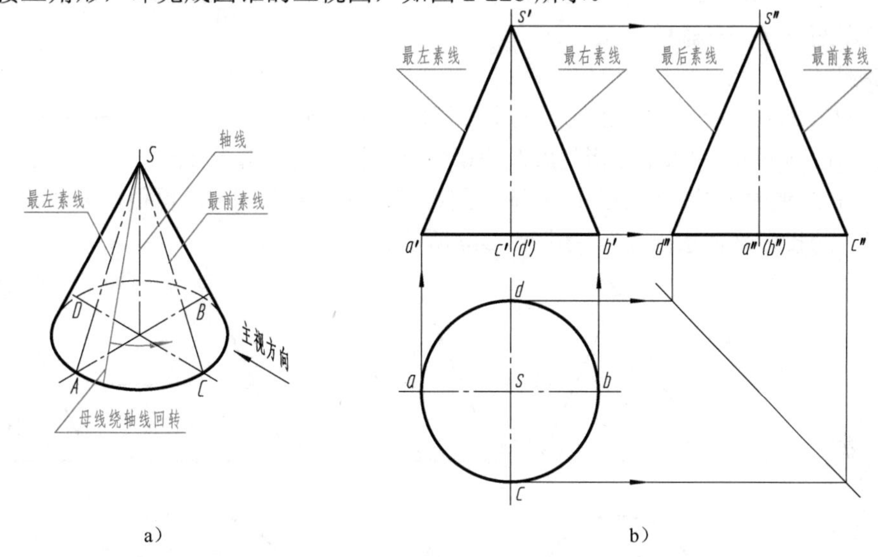

a）　　　　b）

图 2-22　圆锥的形成、视图及其分析

（3）圆锥表面上的点　圆锥面在三个投影面上的投影都没有积聚性，所以在圆锥面上取点时（特殊位置的点除外），必须在圆锥面上作辅助线或辅助圆求得。

【例 2-8】　如图 2-23a、图 2-24a 所示，已知圆锥面上点 M 的正面投影 m'，求 m 和 m''。

分析

根据点 M 的位置和可见性，可判定点 M 在前、左圆锥面上，点 M 的三面投影均可见。作图可采用如下两种方法。

第一种作图方法——辅助线法

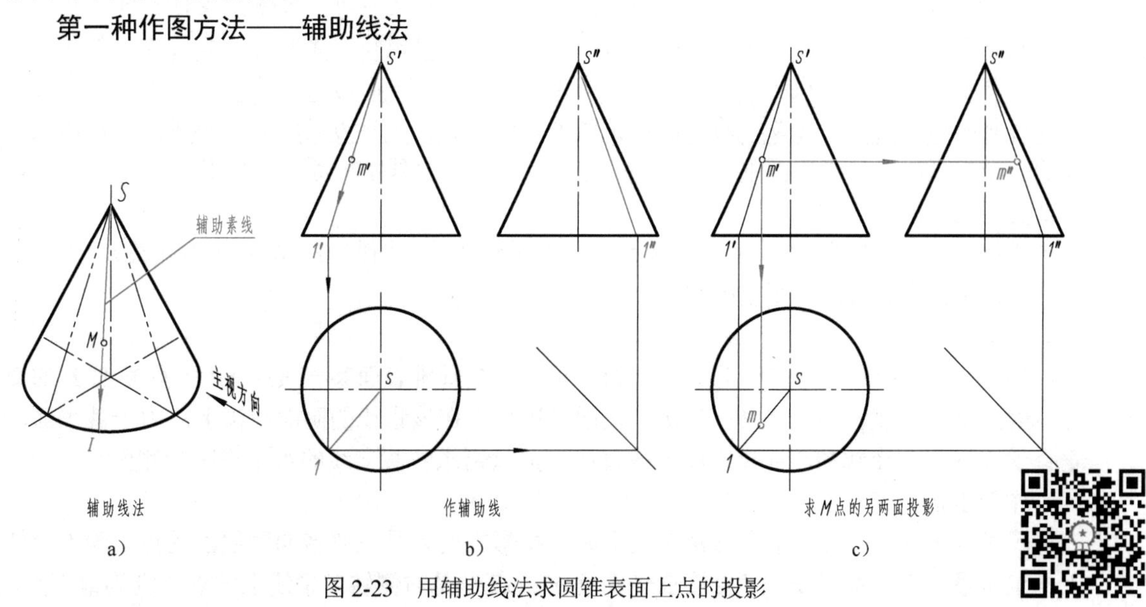

a）　　　　b）　　　　c）

图 2-23　用辅助线法求圆锥表面上点的投影

作图步骤

①过锥顶 S 和点 M 作一辅助线 SⅠ。即连接 $s'm'$，并延长到与底面的正面投影相交于 $1'$，求得 $s1$ 和 $s''1''$，如图 2-23b 所示。

②过 m' 分别向辅助线的投影作垂线，求出 m 和 m''，如图 2-23c 所示。

第二种作图方法——辅助圆法

作图步骤

①过点 M 在圆锥面上作平行于底圆的水平辅助圆（该圆的正面投影积聚成直线），即过 m' 所作的直线 $2'3'$；辅助圆的水平投影为底圆投影的同心圆（直径等于 $2'3'$），如图 2-24b 所示。

②过 m' 作 X 轴的垂线，与辅助圆的下半圆相交，其交点即为 m；再根据 m、m' 按“高平齐，宽相等”的投影规律求出 m''，如图 2-24c 所示。

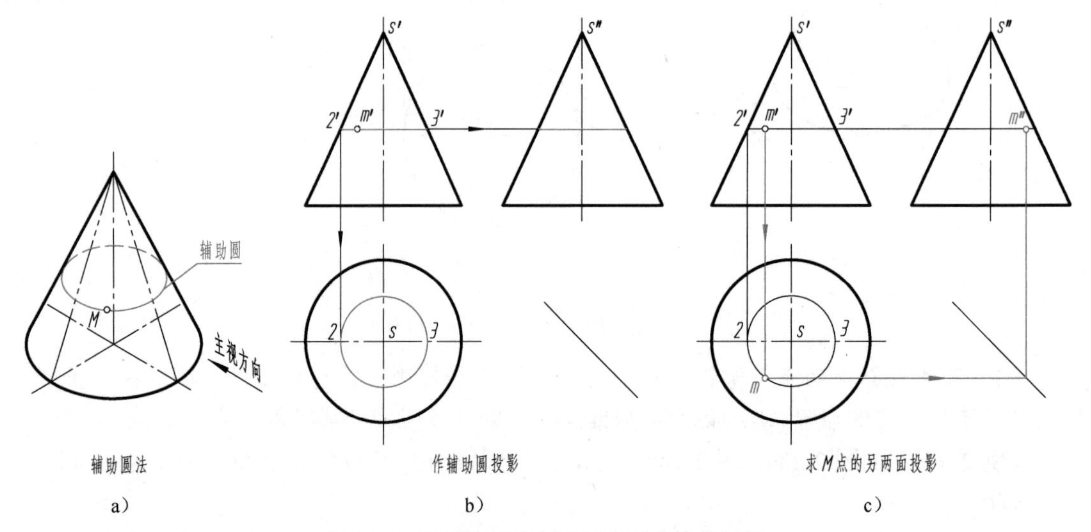

a）　　　　b）　　　　c）

图 2-24　用辅助圆法求圆锥表面上点的投影

（4）平面截切圆锥　因截平面与圆锥轴线的相对位置不同，其截交线有五种形状。当截平面垂直于圆锥轴线时，其截交线为圆；当截平面通过圆锥顶点时，其截交线为等腰三角形；当截平面与圆锥轴线相交时，其截交线为椭圆；当截平面与圆锥某一素线平行时，其截交线为封闭的抛物线；当截平面与圆锥轴线平行时，其截交线为封闭的双曲线。当知道截交线的一个投影时，可利用圆锥面上取点的方法，求出截交线上一系列点的其他两个投影，再分别连成光滑的曲线。

【例 2-9】　如图 2-25a 所示，圆锥被倾斜于轴线的平面截切（截交线为椭圆），用辅助线法求出圆锥截交线的水平投影和侧面投影。

分析

如图 2-25b 所示，截交线上任一点 M，可看成是圆锥表面某一素线 SⅠ与截平面 P 的交点。因点 M 在素线 SⅠ上，故点 M 的三面投影分别在该素线的同面投影上。由于截平面 P 垂直于 V 面，截交线的正面投影积聚成直线，故只需求作截交线的水平投影和侧面投影。

作图步骤

①求特殊点——直接求出转向素线上的点投影。点 A 是左侧转向素线上的点，既为最低点，也是最左点。根据 a'，可直接求出 a 及 a''；点 C 是右侧转向素线上的点，既为最高点，

也是最右点。根据 c'，可直接求出 c 及 c''；点 B 为前后转向素线上的点，根据 b'，先求出 b''，进而求出 b，如图 2-25c 所示。

②求特殊点——求出椭圆短轴的两个端点投影。先作出 $a'c'$的中点 d'，即为椭圆短轴的两个端点（最前点、最后点）的正面投影。过 d'作辅助线 $s'1'$，求出 $s1$、$s''1''$，进而求出 d 和 d''，如图 2-25d 所示。

③用辅助线法求中间点投影。过锥顶作辅助线 $s'2'$与截交线的正面投影相交，得 m'，求出辅助线的其余两投影 $s2$ 及 $s''2''$，进而求出 m 和 m''，如图 2-25e 所示。

④连点成线。去掉多余图线，将各点的同面投影依次连成光滑的曲线，即为截交线的投影，如图 2-25f 所示。

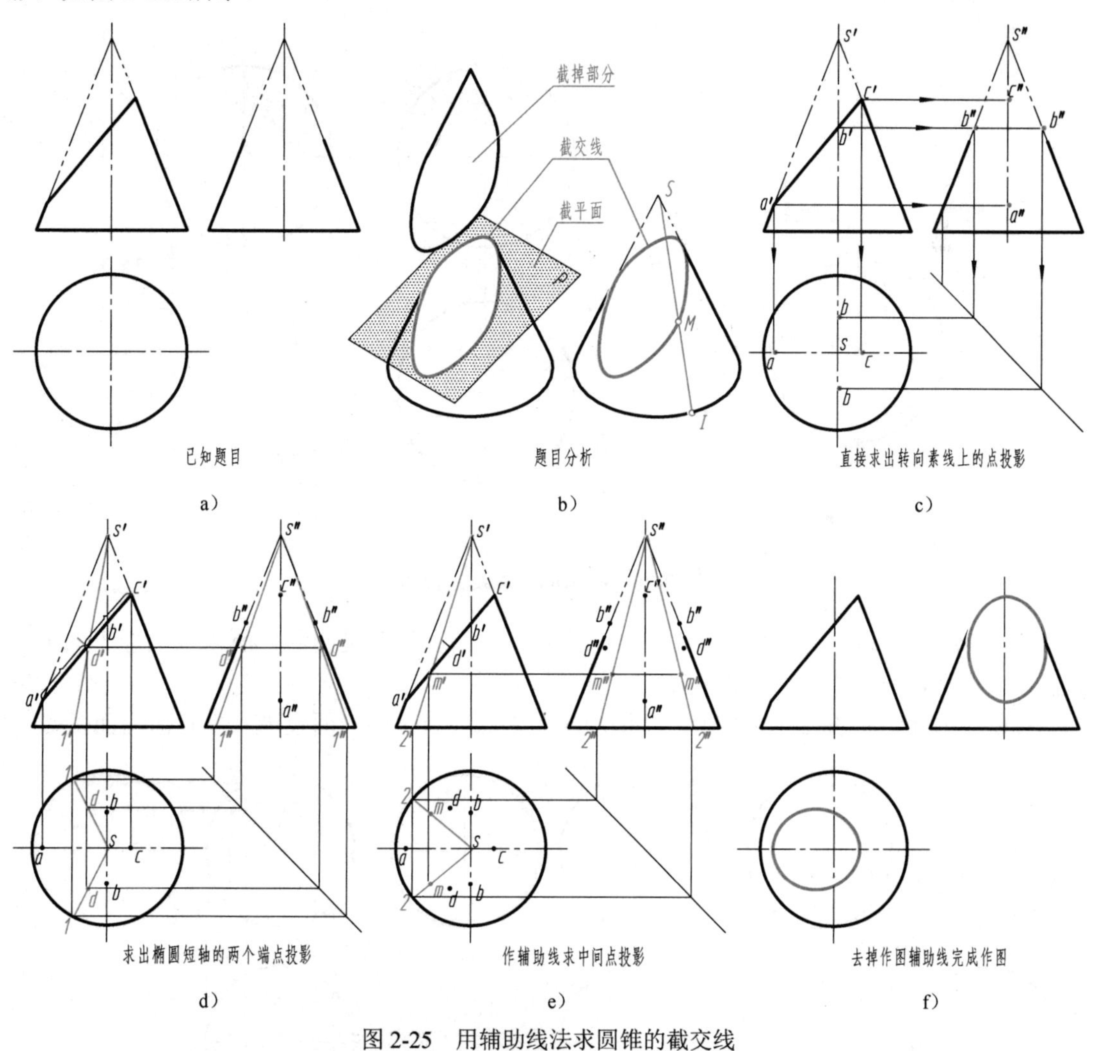

图 2-25　用辅助线法求圆锥的截交线

> 提示：若在 b'和 c'之间再作一条辅助线，又可求出两个中间点投影。中间点越多，求得的截交线越准确。

3. 圆球

（1）圆球的形成　如图 2-26a 所示，圆球可看作一圆（母线），围绕它的直径回转而成。

（2）圆球的三视图　图 2-26b 所示为圆球的三视图。它们都是与圆球直径相等的圆，均表示圆球的投影。球的各个投影虽然都是圆，但各个圆的意义不同。

1）正面投影。正面投影是平行于 V 面的圆素线的投影，即前、后半球的分界线，圆球在正面投影中可见部分与不可见部分的分界线，如图 2-26b 主视图所示。

2）水平投影。水平投影是平行于 H 面的圆素线的投影，即上、下半球的分界线，圆球在水平投影中可见部分与不可见部分的分界线，如图 2-26b 俯视图所示。

3）侧面投影。侧面投影是平行于 W 面的圆素线的投影，即左、右半球的分界线，圆球在侧面投影中可见部分与不可见部分的分界线，如图 2-26b 左视图所示。

这三条圆素线的其他两面投影，都与圆的相应对称中心线重合。

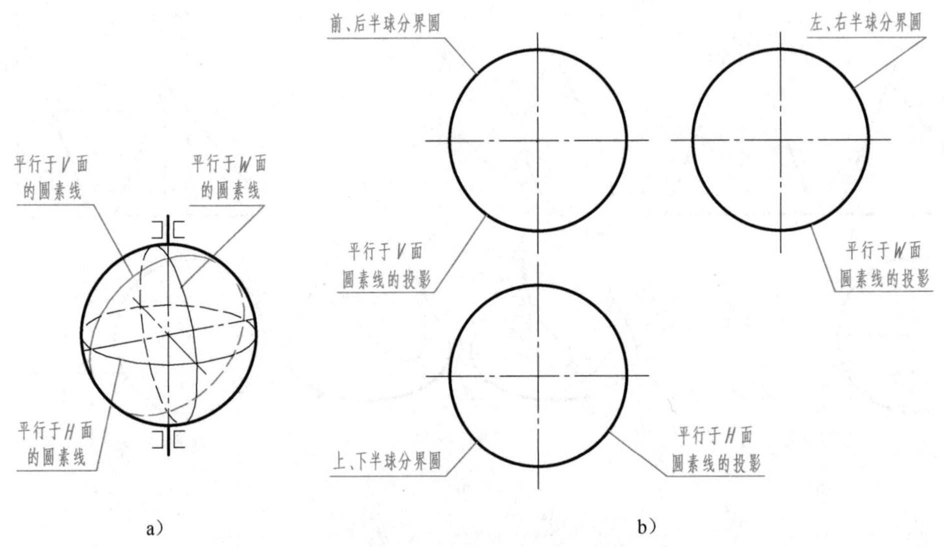

a）　　b）

图 2-26　圆球的形成及三视图

（3）圆球表面上的点　由于任一平面与圆球面的交线都是圆周，所以求圆球表面上点的投影，可取圆球面上的圆作为辅助线。

【例 2-10】　如图 2-27a 所示，已知圆球面上点 M、N 的一面投影，求其他两面投影。

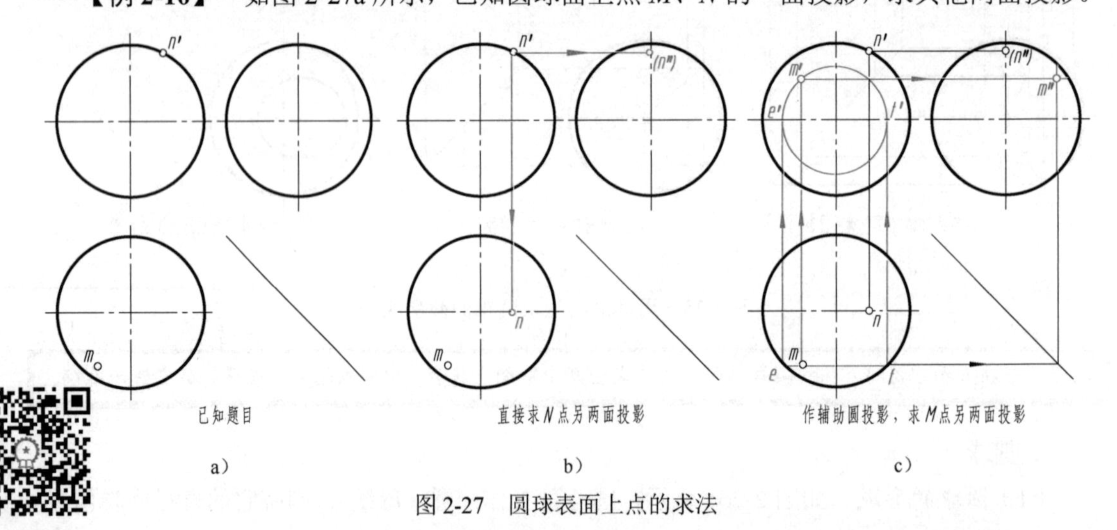

a）　　b）　　c）

图 2-27　圆球表面上点的求法

分析

根据点的位置和可见性，可判定：点 N 在前、后半球的分界圆上，且位于右半球，其侧面投影不可见；点 M 在前、左、上半球上，其三面投影均可见。

作图步骤

①点 N 在前、后两半球的分界线上，n 和 n'' 可直接求出。因为点 N 在右半球，其侧面投影 n'' 不可见，需加圆括号表示，如图 2-27b 所示。

②点 M 在前、左、上半球上，需采用辅助圆法求 m' 和 m''。过点 m 在球面上作一平行于正面的辅助圆（也可作平行于水平面或侧面的圆）。因点在辅助圆上，故点的投影必在辅助圆的同面投影上。作图时，先在水平投影中过 m 作 OX 轴的平行线 ef（ef 为辅助圆在水平投影面上的积聚性投影），其正面投影为直径等于 ef 的圆；过 m 作 OX 轴的垂线，与辅助圆正面投影的交点即为 m'；再由 m' 求得 m''，如图 2-27c 所示。

（4）平面截切圆球　圆球被任意方向的平面截切，其截交线都是圆。当截平面为投影面平行面时，截交线在所平行的投影面上的投影为一圆，其余两面投影积聚为直线。该直线的长度等于圆的直径，其直径的大小与截平面至球心的距离 B 有关，如图 2-28 所示。

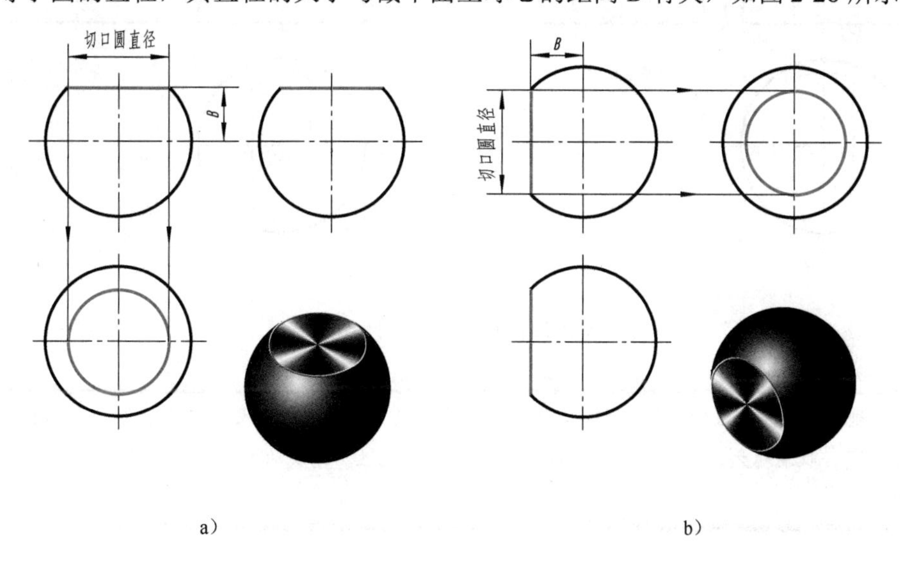

图 2-28　平面截切圆球时截交线的投影

【例 2-11】　画出图 2-29a 所示开槽半圆球的三视图。

分析

半圆球被两个对称的侧平面和一个水平面截切，两个侧平面与球面的截交线，各为一段平行于侧面的圆弧，而水平面与球面的截交线为两段水平圆弧。

作图步骤

①根据槽宽画出槽底面的水平投影和侧面投影。作图的关键在于确定辅助圆弧半径 R_1（R_1 小于半圆球的半径 R），如图 2-29b 所示。

②根据槽深画出槽壁的侧面投影。作图的关键在于确定辅助圆弧半径 R_2（R_2 小于半圆球的半径 R），如图 2-29c 所示。

③去掉作图辅助线，完成开槽半圆球的三视图，如图 2-29d 所示。

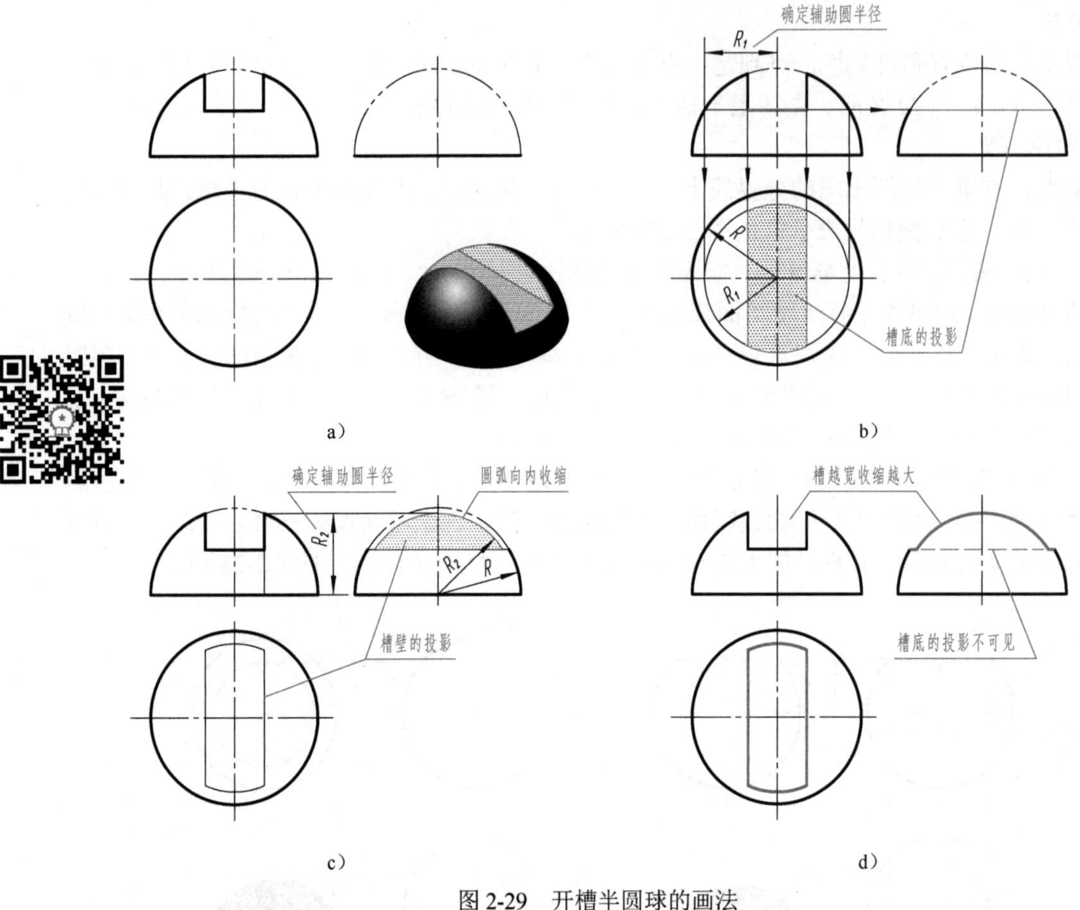

图 2-29　开槽半圆球的画法

提示：①因圆球的最高处在开槽后被切掉，故左视图上方的轮廓线向内“收缩”，其收缩程度与槽宽有关，槽越宽、收缩越大。②注意区分槽底侧面投影的可见性，槽底的中间部分是不可见的，应画成细虚线。

第四节　几何体的尺寸注法

视图的作用是表达物体的结构和形状，而物体的大小是根据图中所注的尺寸来确定的。掌握几何体的尺寸注法，是学习比较复杂物体尺寸注法的基础。

一、平面立体的尺寸注法

棱柱、棱锥及棱台，除了标注确定其顶面和底面形状大小的尺寸外，还要标注高度尺寸，如图 2-30、图 2-31 所示。

为了便于看图，确定顶面和底面形状大小的尺寸，宜标注在反映实形的视图上，如图 2-30、图 2-31 所示。标注正方形尺寸时，要加注正方形符号“□”，如图 2-30b、图 2-31d 所示。

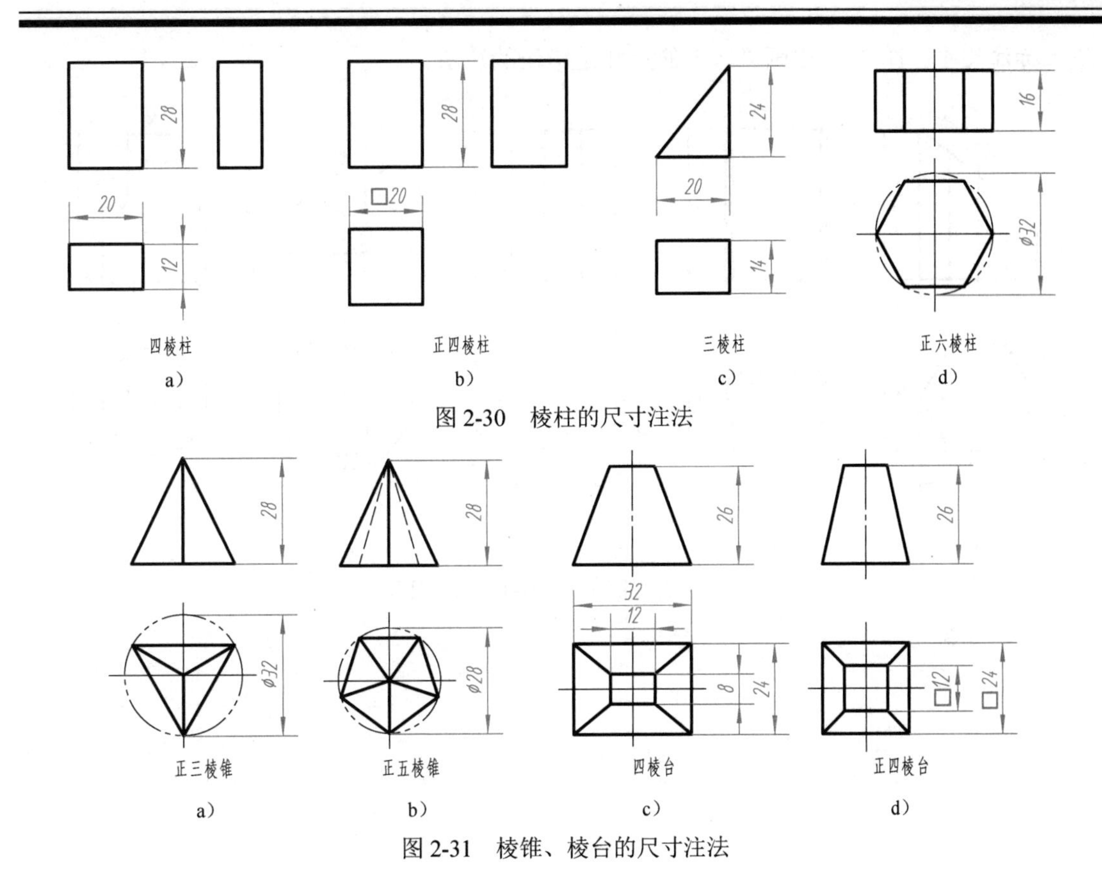

图 2-30　棱柱的尺寸注法

图 2-31　棱锥、棱台的尺寸注法

二、回转体的尺寸注法

圆柱、圆锥和圆锥台，应标注底圆直径和高度尺寸，并在直径数字前加注直径符号“ ϕ”。标注圆球尺寸时，在直径数字前加注球直径符号“$S\phi$”。直径尺寸一般标注在非圆视图上。

当尺寸集中标注在一个非圆视图上时，一个视图即可表达清楚它们的形状和大小。圆柱、圆锥、圆台、圆球、半圆球等用一个视图表达即可，如图 2-32 所示。

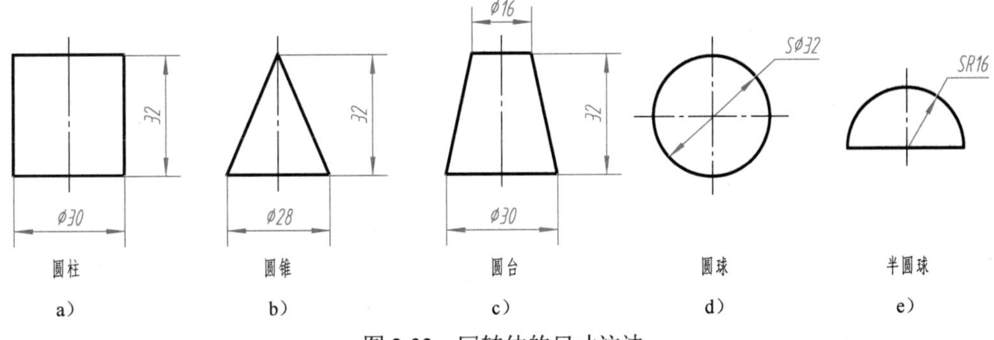

图 2-32　回转体的尺寸注法

三、带切口几何体的尺寸注法

对带切口的几何体，除标注几何体的尺寸外，还要注出确定截平面位置的尺寸。但要注意，由于几何体与截平面的相对位置确定后，切口的截交线即完全确定，因此，不应在截交线上标注尺寸。图 2-33 中画“×”的尺寸是错误的注法。

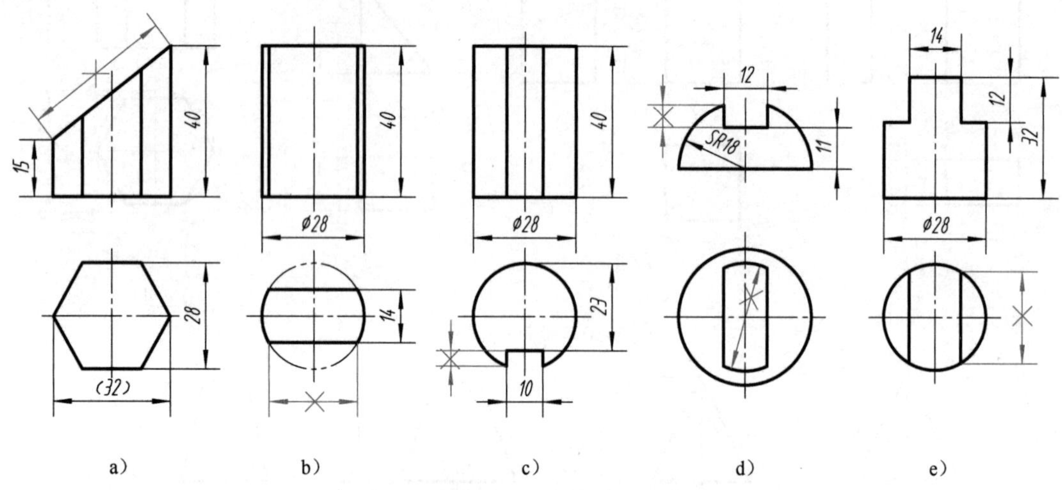

图 2-33 带切口几何体的尺寸注法

第三章　组　合　体

第一节　组合体的形体分析

任何复杂的机器零件，从形体的角度来分析，都可以看成是由若干基本形体（圆柱、圆锥、圆球等），按一定的方式（叠加、切割或穿孔等）组合而成的。由两个或两个以上的基本形体组合构成的整体，称为组合体。

一、组合体的构成

组合体按其构成的方式，可分为叠加和切割两种。叠加型组合体是由若干基本形体叠加而成的，切割型组合体是由基本形体经过切割或穿孔后形成的，多数组合体则是既有叠加又有切割的综合型。图 3-1a 中的支座，可看成是由一块长方形底板（穿孔，即切去一个圆柱体）、两块尺寸相同的梯形立板、一块半圆形立板（穿孔，即切去一个圆柱体）叠加起来组成的综合型组合体，如图 3-1b 所示。

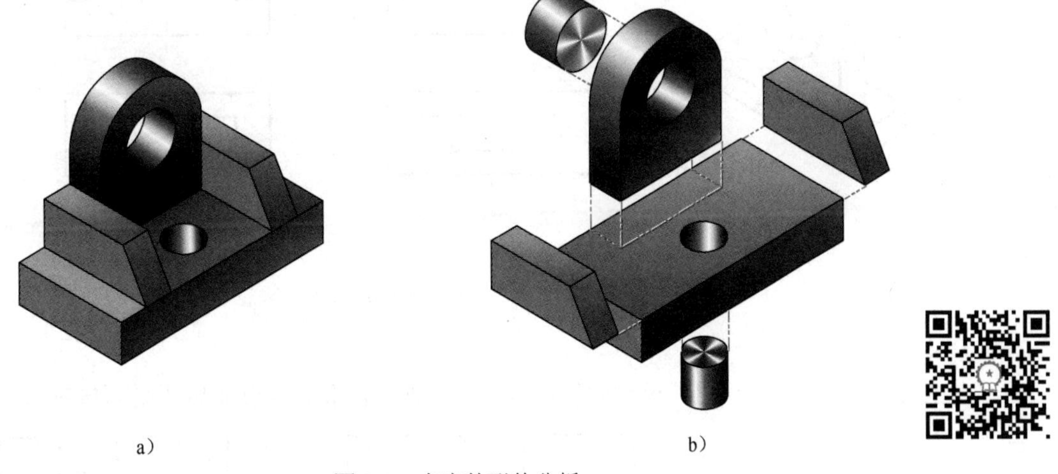

a)　　　　b)

图 3-1　支座的形体分析

画组合体的三视图时，可采用“先分后合”的方法，即假想将组合体分解成若干个基本形体，然后按其相对位置逐个画出各基本形体的投影，综合起来，即得到整个组合体的视图。这样，就可把一个比较复杂的问题分解成几个简单的问题加以解决。

为了便于画图，通过分析，将组合体分解成若干个基本形体，并搞清它们之间相对位置和组合形式的方法，称为形体分析法。

二、组合体的组合形式

讨论组合体的组合形式，关键是搞清相邻两形体间的接合形式，以便于分析接合处两形体分界线的投影。

1. 共面与非共面

画这种组合形式的视图时，应注意区分分界处的情况。当两形体的邻接表面共面时，在共面处没有交线，如图 3-2 所示。

当两形体的邻接表面不共面时，在两形体的连接处应有交线，如图 3-3 所示。

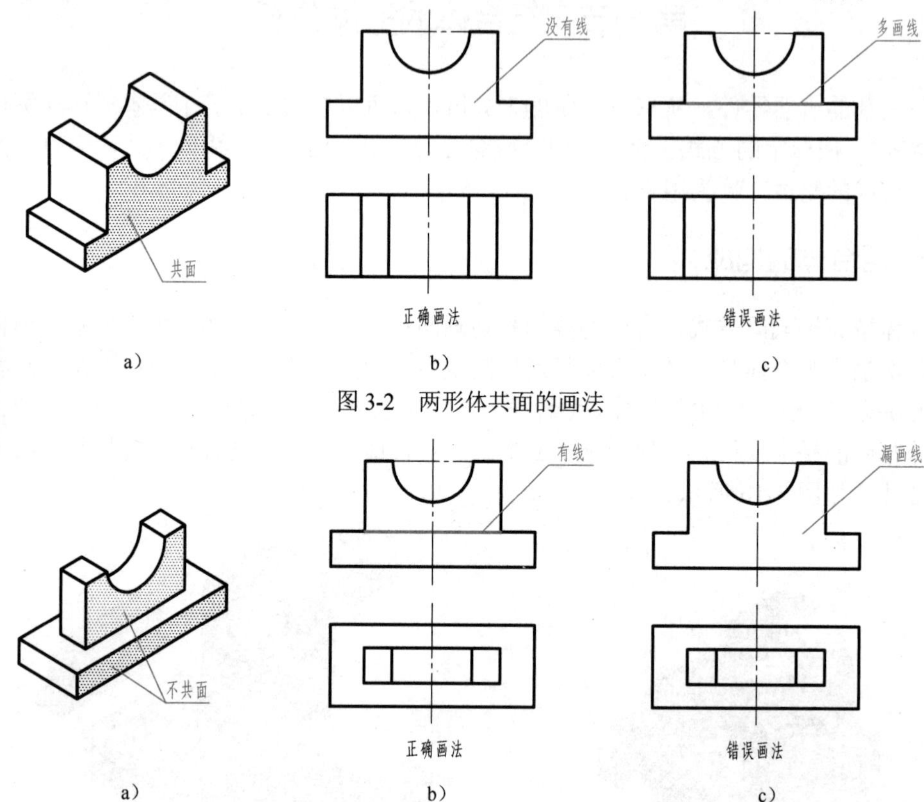

图 3-2　两形体共面的画法

图 3-3　两形体不共面的画法

2. 相切

图 3-4a 所示组合体由耳板和圆筒组成。沿主视方向看，耳板前后两平面与左右一大一小

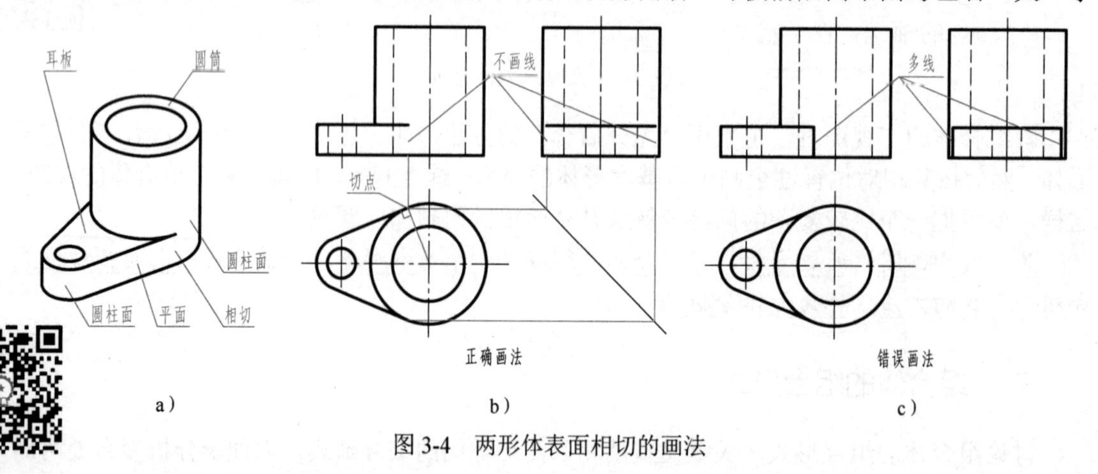

图 3-4　两形体表面相切的画法

两圆柱面光滑连接，即相切。在水平投影中，表现为直线和圆弧相切。在正面和侧面投影中，相切处不画线，耳板上表面的投影只画至切点处，如图 3-4b 所示。

3. 相交

图 3-5a 所示组合体也是由耳板和圆筒组成，但耳板前后两平面平行，与左右一小一大两圆柱面分别相切和相交。在水平投影中，表现为直线和圆弧相交。在正面和侧面投影中，应画出交线，如图 3-5b 所示。

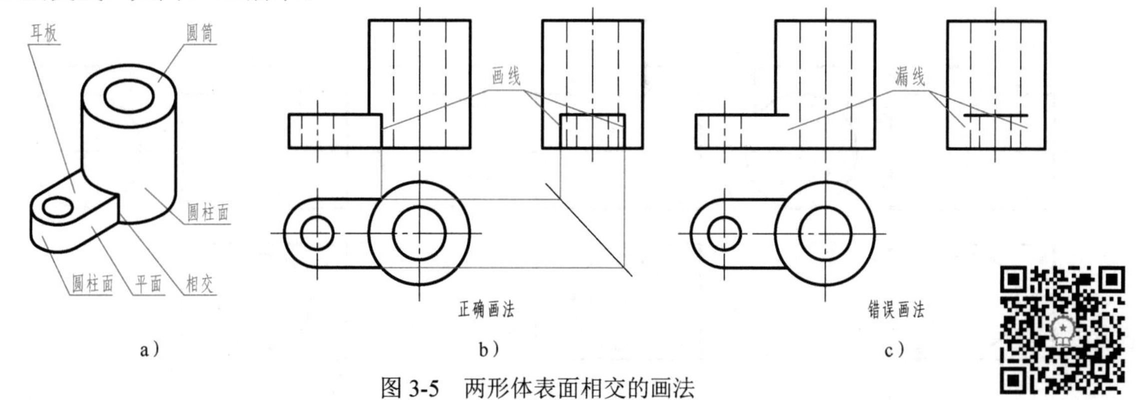

图 3-5　两形体表面相交的画法

4. 相贯

两回转体的表面相交称为相贯，相交处的交线称为相贯线。两相交回转体的形状、大小和相对位置不同，相贯线的形状也不同。相贯线具有下列基本性质：

1）共有性。相贯线是两回转体表面上的共有线，也是两回转体表面的分界线，所以相贯线上的所有点，都是两回转体表面上的共有点。

2）封闭性。一般情况下，相贯线是封闭的空间曲线，在特殊情况下是平面曲线或直线。

（1）相贯线的简化画法　当不需要准确求作两圆柱正交相贯线的投影时，可采用简化画法，即用圆弧代替相贯线。

【例 3-1】　如图 3-6a 所示，两圆柱异径正交，用简化画法补画主视图中所缺的相贯线的正面投影。

分析

由于两圆柱的轴线垂直相交，相贯线是一条前后、左右对称，闭合的空间曲线，如图 3-6b 所示。小圆柱的轴线垂直于水平面，相贯线的水平投影为圆（与小圆柱面的积聚性投影重合），

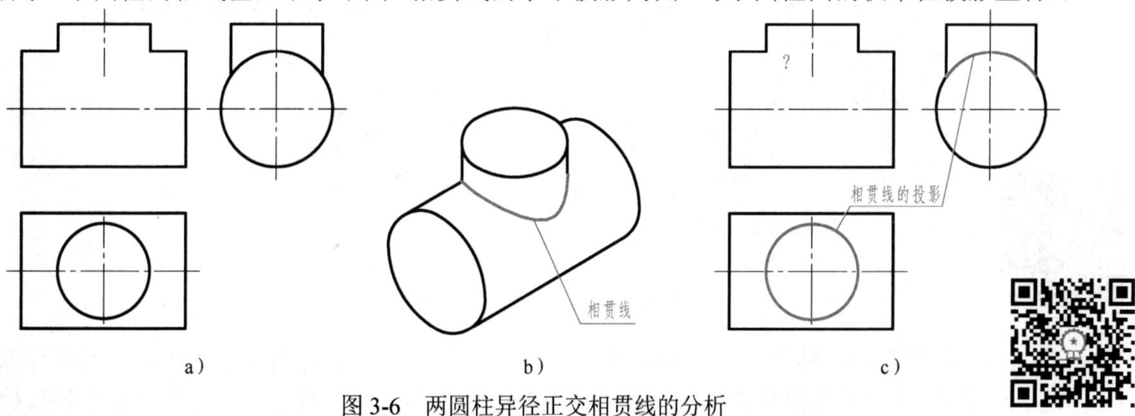

图 3-6　两圆柱异径正交相贯线的分析

大圆柱的轴线垂直于侧面，相贯线的侧面投影为一段圆弧（与大圆柱面的部分积聚性投影重合），只需补画相贯线的正面投影，如图 3-6c 所示。

作图步骤

①先直接求出相贯线的最左点 *A*、最右点 *B* 和最低点 *K* 的正面投影，如图 3-7a 所示。

②作 *AK* 的垂直平分线，与小圆柱轴线相交得 *O* 点，如图 3-7b 所示。

③以点 *O* 为圆心、*OA* 为半径画弧即可，如图 3-7c 所示。

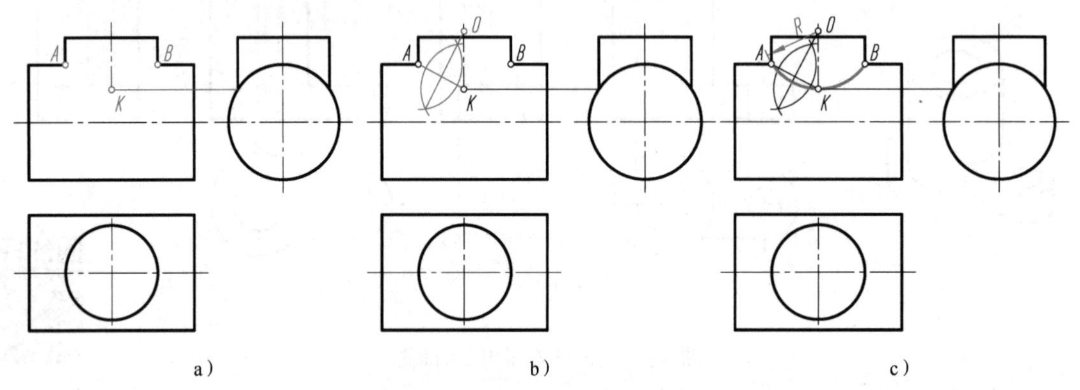

图 3-7　两圆柱异径正交相贯线投影的简化画法

> 提示：主视图中相贯线向直径大的圆柱弯曲。

（2）内相贯线的画法　当圆筒上钻有圆孔时，孔与圆筒外表面及内表面均有相贯线，如图 3-8a 所示。

在两回转体内表面产生的交线，称为内相贯线。内相贯线和外相贯线的画法相同，内相贯线的投影因为不可见而画成细虚线，如图 3-8b 所示。

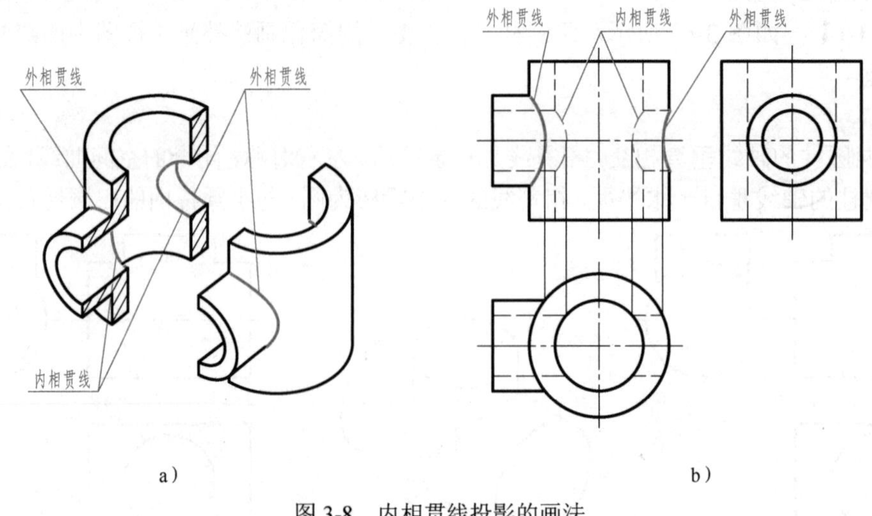

图 3-8　内相贯线投影的画法

（3）相贯线的特殊情况　两回转体相交，在一般情况下相贯线为空间曲线；但在特殊情况下，相贯线为平面曲线或直线。当两个同轴回转体相交时，相贯线一定是垂直于轴线的圆。当回转体轴线平行于某一投影面时，这个圆在该投影面上的投影为垂直于轴线的直线，如图 3-9 所示。

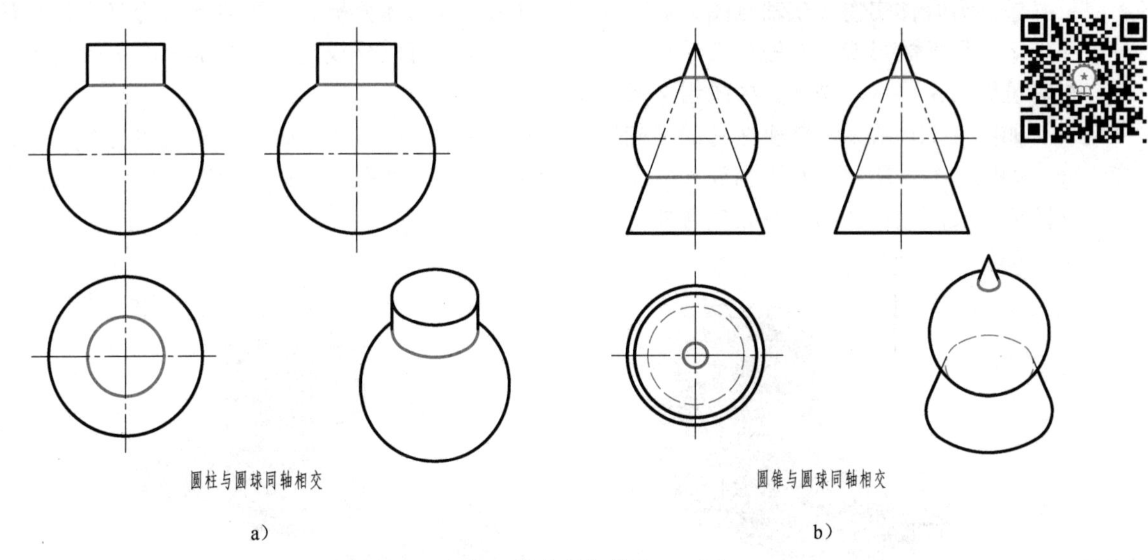

图 3-9　同轴回转体的相贯线——圆

（4）相贯体的尺寸注法　如图 3-10a、b 所示，两圆柱表面相交产生相贯线，其相贯线本身不标注尺寸。图 3-10c 所示的注法是错误的。

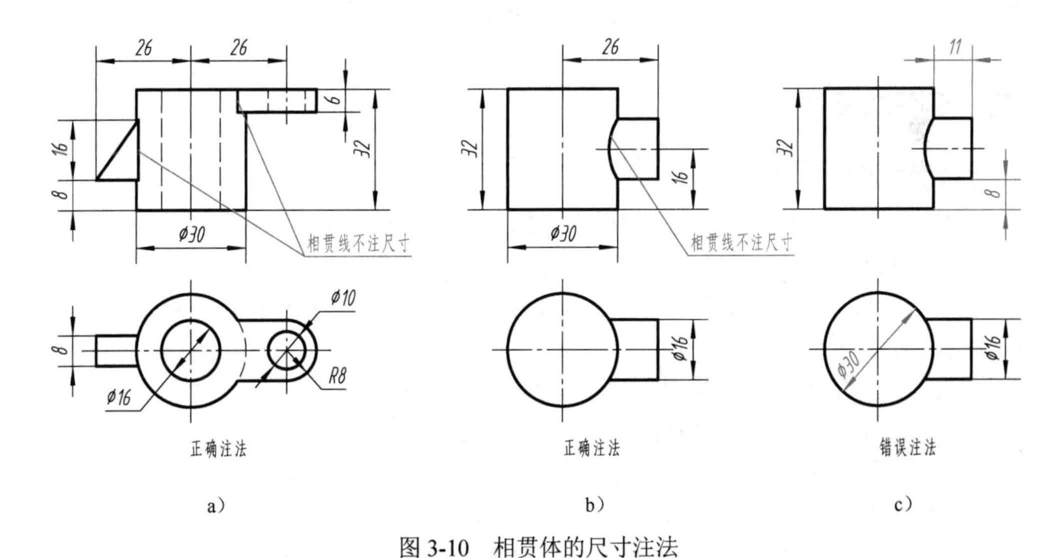

图 3-10　相贯体的尺寸注法

第二节　组合体三视图的画法

形体分析法是将复杂形体简单化的一种思维方法。画组合体视图，一般采用形体分析法，将组合体分解为若干基本形体，分析它们的相对位置和组合形式，逐个画出各基本形体的三视图。

一、形体分析

看到组合体实物（或轴测图）后，首先应对它进行形体分析。要搞清楚它的前后、左右和上下六个面的形状，并根据其结构特点，想一想大致可以分成几个组成部分，它们之间的相对位置关系如何，是什么样的组合形式等。

如图 3-11a 所示，支座按它的结构特点可分为直立圆筒、水平圆筒、底板和肋板四个部分，如图 3-11b 所示。水平圆筒和直立圆筒垂直相贯，且两孔贯通；底板的前后两侧面和直立圆筒外表面相切；肋板与底板叠加，与直立圆筒相贯。

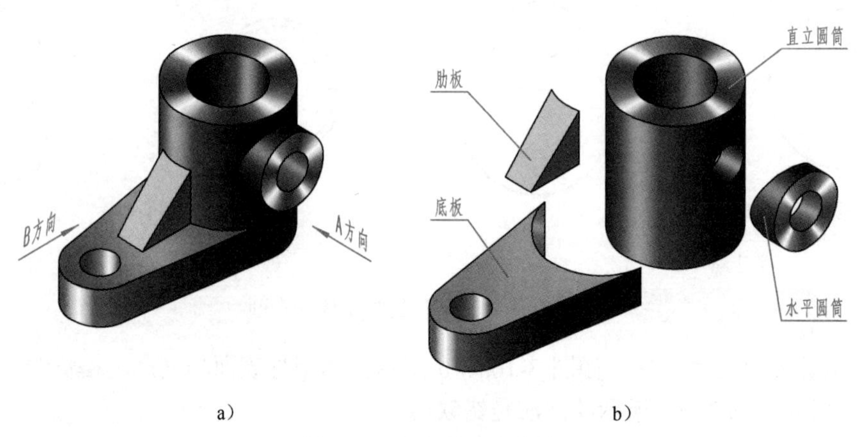

图 3-11　支座的形体分析

二、视图选择

1. 主视图的选择

主视图是表达组合体的一组视图中最主要的视图。当主视图的投射方向确定之后，俯、左视图投射方向随之确定。选择主视图应符合以下三个要求：

1）反映组合体的结构特征。一般应把反映组合体各部分形状和相对位置较多的一面作为主视图的投射方向。

2）符合组合体的自然安放位置，主要面应平行于基本投影面。

3）尽量避免其他视图产生细虚线。

如图 3-11a 所示，将支座按自然位置安放后，若主视图分别按箭头所示的 *A*、*B* 两个方向投射，则可得到两组不同的三视图，如图 3-12 所示。

从两组不同的三视图可以看出，选择 *A* 方向作为主视图的投射方向，显然比选择 *B* 方向的好。因为组成支座的基本形体以及它们之间的相对位置关系等，在 *A* 方向主视图的表达比较清晰，能反映支座的整体结构以及形状特征，且细虚线相对较少，如图 3-12a 所示。

2. 视图数量的确定

在组合体形状表达完整、清晰的前提下，其视图数量愈少愈好。支座的主视图按 *A* 方向确定后，还要画出俯视图，表达底板的形状和两孔的中心位置，并用左视图表达水平圆筒的形状和位置。因此，要完整表达出该支座的形状，需要画出主、俯、左三个视图。

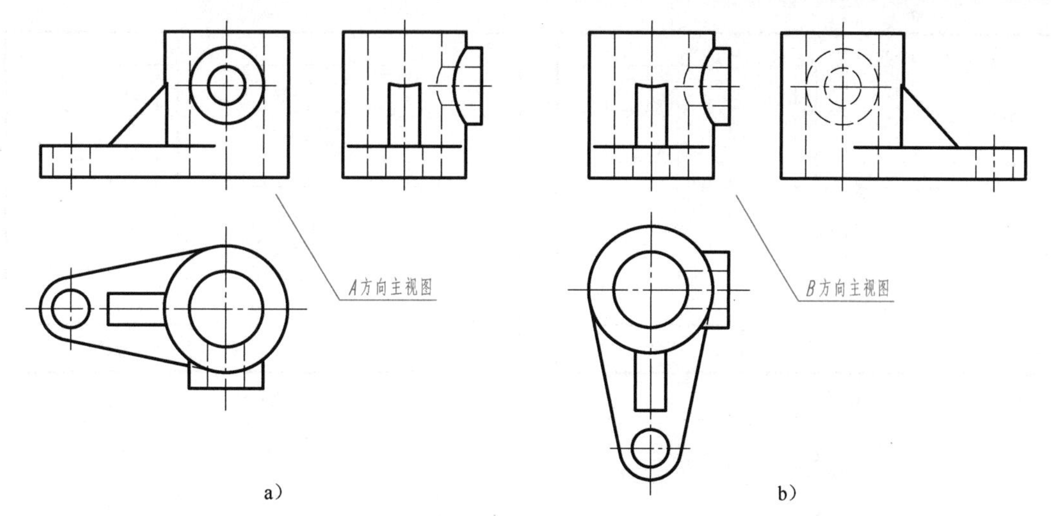

图 3-12　主视图的选择

三、画图的方法与步骤

1. 选择比例，确定图幅

视图确定以后，便要根据组合体的大小和复杂程度，选定作图比例和图幅。

> 提示：所选的幅面要比绘制视图所需的面积大一些，以便标注尺寸和绘制标题栏。

2. 布置视图

布图时，应将视图匀称地布置在图纸幅面上，视图间的空档应保证能注全所需的尺寸。

3. 绘制底稿

支座三视图的画图步骤如图 3-13 所示。为了迅速而正确地画出组合体的三视图，画底稿时，应注意以下两点：

1）画图的先后顺序，一般应从形状特征明显的视图入手。先画主要部分，后画次要部分；先画可见部分，后画不可见部分；先画圆或圆弧，后画直线。

2）画图时，组合体的每一组成部分，最好是三个视图配合着画。就是说，不要先把一个视图画完再画另一个视图。这样，不但可以提高绘图速度，还能避免多线或漏线。

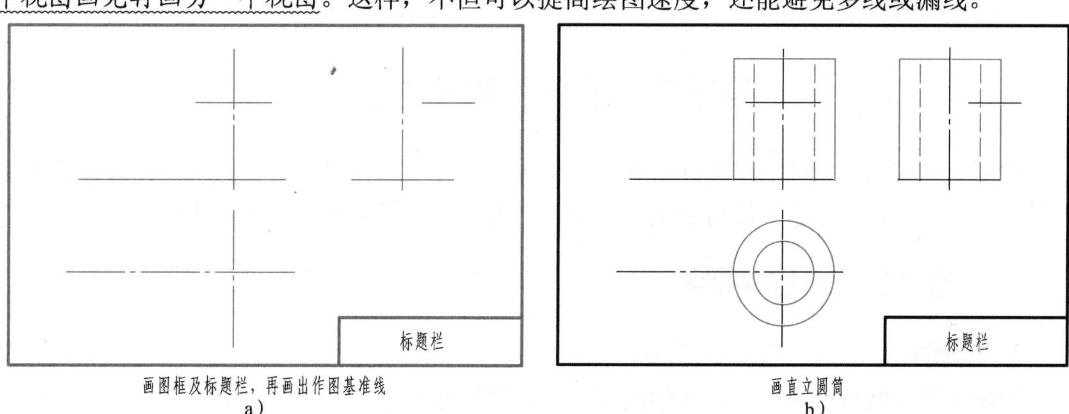

图 3-13　支座三视图的画图步骤

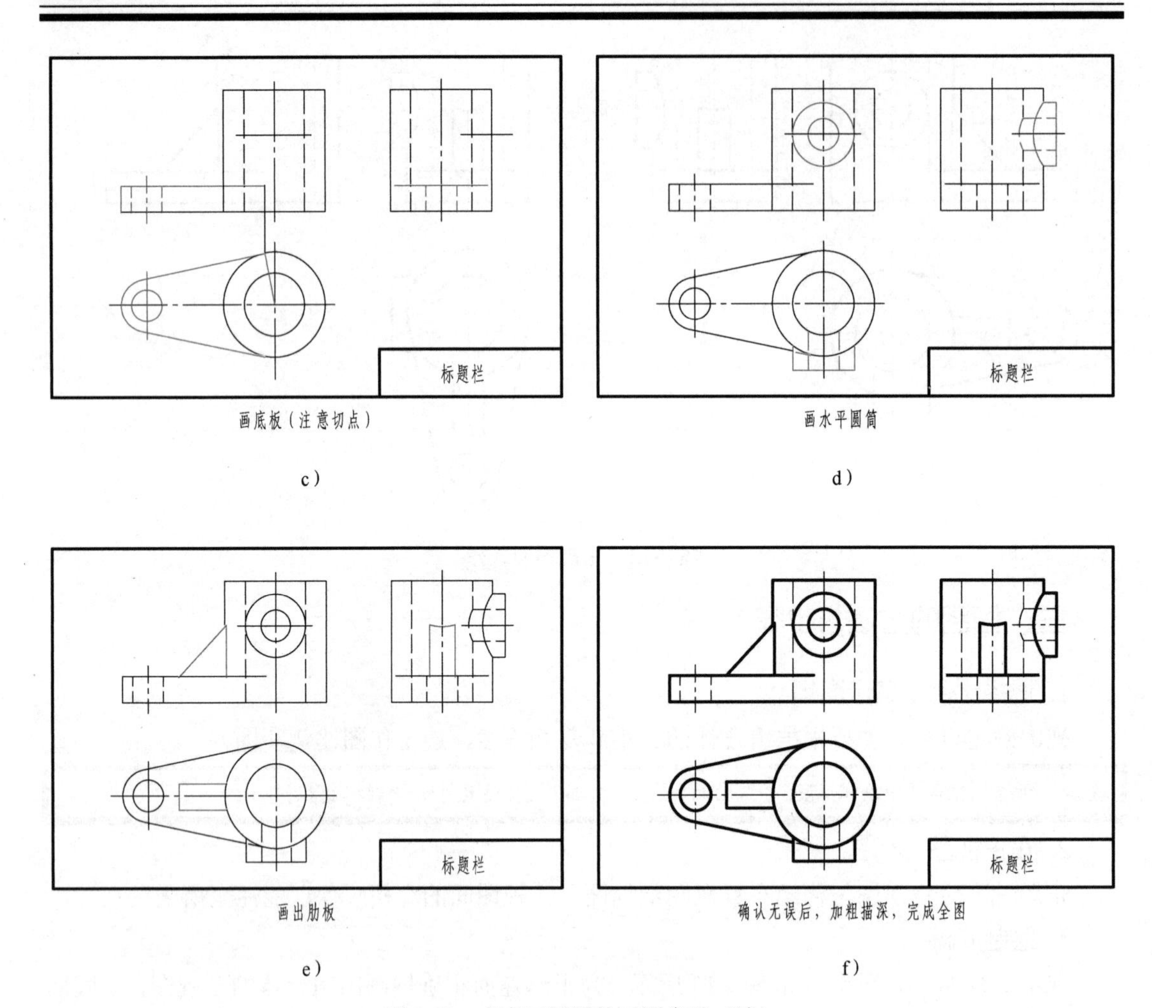

图 3-13　支座三视图的画图步骤（续）

4. 检查描深

底稿完成后，在三视图中依次核对各组成部分的投影关系正确与否；分析相邻两形体接合处的画法有无错误，是否多线、漏线；再以实物（或轴测图）与三视图对照，确认无误后，描深图线，完成全图。

第三节　组合体的尺寸注法

视图只能表达组合体的结构和形状，要表示它的大小和各组成部分的相对位置，需要在视图中标注尺寸，尺寸必须注得正确、完整、清晰，符合国家标准关于尺寸注法的规定。

一、尺寸标注的基本要求

1. 正确性

应确保尺寸数值正确无误，所注的尺寸（包括尺寸数字、符号、箭头、尺寸线和尺寸界线等）要符合国家标准的有关规定。

2. 完整性

为了将尺寸注得完整，应先按形体分析法注出确定各基本形体的定形尺寸，再标注确定它们之间相对位置的定位尺寸，最后根据组合体的结构特点，注出总体尺寸。

（1）定形尺寸　确定组合体中各基本形体的形状和大小的尺寸，称为定形尺寸。

如图 3-14a 所示，底板的定形尺寸有长 70、宽 40、高 12，圆孔直径 2× ϕ10，圆角半径 R10；立板的定形尺寸有长 32、宽 12、高 38，圆孔直径 ϕ16。

> 提示：相同的圆孔要标注孔的数量（如 2× ϕ10），但相同的圆角不需标注数量，两者都不要重复标注。

（2）定位尺寸　确定组合体中各基本形体之间相对位置的尺寸，称为定位尺寸。

标注定位尺寸时，应先选择尺寸基准。尺寸基准是指标注或测量尺寸的起点。由于组合体具有长、宽、高三个方向的尺寸，每个方向都应有尺寸基准，以便从基准出发，确定基本形体在各方向上的相对位置。选择尺寸基准必须体现组合体的结构特点，并便于尺寸度量。通常以组合体的底面、端面、对称面、回转体轴线等作为尺寸基准。

如图 3-14b 所示，组合体左右对称面为长度方向的尺寸基准，由此注出两圆孔的定位尺寸 50；后端面为宽度方向的尺寸基准，由此注出底板上圆孔的定位尺寸 30，立板与后端面的定位尺寸 8；底面为高度方向的尺寸基准，由此注出立板上圆孔与底面的定位尺寸 34。

（3）总体尺寸　确定组合体外形的总长、总宽、总高尺寸，称为总体尺寸。

如图 3-14c 所示，该组合体总长和总宽尺寸即底板的长 70、宽 40，不再重复标注。总高尺寸 50 从高度方向的尺寸基准注出。总高尺寸标注之后，要去掉立板的高度尺寸 38，否则会出现多余尺寸。

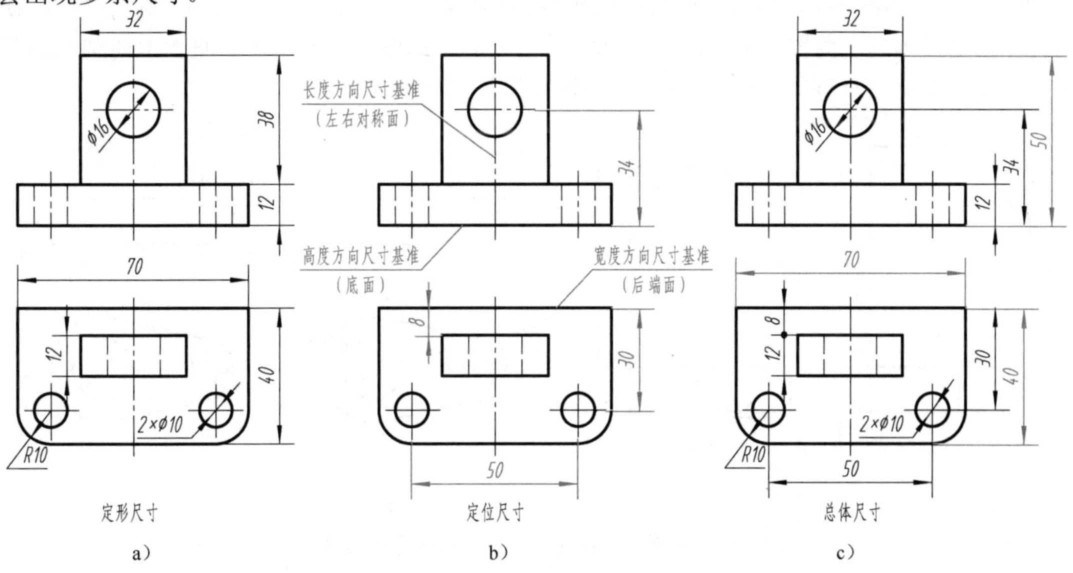

图 3-14　组合体的尺寸注法

> 提示：当组合体的一端或两端为回转体时，总体尺寸是不能直接注出的，否则会出现重复尺寸。如图 3-15a 所示，组合体的总长尺寸（76=52+2×R12）和总高尺寸（42=28+R14）是间接确定的，因此，图 3-15b 所示总长 76、总高 42 的注法是错误的。

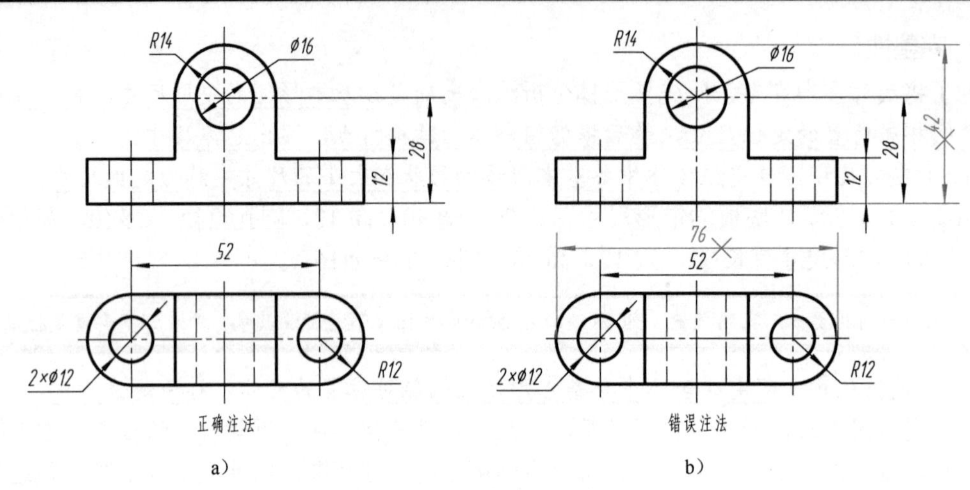

a)　　　　b)

图 3-15　不注总体尺寸的情况

综上所述，定形尺寸、定位尺寸、总体尺寸可以相互转化。实际标注尺寸时，应认真分析，避免多注或漏注尺寸。

3. 清晰性

尺寸标注除要求正确、完整外，还要求标得清晰、明显，以方便看图。为此，标注尺寸时应注意以下几个问题：

1）定形尺寸尽可能标注在表示形体特征明显的视图上，定位尺寸尽可能标注在位置特征清楚的视图上。如图 3-16a 所示，将五棱柱的五边形尺寸标注在主视图上，比分开标注（图 3-16b）要好。如图 3-16c 所示，腰形板的俯视图形体特征明显，半径 $R4$、$R7$ 等尺寸标注在俯视图上是正确的，而图 3-16d 所示的标注是错误的。如图 3-14b 所示，底板上两圆孔的定位尺寸 50、30 注在俯视图上，则两圆孔的相对位置比较明显。

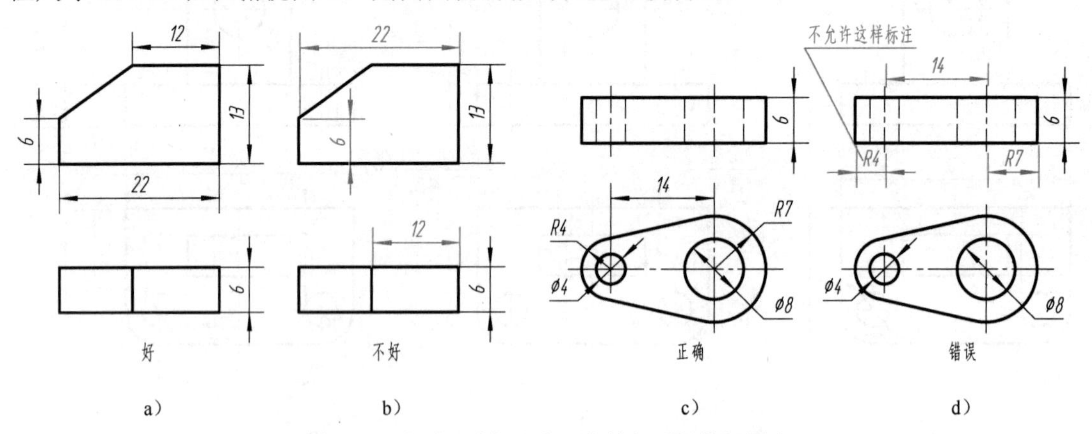

a)　　b)　　c)　　d)

图 3-16　定形尺寸标注在形体特征明显的视图上

2）同一形体的尺寸应尽量集中标注。如图 3-14c 所示，底板的长度 70、宽度 40、两圆孔直径 2× ϕ10、圆角半径 R10、两圆孔定位尺寸 50、30 都集中注在俯视图上，便于看图时查找。

3）直径尺寸尽量注在投影为非圆的视图上，圆弧的半径应注在投影为圆的视图上。尺寸尽量不注在细虚线上。如图 3-17a 所示，圆的直径 ϕ20、ϕ30 注在主视图上是正确的，注在左视图上是错误的；而 ϕ14 注在左视图上是为了避免在细虚线上标注尺寸；R20 只能注在投影为圆的左视图上，而不允许注在主视图上。

4）平行排列的尺寸应将较小尺寸注在里面（靠近视图），将较大尺寸注在外面。如图 3-17a 所示，12、16 两个尺寸应注在 42 的里面；注在 42 的外面是错误的，如图 3-17b 所示。

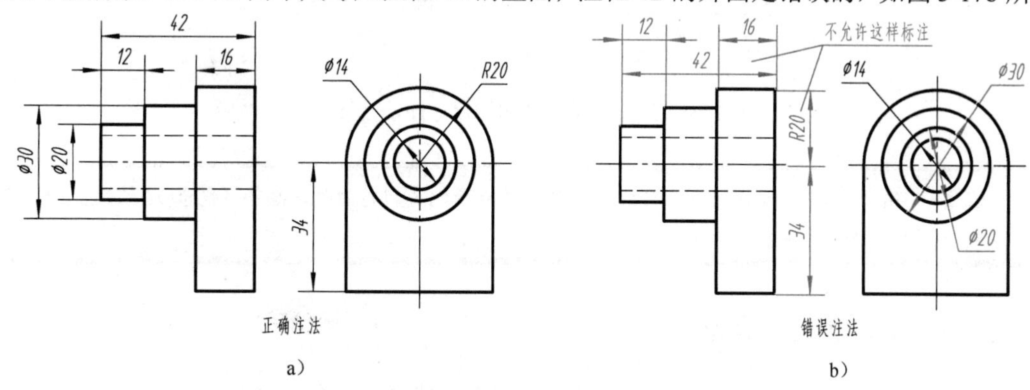

图 3-17 直径与半径、大尺寸与小尺寸的注法

5）尺寸应尽量注在视图外边，相邻视图的相关尺寸最好注在两个视图之间，避免尺寸线、尺寸界线与轮廓线相交，如图 3-18a 所示。图 3-18b 所示的尺寸注法不够清晰。

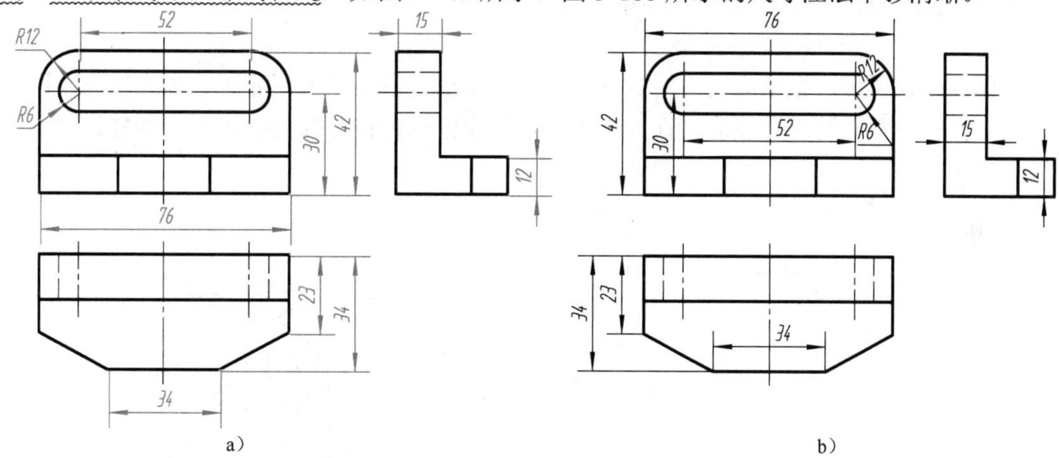

图 3-18 尺寸注法的清晰性

二、常见结构的尺寸注法

组合体常见结构的尺寸注法如图 3-19 所示。

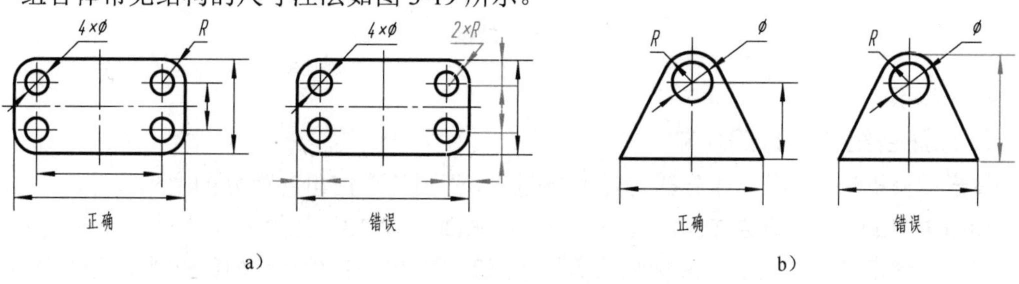

图 3-19 组合体常见结构的尺寸注法

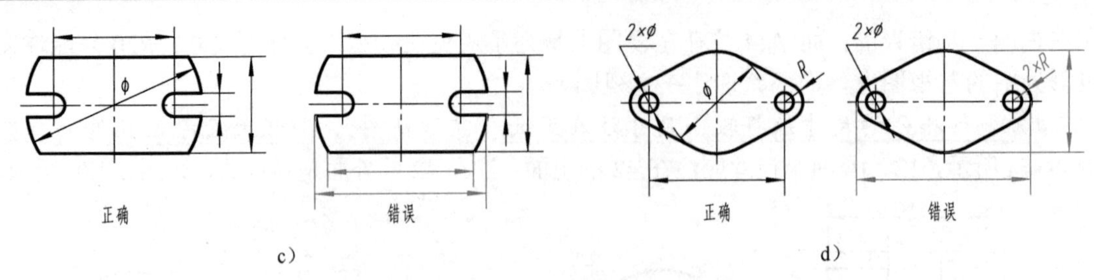

c) d)

图 3-19 组合体常见结构的尺寸注法（续）

提示：在图 3-19b、c、d 所示情况下，即组合体的一端或两端为回转面时，总高（总长）是不能直接注出的，否则会出现重复尺寸。

三、组合体的标注示例

组合体是由一些基本形体按一定的连接关系组合而成的。因此，在标注组合体的尺寸时，首先应按形体分析法将组合体分解为若干部分，再注出各基本形体的定形尺寸和各部分之间的定位尺寸，以及组合体长、宽、高三个方向的总体尺寸。

【例 3-2】 标注图 3-20a 所示轴承座的尺寸。

分析

如图 3-20b 所示，轴承座左右对称，由三部分组成。它由长方形底板、长方体与半圆柱组成的立板和三角形肋板叠加后，在立板上挖去一个圆柱，在底板上挖去两个圆柱，再在底板前方用 1 / 4 圆柱面切去两直角而形成的。

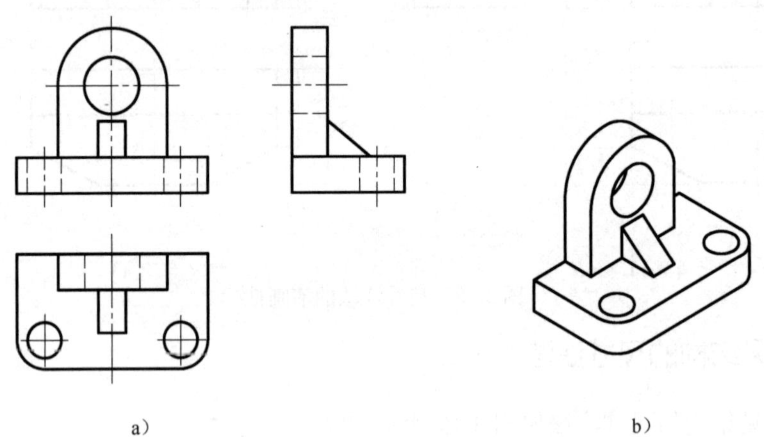

a) b)

图 3-20 轴承座

标注步骤

1. 标注各组成部分的尺寸

按形体分析法，将组合体分解为若干个部分，然后逐个注出各部分的定形尺寸。

如图 3-21a 所示，确定立板的大小，应标注高 20、厚 10、孔径 $\phi16$ 和半径（长度）$R16$ 四个尺寸。确定底板的大小，应标注长 56、宽 32、高 10、孔径 $2\times\phi10$ 和圆角半径 $R8$ 五个尺寸。确定肋板的大小，应标注长 8、宽 12 和高 10 三个尺寸。

2. 标注定位尺寸

标注确定各组成部分之间相对位置的定位尺寸。

轴承座的尺寸基准是：以左右对称面为长度方向的尺寸基准；以底板和立板的背面作为宽度方向的尺寸基准；以底板的底面作为高度方向的尺寸基准，如图 3-21b 所示。

根据尺寸基准，标注各组成部分相对位置的定位尺寸，如图 3-21c 所示。确定立板与底板的相对位置，需标注轴承孔轴线距底板底面的高 30。确定底板上两个 ϕ10 孔的相对位置，应标注长度方向定位尺寸 40 和宽度方向定位尺寸 24 这两个尺寸。

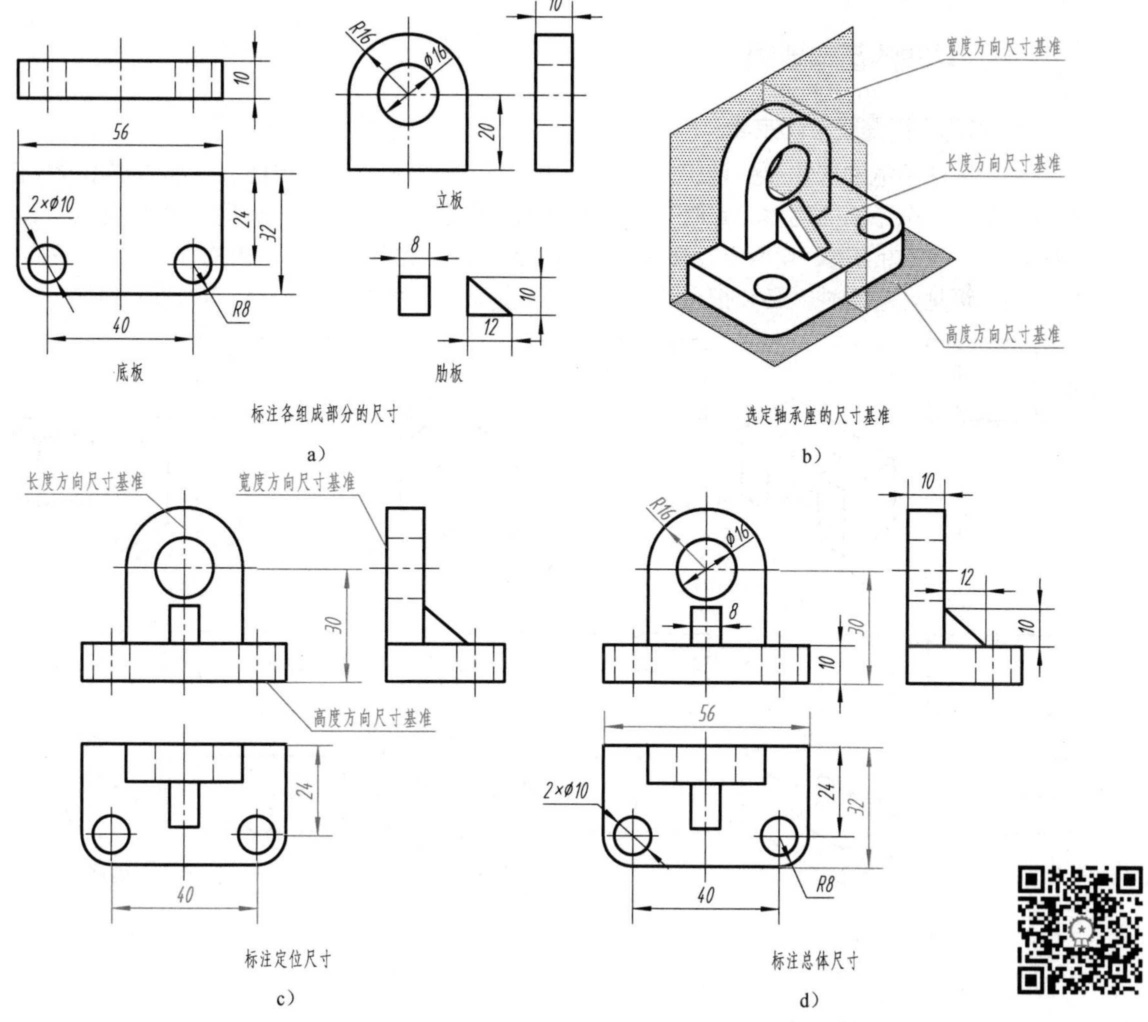

图 3-21　轴承座的尺寸标注

3. 标注总体尺寸

如图 3-21d 所示，底板的长度 56 即为轴承座的总长；底板的宽度 32 即为轴承座的总宽；总高由立板轴承孔轴线高 30 加上立板上方圆弧半径 *R*16 确定，三个总体尺寸已注全。

> 提示：在图 3-21d 所示情况下，总高是不能直接注出的，即组合体的一端或两端为回转面时，应采用这种标注形式，否则会出现重复尺寸，也不便于测量。

第四节　看组合体视图的方法

画图，是将物体用正投影法表示在二维平面上；看图，则是依据视图，通过投影分析想象出物体的形状，通过二维图形建立三维物体模型的过程。画图与看图是相辅相成的，看图是画图的逆过程。“照物画图”与“依图想物”相比，后者的难度要大一些。为了能够正确而迅速地看懂组合体视图，必须掌握看图的基本要领和基本方法，通过反复实践，不断培养空间思维能力，提高看图水平。

一、看图的基本要领

1. 将几个视图联系起来看

一个视图不能确定物体的形状。如图 3-22a、b、c 所示，三组视图的主视图都相同，但所表示的是三个不同的物体。有时只看两个视图，也无法确定物体的形状。如图 3-22d、e、f 所示，三组视图的主、俯两个视图完全相同，但实际上也是三个不同的物体。

由此可见，看图时，必须把所给的视图联系起来看，才能想象出物体的确切形状。

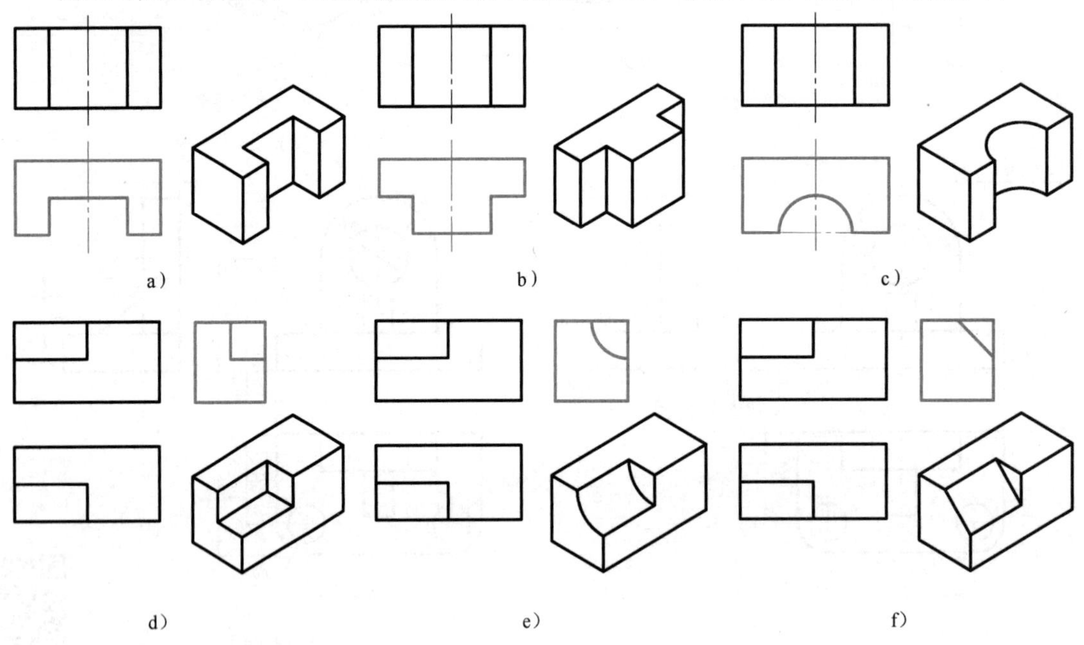

图 3-22　一个或两个视图不能确切表示物体的形状

2. 理解视图中图线和线框的含义

视图是由一个个封闭线框组成的，而线框又是由图线构成的。因此，弄清图线及线框的含义，是十分必要的。

（1）视图中图线的含义　如图 3-23a 所示，视图中的图线主要有粗实线、细虚线和细点画线。

1）粗实线或细虚线（包括直线和曲线）可以表示：

——具有积聚性的面（平面或柱面）的投影；

——面与面（两平面，或两曲面，或一平面和一曲面）交线的投影；

——曲面的转向素线的投影。

2）细点画线可以表示：

——回转体的轴线；

——对称中心线。

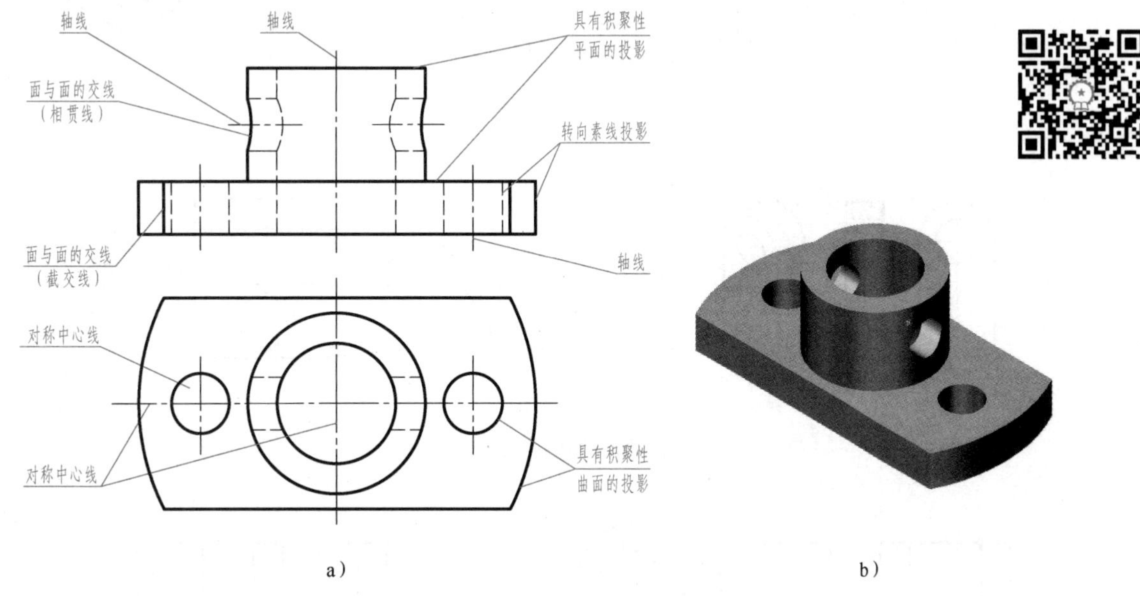

图 3-23　视图中图线的含义

（2）视图中线框的含义　线框有以下三种含义：

1）一个封闭的线框，表示物体一个面的投影，可能是平面、曲面、组合面或孔洞，如图 3-23a、图 3-24a、d 所示。

2）相邻的两个封闭线框，表示物体上位置不同的两个面的投影，如图 3-23a、图 3-24b、e 所示。由于不同线框代表不同的面，它们表示的面有前、后、左、右、上、下的相对位置关系，可以通过这些线框在其他视图中的对应投影来加以判断。

3）一个大封闭线框内所包含的各个小线框，表示在大平面体（或曲面体）上凸出或凹进各个小平面体（或曲面体），如图 3-23a、图 3-24c、f 所示。

二、看图的基本方法

形体分析法是看图的基本方法。运用形体分析法看图，关键在于掌握分解复杂图形的方法。只有将复杂的图形分解出几个简单图形来，才能通过对简单图形的识读加以综合，达到较快看懂复杂图形的目的。看图的步骤如下：

1. 抓住特征分部分

所谓特征，是指物体的形状特征和各基本形体间的位置特征。

（1）形状特征　如图 3-25a 所示，如果只看主、左视图，至少可以想象出五种物体形状，画出五个不同的俯视图，也就是说相同的主、左视图表达的物体形状不是唯一的。如图 3-25b 所示，看图时从俯视图出发，辅之主、左视图，所想象出的物体形状是唯一的。显然，俯视图是反映该物体形状特征最明显的视图。

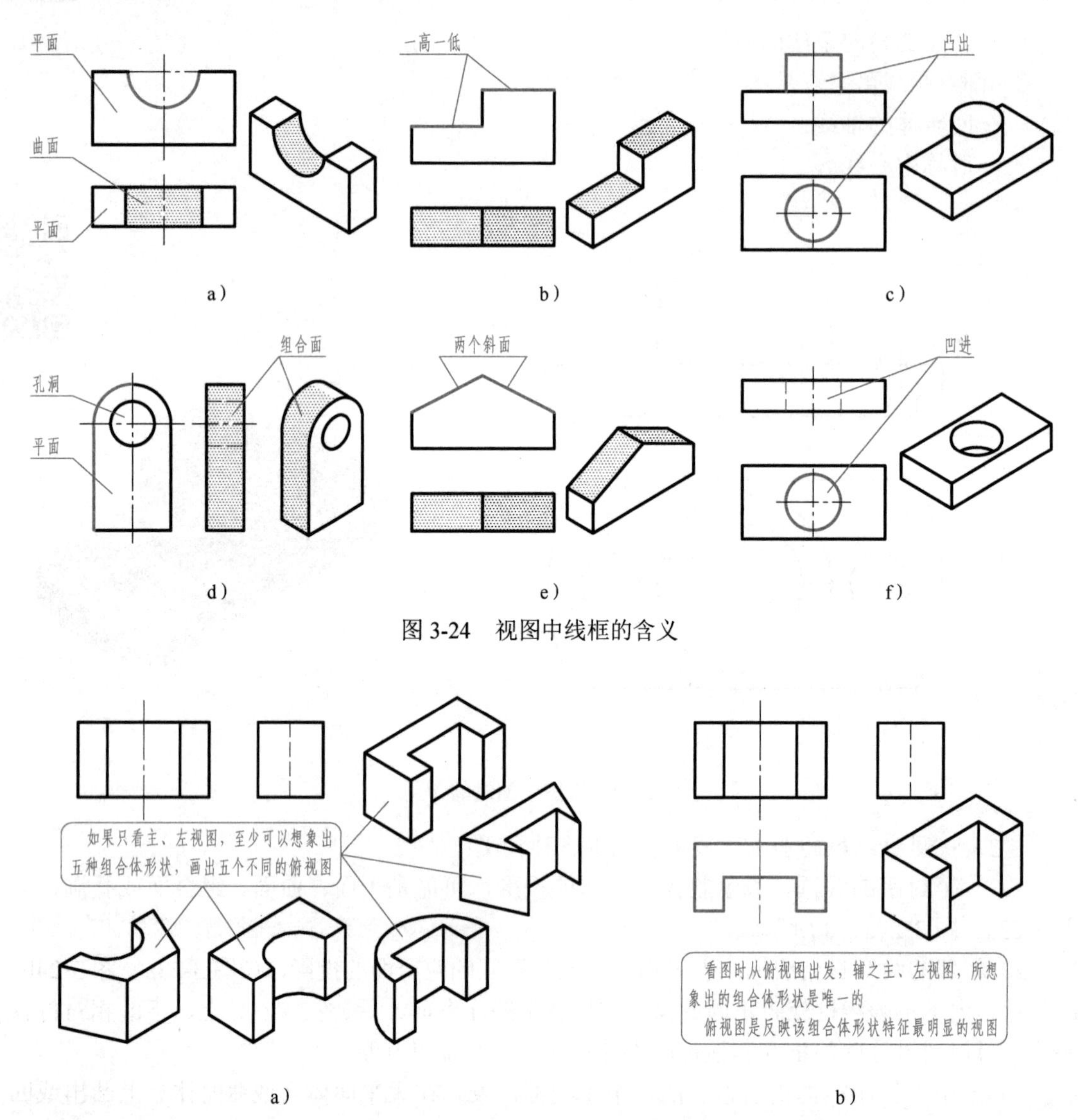

a） b） c）

d） e） f）

图 3-24 视图中线框的含义

a） b）

图 3-25 形状特征明显的视图

（2）位置特征 在图 3-26a 所示视图中，大线框中包含两个小线框（一个圆、一个矩形），如果只看主、俯视图，两个物体哪个凸出？哪个凹进？至少有两种答案，如图 3-26b、c 所示。但如果将主、左视图配合起来看，则不仅形状容易想清楚，而且圆柱凸出、四棱柱凹进也确定了。显然，左视图是反映该物体各组成部分之间位置特征最明显的视图，如图 3-26d 所示。

提示：组合体每一组成部分的特征，并非集中在一个视图上。在分部分时，只要形状、位置特征有明显之处，就应从该视图入手，这样就能较快地将组合体分解成若干部分。

2. 对准投影想形状

依据“长对正、高平齐、宽相等”的“三等”规律，从反映特征部分明显的线框（一般表示该部分形体）出发，分别在其他两视图上对准投影，并想象出它们的形状。

3. 综合起来想整体

想出各组成部分形状之后，再根据整体三视图，分析它们之间的相对位置和组合形式，进而综合想象出该物体的整体形状。

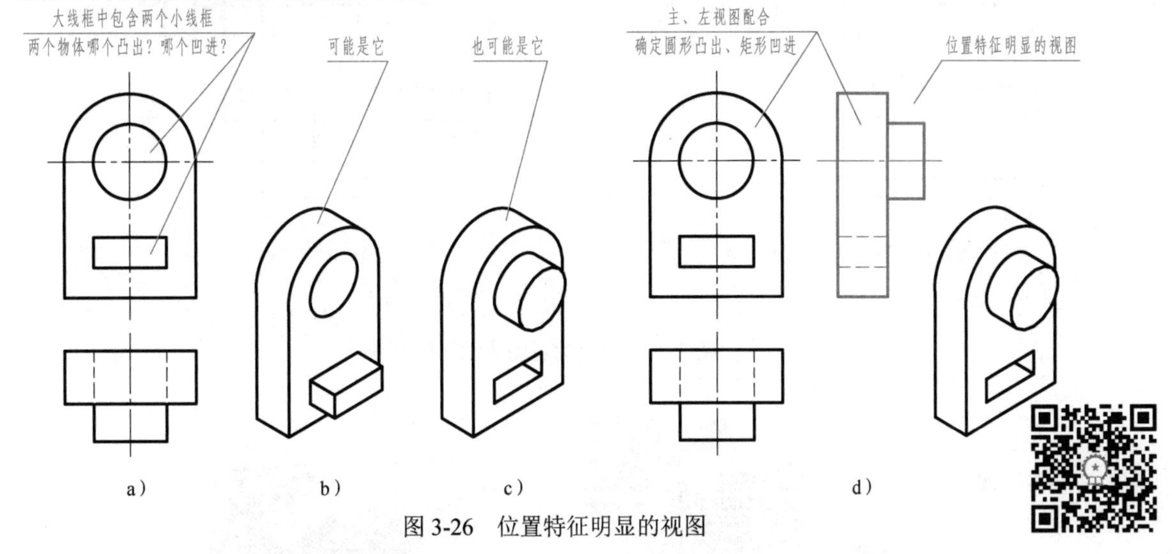

图 3-26　位置特征明显的视图

【例 3-3】　看懂图 3-27a 所示底座的三视图。

看图步骤

（1）抓住特征分部分　通过形体分析可知，主视图较明显地反映出形体Ⅰ、形体Ⅱ、形体Ⅲ的特征，据此，该底座可大体分为三部分，如图 3-27a 所示。

（2）对准投影想形状　依据“长对正、高平齐、宽相等”的规律，分别在其他两视图上找出三个形体的对应投影（图 3-27 所示红色图线），并想象出它们的形状，如图 3-27b、c、d 中的轴测图所示。

（3）综合起来想整体　形体Ⅰ在形体Ⅲ的上面，两形体的对称面重合且后面靠齐；形体Ⅱ在形体Ⅰ的左、右两侧，且与其相接，后面靠齐。综合想象出底座的整体形状，如图 3-28 所示。

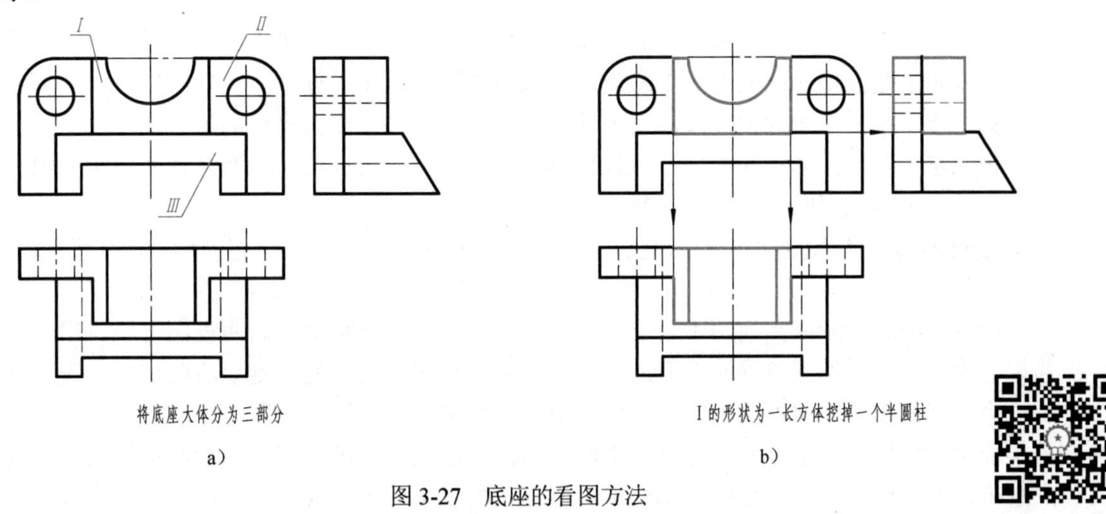

图 3-27　底座的看图方法

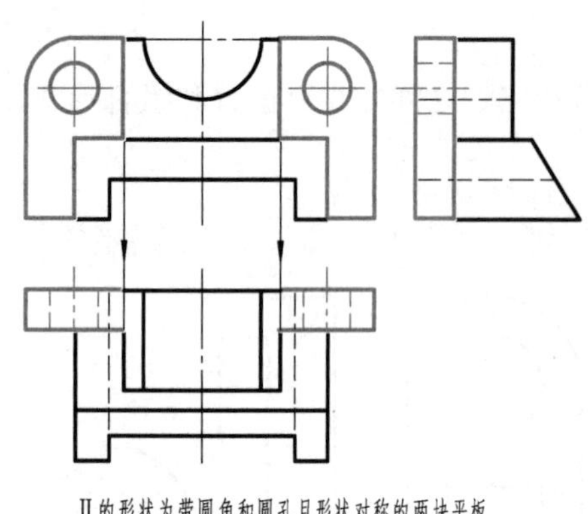

c）

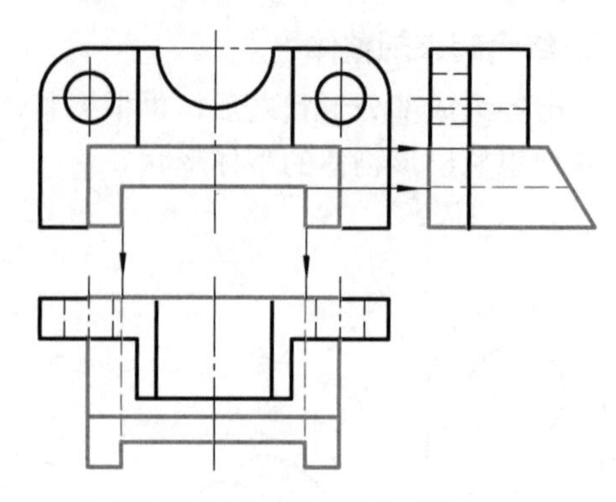

d）

图 3-27　底座的看图方法（续）

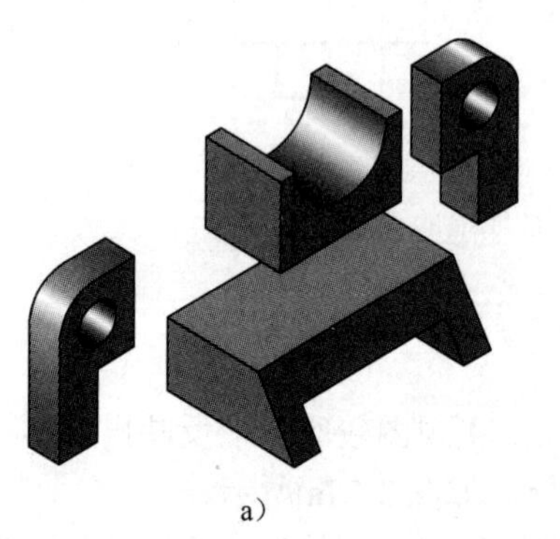

a）

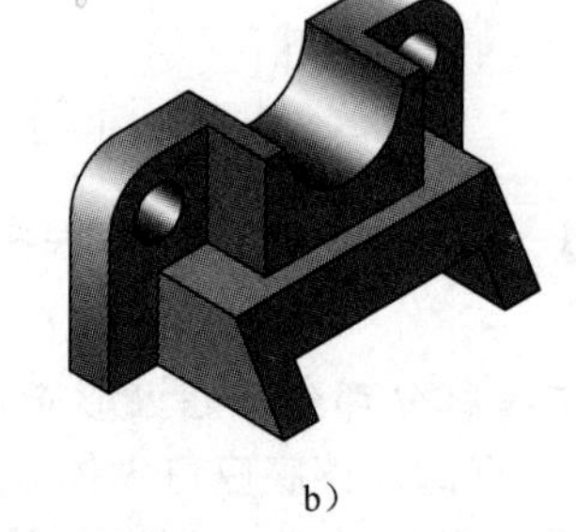

b）

图 3-28　底座轴测图

应当指出，在上述看图过程中，没有利用尺寸来帮助看图。有时图中的尺寸是有助于分析组合体的形状的，如直径符号 ϕ 表示圆孔或圆柱，半径符号 R 则表示圆角等。

三、已知两视图补画第三视图

由已知两视图补画第三视图，是训练看图能力、培养空间想象力的重要手段之一。补画视图，实际上是看图和画图的综合练习，一般可按以下两步进行：

第一步　根据已给的视图按前述方法将视图看懂，并想象出物体的形状。

第二步　在想出形状的基础上进行作图。作图时，应根据已知的两个视图，按各组成部分逐个地作出第三视图，进而完成整个物体的第三视图。

【例 3-4】　如图 3-29a 所示，已知支架的主、俯两视图，想象出它的形状，补画左视图。

分析

如图 3-29a 所示，主视图中有 a'、b'、c' 三个线框，对照主、俯两视图可以看出，三个线框分别表示三个不同位置的表面。线框 c'对应一个凹形板，处于支架的前下方；线框 a'中有一个小圆线框，与俯视图中的两条虚线对应，是半圆形立板上穿了一个圆孔，半圆形立板处于支架的后面；线框 b'的上方有个半圆形槽，在俯视图中可找到对应的两条立线，它处于 A 面和 C 面之间。该支架是由凹形板、半圆形槽板和半圆形立板（分三层）叠加而成的。

作图步骤

①根据主、俯视图的对照分析，画出左视图的外轮廓，分出支架三部分的前后、高低层次，如图 3-29b 所示。

②在前层切出矩形凹槽，补画左视图中的细虚线，如图 3-29c 所示。

③在中间层切出半圆形凹槽，补画左视图中的细虚线，如图 3-29d 所示。

④在后层挖出圆孔，补画左视图中的细虚线。检查无误后完成作图，如图 3-29e 所示。

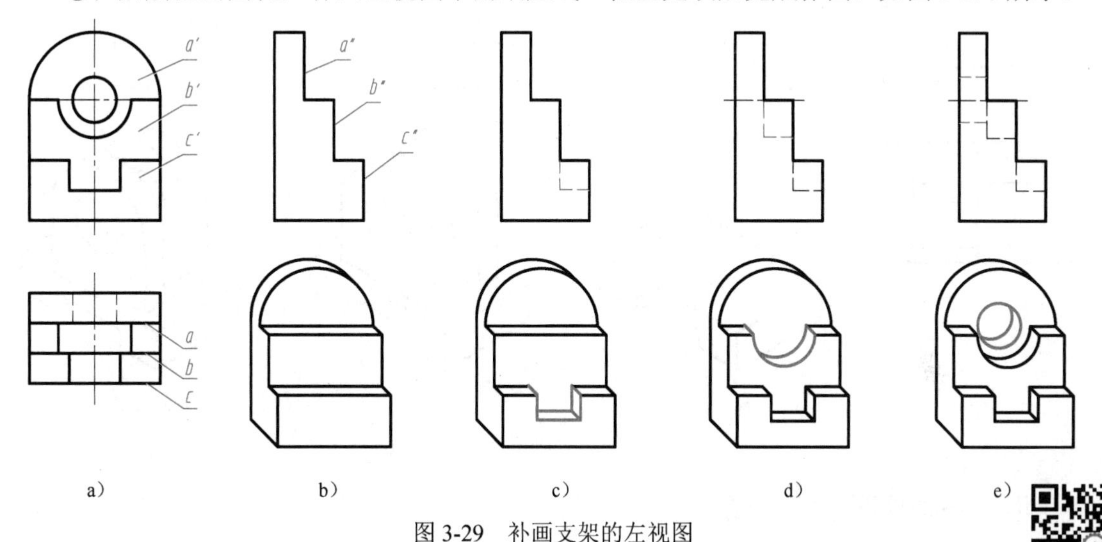

图 3-29　补画支架的左视图

【例 3-5】　已知机座的主、俯两视图，想象出它的形状，补画左视图。

分析

如图 3-30a 所示，根据机座的主、俯视图，想象出它的形状。乍一看，机座由带矩形通槽的底板、两个带圆孔的半圆形立板组成，如图 3-30b 所示。但仔细分析主视图中的细虚线和俯视图中与之对应的实线，在两个带圆孔的半圆形立板之间，还应有一块矩形板，机座的整体形状如图 3-30c 所示。

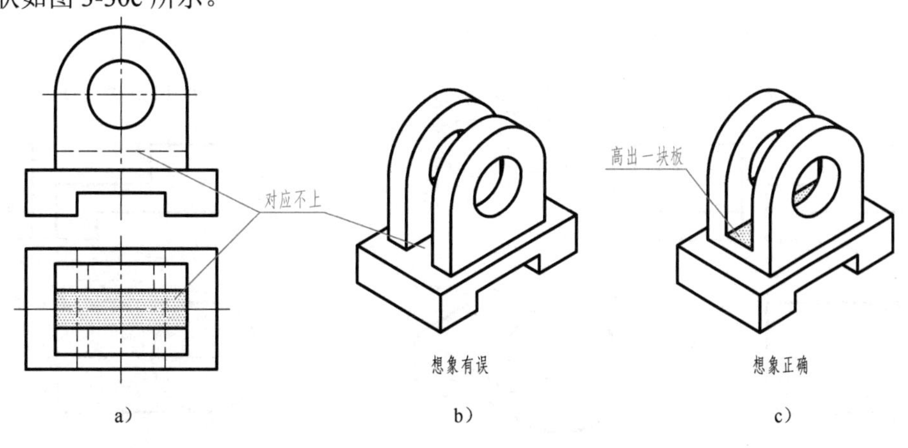

图 3-30　机座的视图及分析

作图步骤

①根据主、俯视图，画出对称中心线及矩形通槽底板的左视图，如图 3-31b 所示。

②画出两个带圆孔的半圆形立板的左视图，如图 3-31c 所示。

③画出两半圆形立板之间矩形板的左视图（只是添加一条横线，但要去掉半圆形立板上的两处短段线），如图 3-31d 所示。

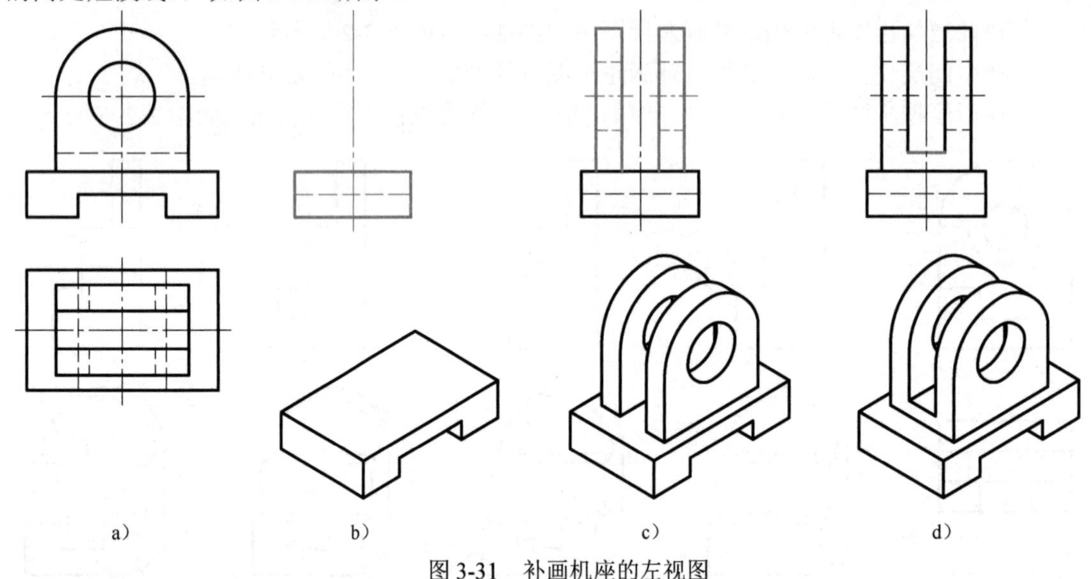

a） b） c） d）

图 3-31　补画机座的左视图

四、补画视图中的漏线

补漏线就是在已知的三视图中补画缺漏的图线。补漏线也是训练看图能力、培养空间想象力的重要手段之一。一般采用形体分析法，看懂三视图所表达的组合体形状，然后仔细检查组合体中各组成部分的投影是否有漏线，最后将缺漏的图线补出。

【例 3-6】　补画图 3-32a 所示组合体三视图中缺漏的图线。

分析

三视图所表达的组合体由圆柱、座板和四棱柱组成。座板和四棱柱的组合形式为叠加，圆柱和座板的组合形式为相切，如图 3-32b 所示。

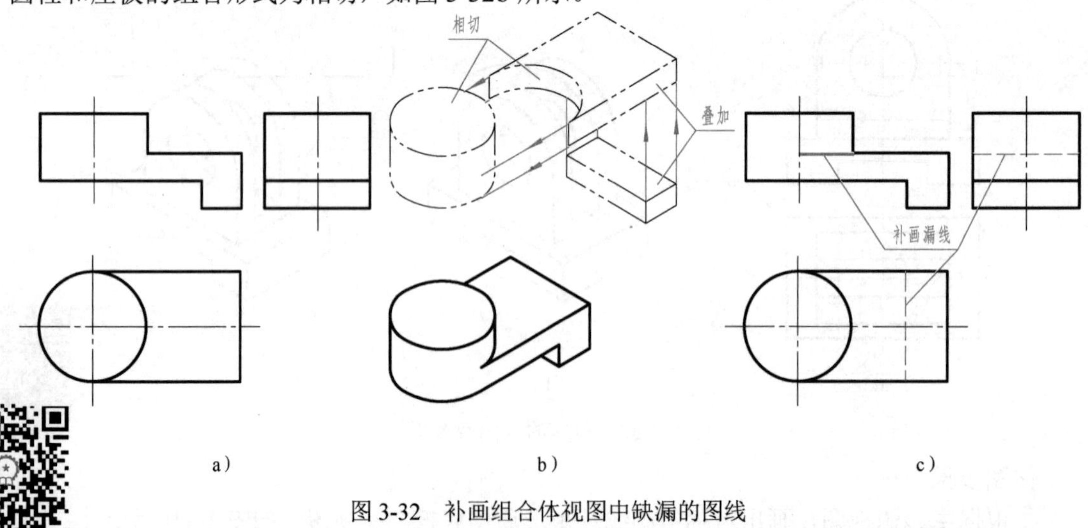

a） b） c）

图 3-32　补画组合体视图中缺漏的图线

作图步骤

对照各组成部分在三视图中的投影，发现在主视图中圆柱与底板相切处（座板最前面）缺少一段切线的投影（一条粗实线）；在左视图中缺少座板顶面的投影（一条细虚线）；在俯视图中缺少四棱柱左侧面的投影（一条细虚线），将它们逐一补画出来，如图 3-32c 所示。

【例 3-7】　补画图 3-33a 所示主、左视图中缺漏的图线。

分析、补画漏线

如图 3-33b 所示，组合体三视图所表达的组合体由两个四棱柱组成，组合形式为叠加，两四棱柱的前面及左右两侧面不平齐，主、左视图缺两条粗实线（红色），如图 3-33c 所示。

俯视图中两同心半圆弧与主视图中的竖向细虚线相对应，是两个半圆孔（阶梯孔）的投影，主视图应补画两半圆孔的分界线，左视图应补画两半圆孔的轮廓线及分界线，如图 3-33d 所示。

组合体上方开一矩形通槽，左视图应补画槽底线投影及通槽与大半圆孔的交线投影（箭头所指处向里收缩，并应去掉一段大半圆孔的轮廓线），如图 3-33e、f 所示。

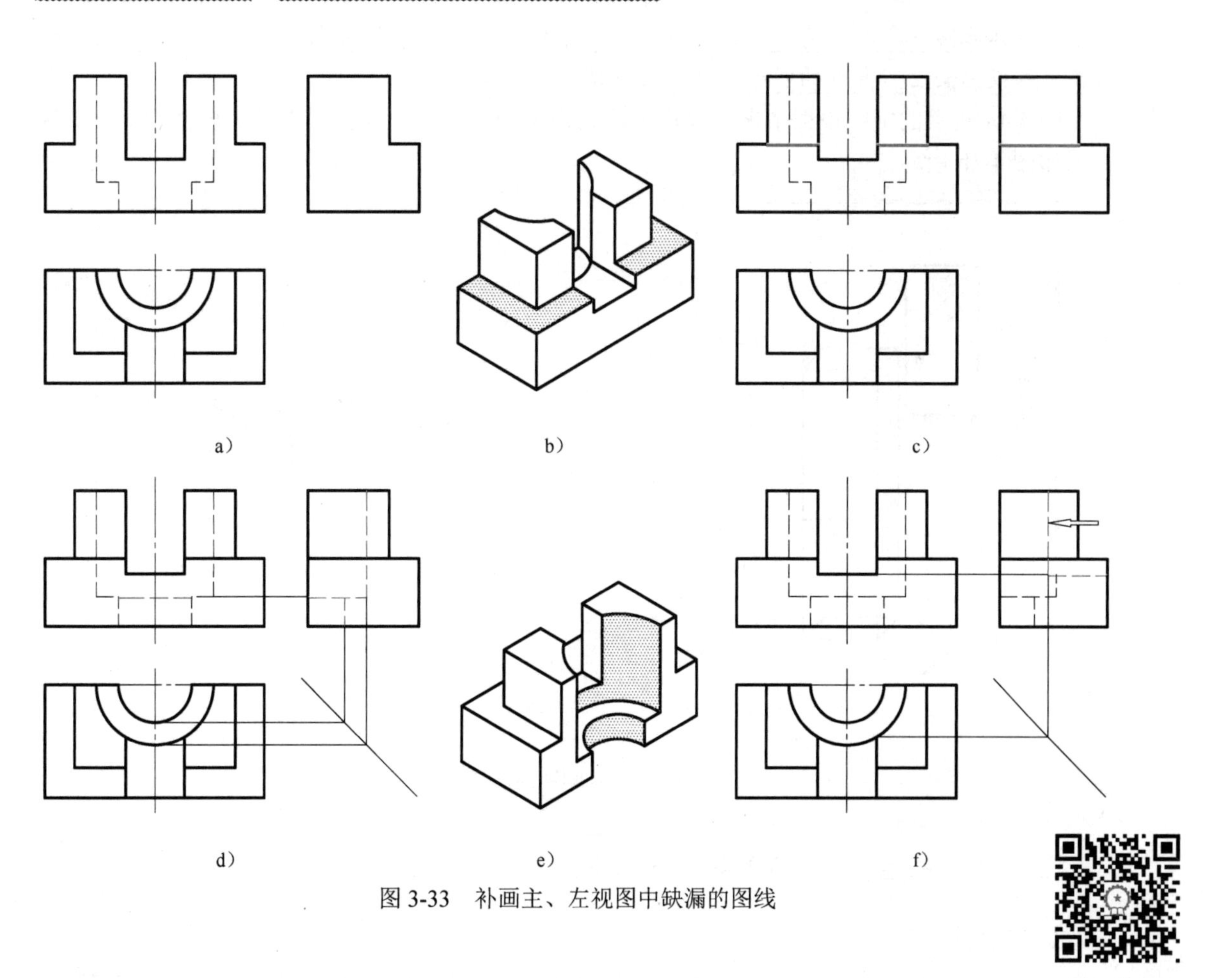

图 3-33　补画主、左视图中缺漏的图线

第四章　轴　测　图

第一节　轴测图的基本知识

在机械图样中，主要是通过视图和尺寸来表达物体的形状和大小的。由于视图是按正投影法绘制的，每个视图只能反映其二维空间大小，缺乏立体感。轴测图是用平行投影法绘制的单面投影图，由于轴测图能同时反映出物体长、宽、高三个方向的形状，所以具有立体感。但轴测图的度量性差，作图复杂，因此在机械图样中只能用作辅助图样。

一、轴测图的形成

将物体连同其参考直角坐标系，沿不平行于任一坐标平面的方向，用平行投影法将其投射在单一投影面上所得到的图形，称为轴测图，如图 4-1 所示。

图 4-1a 所示的空间投射情况，其投影即为常见的轴测图，投影面 P 称为轴测投影面，轴测图如图 4-1b 所示。

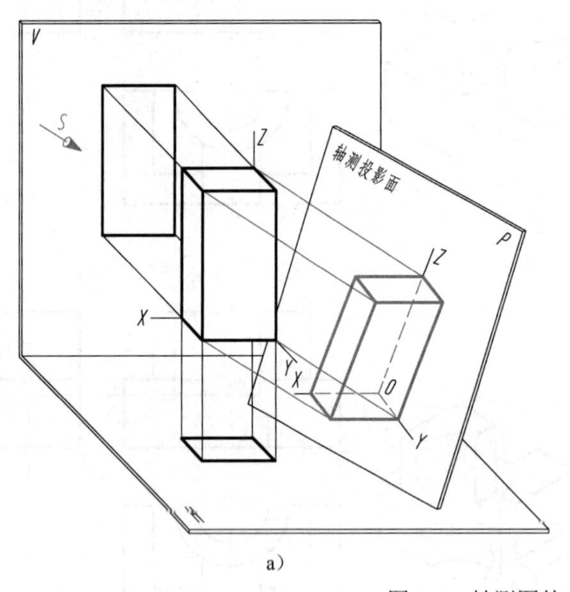

a）

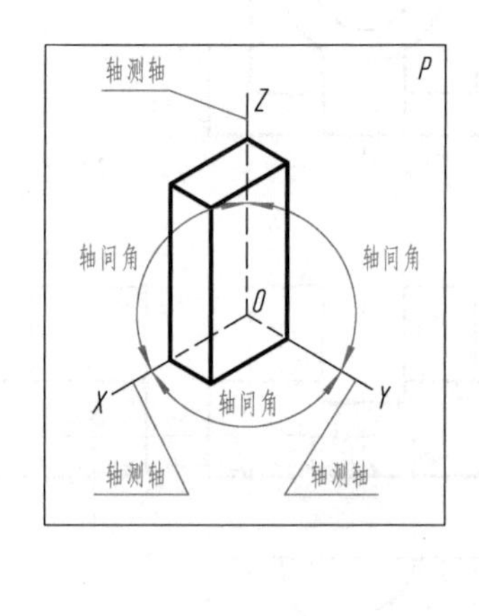

b）

图 4-1　轴测图的获得

二、术语和定义（GB/T 4458.3—2013）

1. 轴测轴

空间直角坐标轴在轴测投影面上的投影，称为轴测轴，如图 4-1b 所示的 X、Y、Z 轴。

2. 轴间角

轴测图中两轴测轴之间的夹角，称为轴间角，如图 4-1b 所示的 $\angle XOY$、$\angle YOZ$、$\angle XOZ$。

3. 轴向伸缩系数

轴测轴上的单位长度与相应投影轴上的单位长度的比值，称为轴向伸缩系数。不同的轴测图，其轴向伸缩系数不同，如图 4-2 所示。

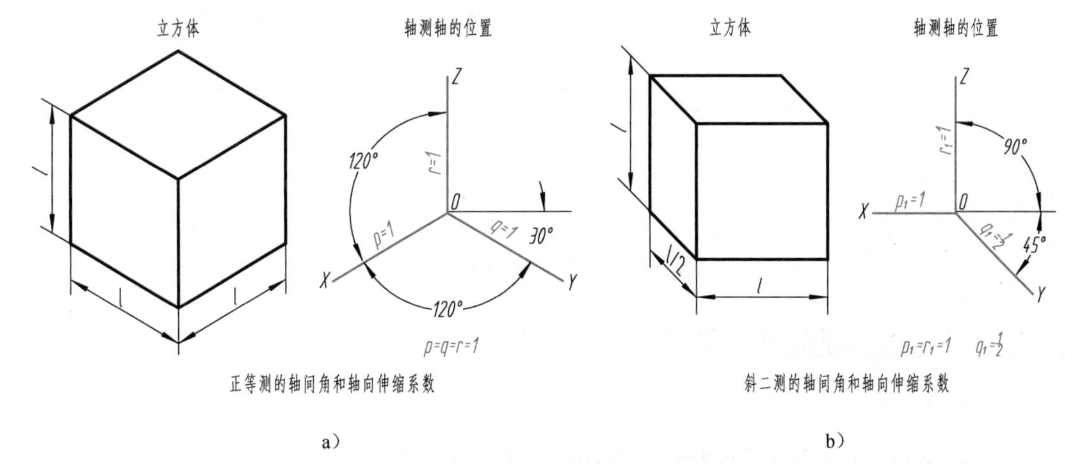

a）　　　　　　　　　　b）

图 4-2　轴间角和轴向伸缩系数的规定

三、一般规定

理论上轴测图可以有许多种，但从作图简便等因素考虑，一般采用以下两种：

1. 正等轴测投影（正等轴测图）

用正投影法得到的轴测投影，称为正轴测投影。三个轴向伸缩系数均相等的正轴测投影，称为正等轴测投影，简称正等测。此时三个轴间角相等。绘制正等测时，其轴间角和轴向伸缩系数（p、q、r），按图 4-2a 所示规定绘制。

2. 斜二等轴测投影（斜二等轴测图）

轴测投影面平行于一个坐标平面，且平行于坐标平面的那两个轴的轴向伸缩系数相等的斜轴测投影，称为斜二等轴测投影，简称斜二测。绘制斜二测时，其轴间角和轴向伸缩系数（p_1、q_1、r_1），按图 4-2b 所示规定绘制。

四、轴测图的投影特性

由于轴测图是用平行投影法绘制的，所以具有平行投影的特性。

1）物体上与坐标轴平行的线段，其投影在轴测图中平行于相应的轴测轴。

2）物体上相互平行的线段，其投影在轴测图中相互平行。

第二节　正等轴测图

一、正等测轴测轴的画法

在绘制正等测时，先要准确地画出轴测轴，然后才能根据轴测图的投影特性，画出轴测图。如图 4-2a 所示，正等测中的轴间角相等，均为 120°。绘图时，可利用丁字尺和 30°三角板配合，准确地画出轴测轴，如图 4-3 所示。

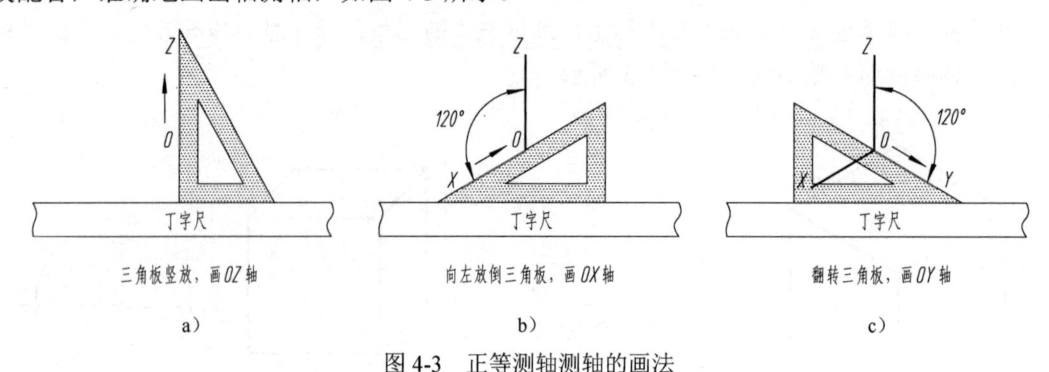

图 4-3　正等测轴测轴的画法

二、平面立体的正等测画法

1. 坐标法

绘制正等测的基本方法是坐标法。作图时，首先定出空间直角坐标系，画出轴测轴；再按立体表面上各顶点或直线端点的坐标，画出其轴测投影；最后分别连线，完成轴测图。

【例 4-1】　根据图 4-4a 所示正六棱柱的两视图，画出其正等测。

分析

由于正六棱柱前后、左右对称，故选择顶面的中点作为坐标原点，棱柱的轴线作为 Z 轴，顶面的两条对称中心线作为 X、Y 轴，如图 4-4a 所示。用坐标法从顶面开始作图，可直接按坐标法作出顶面六边形各顶点的投影。

作图步骤

①画出轴测轴，定出点Ⅰ、Ⅱ、Ⅲ、Ⅳ；分别通过点Ⅰ、Ⅱ，作 X 轴的平行线，如图 4-4b 所示。

②在过点Ⅰ、Ⅱ的平行线上，确定 m、n 点（均为前后对称的两个点），连接各顶点得到六边形的正等测，如图 4-4c 所示。

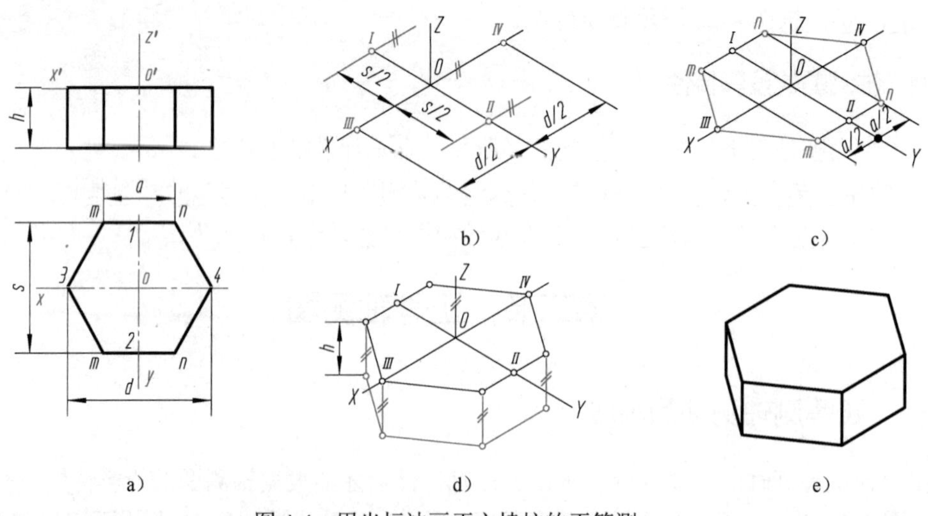

图 4-4　用坐标法画正六棱柱的正等测

③过六边形的各顶点，向下作 Z 轴的平行线，并在其上截取高度 h，画出底面上可见的各条边，如图 4-4d 所示。

④擦去作图辅助线并描深，完成正六棱柱的正等测，如图 4-4e 所示。

> 提示：一般情况下，在轴测图中只画出可见轮廓线（粗实线），而不可见轮廓线（细虚线）、对称中心线（细点画线）等省略不画。

2. 叠加法

叠加法是画正等测常用的方法之一，即先将组合体分解成若干个基本形体，然后按其相对位置逐个地画出各基本形体的轴测图，进而完成整体的轴测图，这种方法称为叠加法。

【例 4-2】　根据图 4-5a 所示组合体三视图，用叠加法画出其正等测。

分析

该组合体由长方形底板、立板及一块三角形肋板叠加而成，可采用叠加法画其正等测。底板和立板后面对齐，且组合体左、右对称，故选择对称面的两条对称中心线作为 Y、Z 轴，长方形底板后下方侧棱中点作为坐标原点，如图 4-5a 所示。

作图步骤

①先画轴测轴，再画出长方形底板的正等测，如图 4-5b、c 所示。

②在长方形底板的上方添加立板，如图 4-5d 所示。

③在长方形底板的上方、立板的前方添加三角形肋板，去掉多余图线后描深，完成组合体的正等测，如图 4-5e、f 所示。

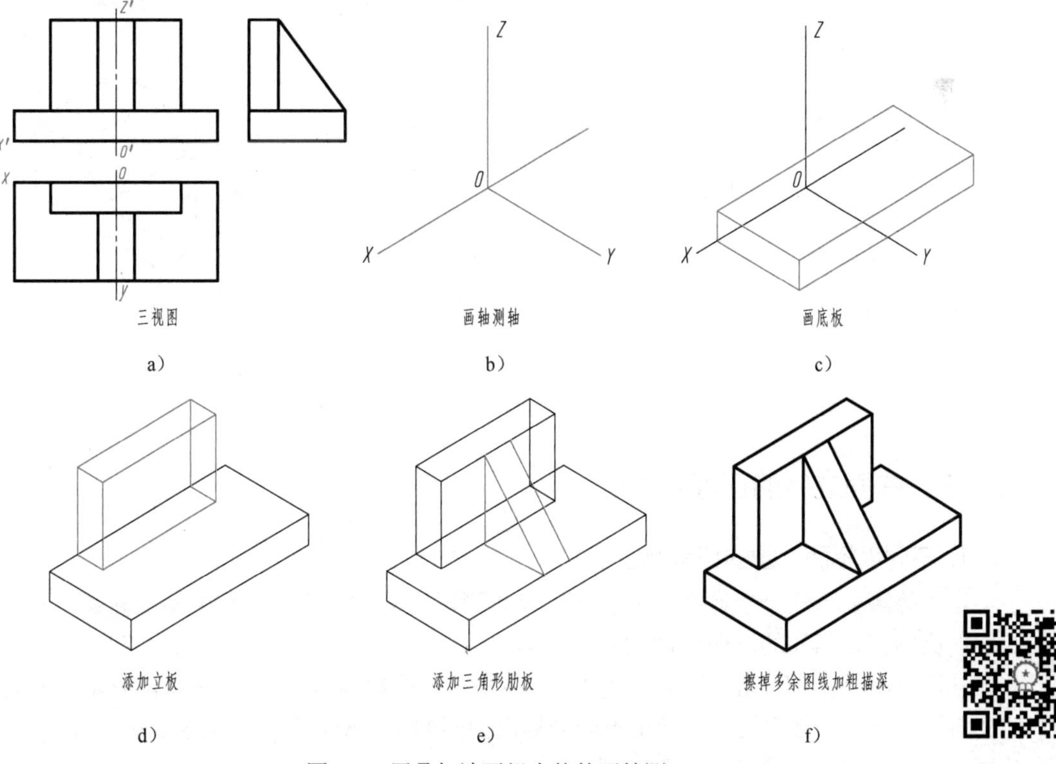

图 4-5　用叠加法画组合体的正等测

3. 切割法

切割法是画正等测常用的另一方法。先画出完整的基本几何体（通常为方箱）的轴测图，然后按其结构逐个切去多余的部分，进而完成组合体的轴测图，这种方法称为切割法。

【例 4-3】 根据图 4-6a 所示组合体三视图，用切割法画出其正等测。

分析

组合体是由一长方体经过多次切割而形成的。画其轴测图时，可用切割法，即先画出整体（方箱），再逐步截切。

作图步骤

①先画出轴测轴；再画出长方体（方箱）的正等测，如图 4-6b、c 所示。

②在长方体的基础上，切掉左上角（两条斜线要相互平行），如图 4-6d 所示。

③在左下方切出方形槽，如图 4-6e 所示。

④去掉多余图线后描深，完成组合体的正等测，如图 4-6f 所示。

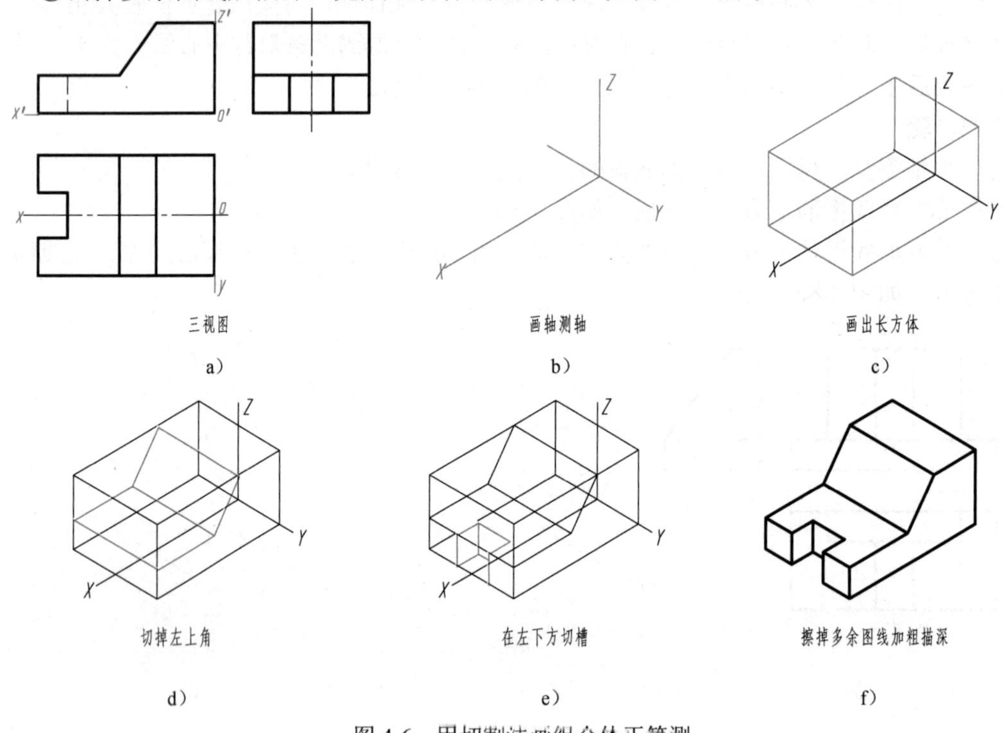

图 4-6 用切割法画组合体正等测

三、曲面立体的正等测画法

1. 不同坐标面上圆的正等测画法

在正等测中，三个坐标面上的圆（直径相等，均为 d）的轴测投影都是椭圆，其长轴和短轴的比例都是相同的，即椭圆的大小相同。

从图 4-7a 可以看出，椭圆长轴的方向与相应的轴测轴 X、Y、Z 垂直，短轴的方向与相应的轴测轴 X、Y、Z 平行。平行于不同坐标面的圆的正等测，除了椭圆长、短轴方向不同外，其画法是一样的。椭圆具有如下特征：

椭圆 1（水平椭圆）的长轴垂直于 Z 轴。

椭圆 2（侧面椭圆）的长轴垂直于 X 轴。

椭圆 3（正面椭圆）的长轴垂直于 Y 轴。

各椭圆的长轴：$AB≈1.22d$。

各椭圆的短轴：$CD≈0.7d$。

画回转体的正等测时，只有明确圆所在的平面与哪一个坐标面平行，才能画出方位正确的椭圆，如图 4-7b、c、d 所示。

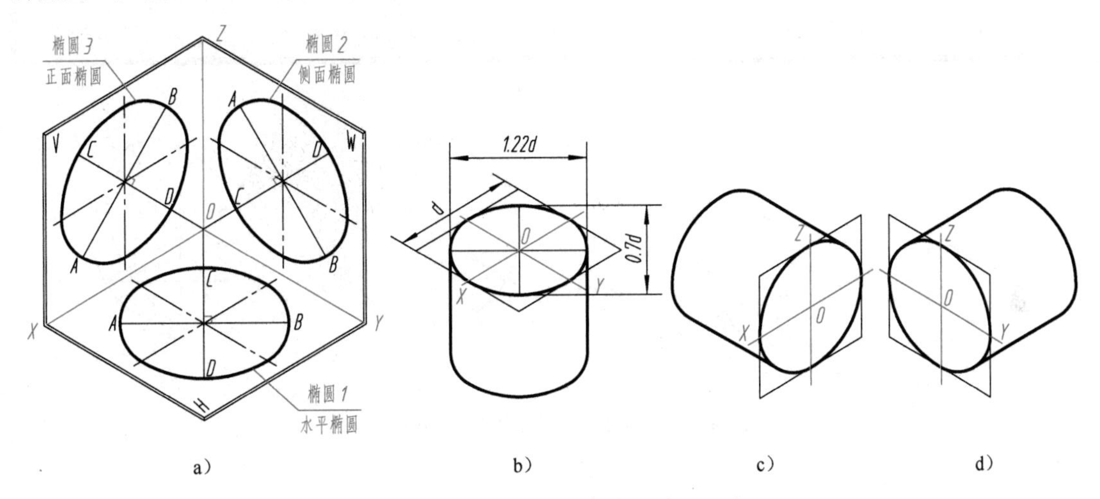

a）　b）　c）　d）

图 4-7　不同坐标面上圆的正等测画法

> 提示：画圆的正等测时，只要知道圆的直径 d，即可计算出椭圆的长、短轴，如图 4-7b 所示。应记住 $1.22d$ 和 $0.7d$ 这两个参数，在用计算机画椭圆时非常方便。

椭圆是怎么画出来的？下面介绍一种常用的椭圆画法——六点共圆法。

【例 4-4】　已知圆的直径为 $\phi24$，圆平面与 H 面平行（即椭圆长轴垂直于 Z 轴），用六点共圆法画出其正等测。

作图步骤

①画出 H 面上的两个轴测轴 X、Y 及轴测轴 Z（椭圆短轴），在垂直于 Z 方向画出椭圆长轴，如图 4-8a 所示。

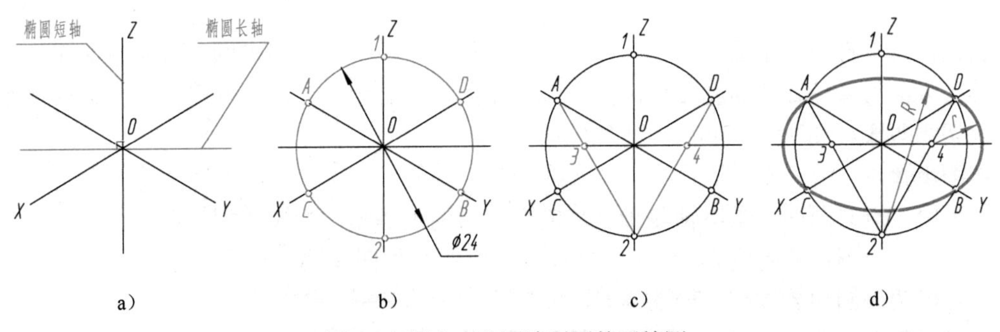

a）　b）　c）　d）

图 4-8　用六点共圆法画圆的正等测

②以点 O 为圆心、$R12$ 为半径画圆，交 X 轴、Y 轴得 A、B 和 C、D 四点，与 Z 轴（椭圆短轴）相交，得点 1、点 2，如图 4-8b 所示。

③连接 $A2$ 和 $D2$，与椭圆长轴交于点 3、点 4，如图 4-8c 所示。

④分别以点 1、点 2 为圆心、R（$2A$）为半径画大圆弧；再分别以点 3、点 4 为圆心、r（$4D$）为半径画小圆弧，四段圆弧相切于 A、B、C、D 四点，如图 4-8d 所示。

> 提示：画圆的正等测时，必须搞清圆平行于哪一个坐标面。根据椭圆长、短轴的特征，先确定椭圆的短轴方向；再作短轴的垂线，确定椭圆的长轴方向，进而画出圆的正等测。平行于正面的圆的正等测画法，如图 4-9 所示；平行于侧面的圆的正等测画法，如图 4-10 所示（作图步骤同图 4-8）。

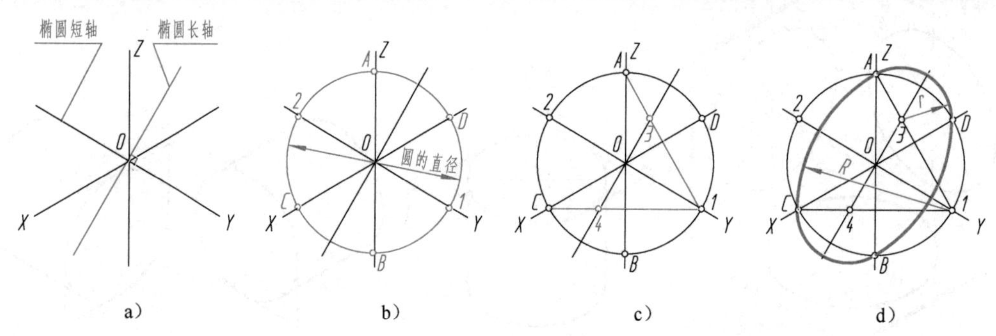

图 4-9　平行于正面的圆的正等测画法

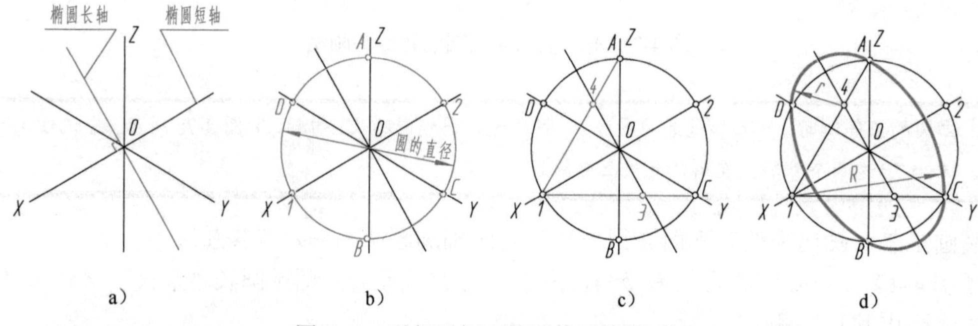

图 4-10　平行于侧面的圆的正等测画法

2. 圆柱的正等测画法

【例 4-5】　根据图 4-11a 所示圆柱的视图，画出其正等测。

分析

圆柱轴线垂直于水平面，其上、下底两个圆与水平面平行（即椭圆长轴垂直 Z 轴）且大小相等。可根据直径 d 和高度 h 作出大小完全相同、中心距为 h 的两个椭圆，然后作两个椭圆的公切线即成。

作图步骤

①采用六点共圆法。画出轴测轴，作出上底圆的正等测，如图 4-11b 所示。

②向下量取圆柱的高度 h，作出下底圆的正等测，如图 4-11c 所示。

③作出两椭圆的公切线，如图 4-11d 所示。

④擦去作图辅助线并描深，完成圆柱的正等测，如图 4-11e 所示。

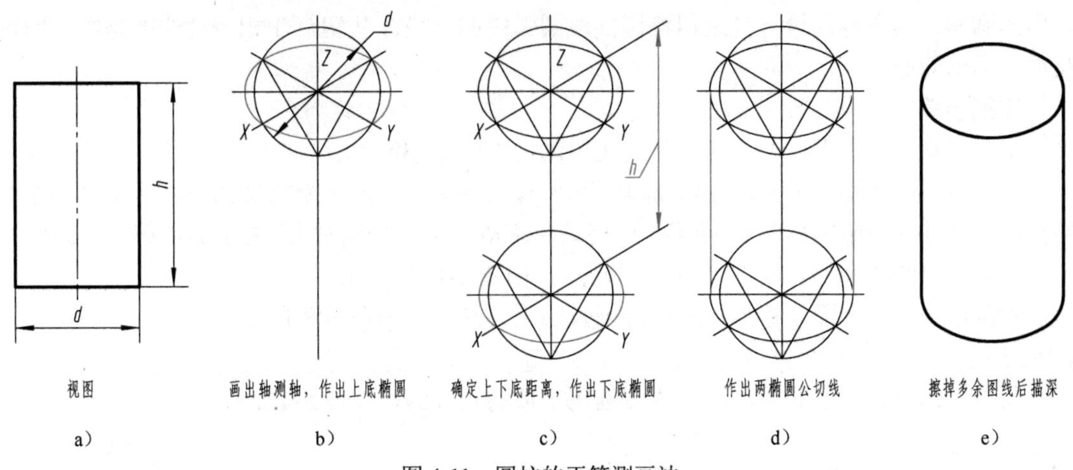

图 4-11　圆柱的正等测画法

3. 圆台的正等测画法

【例 4-6】　根据图 4-12a 所示圆台的视图，画出其正等测。

分析

圆台轴线垂直于水平面，其上、下底两个圆与水平面平行但大小不等。可根据其上底直径 d_2、下底直径 d_1 和高度 h 作出大小不同、中心距为 h 的两个椭圆，然后作两个椭圆的公切线即成。

作图步骤

①采用六点共圆法。画出轴测轴，作出上底圆 d_2 的正等测，如图 4-12b 所示。

②向下量取圆台的高度 h，作出下底圆 d_1 的正等测，如图 4-12c 所示。

③作出两椭圆的公切线（注意切点的位置），如图 4-12d 所示。

④擦去作图辅助线并描深，完成圆台的正等测，如图 4-12e 所示。

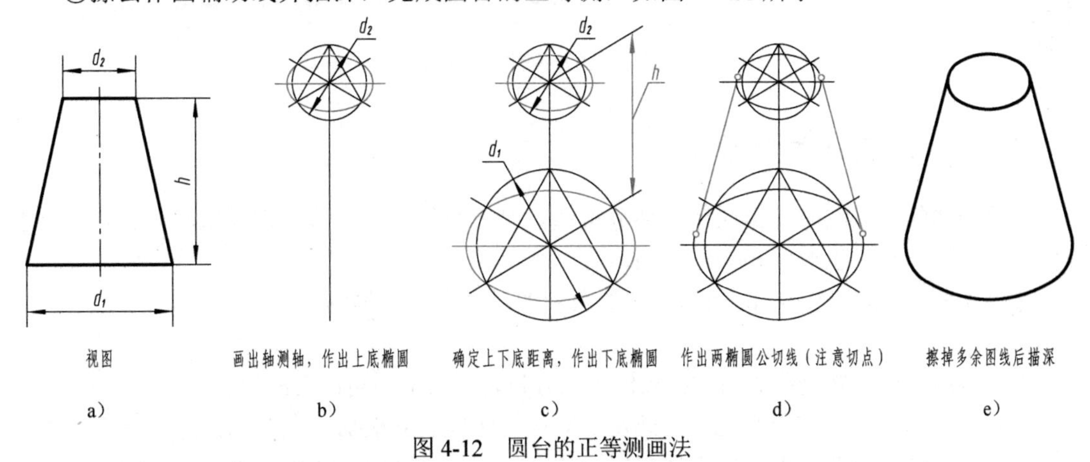

图 4-12　圆台的正等测画法

4. 圆角正等测的简化画法

【例 4-7】　根据图 4-13a 所示带圆角平板的两视图，画出其正等测。

分析

平行于坐标面的圆角是圆的一部分，其正等测是椭圆的一部分。特别是常见的四分之一圆周的圆角，其正等测恰好是近似椭圆四段圆弧中的一段。从切点作相应棱线的垂线，即可获得圆弧的圆心。

作图步骤

①首先画出平板上底面（矩形）的正等测，如图 4-13b 所示。

②自各顶点沿棱线分别量取 R，确定圆弧与棱线的切点；过切点作棱线的垂线，垂线与垂线的交点即为圆心，圆心到切点的距离即连接弧半径 R_1 和 R_2；分别画出连接弧，如图 4-13c 所示。

③分别将圆心和切点向下平移 h（板厚），如图 4-13d 所示。

④画出平板下底面（矩形）和相应圆弧的正等测，作出左右两段小圆弧的公切线，如图 4-13e 所示。

⑤擦去作图辅助线并描深，完成带圆角平板的正等测，如图 4-13f 所示。

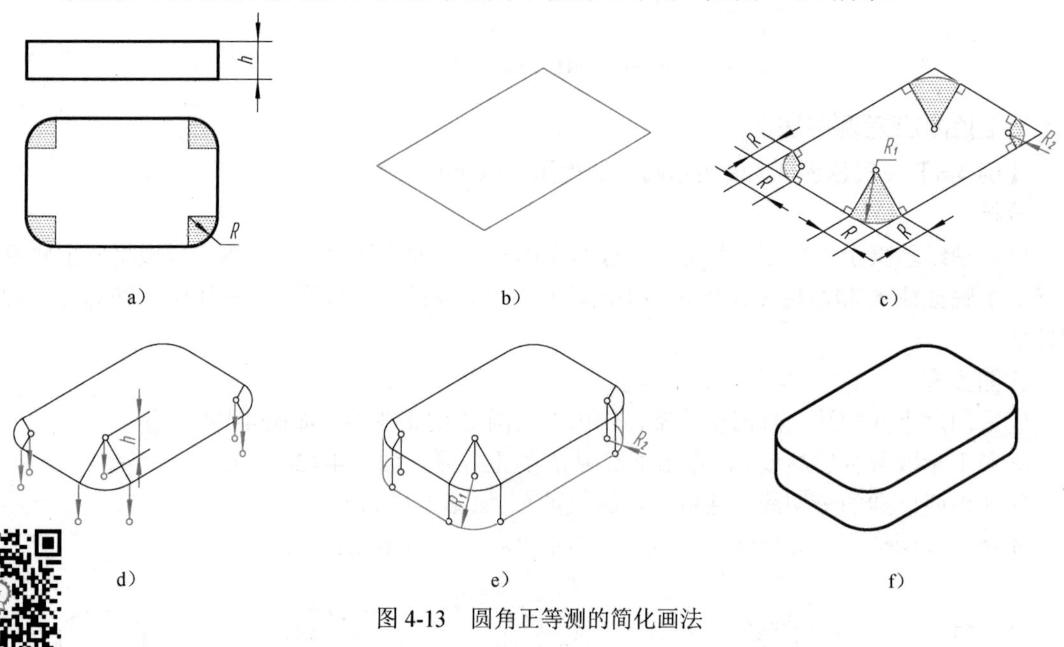

图 4-13　圆角正等测的简化画法

四、组合体的正等测画法

画组合体的轴测图时，仍应用形体分析法。对于切割型组合体用切割法，对于叠加型组合体用叠加法，有时也可两种方法并用。

【例 4-8】　根据图 4-14a 所示支架的两视图，画出其正等测。

分析

支架是由底板、立板叠加而成。底板为长方体，有两个圆角；立板的上半部为半圆柱面，下半部为长方体，中间有一通孔。支架左右对称，底板和立板后表面共面，并以底板上表面为结合面。为方便作图，坐标原点选在底板的上表面与对称中心线的交点处。画轴测图时，先采用叠加法，再用切割法。

作图步骤

①先画出底板的正等测，如图 4-14b 所示。

②按相对位置尺寸叠加立板（长方体），如图 4-14c 所示。

③画细节。在底板上采用圆角正等测的简化画法，切割出两个圆角；在立板上采用六点共圆法，画出立板上方半圆柱面的正等测，如图 4-14d 所示。

④采用六点共圆法，切割出立板上方的圆孔，如图 4-14e 所示。

⑤擦去作图辅助线并描深，完成支架的正等测，如图 4-14f 所示。

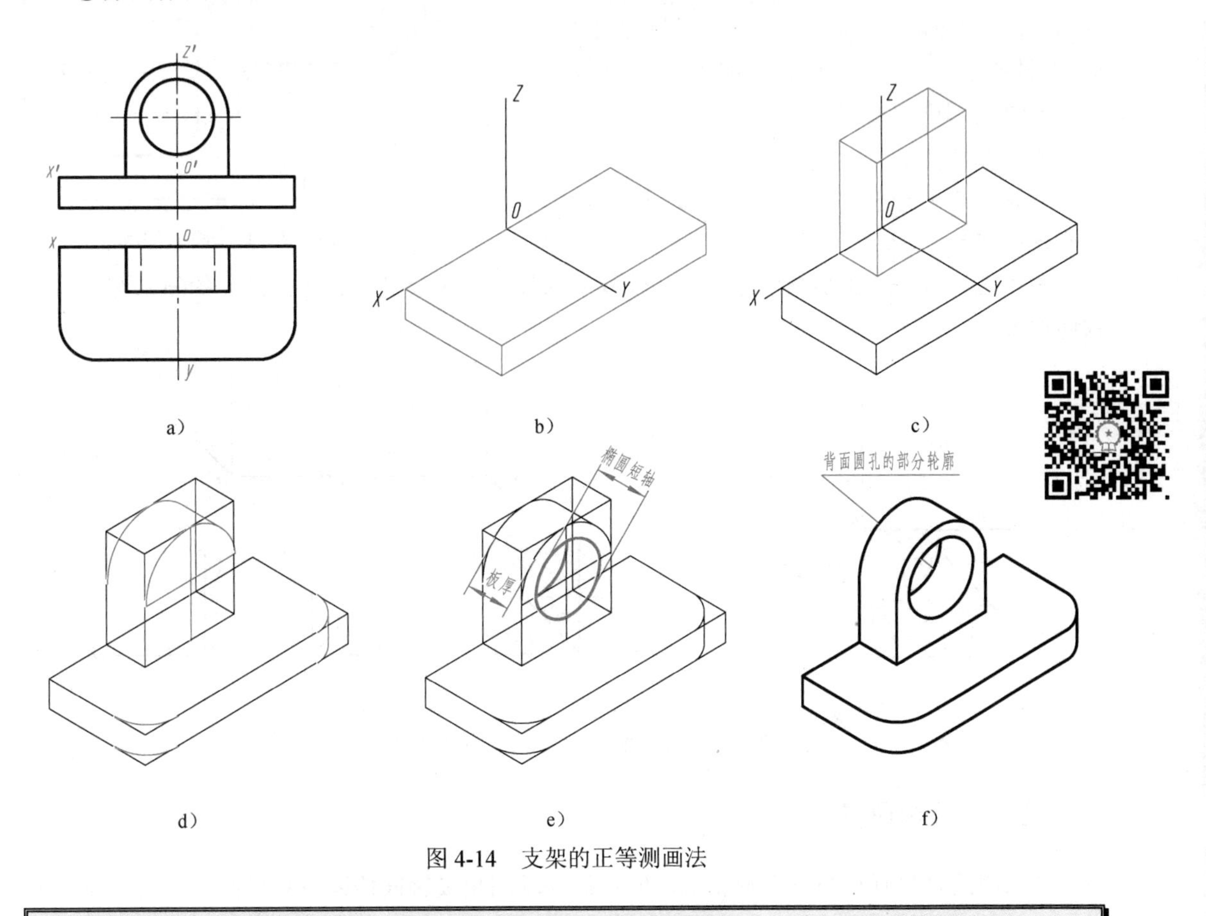

图 4-14　支架的正等测画法

提示：若椭圆短轴尺寸大于板厚尺寸，则立板后面圆孔的部分轮廓应漏出一部分，如图 4-14e、f 所示。

第三节　斜二等轴测图

一、斜二等轴测图的形成及投影特点

1. 斜二等轴测图的形成

斜二等轴测图是在确定物体的直角坐标系时，使 X 轴和 Z 轴平行于轴测投影面 P，用斜投影法将物体连同其坐标系一起向 P 面投射，而得到的轴测图，如图 4-15 所示。

2. 斜二测的轴间角和轴向伸缩系数

由于 XOZ 坐标面与轴测投影面平行，X、Z 轴的轴向伸缩系数相等，即 $p_1=r_1=1$，轴间角 $\angle XOZ=90°$。

为了便于绘图，国家标准 GB/T 4458.3—2013《机械制图　轴测图》规定：选取 Y 轴的轴向伸缩系数 q_1=1/2，轴间角 $\angle XOY=\angle YOZ$=135°，如图4-16a 所示。只有按照这些规定绘制出来的斜轴测图，才能称为斜二等轴测图。随着投射方向的不同，Y 轴的方向可以任意选定，如图 4-16b 所示。

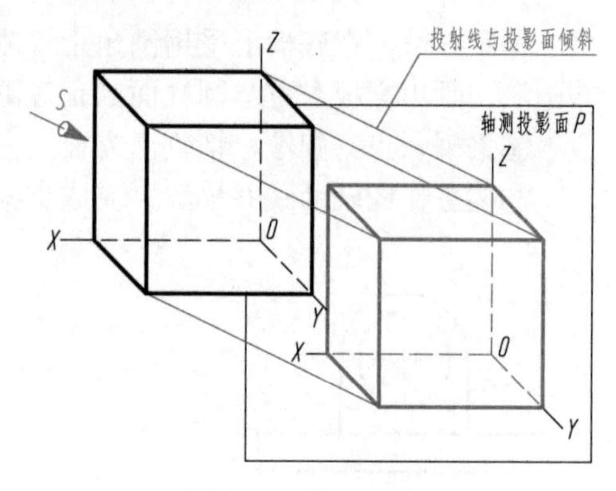

图 4-15　斜二测的形成

3. 斜二测的投影特性

斜二测的投影特性是：

物体上凡平行于 XOZ 坐标面的表面，其轴测投影反映实形。

利用这一特点，在绘制单方向形状较复杂的物体（主要是有较多的圆）的斜二测时，比较简便易画。

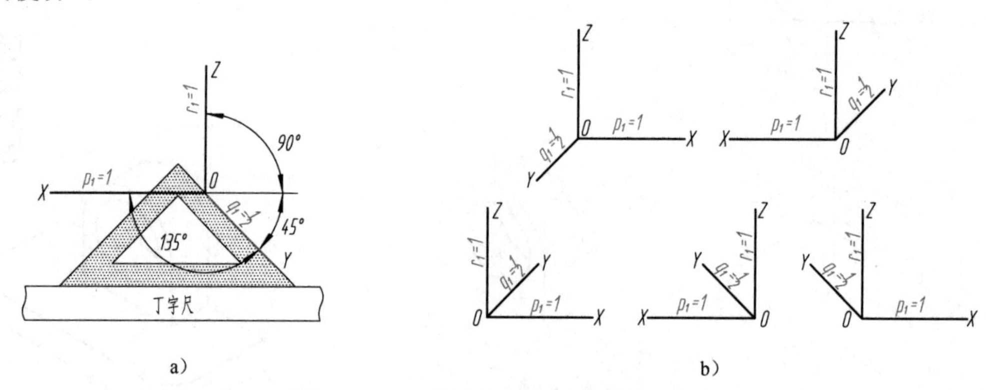

图 4-16　斜二测的轴间角和轴向伸缩系数

二、斜二测画法

斜二测的具体画法与正等测相似，但它们的轴间角及轴向伸缩系数均不同。由于斜二测中 Y 轴的轴向伸缩系数 q_1=1/2，所以在画斜二测时，沿 Y 轴方向的长度应取物体上相应长度的一半。

1. 平面立体的斜二测画法

【例 4-9】　根据图 4-17a 所示正四棱台的两视图，画出其斜二测。

分析

正四棱台的上、下底面都是正方形且相互平行，棱台轴线垂直于上、下底面并通过其中心。棱台的前后、左右均对称。因此，将棱台的前后对称面作为 XOZ 坐标面，作图比较方便。

作图步骤

①画出轴测轴 X、Y、Z；在 X 轴上量取 22，在 Y 轴上量取 11，画出四棱台下底面的斜二测，如图 4-17b 所示。

②在 Z 轴上量取棱台高 25，在 X 轴的方向上量取 10，在 Y 轴的方向上量取 5，画出四棱台上底面的斜二测，连接棱台上、下底面的对应点，如图 4-17c 所示。

③擦去作图辅助线并描深，完成正四棱台的斜二测，如图 4-17d 所示。

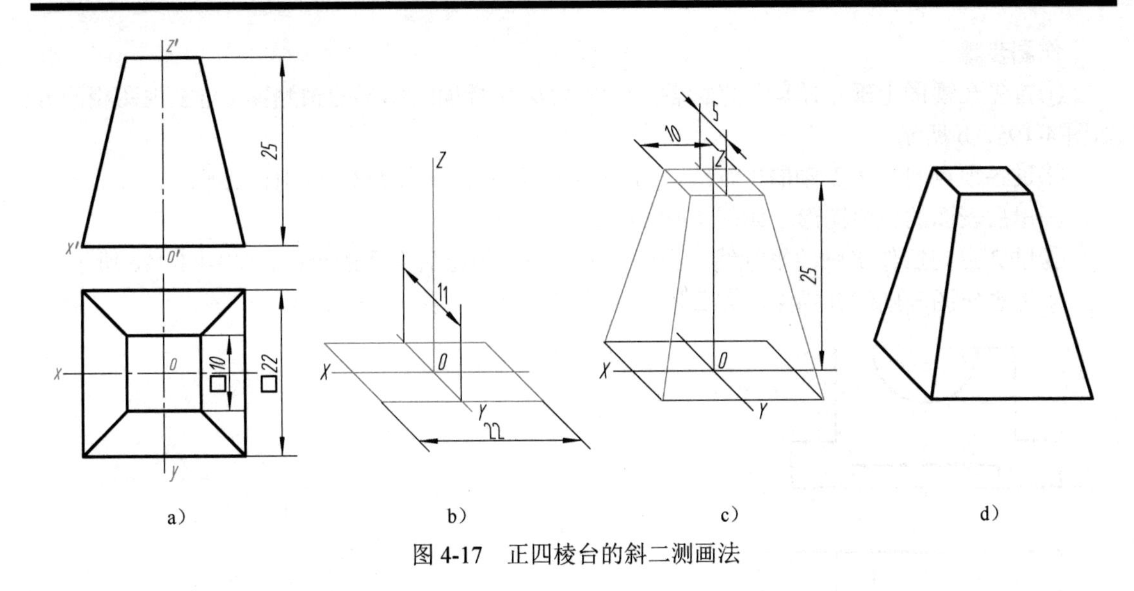

a） b） c） d）

图 4-17 正四棱台的斜二测画法

2. 曲面立体的斜二测画法

【例 4-10】 根据图 4-18a 所示圆柱的视图，画出其斜二测。

分析

因为圆柱的左、右端面都是圆，将左、右端面平行于正面放置（即圆柱的轴线平行于 *Y* 轴），以右端面作为 *XOZ* 坐标面，作图比较方便。

作图步骤

①画出轴测轴，在 *Y* 轴上量取 *L*/2，确定前、后端面的圆心，画出前、后端面上的两个圆，如图 4-18b 所示。

②作出前、后两个圆的公切线，如图 4-18c 所示。

③擦去作图辅助线并描深，完成圆柱的斜二测，如图 4-18d 所示。

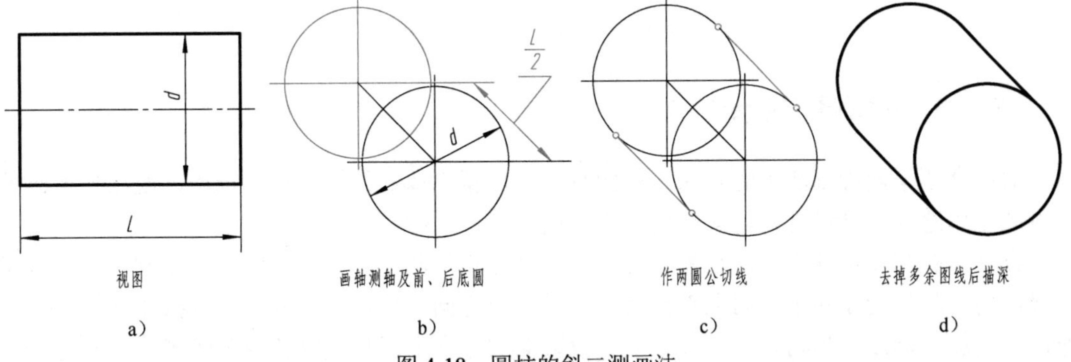

a） b） c） d）

图 4-18 圆柱的斜二测画法

3. 组合体的斜二测画法

【例 4-11】 根据图 4-19a 所示轴承座的两视图，画出其斜二测。

分析

轴承座由上下两个等宽的长方体叠加而成。其中，下侧长方体的下边开有矩形通槽，上侧长方体的上方开有半圆形通槽，轴承座的前表面平行于正面，采用斜二测作图比较简便。

作图步骤

①首先在视图上确定原点和坐标轴，画出 *XOZ* 坐标面内图形的轴测图（与主视图相同），如图 4-19a、b 所示。

②过各顶点向后作 *Y* 轴的平行线，如图 4-19c 所示；量取 *L*/2，分别作 *X* 轴、*Z* 轴的平行线，画出后表面的完整图形，如图 4-19d 所示。

③过 *Z* 点向后作 *Y* 轴的平行线，得到圆心点 *A*，画出后表面的半圆，如图 4-19e 所示。

④擦去作图辅助线并描深，完成轴承座的斜二测，如图 4-19f 所示。

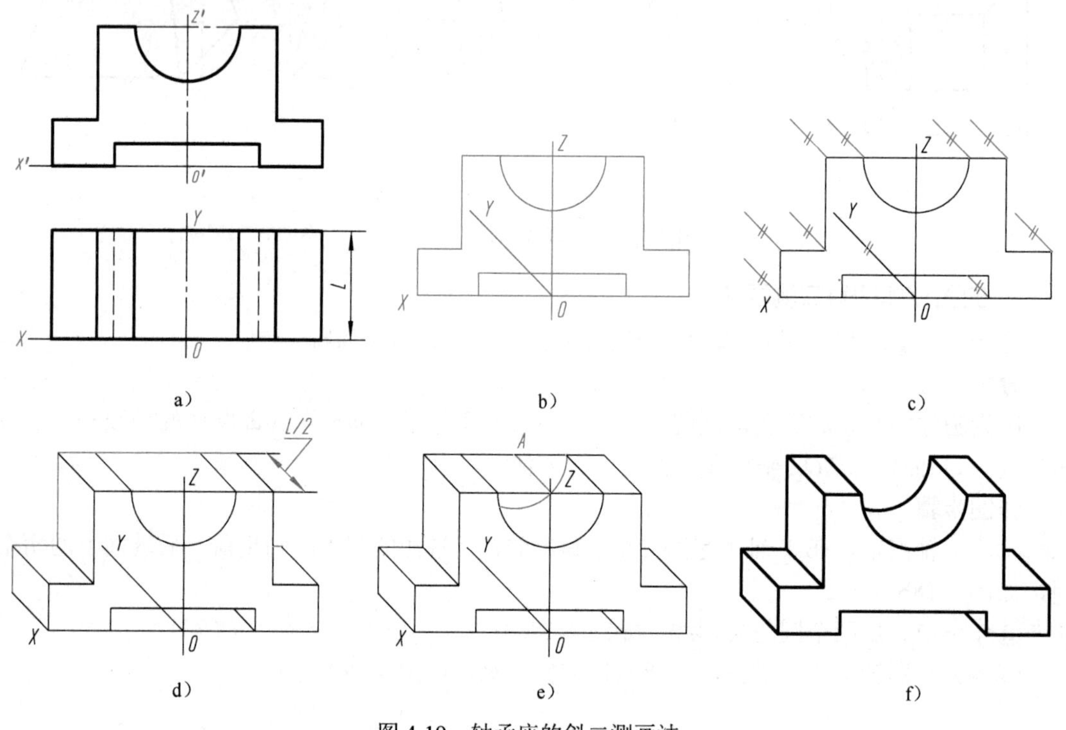

图 4-19　轴承座的斜二测画法

三、两种轴测图的比较

前面介绍了两种轴测图的画法。绘图时，应根据物体的结构特点来选用，既要使所画的轴测图立体感强、度量性好，又要使其作图简便。

在立体感和度量性方面，正等测比斜二测好。正等测在三个轴测轴方向上都可直接度量长度；斜二测只能在两个方向上直接度量，另一个方向（*Y* 轴）上的尺寸则按比例缩短了，作图时增加了麻烦。当物体在平行于某一投影面的方向上形状较复杂或圆较多、而其他方向形状较简单或无圆时，采用斜二测画图就显得非常方便。对于在三个方向上均有圆或圆弧的物体，则采用正等测画图较为适宜。

图 4-20 所示的物体，在三个方向上都有圆和圆弧，因此，采用正等测画法较为合适，而且立体感也比斜二测好。

图 4-21 所示的物体，沿其径向方向具有较多的圆，而其轴线方向的形状则较为简单，故采用斜二测画法最为适宜，可简化作图。

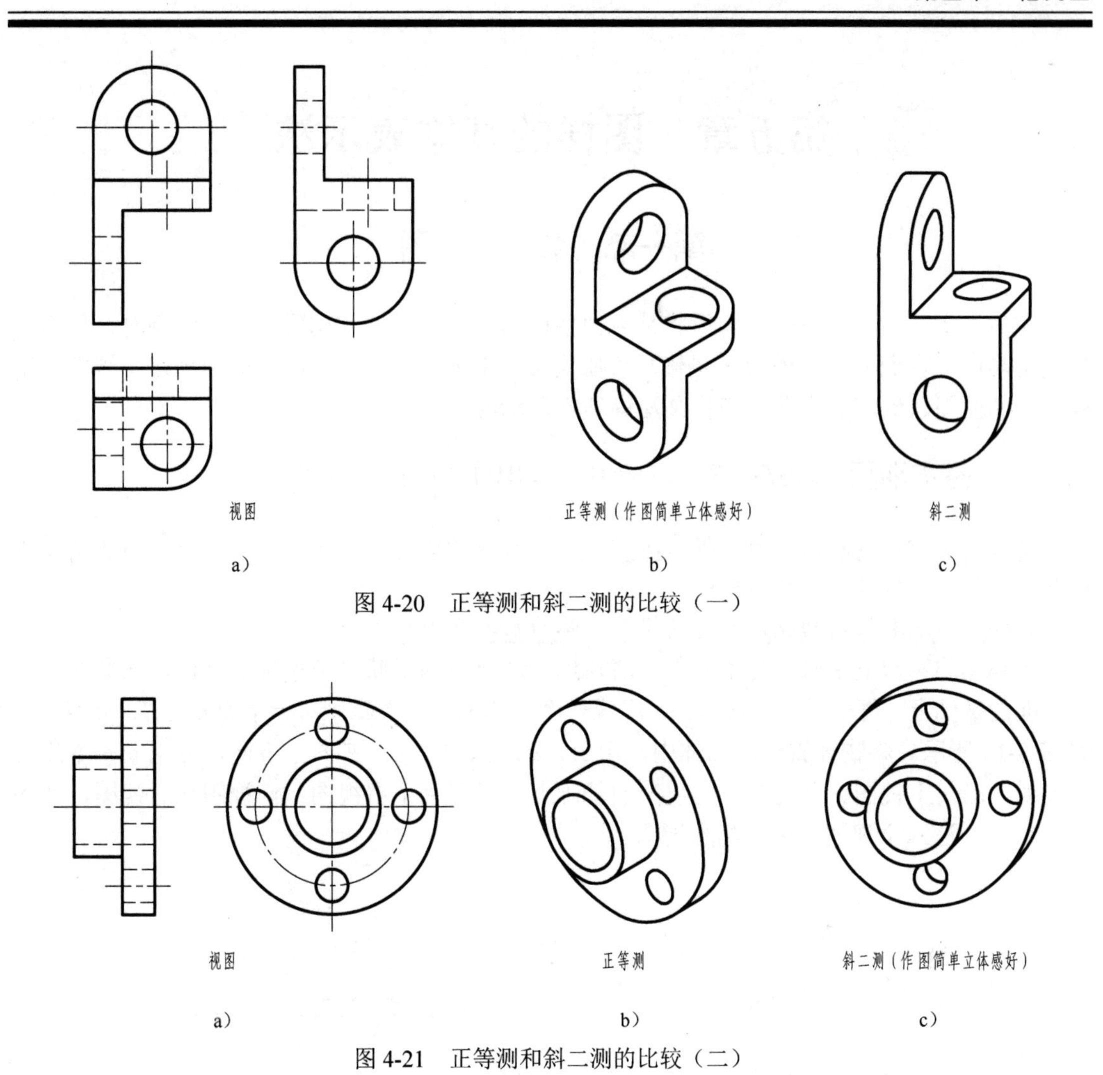

图 4-20 正等测和斜二测的比较（一）

图 4-21 正等测和斜二测的比较（二）

第五章　图样的基本表示法

第一节　视　　图

在生产实践中，物体的结构形状是多种多样的。当物体的结构形状比较复杂时，仅用三视图是难以把它们的内、外形状完整、清晰地表达出来的。为此，国家标准规定了视图、剖视图、断面图、局部放大图及简化画法等基本表示法。

一、基本视图（GB/T 13361—2012、GB/T 17451—1998）

根据有关标准和规定，用正投影法所绘制出物体的图形，称为视图。视图通常包括基本视图、向视图、局部视图和斜视图。

将物体向基本投影面投射所得的视图，称为基本视图。

当物体的构形复杂时，为了完整、清晰地表达物体的形状，国家标准规定，在原有三个投影面的基础上，再增设三个投影面，组成一个正六面体，六面体的六个面称为基本投影面，如图 5-1a 所示。将物体置于六面体中，由 *A*、*B*、*C*、*D*、*E*、*F* 六个方向，分别向基本投影面投射，即在主视图、左视图、俯视图的基础上，又得到了右视图、仰视图和后视图，如图 5-1b 所示。这六个视图，称为基本视图。

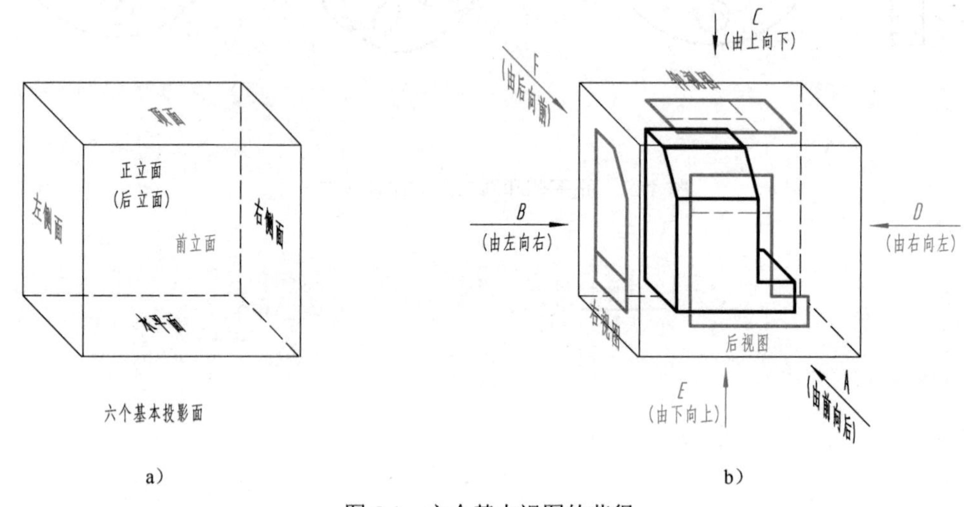

图 5-1　六个基本视图的获得

主视图（或称 *A* 视图）——由前向后投射所得的视图。
左视图（或称 *B* 视图）——由左向右投射所得的视图。
俯视图（或称 *C* 视图）——由上向下投射所得的视图。
右视图（或称 *D* 视图）——由右向左投射所得的视图。
仰视图（或称 *E* 视图）——由下向上投射所得的视图。
后视图（或称 *F* 视图）——由后向前投射所得的视图。

六个基本投影面的展开方法如图 5-2 所示，即正面保持不动，其他投影面按箭头所示方向旋转到与正面共处于同一平面的位置。

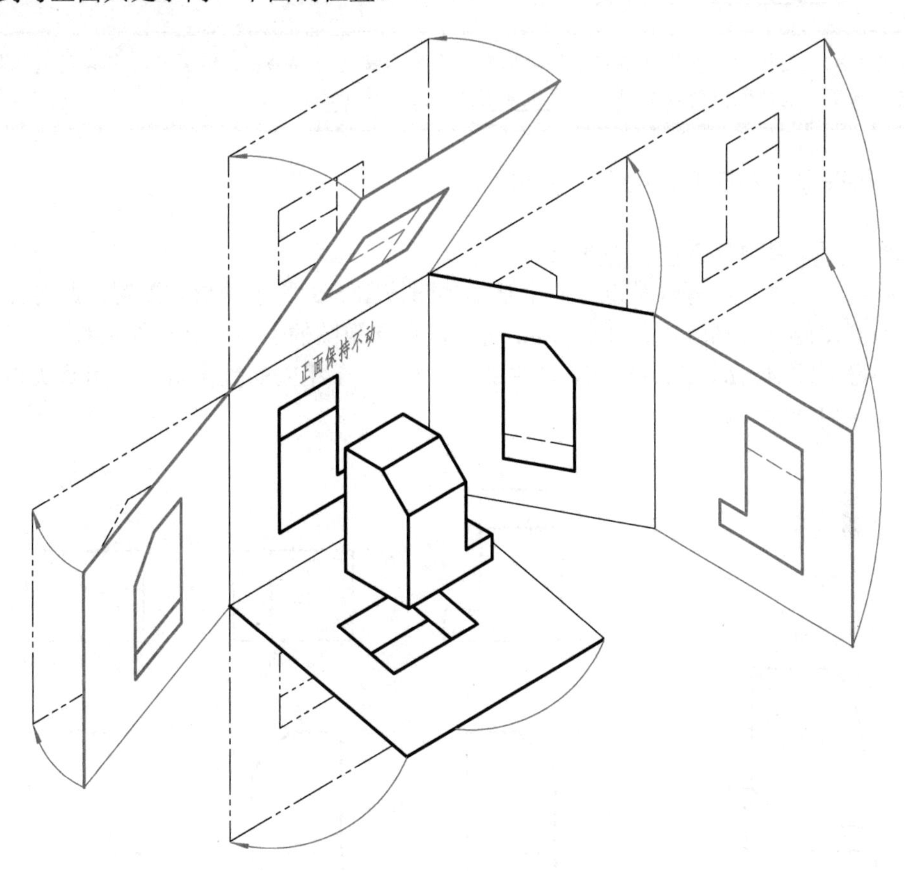

图 5-2　六个基本投影面的展开

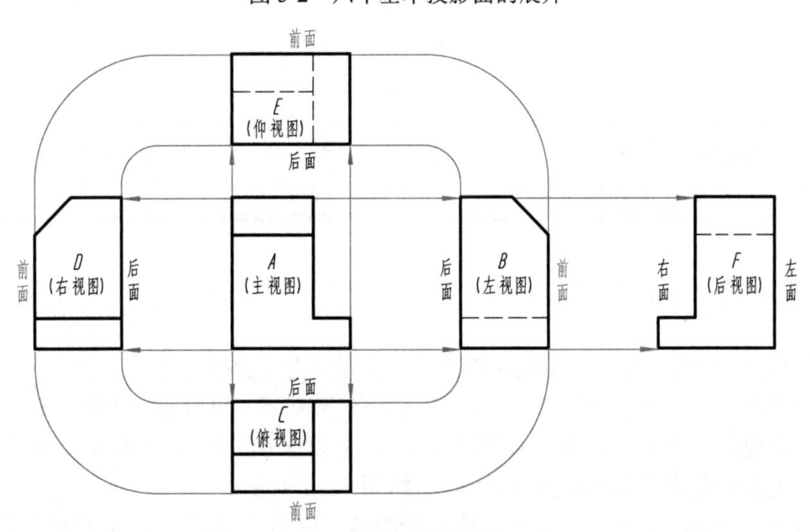

图 5-3　六个基本视图的配置

六个基本视图在同一张图样内按图 5-3 配置时，各视图一律不注图名。六个基本视图仍符合“长对正、高平齐、宽相等”的投影规律。除后视图外，其他视图靠近主视图的一边是物体的后面，远离主视图的一边是物体的前面。

> 提示：在绘制机械图样时，一般并不需要将物体的六个基本视图全部画出，而是根据物体的结构特点和复杂程度，选择适当的基本视图。优先采用主、左、俯视图。

二、向视图（GB/T 17451—1998）

向视图是可以自由配置的基本视图。

在实际绘图过程中，有时难以将六个基本视图按图 5-3 所示的形式配置，此时如采用自由配置，即可使问题得到解决。如图 5-4b 所示，在向视图的上方标注视图名称“×”（×为大写拉丁字母，即 *A*、*B*、*C*、*D*、*E*、*F* 中的某一个），在相应的视图附近，用箭头指明投射方向，并标注相同的字母。

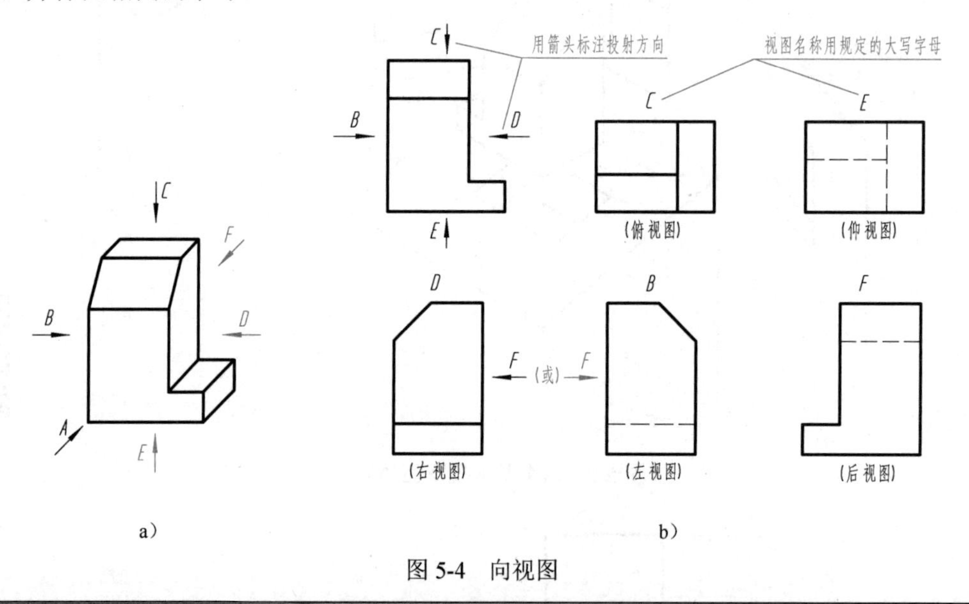

a）　　b）

图 5-4　向视图

> 提示：①向视图是基本视图的另一种表达形式，是移位（不能旋转）配置的基本视图。②向视图的投射方向应与基本视图的投射方向一一对应。*F* 向的箭头也可指向左视图的图形 *B*。

三、局部视图（GB/T 17451—1998、GB/T 4458.1—2002）

将物体的某一部分向基本投影面投射所得的视图，称为局部视图。

如图 5-5a 所示，组合体左侧有一凸台。在主、俯视图中，圆筒和底板的结构已表达清楚，而凸台在主、俯视图中未表达清楚，如图 5-5b 所示。若画出完整的左视图，可以将凸台结构表达清楚，但大部分是和主视图重复的结构，如图 5-5d 所示。

此时采用“*A*”向局部视图，只画出基本视图的一部分表达凸台，而省略大部分左视图。这种方法可使图形重点更突出，更加清晰明确。画局部视图时，局部视图的断裂边界通常以波浪线（或双折线）表示。局部视图可按基本视图的位置配置，也可按向视图的配置形式配置并标注，即在局部视图上方标出视图的名称“×”（大写拉丁字母），在相应的视图附近用箭头指明投射方向，并注上同样的字母，如图 5-5b、c 所示。

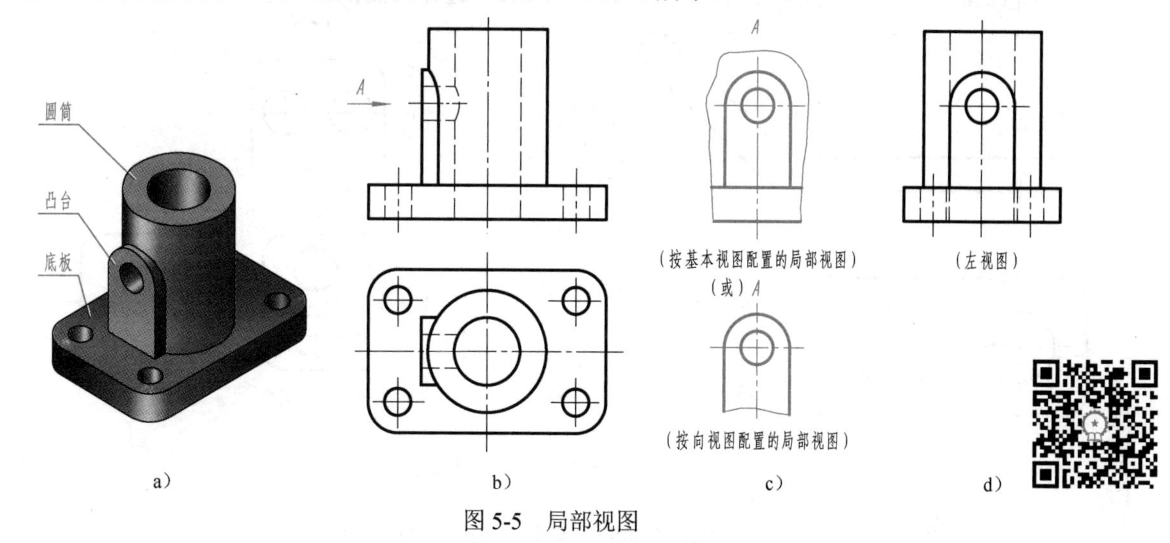

图 5-5　局部视图

当局部视图按基本视图的形式配置，中间又无其他图形隔开时，可省略标注，如图 5-7a 中的俯视图。

四、斜视图（GB/T 17451—1998）

将物体向不平行于基本投影面的平面投射所得的视图，称为斜视图。斜视图通常用于表达物体上的倾斜部分。

当物体上有倾斜结构时，将物体的倾斜部分向新设立的投影面（与物体的倾斜部分平行，且垂直于一个基本投影面的平面）上投射，便可得到倾斜部分的实形，如图 5-6 所示。

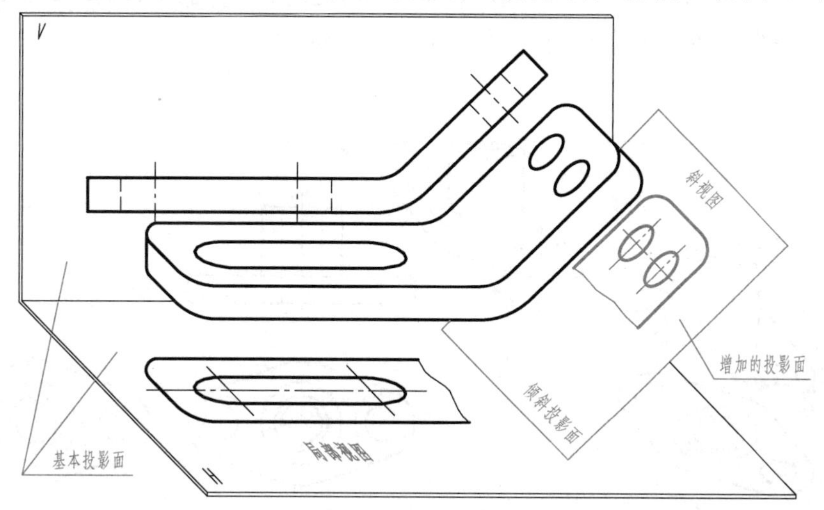

图 5-6　斜视图的形成

斜视图通常按向视图的配置形式配置并标注，如图 5-7a 所示。必要时，可将斜视图旋转配置。此时，表示该视图名称的大写拉丁字母，应靠近旋转符号的箭头端“A⌒”，如图 5-7b

所示。旋转符号的方向应与实际旋转方向一致。旋转符号的半径等于字体高度 h。

斜视图一般只画出倾斜部分的局部形状，其断裂边界用波浪线表示。

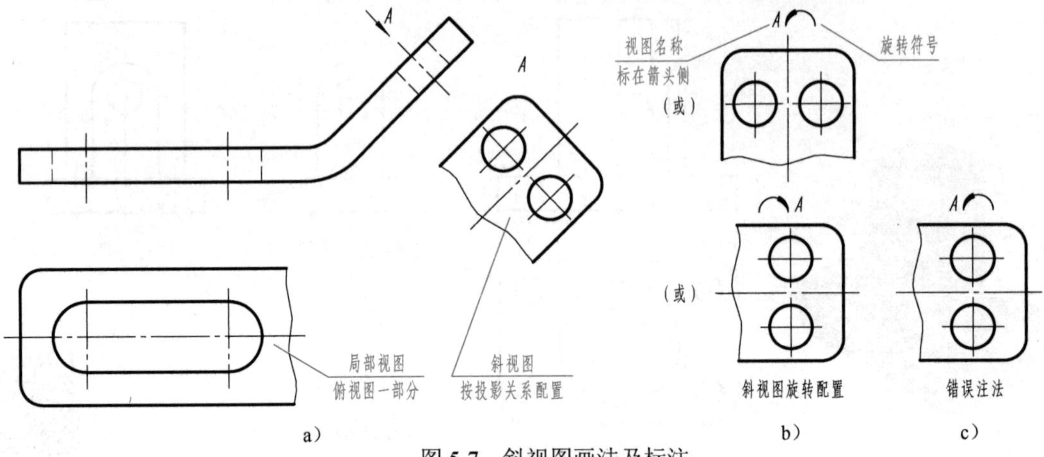

图 5-7　斜视图画法及标注

第二节　剖　视　图

当物体的内部结构比较复杂时，视图中就会出现较多的虚线。这些虚线与虚线、虚线与实线相互交错重叠，既不利于画图，也不利于看图和标注尺寸。为了清晰地表示物体的内部形状，国家标准规定了剖视图的表达方法。

一、剖视图的基本概念

1. 剖视图的获得（GB/T 17452—1998、GB/T 4458.6—2002）

假想用剖切面剖开物体，将处在观察者和剖切面之间的部分移去，而将其余部分向投影面投射所得的图形，称为剖视图，简称剖视，如图 5-8a 所示。

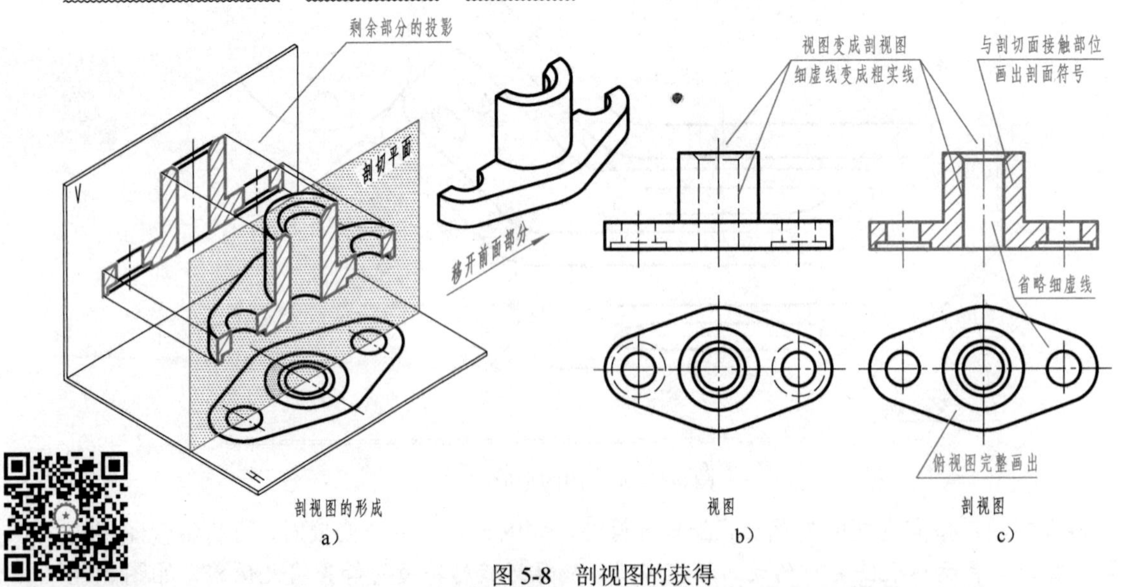

图 5-8　剖视图的获得

如图 5-8b、c 所示，将视图与剖视图相比较可以看出，由于主视图采用了剖视图的画法，原来不可见的孔变成可见的，视图中的细虚线在剖视图中变成了粗实线，再加上在剖面区域内画出了规定的剖面符号，图形层次分明，更加清晰。

2. 剖面区域的表示法（GB/T 17453—2005、GB/T 4457.5—2013）

为了增强剖视图的表达效果，明辨虚实，通常要在剖面区域（即剖切面与物体的接触部分）画出剖面符号。剖面符号的作用：一是明显地区分切到与未切到部分，增强剖视的层次感；二是识别相邻零件的形状结构及其装配关系；三是区分材料的类别。

1）当不需在剖面区域中表示物体的材料类别时，应根据国家标准 GB/T 17453—2005《技术制图　图样画法　剖面区域的表示法》的规定绘制，即：

①剖面符号用通用剖面线表示。通用剖面线是与图形的主要轮廓线或剖面区域的对称中心线成 45°角，且间距（≈3mm）相等的细实线，向左或向右倾斜均可，如图 5-9 所示。

②同一物体的各个剖面区域，其剖面线的方向及间隔应一致。在图 5-10 所示的主视图中，由于物体倾斜部分的轮廓线与底面成 45°，而不宜将剖面线画成与主要轮廓线成 45°时，可将该图形的剖面线画成与底面成 30°或 60°的平行线，但其倾斜方向仍应与其他图形的剖面线保持一致。

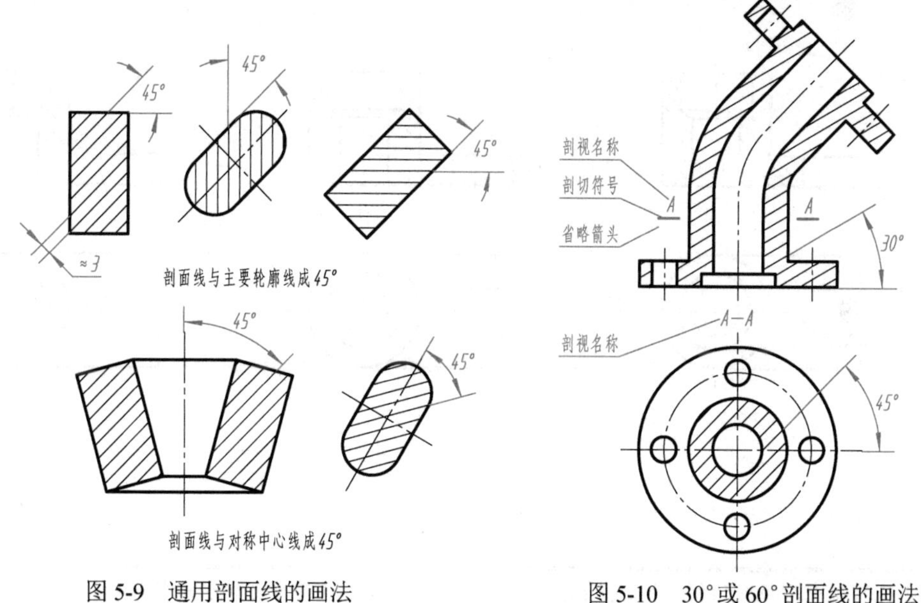

图 5-9　通用剖面线的画法

图 5-10　30°或 60°剖面线的画法

2）当需要在剖面区域中表示物体的材料类别时，应根据国家标准 GB/T 4457.5—2013《机械制图　剖面区域的表示法》的规定绘制，常用的剖面符号如图 5-11 所示。由图中可以看出，金属材料的剖面符号与通用剖面线一致。剖面符号仅表示材料的类别，材料的名称和代号需在机械图样标题栏中另行注明。

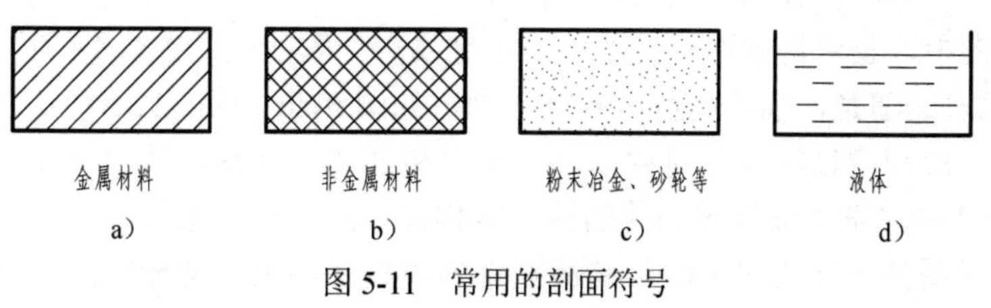

图 5-11　常用的剖面符号

3. 剖视图的标注

为了便于看图，在画剖视图时，应将剖切位置、剖切后的投射方向和剖视图名称标注在相应的视图上，如图 5-12a 所示。

（1）*剖切符号* 指示剖切面的起、迄和转折位置的符号（线长 5～8mm 的粗实线），并尽可能不与图形的轮廓线相交。

（2）*投射方向* 在剖切符号的两端外侧，用箭头指明剖切后的投射方向。

（3）*剖视图的名称* 在剖视图的上方用大写拉丁字母标注剖视图的名称“×—×”，并在剖切符号的一侧注上同样的字母。

4. 省略或简化标注的条件

在下列情况下，可省略或简化标注。

1）*可以省略标注的情况*。当单一剖切平面通过物体的对称面或基本对称面，且剖视图按投影关系配置，中间又没有其他图形隔开时，可省略标注，如图 5-12c 所示。

2）*可以不画箭头的情况*。当剖视图按投影关系配置，中间又没有其他图形隔开时，可以省略箭头，如图 5-10、图 5-12b 中可以省略箭头。

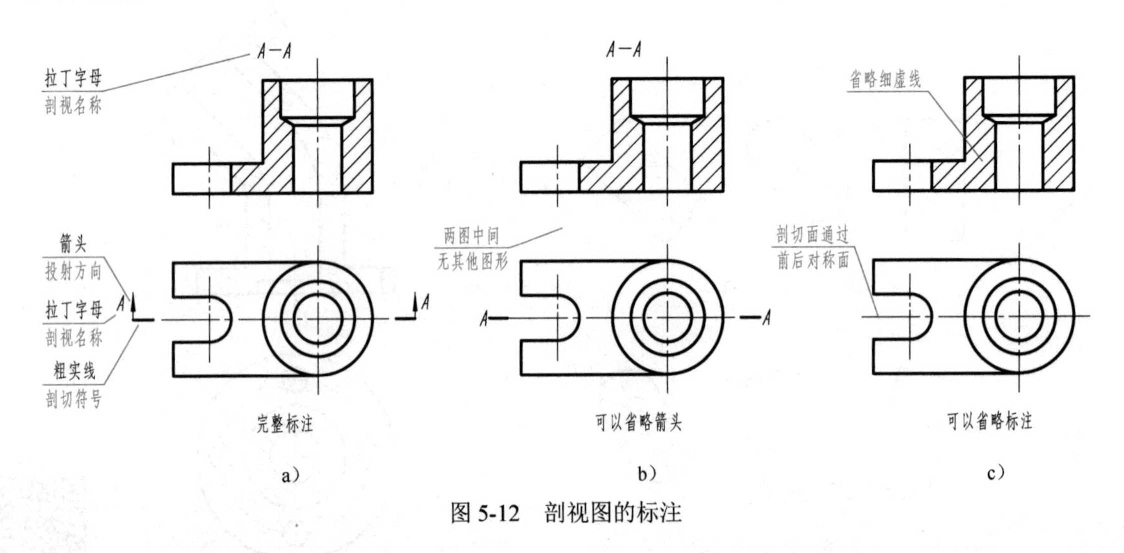

图 5-12 剖视图的标注

> 提示：不论视图或剖视图的朝向如何，表示剖视图名称的大写拉丁字母一律水平书写。

二、画剖视图时应注意的问题

1）因为剖视图是物体被剖切后剩余部分的完整投影，所以，凡是剖切面后面的可见轮廓线应全部画出，不得遗漏，如图 5-13 所示。

2）在剖视图中，表示物体不可见部分的细虚线，一般情况下省略不画；在其他视图中，若不可见部分已表达清楚，细虚线也可省略不画，如图 5-8c、图 5-12 所示。

3）剖切面一般应通过物体的对称面、基本对称面或内部孔、槽的轴线，并与投影面平行。如图 5-14b 所示，剖切面通过物体的前后对称面，且平行于正面。

4）由于剖视图是一种假想画法，并不是真的将物体切去一部分，因此当物体的一个视图画成剖视图后，其他视图应该完整地画出。如图 5-14b 中的俯视图，仍应画成完整的。图 5-14c 中俯视图的画法是错误的。

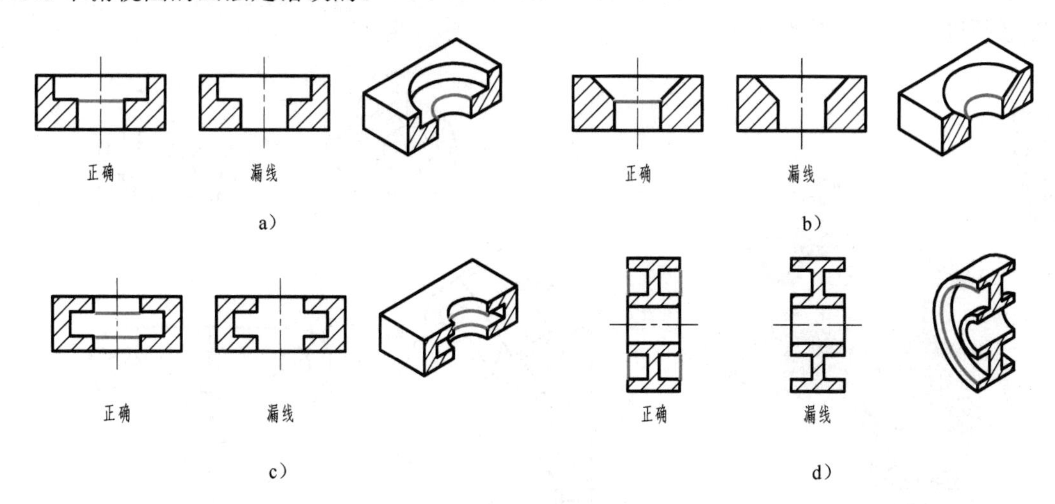

图 5-13　不得遗漏剖切面后面的可见轮廓线

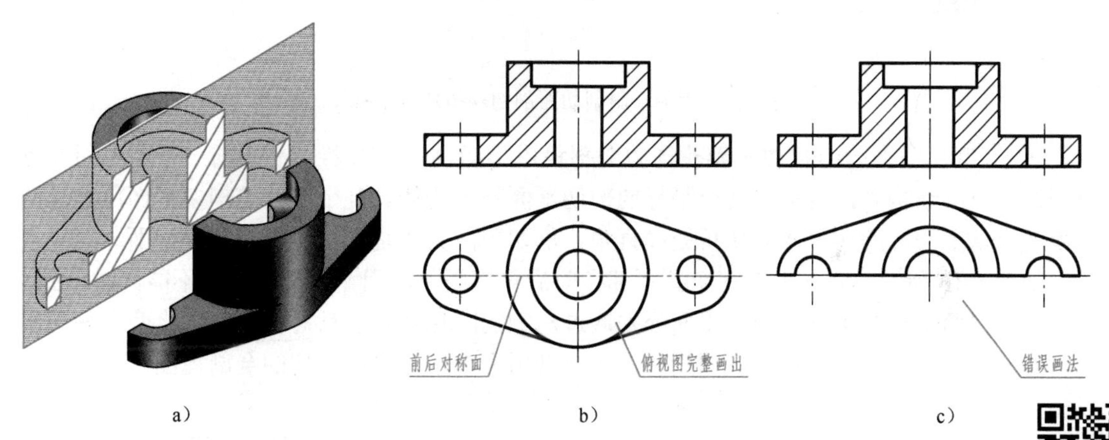

图 5-14　用单一剖切平面剖切获得的全剖视图

三、剖视图的种类

根据剖开物体的范围，可将剖视图分为全剖视图、半剖视图和局部剖视图。国家标准规定，剖切面可以是平面，也可以是曲面；可以是单一的剖切面，也可以是组合的剖切面。绘图时，应根据物体的结构特点，恰当地选用单一剖切面、几个平行的剖切平面或几个相交的剖切面（交线垂直于某一投影面），绘制物体的全剖视图、半剖视图或局部剖视图。

1. 全剖视图

用剖切面完全地剖开物体所得的剖视图，称为全剖视图，简称全剖视。全剖视主要用于表达外形简单、内部结构比较复杂而又不对称的物体。全剖视的标注规则如前所述。

（1）用单一剖切面获得的全剖视图　单一剖切面通常指平面或柱面。图 5-14b 所示为用单一剖切平面剖切得到的全剖视图，是最常用的剖切形式。

图 5-15 中的 *A*—*A* 剖视图，是用单一斜剖切面完全地剖开物体得到的全剖视，主要用于

表达物体上倾斜部分的结构形状。用单一斜剖切面获得的剖视图，一般按投影关系配置，也可将剖视图平移到适当位置。必要时允许将图形旋转配置，但必须标注旋转符号。对此类剖视图必须进行标注，不能省略。

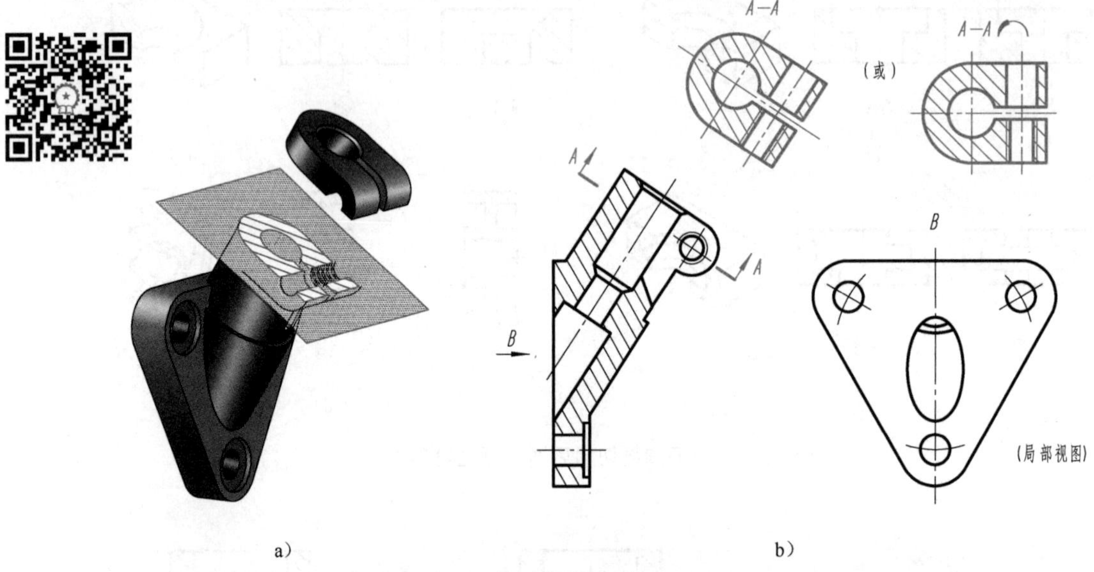

图 5-15 用单一斜剖切面剖切获得的全剖视图

（2）用几个平行的剖切平面获得的全剖视图 当物体上有若干不在同一平面上而又需要表达的内部结构时，可采用几个平行的剖切平面剖开物体。几个平行的剖切平面可能是两个或两个以上，各剖切平面的转折处成直角，剖切平面必须是某一投影面的平行面。

如图 5-16 所示，物体上的三个孔不都在前后对称面上，用一个剖切平面不能同时剖到。这时，可用两个相互平行的剖切平面分别通过左侧的阶梯孔和前后对称面，再将两个剖切平面后面的部分，同时向基本投影面投射，即得到用两个平行平面剖切的全剖视图。

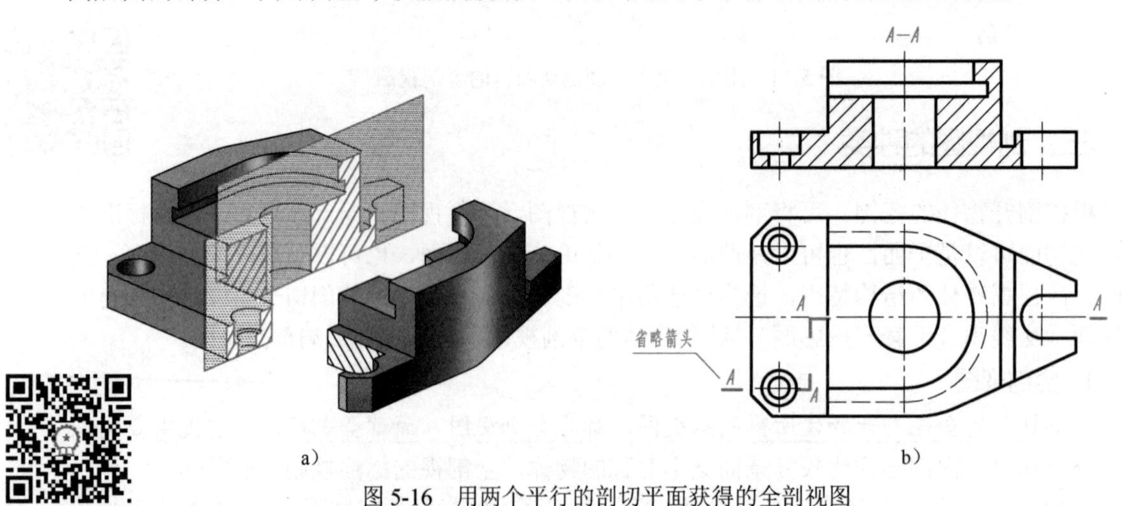

图 5-16 用两个平行的剖切平面获得的全剖视图

用几个平行的剖切平面剖切时，应注意以下两点：

1）在剖视图的上方，用大写拉丁字母标注图名“×—×”，在剖切平面的起、迄和转折处画出剖切符号，并注上相同的字母。当剖视图按投影关系配置，中间又没有其他图形隔开时，允许省略箭头，如图 5-16b 所示。

2）在剖视图中一般不应出现不完整的结构要素，如图 5-17a 所示。在剖视图中不应画出剖切平面转折处的界线，且剖切平面的转折处也不应与视图中的轮廓线重合，如图 5-17b 所示。

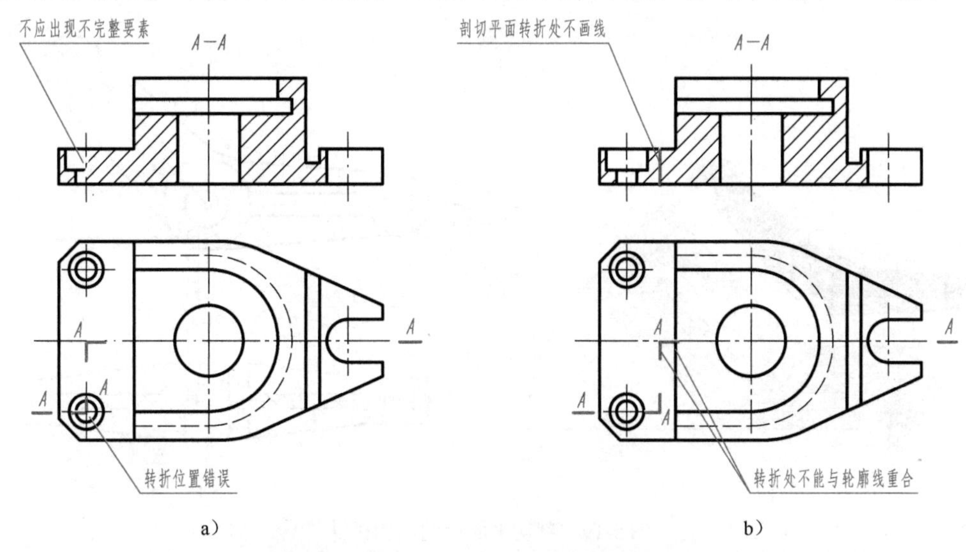

图 5-17　用几个平行平面剖切时的错误画法

（3）用几个相交的剖切面获得的全剖视图　当物体上的孔（槽）等结构不在同一平面上、但却沿物体的某一回转轴线周向分布时，可采用几个相交于回转轴线的剖切面剖开物体，将剖切面剖开的结构及有关部分，旋转到与选定的投影面平行后，再进行投射。几个相交剖切面（包括平面或柱面）的交线，必须垂直于某一基本投影面。

如图 5-18a 所示，用相交的侧平面和正垂面（其交线垂直正面）将物体剖切，并将倾斜部分绕轴线旋转到与侧面平行后再向侧面投射，即得到用两个相交平面剖切的全剖视图，如图 5-18b 所示。

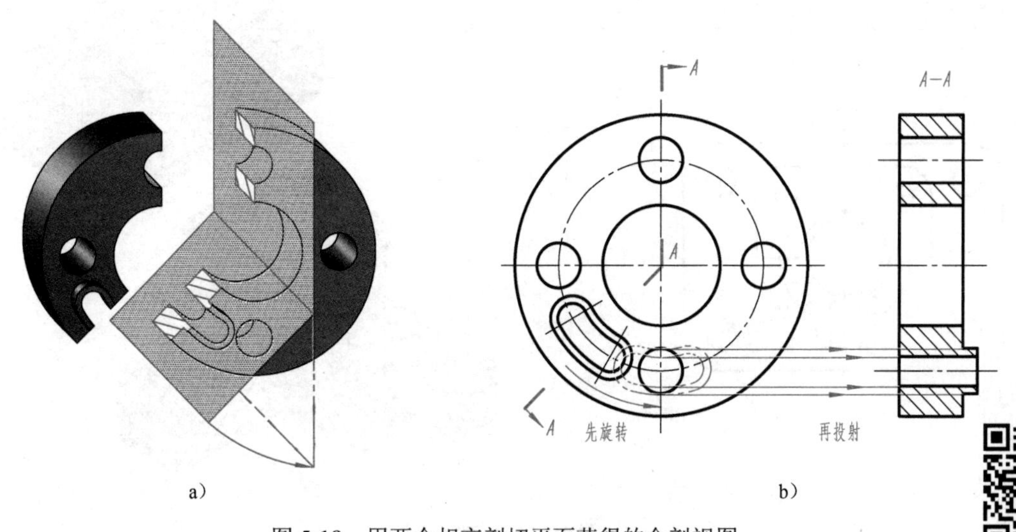

图 5-18　用两个相交剖切平面获得的全剖视图

用几个相交的剖切面剖切时，应注意以下三点：

1）剖切面后面的其他结构，一般仍按原来的位置进行投射，如图 5-19b 所示。

2）剖切平面的交线应与物体的回转轴线重合。

3）必须对剖视图进行标注，其标注形式及内容，与几个平行平面剖切的剖视图相同。

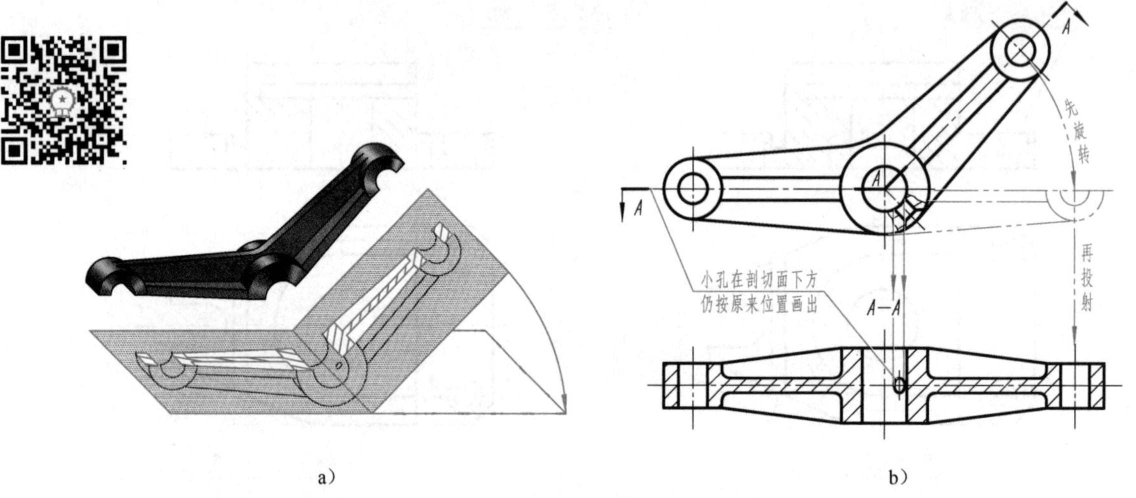

图 5-19　剖切平面后的结构画法

2. 半剖视图

当物体具有垂直于投影面的对称平面时，在该投影面上投射所得的图形，可以对称中心线为界，一半画成剖视图，另一半画成视图，这种组合的图形称为半剖视图，简称半剖视，如图 5-20

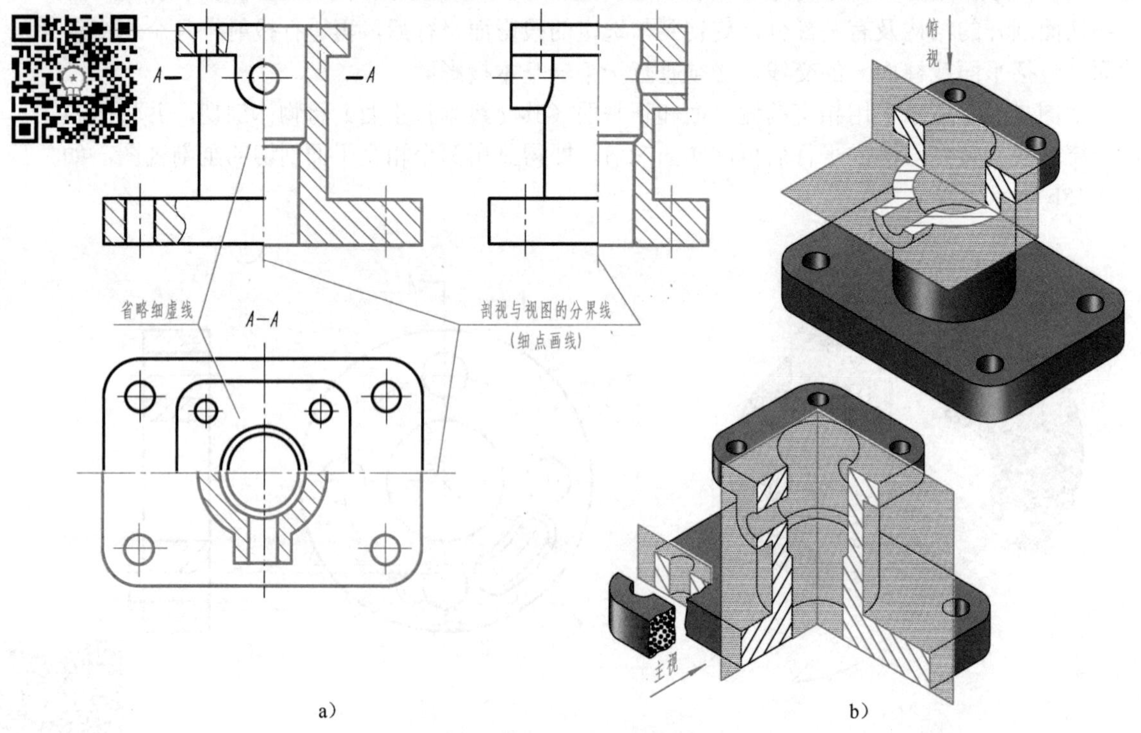

图 5-20　半剖视图

所示。半剖视图主要用于内、外形状都需要表达的对称物体。画半剖视应注意以下几点：

1）视图部分和剖视图部分必须以细点画线为界。在半剖视图中，剖视部分的位置通常按以下原则配置：

在主视图中，位于对称中心线的右侧。

在俯视图中，位于对称中心线的下方。

在左视图中，位于对称中心线的右侧。

2）由于物体的内部形状已在半剖视中表达清楚，所以在半个视图中的细虚线省略，但对孔、槽等结构需用细点画线表示其中心位置。

3）对于那些在半剖视中不易表达的部分，可在视图中以局部剖视的方式表达，如图 5-20a 中的主视图所示。

4）半剖视图的标注方法与全剖视相同。但要注意：剖切符号应画在图形轮廓线以外，如图 5-20a 主视图中的“A—　—A”所示。

5）在半剖视图中标注对称结构的尺寸时，由于结构形状未能完整显示，则尺寸线应略超过对称中心线，并只在另一端画出箭头，如图 5-21 所示。

6）当物体基本上对称，且不对称部分已在其他视图中表达清楚时，也可画成半剖视图，如图 5-22 所示。

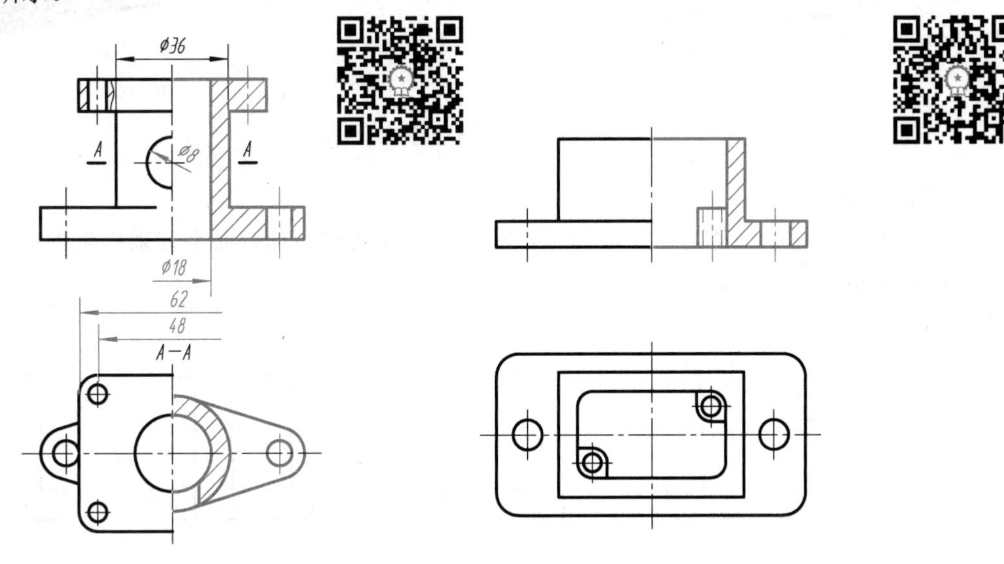

图 5-21　半剖视图的标注　　　　图 5-22　基本对称物体的半剖视图

3. 局部剖视图

用剖切面局部地剖开物体所得的剖视图，称为局部剖视图，简称局部剖视。当物体只有局部内形需要表示，而又不宜采用全剖视时，可采用局部剖视表达，如图 5-23 所示。

局部剖视是一种灵活、便捷的表达方法，它的剖切位置和剖切范围，可根据实际需要确定。但在一个视图中，过多地选用局部剖视，会使图形零乱，给看图造成困难。画局部剖视时应注意以下几点：

1）当被剖结构为回转体时，允许将该结构的回转轴线作为局部剖视与视图的分界线，

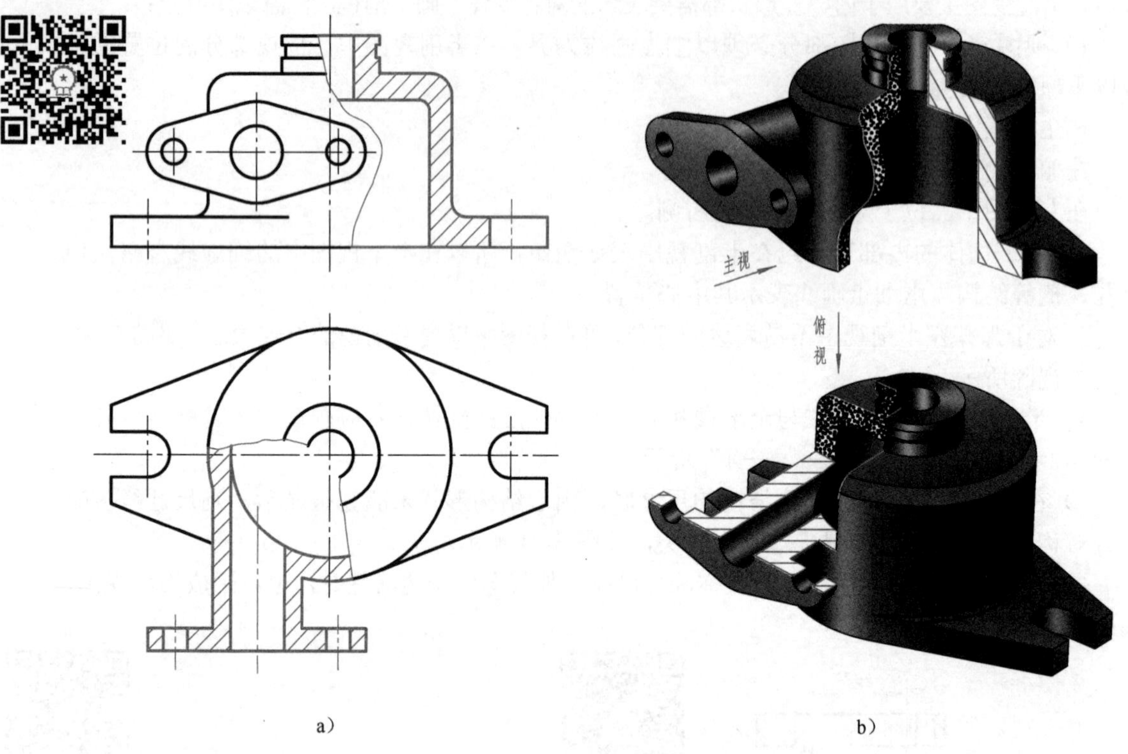

a)　　b)

图 5-23　局部剖视图

如图 5-24a 所示。

2）当对称物体的内部（或外部）轮廓线与回转轴线重合而不宜采用半剖视时，可采用局部剖视，如图 5-24b、c、d 所示。

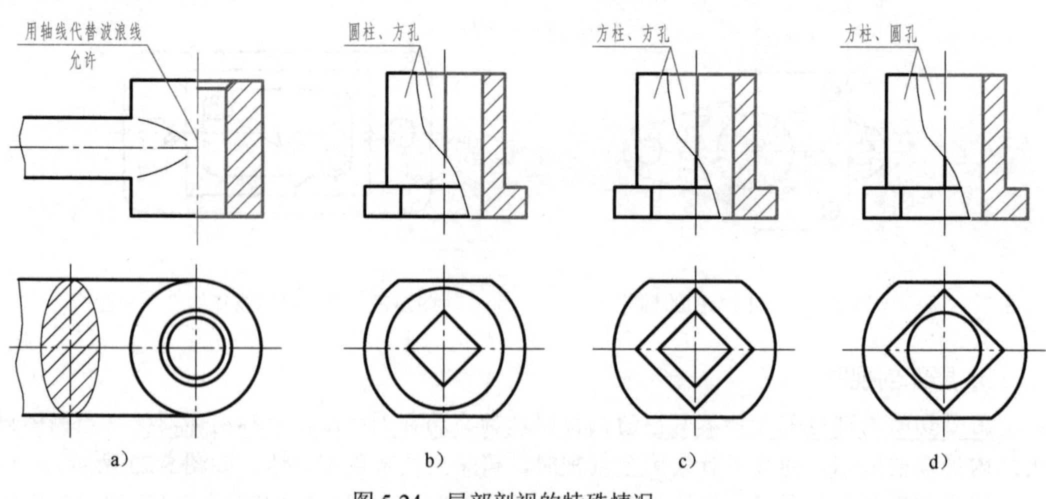

a)　　b)　　c)　　d)

图 5-24　局部剖视的特殊情况

3）局部剖视的视图部分和剖视部分以波浪线分界。波浪线不能与其他图线重合，如图 5-25a 所示。波浪线要画在物体的实体部分轮廓内，不应超出视图的轮廓线，如图 5-25b

所示。

4）对于剖切位置明显的局部剖视，一般不予标注，如图 5-23a、图 5-24 所示。必要时，可按全剖视的标注方法标注。

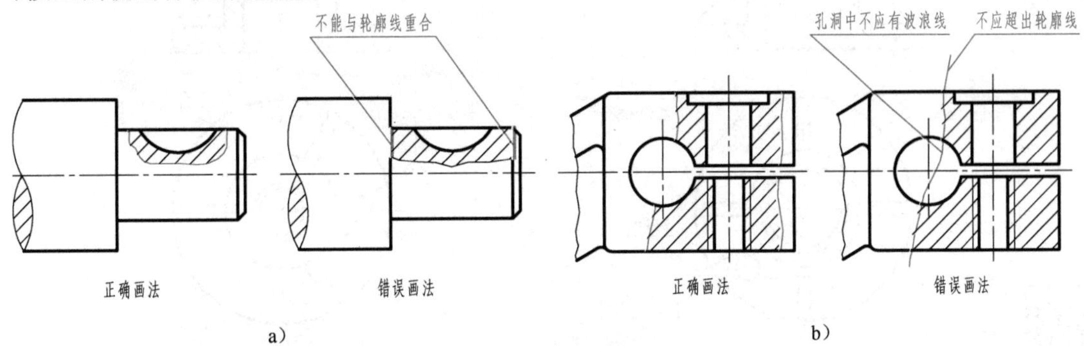

图 5-25　波浪线的画法

四、剖视图中的规定画法

1）画各种剖视图时，对于物体上的肋板、轮辐及薄壁等结构，若纵向剖切，这些结构都不画剖面符号，而用粗实线将它们与邻接部分分开。

如图 5-26 所示，左视图采用全剖视时，剖切平面通过中间肋板的纵向对称平面，在肋板的轮廓范围内不画剖面符号，肋板与其他部分的分界处均用粗实线绘出。图 5-26 中的 *A—A* 剖视图，因为剖切平面垂直于肋板和支承板（即横向剖切），所以仍要画出剖面符号。

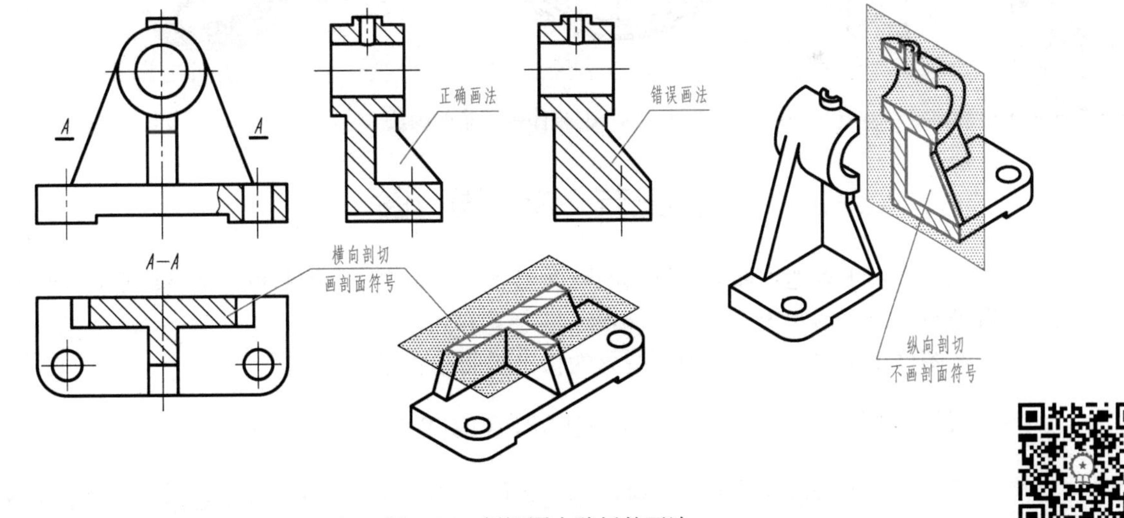

图 5-26　剖视图中肋板的画法

2）回转体上均匀分布的肋板、孔等结构不处于剖切平面上时，可假想将这些结构旋转到剖切平面上画出；对均匀分布的孔，可只画出一个，用对称中心线表示其他孔的位置即可，如图 5-27 所示。

3）当剖切平面通过辐条的基本轴线（即纵向剖切）时，剖视图中辐条部分不画剖面符号，且不论辐条数量是奇数还是偶数，在剖视图中都要画成对称的，如图 5-28a 所示。

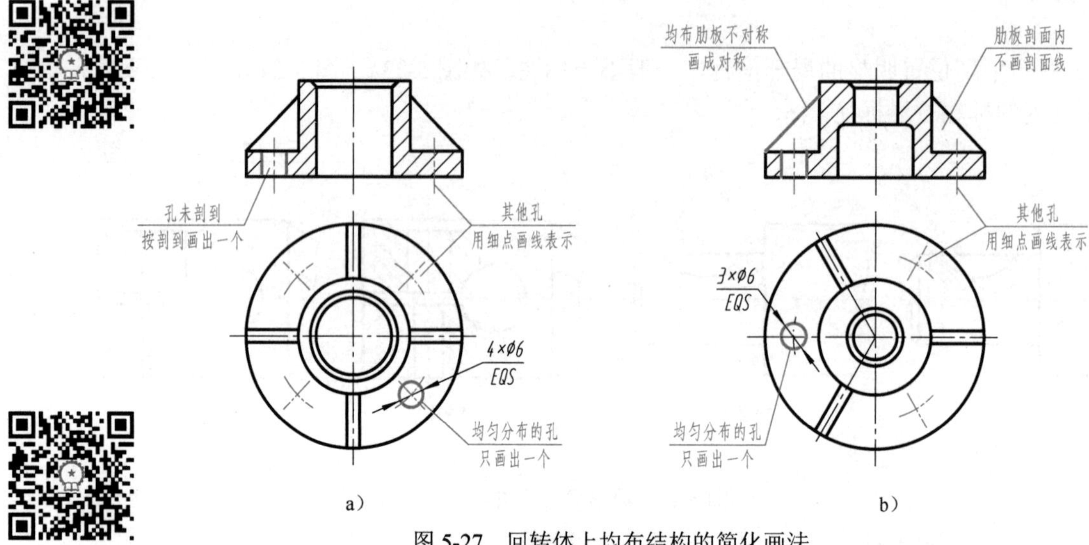

图 5-27　回转体上均布结构的简化画法

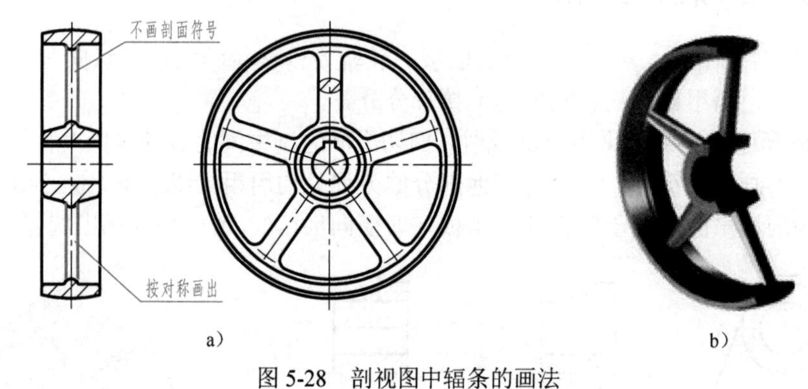

图 5-28　剖视图中辐条的画法

第三节　断　面　图

断面图主要用于表达物体某一局部的断面形状，例如物体上的肋板、轮辐、键槽、小孔，以及各种型材的断面形状等。

根据在图样中位置的不同，断面图分为移出断面图和重合断面图。

一、移出断面图（GB/T 17452—1998、GB/T 4458.6—2002）

假想用剖切平面将物体的某处切断，仅画出该剖切面与物体接触部分的图形，称为断面图，简称断面。

断面图，实际上就是使剖切平面垂直于结构要素的中心线（轴线或主要轮廓线）进行剖切，然后将断面图形旋转 90°，使其与纸面重合而得到的。断面图与剖视图的区别在于：断面图仅画出断面的形状，而剖视图除画出断面的形状外，还要画出剖切面后面物体的完整投影，如图 5-29 所示。

画在视图之外的断面图，称为移出断面图，简称移出断面。移出断面的轮廓线用粗实线绘制，如图 5-30 所示。

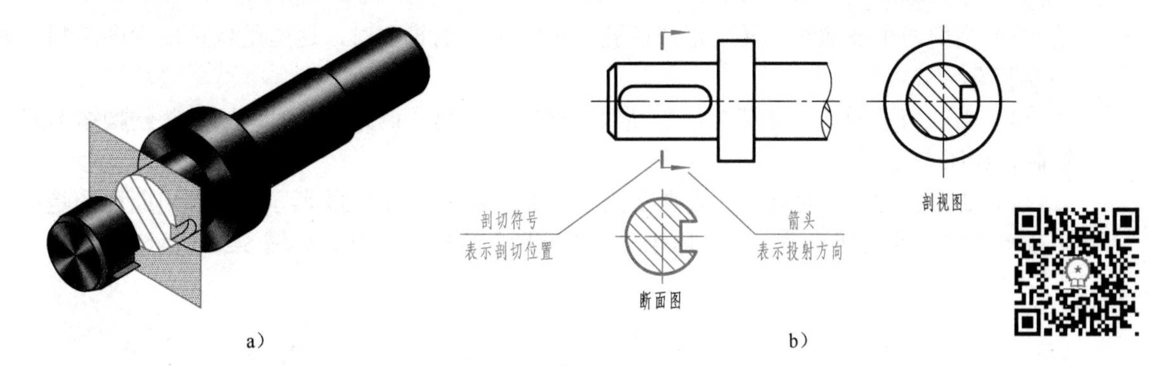

图 5-29　断面图的获得

1. 画移出断面图的注意事项

1）移出断面应尽量配置在剖切符号或剖切线的延长线上，如图 5-30a 所示；移出断面也可配置在其他适当位置，如图 5-30b 中的 $A-A$、$B-B$ 断面。

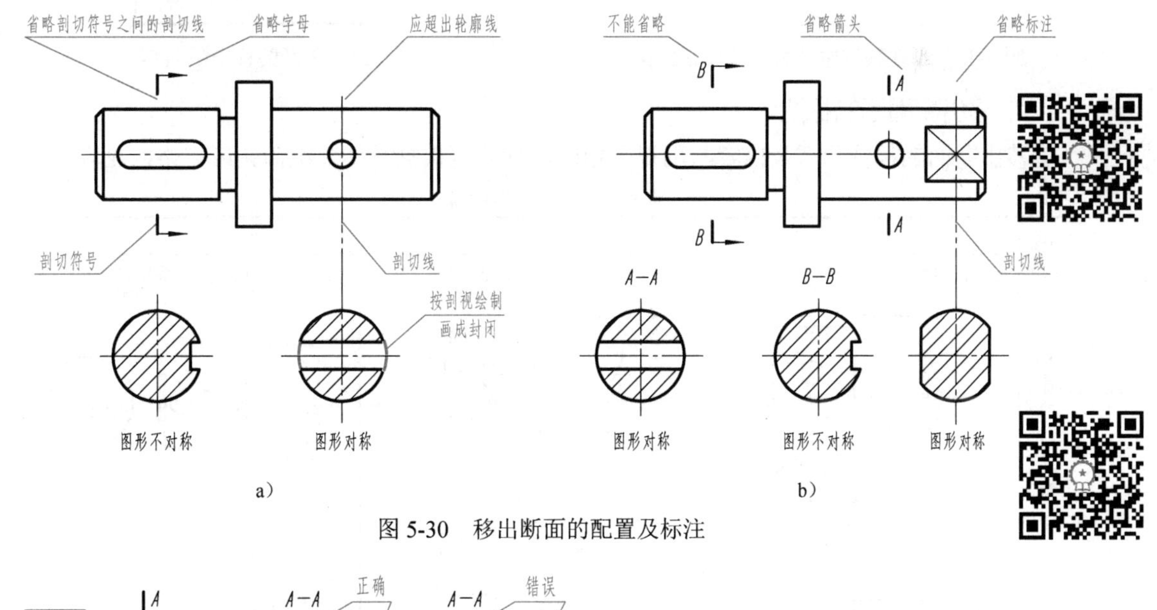

图 5-30　移出断面的配置及标注

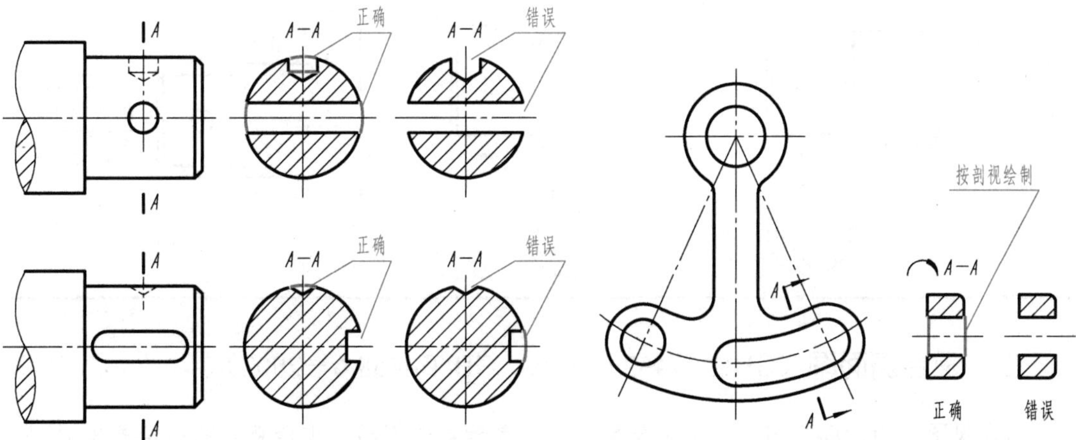

图 5-31　带有孔或凹坑的断面图　　图 5-32　按剖视图绘制的移出断面图

2）当剖切平面通过回转面形成的孔（或凹坑）的轴线时，这些结构按剖视图绘制，如图 5-31 所示。

3）当剖切平面通过非圆孔，会导致出现完全分离的两个断面时，则这些结构按剖视图绘制，如图 5-32 所示。

4）断面图的图形对称时，可画在视图的中断处，如图 5-33 所示。当移出断面图是由两个或多个相交的剖切平面剖切而形成时，断面图的中间应断开，如图 5-34 所示。

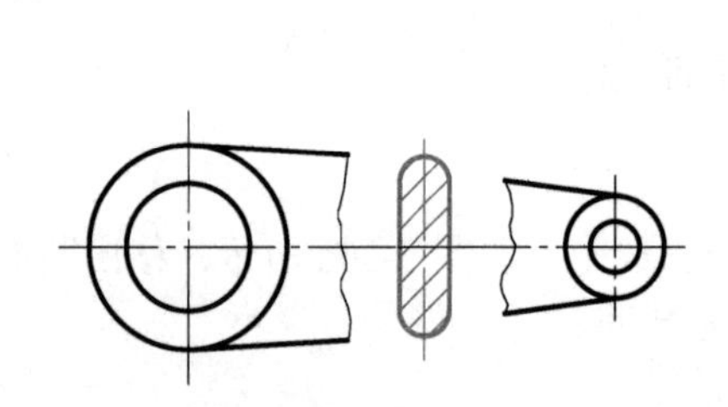

图 5-33　画在视图中断处的移出断面图

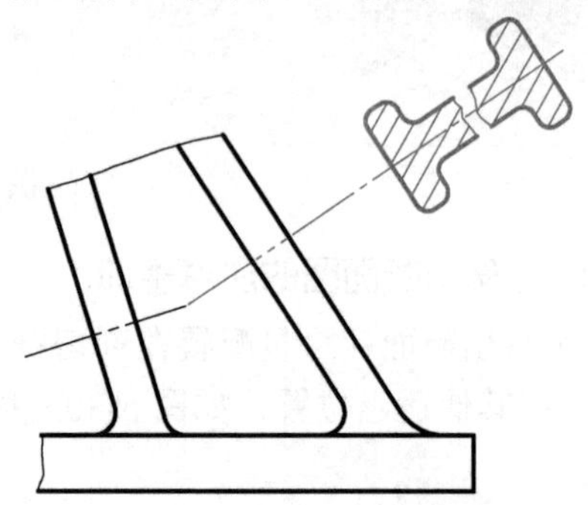

图 5-34　断开的移出断面图

2. 移出断面图的标注

移出断面的标注形式及内容与剖视图相同，标注可根据具体情况简化或省略，见表 5-1。

表 5-1　移出断面的标注

断面类型	断面的位置		
	配置在剖切线或剖切符号的延长线上	不在剖切符号的延长线上	按投影关系配置
对称的移出断面	剖切线 细点画线 省略标注	A A A—A 省略箭头	A—A A A 省略箭头
不对称的移出断面	省略字母	A A A—A 标注剖切符号、箭头和字母	A—A A A 省略箭头

二、重合断面图（GB/T 17452—1998、GB/T 4458.6—2002）

画在视图之内的断面图，称为重合断面图，简称重合断面。重合断面图的轮廓线用细实线绘制，如图 5-35 所示。画重合断面图应注意以下两点：

1）重合断面图与视图中的轮廓线重叠时，视图中的轮廓线应连续画出，不可间断，如图 5-35a 所示。

2）重合断面图可省略标注，如图 5-35 所示。

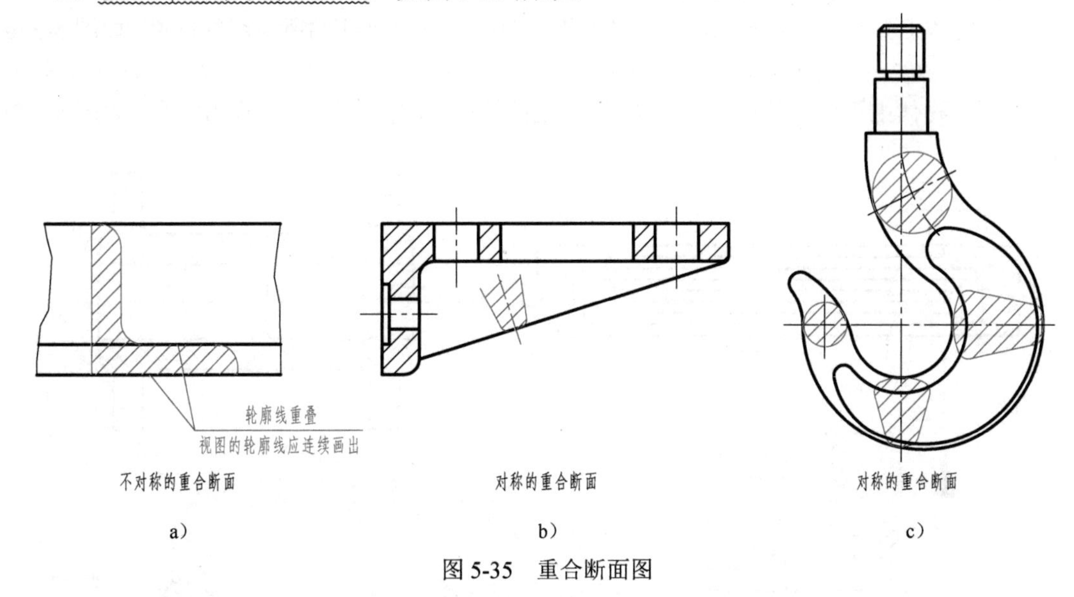

图 5-35　重合断面图

第四节　局部放大图和简化画法

一、局部放大图（GB/T 4458.1—2002）

当物体上的细小结构在视图中表达不清楚，或不便于标注尺寸时，可采用局部放大图。将图样中所表示的物体部分结构，用大于原图形的比例所绘出的图形，称为局部放大图，如图 5-36 所示。局部放大图的比例，系指该图形中物体要素的线性尺寸与实际物体相应要素的线性尺寸之比，与原图形所采用的比例无关。

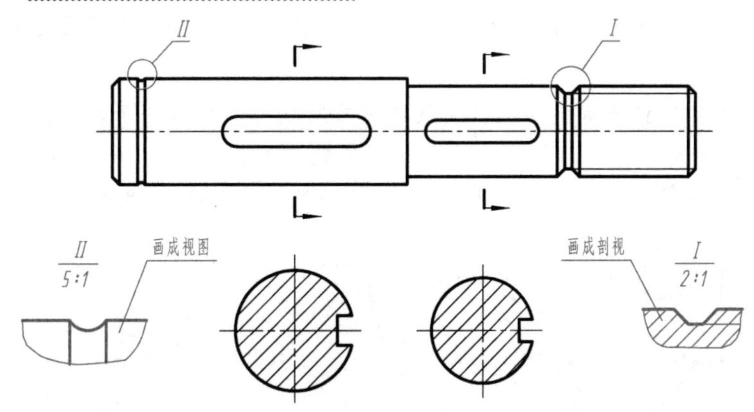

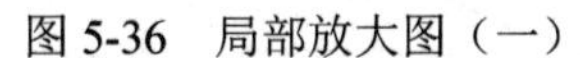
图 5-36　局部放大图（一）

局部放大图可以画成视图、剖视和断面，与被放大部分的原表达方式无关。画局部放大图应注意以下几点：

1）局部放大图应尽量配置在被放大部位附近，用细实线圈出被放大的部位。当同一物体上有几处被放大的部位时，必须用罗马数字依次标明被放大的部位，并在局部放大图的上方标注相应的罗马数字和所采用的比例，如图 5-36 所示。

2）当物体上只有一处被放大时，在局部放大图的上方只需注明所采用的比例，如图 5-37a 所示。

3）同一物体上不同部位的局部放大图，其图形相同或对称时，只需画出一个，如图 5-37b 所示。

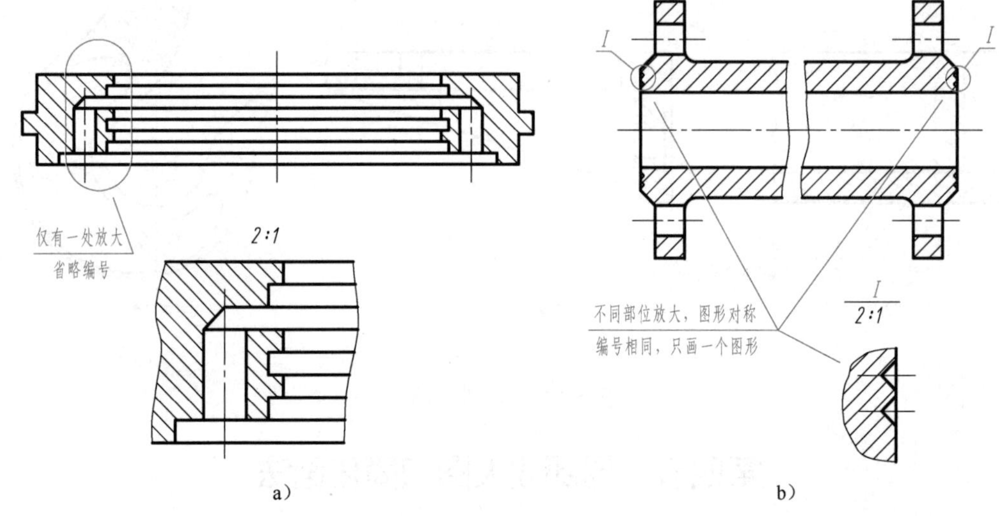

图 5-37　局部放大图（二）

二、简化画法（GB/T 16675.1—2012、GB/T 4458.1—2002）

简化画法是包括规定画法、省略画法、示意画法等在内的图示方法。国家标准 GB/T 16675.1—2012《技术制图　简化表示法　第 1 部分：图样画法》和 GB/T 4458.1—2002《机械制图　图样画法　视图》规定了一系列的简化画法，其目的是减少绘图工作量，提高设计效率及图样的清晰度，满足手工制图和计算机制图的要求，适应国际贸易和技术交流的需要。

1. 规定画法

规定画法是对标准中规定的某些特定表达对象所采用的特殊图示方法。

1）在不致引起误解时，对称物体的视图可只画一半或四分之一，并在对称中心线的两端画出对称符号（两条与对称中心线垂直的平行细实线），如图 5-38 所示。

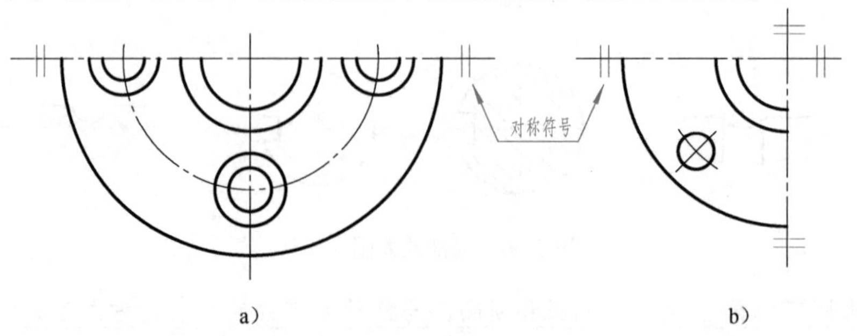

图 5-38　对称物体的规定画法

2）为了避免增加视图或剖视，对回转体上的平面，可用细实线绘出对角线表示，如图 5-39 所示。

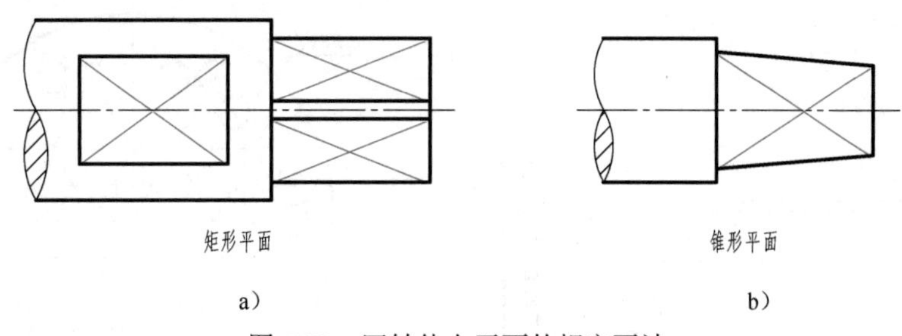

图 5-39　回转体上平面的规定画法

3）较长的零件（轴、杆、型材、连杆等）沿长度方向的形状一致或按一定规律变化时，可断开后（缩短）绘制，其断裂边界可用波浪线绘制，也可用双折线或细双点画线绘制，如图 5-40 所示。但在标注尺寸时，要标注零件的实长。

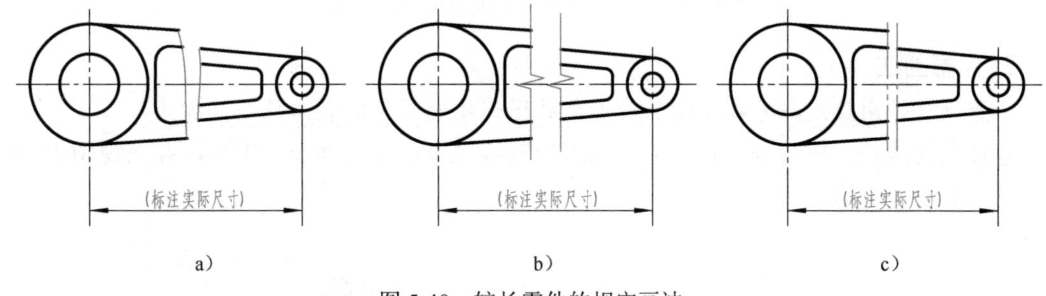

图 5-40　较长零件的规定画法

2. 省略画法

省略画法是通过省略重复投影、重复要素、重复图形等使图样简化的图示方法。

1）零件中成规律分布的重复结构，允许只绘制出其中一个或几个完整的结构，但需反映其分布情况，并在零件图中注明重复结构的数量和类型。对称的重复结构，用细点画线表示各对称结构要素的位置，如图 5-41a 所示。不对称的重复结构，则用相连的细实线代替，如图 5-41b 所示。

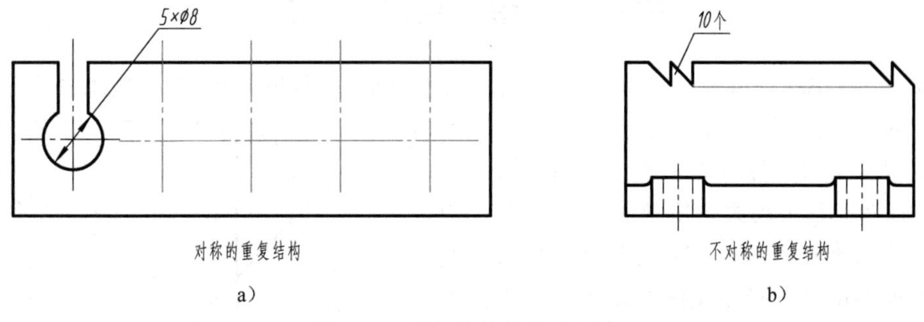

图 5-41　重复结构的省略画法

2）若干直径相同且成规律分布的孔（圆孔、螺孔、沉孔等），可以仅画一个或少量几个，其余只需用细点画线表示其中心位置，但在零件图中要注明孔的总数，如图 5-42 所示。

3）在不致引起误解时，零件图中的小圆角、倒角均可省略不画，但必须注明尺寸或在技术要求中加以说明，如图 5-43 所示。

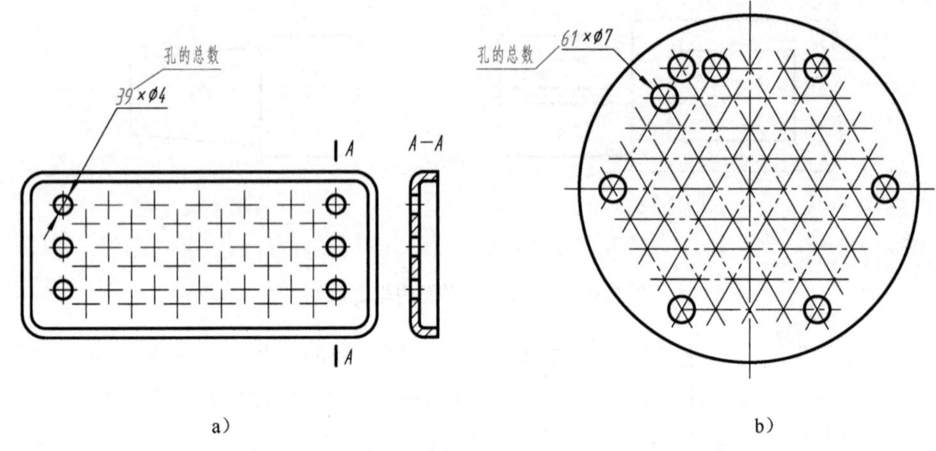

a） b）

图 5-42 同直径成规律分布的孔的省略画法

3. 示意画法

示意画法是用规定符号和（或）较形象的图线绘制图样的表意性图示方法。

零件上的滚花、槽沟等网状结构，应用粗实线完全或部分地表示出来，并在视图中按规定标注，如图 5-44 所示。

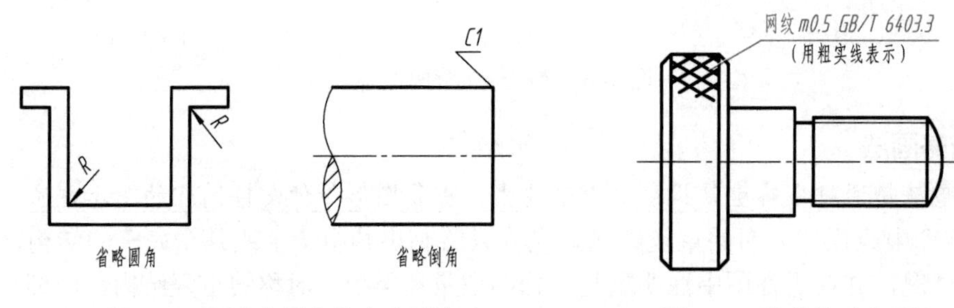

图 5-43 圆角与倒角的省略画法　　图 5-44 滚花的示意画法

第五节 第三角画法简介

国家标准 GB/T 17451—1998《技术制图 图样画法 视图》规定：“技术图样应采用正投影法绘制，并优先采用第一角画法”。在机械制图领域，世界上多数国家（如中国、英国、法国、德国、俄罗斯等）都采用第一角画法，而美国、日本、加拿大、澳大利亚等国家则采用第三角画法。为了适应日益增多的国际技术交流和协作的需要，应当了解第三角画法。

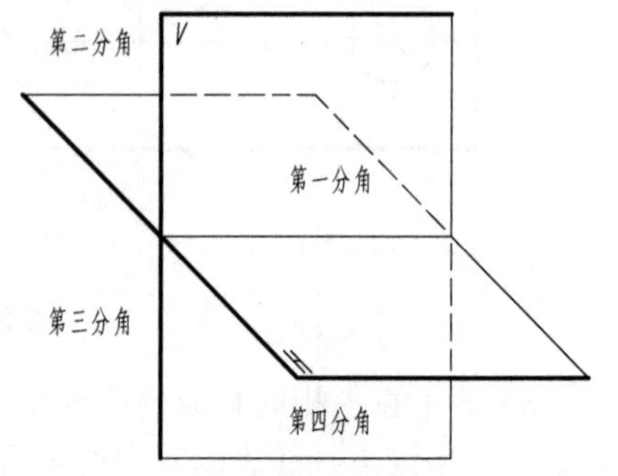

图 5-45 四个分角

一、第三角画法与第一角画法的异同点

如图 5-45 所示，用水平和铅垂的两投影面将空

间分成四个区域，每个区域为一个分角，分别称为第一分角、第二分角、第三分角和第四分角。

1. 获得投影的方式不同

第一角画法是将物体置于第一分角内，并使其处于观察者与投影面之间而得到正投影的方法（即保持人→物体→投影面的位置关系），如图 5-46a 所示。

第三角画法是将物体置于第三分角内，并使投影面处于观察者与物体之间而得到正投影的方法（假设投影面是透明的，并保持人→投影面→物体的位置关系），如图 5-46b 所示。

与第一角画法类似，采用第三角画法获得的三视图符合多面正投影的投影规律，即主、俯视图“长对正”；主、右视图“高平齐”；俯、右视图“宽相等”。

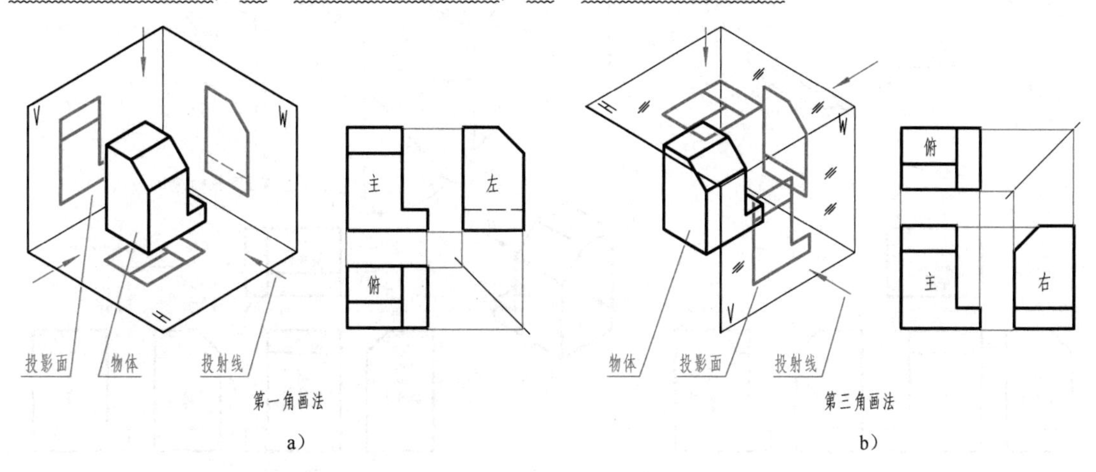

图 5-46　第一角画法与第三角画法获得投影的方式

2. 视图的配置关系不同

第一角画法与第三角画法都是将物体放在六面投影体系当中，向六个基本投影面进行投射，得到六个基本视图，其视图名称相同。由于六个基本投影面展开方式不同，其基本视图的配置关系不同，如图 5-47 所示。

第一角画法与第三角画法各个视图与主视图的配置关系对比如下：

第一角画法	第三角画法
左视图在主视图的右方；	左视图在主视图的左方。
俯视图在主视图的下方；	俯视图在主视图的上方。
右视图在主视图的左方；	右视图在主视图的右方。
仰视图在主视图的上方；	仰视图在主视图的下方。
后视图在左视图的右方；	后视图在右视图的右方。

从上述对比中可以清楚地看到：

1）第三角画法的主、后视图，与第一角画法的主、后视图一致（没有变化）。

2）第三角画法的左视图和右视图，与第一角画法的左视图和右视图的位置左右颠倒。

3）第三角画法的俯视图和仰视图，与第一角画法的俯视图和仰视图的位置上下对调。

由此可见，第三角画法与第一角画法的主要区别是视图的配置关系不同。第三角画法的左视图、俯视图、右视图、仰视图靠近主视图的一边（里边），均表示物体的前面；远离主视图的一边（外边），均表示物体的后面，与第一角画法的“外前、里后”正好相反。

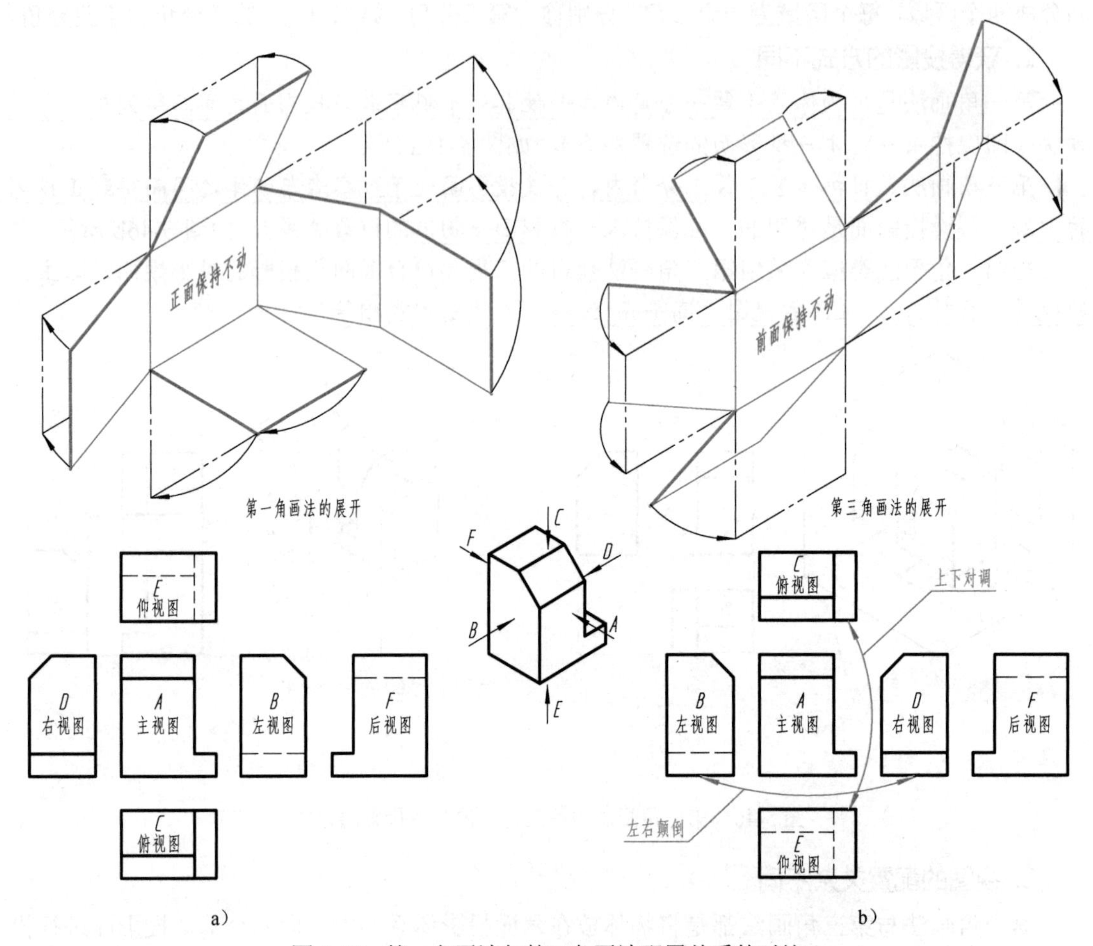

图 5-47　第一角画法与第三角画法配置关系的对比

二、第三角画法与第一角画法的投影识别符号（GB/T 14692—2008）

为了识别第三角画法与第一角画法，国家标准 GB/T 14692—2008《技术制图　投影法》规定了相应的投影识别符号，如图 5-48 所示。该符号标在国家标准规定的标题栏内（右下角）“名称及代号区”的最下方。

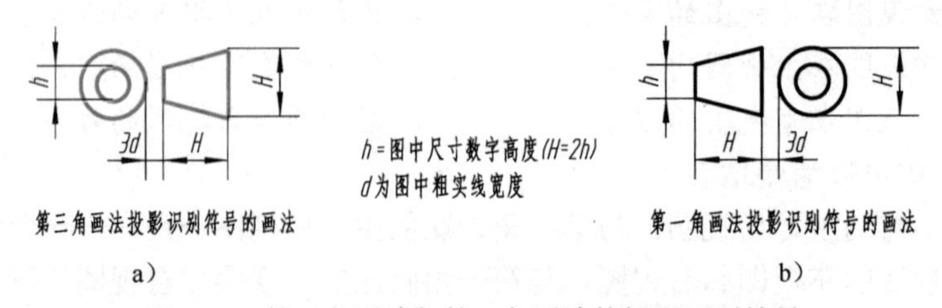

图 5-48　第三角画法与第一角画法的投影识别符号

采用第一角画法时，在图样中一般不必画出第一角画法的投影识别符号。采用第三角画法时，必须在图样的标题栏中画出第三角画法的投影识别符号。

三、第三角画法的特点

第三角画法与第一角画法之间并没有根本的区别，只是各个国家应用的习惯不同而已。第一角画法的特点和应用读者都比较熟悉，下面对第三角画法的特点进行简要介绍。

1. 近侧配置，识读方便

第一角画法的投射顺序是：人→物→图，这符合人们对影子生成原理的认识，易于初学者直观理解和掌握基本视图的投影规律。

第三角画法的投射顺序是：人→图→物，也就是说人们先看到投影图，后看到物体。具体到六个基本视图中，除后视图外，其他所有视图均可配置在相邻视图的近侧，这样识读起来比较方便。这是第三角画法的一个特点，特别是在读轴向较长的轴类零件图时，这个特点会更加突出。

图 5-49a 所示为细长轴的第一角画法视图，因左视图配置在主视图的右边，右视图配置在主视图的左边，在绘制和读图时，需横跨主视图“左顾右盼”，不大方便。

图 5-49b 所示为细长轴的第三角画法视图，其左视图是从主视图左端看到的形状，配置在主视图的左端；其右视图是从主视图右端看到的形状，配置在主视图的右端，这种近侧配置的特点，给绘图和识读带来了很大方便，可以避免和减少绘图和读图的错误。

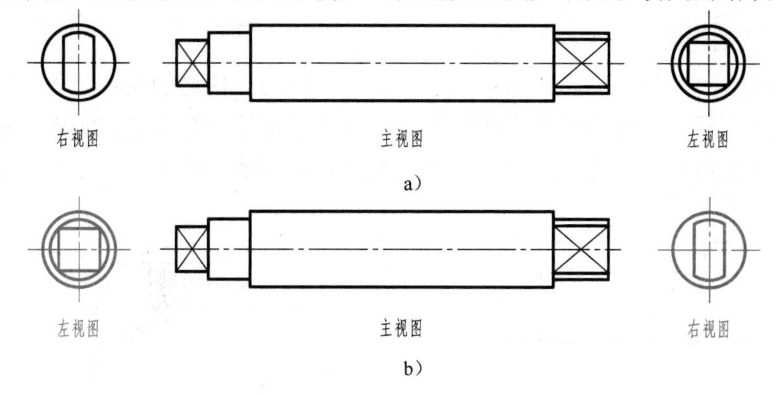

图 5-49　第三角画法的特点（一）

2. 易于想象空间形状

由物体的二维视图想象出物体的三维空间形状，对初学者来讲往往比较困难。第三角画法的配置特点，易于帮助人们想象物体的空间形状。在图 5-50a 所示视图中，只要想象将其俯视图和左视图向主视图靠拢，并以各自的边棱为轴反转，即可比较容易地想象出该物体的三维空间形状。

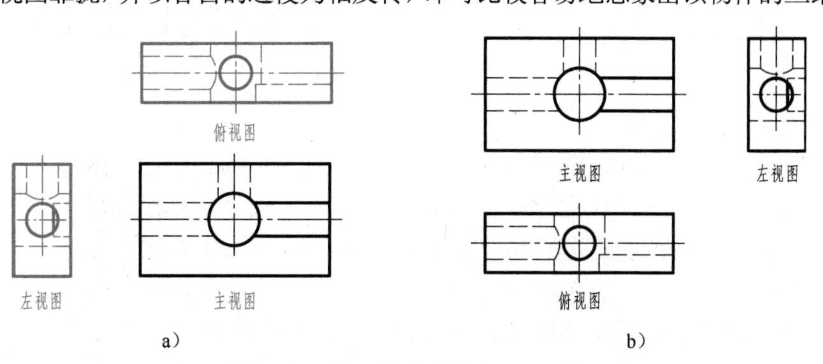

图 5-50　第三角画法的特点（二）

3. 利于表达物体的细节

在第三角画法中，利用近侧配置的特点，可方便简明地采用各种辅助视图（如局部视图、斜视图等）表达物体的一些细节。在图 5-51a 中，只要将辅助视图配置在适当的位置上，一般不需要加注表示投射方向的箭头。

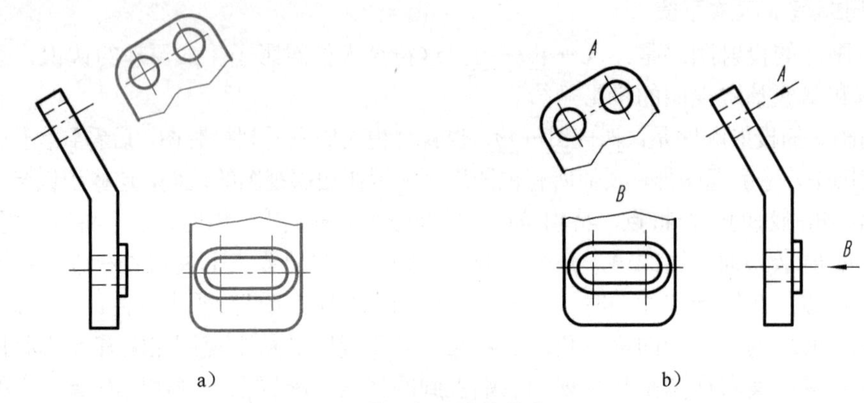

图 5-51　第三角画法的特点（三）

4. 尺寸标注相对集中

在第三角画法中，由于相邻的两个视图中表示物体同一棱边的图形所处的位置比较近，给集中标注机件上某一完整的要素或结构的尺寸提供了可能。在图 5-52a 中，标注物体上半圆柱开槽（并有小圆柱）处的结构尺寸，比图 5-52b 中的标注相对集中，方便读图和绘图。

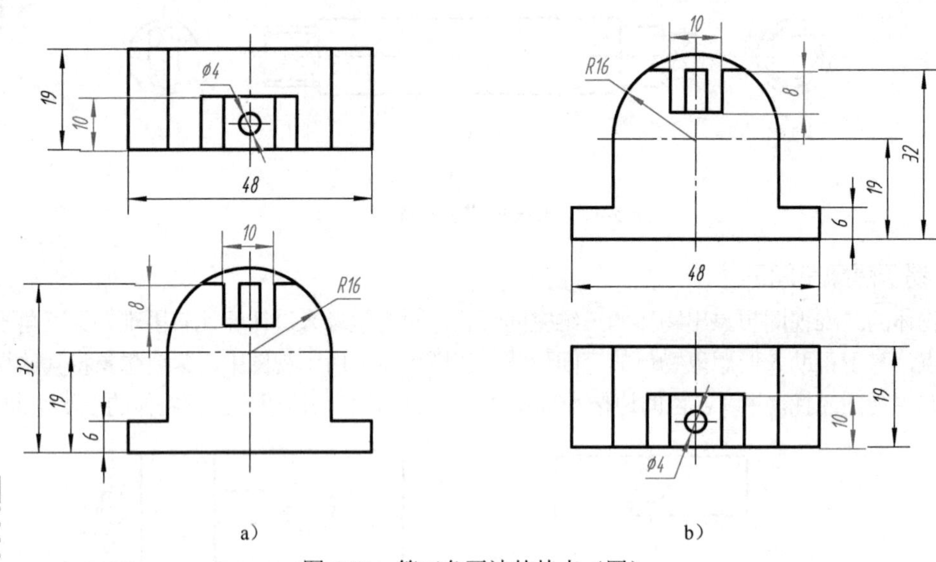

图 5-52　第三角画法的特点（四）

第六章　图样中的特殊表示法

第一节　螺　　纹

螺纹是零件上常见的一种结构。螺纹是在圆柱或圆锥表面上，具有相同牙型、沿螺旋线连续凸起的牙体。

螺纹分外螺纹和内螺纹两种，成对使用。在圆柱或圆锥外表面上所形成的螺纹，称为外螺纹；在圆柱或圆锥内表面上所形成的螺纹，称为内螺纹。

制造螺纹有许多种方法，图 6-1 表示在车床上加工外、内螺纹的方法。工件做等速旋转，车刀沿轴线方向等速移动，刀尖即形成螺旋线运动。由于车刀切削刃形状不同，工件表面被切掉部分的截面形状也不同，因而得到各种不同的螺纹。

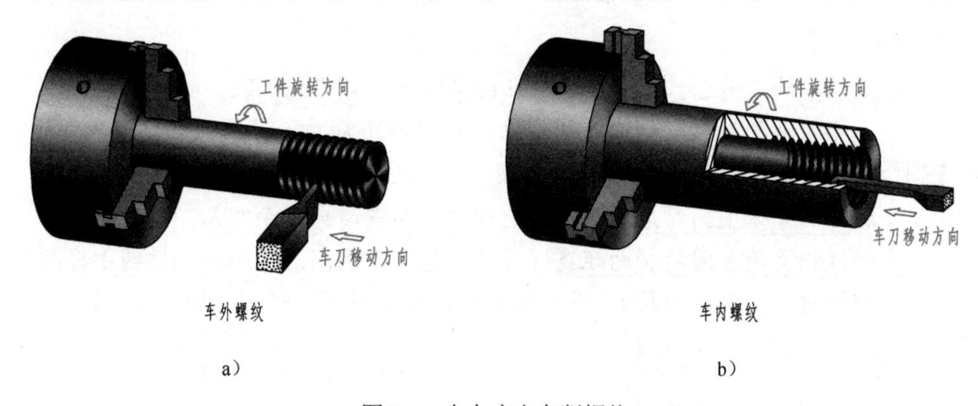

图 6-1　在车床上车削螺纹

一、螺纹要素（GB/T 14791—2013）

1. 牙型

在螺纹轴线平面内的螺纹轮廓形状，称为牙型。常见的有三角形、梯形和锯齿形等。相邻牙侧间的材料实体，称为牙体。连接两个相邻牙侧的牙体顶部表面，称为牙顶。连接两个相邻牙侧的牙槽底部表面，称为牙底，如图 6-2 所示。

2. 直径

直径有大径（d、D）、中径（d_2、D_2）和小径（d_1、D_1）之分，如图 6-2 所示。其中，外螺纹大径 d 和内螺纹小径 D_1 亦称顶径。

（1）大径（d、D）　与外螺纹牙顶或内螺纹牙底相切的假想圆柱或圆锥的直径。

（2）小径（d_1、D_1）　与外螺纹牙底或内螺纹牙顶相切的假想圆柱或圆锥的直径。

（3）中径（d_2、D_2）　中径圆柱或中径圆锥的直径。该圆柱（或圆锥）母线通过圆柱（或圆锥）螺纹上牙厚与牙槽宽相等的地方。

（4）公称直径　代表螺纹尺寸的直径称为公称直径。对紧固螺纹和传动螺纹，其大径基本尺寸是螺纹的代表尺寸。

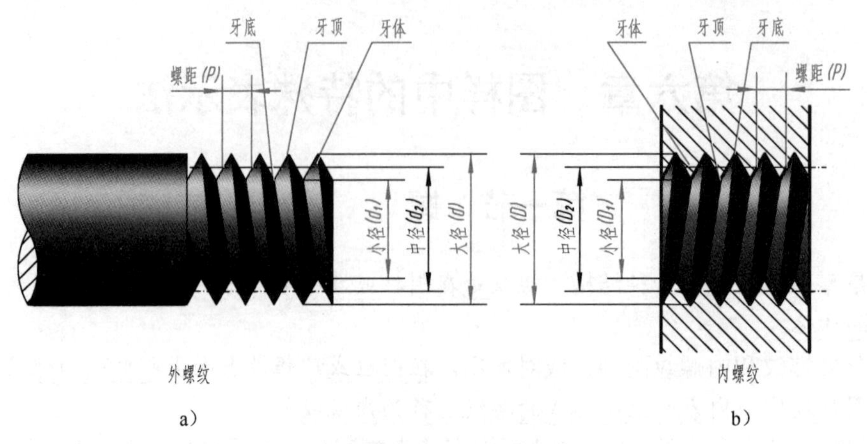

图 6-2　螺纹的各部分名称及代号

> 提示：外螺纹大径 d 和内螺纹大径 D 为公称直径，是代表螺纹尺寸的直径。

3. 线数 n

螺纹有单线与多线之分。只有一个起始点的螺纹，称为单线螺纹，如图 6-3a 所示；具有两个或两个以上起始点的螺纹，称为多线螺纹，如图 6-3b 所示。线数用代号 n 表示。

4. 螺距 P 和导程 P_h

螺距是指相邻两牙体上的对应牙侧与中径线相交两点间的轴向距离；导程是最邻近的两同名牙侧与中径线相交两点间的轴向距离（导程就是一个点沿着在中径圆柱或中径圆锥上的螺旋线旋转一周所对应的轴向位移）。螺距和导程是两个不同的概念，如图 6-3 所示。

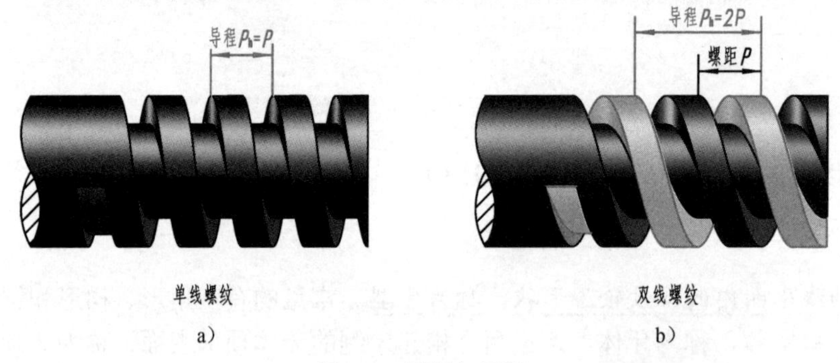

图 6-3　螺距与导程

螺距、导程、线数之间的关系是：$P=P_h/n$。

对于单线螺纹，则 $P=P_h$。

5. 旋向

内、外螺纹旋合时的旋转方向称为旋向。螺纹的旋向有左、右之分。

（1）右旋螺纹　顺时针旋转时旋入的螺纹，称为右旋螺纹（俗称“正扣”）。

（2）左旋螺纹　逆时针旋转时旋入的螺纹，称为左旋螺纹（俗称“反扣”）。

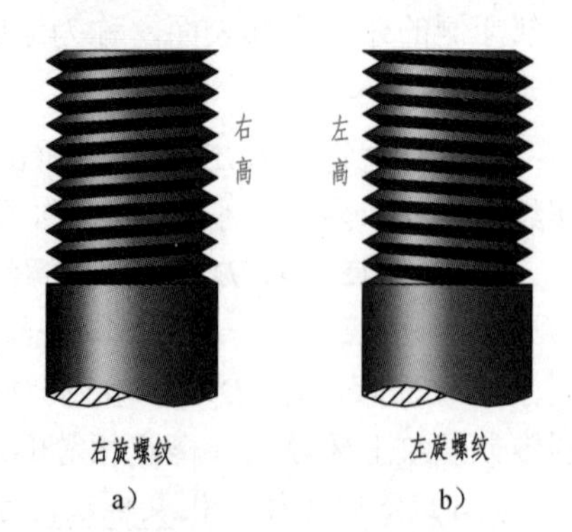

图 6-4　螺纹旋向的判定

（3）*旋向的判定*　将外螺纹轴线垂直放置，螺纹的可见部分是左低右高者为右旋螺纹，如图 6-4a 所示；左高右低者为左旋螺纹，如图 6-4b 所示。

对于螺纹来说，只有牙型、大径、螺距、线数和旋向等诸要素都相同，内、外螺纹才能旋合在一起。

螺纹三要素　在螺纹的诸要素中，牙型、大径和螺距是决定螺纹结构规格的最基本的要素，称为螺纹三要素。凡螺纹三要素符合国家标准的，称为标准螺纹；牙型不符合国家标准的，称为非标准螺纹。

常用标准螺纹的种类、标记和标注见表 6-1。

表 6-1　常用标准螺纹的种类、标记和标注

螺纹类别			特征代号	牙　型	标注示例	说　明
联接和紧固用螺纹	粗牙普通螺纹		M		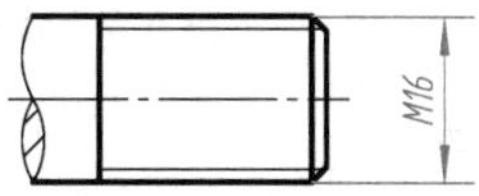 M16	粗牙普通螺纹 公称直径为 16mm；中径公差带和大径公差带均为 6g（省略不标）；中等旋合长度；右旋
	细牙普通螺纹			60°	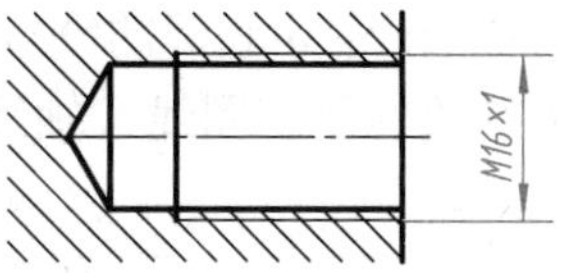 M16×1	细牙普通螺纹 公称直径为 16mm，螺距为 1mm；中径公差带和小径公差带均为 6H（省略不标）；中等旋合长度；右旋
55°管螺纹	55°非密封管螺纹		G		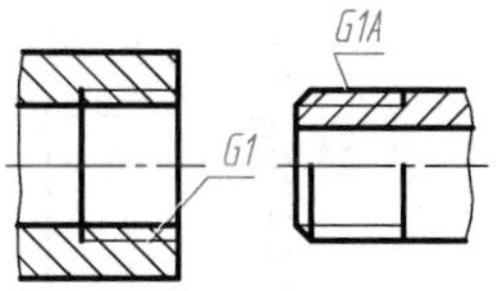 G1A G1	55°非密封管螺纹 G——螺纹特征代号 1 ——尺寸代号 A——外螺纹公差等级代号
	55°密封管螺纹	圆锥内螺纹	Rc	55°	$Rc1\frac{1}{2}$ $R_21\frac{1}{2}$	55°密封管螺纹 Rc——圆锥内螺纹 Rp——圆柱内螺纹 R_1——与圆柱内螺纹相配合的圆锥外螺纹 R_2——与圆锥内螺纹相配合的圆锥外螺纹 1½——尺寸代号
		圆柱内螺纹	Rp			
		圆锥外螺纹	R_1 R_2			

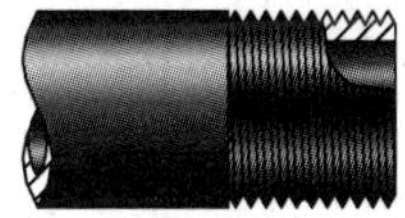

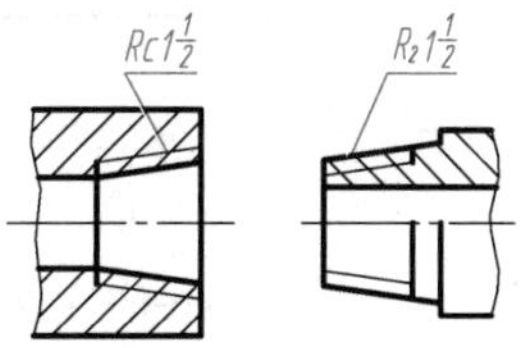

二、螺纹的规定画法（GB/T 4459.1—1995）

由于螺纹的结构和尺寸已经标准化，为了提高绘图效率，对螺纹的结构与形状，可不必按其真实投影画出，只需根据国家标准规定的画法和标记，进行绘图和标注即可。

1. 外螺纹的规定画法

如图 6-5a、b 所示，外螺纹牙顶圆的投影用粗实线表示，牙底圆的投影用细实线表示（牙

底圆投影通常按 $d_1=0.85d$ 的关系绘制），且螺杆的倒角或倒圆处也应画出；在垂直于螺纹轴线的投影面的视图中，表示牙底圆的细实线只画约 3/4 圈（空出约 1/4 圈的位置不做规定），如图 6-5c 所示。此时，螺杆或螺纹孔上倒角圆的投影，不应画出。螺纹终止线用粗实线表示，如图 6-5b、d 所示。剖面线必须画到粗实线处，如图 6-5d 所示。

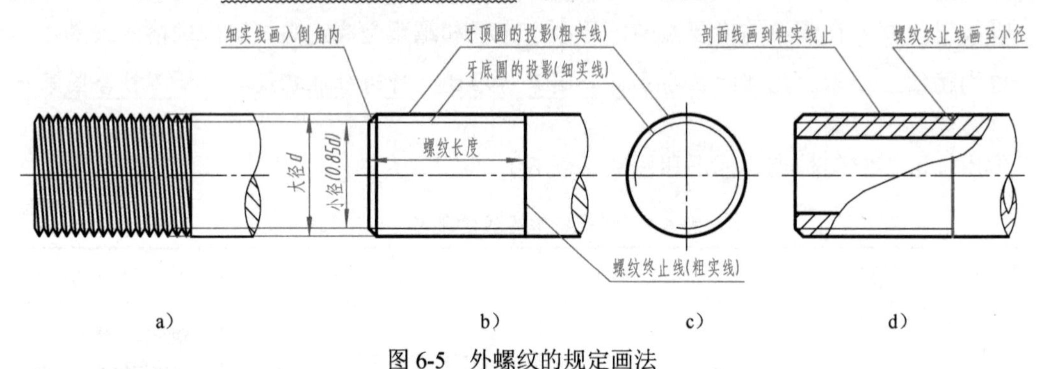

图 6-5　外螺纹的规定画法

2. 内螺纹的规定画法

如图 6-6a、b 所示，在剖视图或断面图中，内螺纹牙顶圆的投影和螺纹终止线用粗实线表示，牙底圆的投影用细实线表示（$D_1=0.85D$），剖面线必须画到粗实线为止；在垂直于螺纹轴线的投影面的视图中，表示牙底圆的细实线仍画约 3/4 圈，倒角圆的投影仍省略不画，如图 6-6c 所示。不可见螺纹的所有图线（轴线除外），均用细虚线绘制，如图 6-6d 所示。

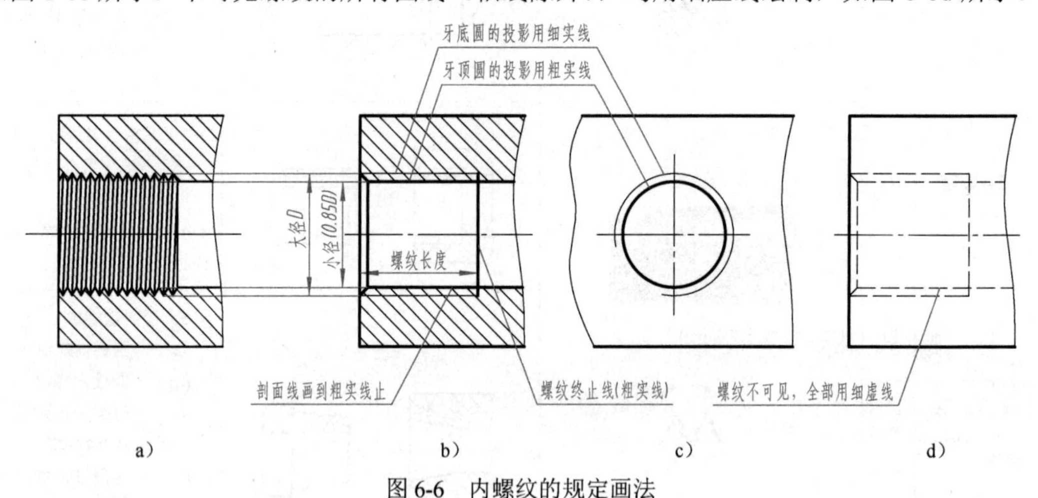

图 6-6　内螺纹的规定画法

3. 螺纹联接的规定画法

用剖视表示内、外螺纹的联接时，其旋合部分应按外螺纹的画法绘制，其余部分仍按各自的画法表示，如图 6-7a、c 所示。端面视图是外形视图时，其螺纹部分按内螺纹的规定画法绘制，如图 6-7b 所示。若端面视图是采用剖切平面通过旋合部分获得的剖视图，其螺纹部分按外螺纹的规定画法绘制，如图 6-7d 所示。

4. 钻孔和螺纹孔的规定画法

由于钻头的顶角接近 120°，用它钻出的不通孔，底部有个顶角接近 120° 的圆锥面，如图 6-8a 所示；在图中，其顶角要画成 120°，但不必注尺寸，如图 6-8b 所示。绘制不穿通的螺

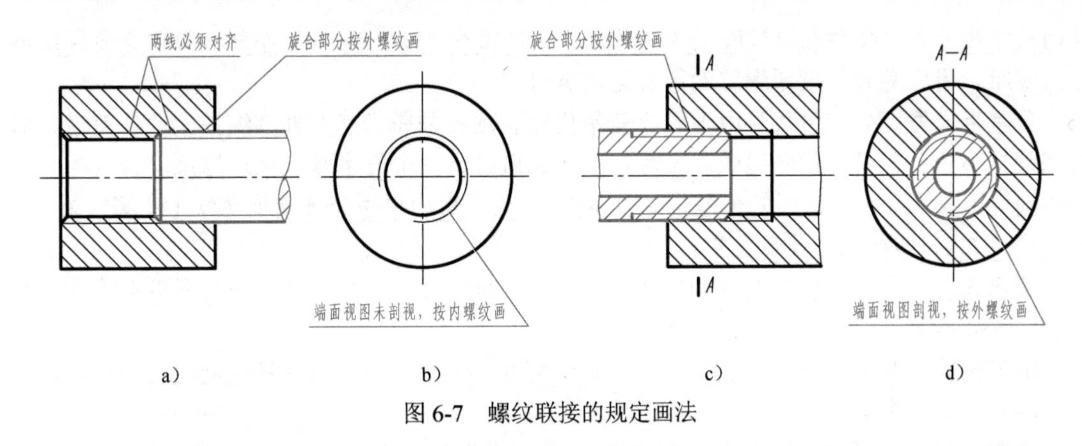

图 6-7　螺纹联接的规定画法

> 提示：画螺纹联接时，表示内、外螺纹牙顶圆投影的粗实线，与表示牙底圆投影的细实线应分别对齐。

纹孔时，一般应将钻孔深度与螺纹深度分别画出，钻孔深度应比螺纹深度大 0.5*D*（螺纹大径），如图 6-8c 所示。两级钻孔（阶梯孔）的过渡处，也存在 120°的部分尖角，作图时要注意画出，如图 6-8d、e 所示。

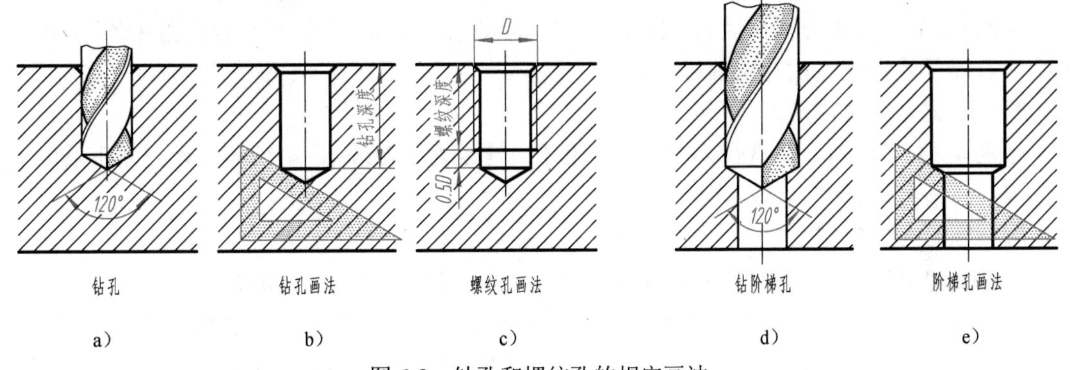

图 6-8　钻孔和螺纹孔的规定画法

三、螺纹的标记及标注

由于螺纹的规定画法不能表示螺纹种类和螺纹要素，因此，绘制螺纹时，必须按照国家标准所规定的标记格式和相应代号进行标注。

1. 普通螺纹的标记（GB/T 197—2018）

普通螺纹即普通用途的螺纹，单线普通螺纹占大多数，其标记格式如下：

螺纹特征代号 公称直径×螺距 - 公差带代号 - 旋合长度代号 - 旋向代号

多线普通螺纹的标记格式如下：

螺纹特征代号 公称直径×Ph 导程 P 螺距 - 公差带代号 - 旋合长度代号 - 旋向代号

标记的注写规则：

螺纹特征代号　螺纹特征代号为 M。

尺寸代号　公称直径为螺纹大径。单线螺纹的尺寸代号为“公称直径×螺距”。多线螺纹的尺寸代号为“公称直径×Ph 导程 P 螺距”，需注写“Ph”和“P”字样。粗牙普通螺纹不标注螺距。粗牙螺纹与细牙螺纹的区别见表 A-1。

公差带代号　公差带代号由中径公差带代号和顶径公差带（对外螺纹指大径公差带、对内螺纹指小径公差带）代号组成。大写字母代表内螺纹，小写字母代表外螺纹。若两组公差带相同，则只写一组（常用的公差带见表 A-1）。最常用的中等公差精度螺纹（外螺纹为 6g、内螺纹为 6H）不标注公差带代号。

旋合长度代号　旋合长度分为短（S）、中等（N）、长（L）三种。一般采用中等旋合长度，N 省略不注。

旋向代号　左旋螺纹以“LH”表示，右旋螺纹不标注旋向（所有螺纹旋向的标记，均与此相同）。

【例 6-1】　解释“**M16×Ph3P1.5-7g6g-L-LH**”的含义。

解　表示双线、细牙普通外螺纹，大径为 16mm，导程为 3mm，螺距为 1.5mm，中径公差带为 7g，大径公差带为 6g，长旋合长度，左旋。

【例 6-2】　解释“**M24-7G**”的含义。

解　表示粗牙普通内螺纹，大径为 24mm，查表 A-1 确认螺距为 3mm（省略），中径和小径公差带均为 7G，中等旋合长度（省略 N），右旋（省略旋向代号）。

【例 6-3】　已知公称直径为 12mm，细牙，螺距为 1mm，中径和小径公差带均为 6H 的单线、右旋普通螺纹，试写出其标记。

解　标记为“**M12×1**”。

【例 6-4】　已知公称直径为 12mm，粗牙，螺距为 1.75mm，中径和大径公差带均为 6g 的单线、右旋普通螺纹，试写出其标记。

解　标记为“**M12**”。

2. 管螺纹的标记（GB/T 7306.1～7306.2—2000、GB/T 7307—2001）

管螺纹是在管子上加工的，主要用于联接管件，故称之为管螺纹。管螺纹的数量仅次于普通螺纹，是使用数量较多的螺纹之一。由于管螺纹具有结构简单、装拆方便等优点，所以在造船、机床、汽车、冶金、石油、化工等行业中应用较多。

（1）55°密封管螺纹标记　由于55°密封管螺纹只有一种公差，GB/T 7306.1～7306.2—2000 规定其标记格式如下：

螺纹特征代号	尺寸代号	旋向代号

标记的注写规则：

螺纹特征代号　用 Rc 表示圆锥内螺纹，用 Rp 表示圆柱内螺纹，用 R_1 表示与圆柱内螺纹相配合的圆锥外螺纹，用 R_2 表示与圆锥内螺纹相配合的圆锥外螺纹。

尺寸代号　用1/2，3/4，1，1½，…表示，详见表 A-2。

旋向代号　与普通螺纹的标记相同。

> 提示：管螺纹的尺寸代号并非公称直径，也不是管螺纹本身的真实尺寸，而是用该螺纹所在管子的公称通径（单位为 in，1in=25.4mm）来表示的。管螺纹的大径、小径及螺距等具体尺寸，只有通过查阅相关的国家标准（表 A-2）才能知道。

【例 6-5】 解释“**Rc1/2**”的含义。

解 表示圆锥内螺纹，尺寸代号为 1/2（查表 A-2，其大径为 20.955mm，螺距为 1.814mm），右旋（省略旋向代号）。

【例 6-6】 解释“**Rp 1½ LH**”的含义。

解 表示圆柱内螺纹，尺寸代号为 1½（查表 A-2，其大径为 47.803mm，螺距为 2.309mm），左旋。

【例 6-7】 解释“**R_2 3/4**”的含义。

解 表示与圆锥内螺纹相配合的圆锥外螺纹，尺寸代号为 3/4（查表 A-2，其大径为 26.441mm，螺距为 1.814mm），右旋（省略旋向代号）。

（2）55°非密封管螺纹标记　GB/T 7307—2001 规定 55°非密封管螺纹标记格式如下：

螺纹特征代号	尺寸代号	螺纹公差等级代号	-	旋向代号

标记的注写规则：

螺纹特征代号　用 G 表示。

尺寸代号　用 1/2，3/4，1，1½，…表示，详见表 A-2。

螺纹公差等级代号　对外螺纹，分 A、B 两级标记；因为内螺纹公差带只有一种，所以不加标记。

旋向代号　当螺纹为左旋时，在外螺纹的公差等级代号之后加注“-LH”；在内螺纹的尺寸代号之后加注“LH”。

【例 6-8】 解释“**G 1½ A**”的含义。

解 表示圆柱外螺纹，尺寸代号为1½（查表 A-2，其大径为 47.803mm，螺距为2.309mm），螺纹公差等级为 A 级，右旋（省略旋向代号）。

【例 6-9】 解释“**G 3/4A-LH**”的含义。

解 表示圆柱外螺纹，螺纹公差等级为 A 级，尺寸代号为 3/4（查表 A-2，其大径为 26.441mm，螺距为 1.814mm），左旋（注：在左旋代号 LH 前加注半字线）。

【例 6-10】 解释“**G1/2**”的含义。

解 表示圆柱内螺纹（未注螺纹公差等级），尺寸代号为 1/2（查表 A-2，其大径为 20.955mm，螺距为 1.814mm），右旋（省略旋向代号）。

【例 6-11】 解释“**G 1½ LH**”的含义。

解 表示圆柱内螺纹（未注螺纹公差等级），尺寸代号为 1½（查表 A-2，其大径为 47.803mm，螺距为 2.309mm），左旋（注：在左旋代号 LH 前不加注半字线）。

3. 螺纹的标注方法（GB/T 4459.1—1995）

公称直径以毫米为单位的螺纹（如普通螺纹、梯形螺纹等），其标记应直接注在大径的尺寸线或其引出线上，如图 6-9a、b、c 所示；管螺纹的标记一律注在引出线上，引出线应由大径处或对称中心处引出，如图 6-9d、e 所示。

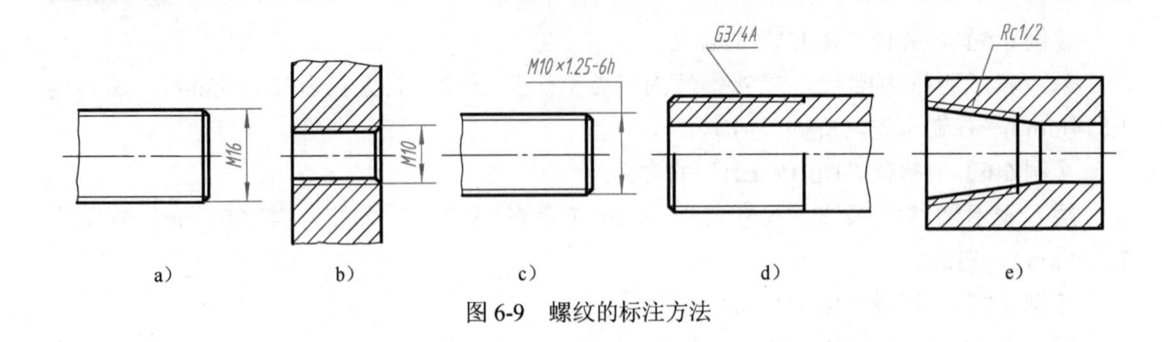

图 6-9 螺纹的标注方法

第二节 螺纹紧固件

在机器设备中，零件之间的联接方式可分为可拆卸联接和不可拆卸联接两大类。可拆卸联接包括螺纹联接、键联结和销联接等；不可拆卸联接包括铆接和焊接等。在机械工程中，可拆卸联接应用较多，它通常是利用联接件将其他零件联接起来的。

一、螺纹紧固件的标记

螺纹紧固件包括螺栓、螺柱、螺钉、螺母、垫圈等，它们的结构和尺寸已经标准化，即所谓标准件。只要知道标准件的规定标记，就可以从相关标准中查出它们的结构、形式及全部尺寸。常用螺纹紧固件的标记及示例见表 6-2（表图中的红色尺寸为规格尺寸）。

表 6-2 常用螺纹紧固件的标记及示例

名称	轴测图	画法及规格尺寸	标记示例及说明
六角头螺栓			**螺栓 GB/T 5780 M16×100** 螺纹规格为 M16、公称长度 l=100mm、性能等级为 4.8 级、表面不经处理、产品等级为 C 级的六角头螺栓 注：标准年号省略，下同
双头螺柱			**螺柱 GB/T 899 M12×50** 两端均为粗牙普通螺纹、d=12mm、l=50mm、性能等级为 4.8 级、不经表面处理、B 型（B 省略不标）、b_m=1.5d 的双头螺柱
六角螺母			**螺母 GB/T 41 M16** 螺纹规格为 M16、性能等级为 5 级、表面不经处理、产品等级为 C 级的 1 型六角螺母
垫圈			**垫圈 GB/T 97.1 16** 标准系列、公称规格 16mm、由钢制造的硬度等级为 200HV 级、不经表面处理、产品等级为 A 级的平垫圈

二、螺栓联接

螺栓联接是将螺栓的杆身穿过两个被联接零件上的通孔，套上垫圈，再用螺母拧紧，使两个零件联接在一起的一种联接方式，如图 6-10 所示。

为提高画图速度，对联接件的各个尺寸，可不按相应的标准数值画出，而是采用近似画法。采用近似画法时，除螺栓长度按 $l_{计} \approx t_1+t_2+1.35d$ 计算后，再查表 B-1 取标准值外，其他各部分尺寸均按与螺栓大径成一定的比例来绘制。螺栓、螺母、垫圈的各部分尺寸比例关系，如图 6-11 所示。

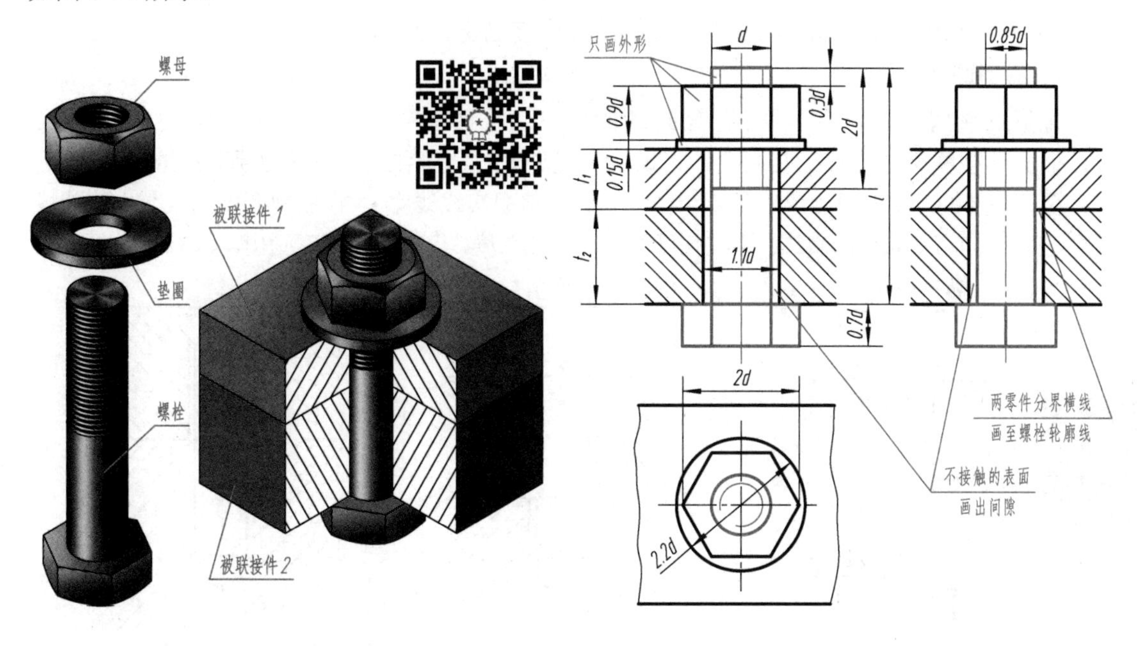

图 6-10 螺栓联接

图 6-11 螺栓联接的近似画法

画图时必须遵守 GB/T 4459.1—1995《机械制图 螺纹及螺纹紧固件表示法》中的规定（参见图 6-11）：

1）在装配图中，当剖切平面通过螺杆的轴线时，螺栓、螺柱、螺钉、螺母及垫圈等均按未剖切绘制，即只画外形。

2）两个零件接触面处只画一条粗实线，不得加粗。凡不接触的表面，不论间隙多小，均应在图上画出间隙。

3）在剖视中，相互接触的两个零件的剖面线方向应相反。而同一个零件在各剖视中，剖面线的倾斜方向和间隔应相同。

螺栓联接使用弹簧垫圈时，弹簧垫圈的尺寸和画法与平垫圈的画法有所不同，如图 6-12a 所示。

提示：螺纹紧固件应采用简化画法，六角头螺栓和六角螺母的头部曲线可省略不画。螺纹紧固件上的工艺结构，如倒角、退刀槽、缩颈、凸肩等均省略不画。

三、螺柱、螺钉联接

1. 螺柱联接

双头螺柱多用在被联接件之一较厚，不便使用螺栓联接的地方。这种联接是在较厚的零件上加工出不通的螺纹孔，将双头螺柱一端拧入螺纹孔，而另一端穿过被联接零件的通孔，放上垫圈后再拧紧螺母的一种联接方式。双头螺柱联接与螺栓联接的画法有所区别，其联接画法如图 6-12b 所示。

画双头螺柱联接时应注意以下两点：

1）螺柱旋入端的螺纹终止线与两个被联接件的接触面应画成一条线。

2）螺纹孔可采用简化画法，即仅按螺纹孔深度画出，而不画钻孔深度。

2. 螺钉联接

螺钉联接用在受力不大和不经常拆卸的地方。这种联接是在较厚的零件上加工出螺纹孔，而另一被联接件上加工有通孔，将螺钉穿过通孔拧入螺纹孔，从而达到联接的目的。

螺钉头部的一字槽可画成一条特粗实线（约两倍粗实线线宽），在俯视图中画成与水平线成 45°、自左下向右上倾斜的斜线；螺纹孔可不画出钻孔深度，仅按螺纹深度画出，如图 6-12c 所示。

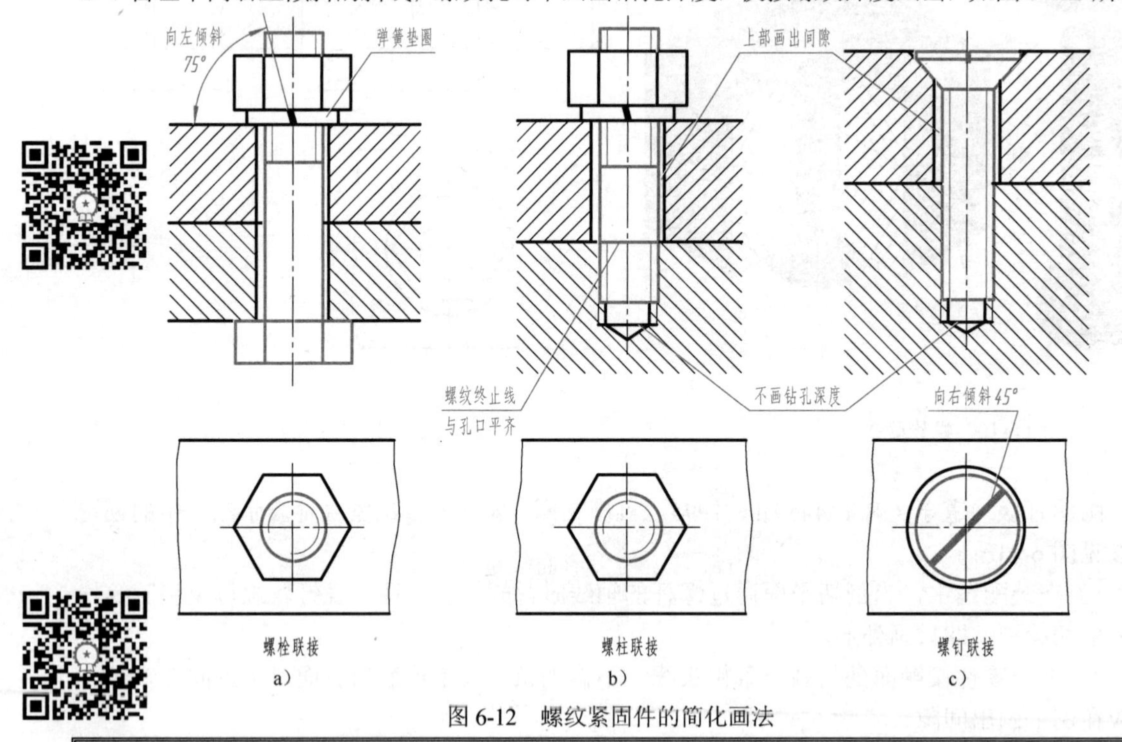

图 6-12 螺纹紧固件的简化画法

> 提示：在装配图中，当需要绘制螺纹紧固件时，应尽量采用简化画法，既可减少绘图的工作量，又能提高绘图速度，增加图样的明晰度，使图样的重点更加突出。

第三节 直齿圆柱齿轮

齿轮是一个有齿构件，它与另一个有齿构件通过其共轭齿面的相继啮合，从而传递或接受运动。

一、齿轮的基本知识（GB/T 3374.1—2010）

齿轮上每一个用于啮合的凸起部分，称为轮齿。一对齿轮的轮齿，依次交替地接触，从而实现一定规律的相对运动的过程和形态，称为啮合。由两个啮合的齿轮组成的基本机构，称为齿轮副。常用的齿轮副按两轴的相对位置不同，分成如下三种：

（1）平行轴齿轮副（圆柱齿轮啮合）　两轴线相互平行的齿轮副，用于两平行轴间的传动，如图 6-13a 所示。

（2）锥齿轮副（锥齿轮啮合）　两轴线相交的齿轮副，用于两相交轴间的传动，如图 6-13b 所示。

（3）交错轴齿轮副（蜗杆与蜗轮啮合）　两轴线交错的齿轮副，用于两交错轴间的传动，如图 6-13c 所示。

a）　b）　c）

图 6-13　齿轮传动

二、直齿轮的各部分名称及代号（GB/T 3374.1—2010）

圆柱齿轮的轮齿有直齿、斜齿、人字齿等。分度圆柱面齿线为直母线的圆柱齿轮，称为直齿轮，如图 6-14a 所示。齿轮轮齿最常用的齿形曲线是渐开线。直齿轮的各部分名称及代号如下：

（1）齿顶圆（d_a）　齿顶圆柱面被垂直于其轴线的平面所截的截线，称为齿顶圆。

（2）齿根圆（d_f）　齿根圆柱面被垂直于其轴线的平面所截的截线，称为齿根圆。

（3）分度圆（d）和节圆（d'）　分度圆柱面与垂直于其轴线的一个平面的交线，称为分度圆；节圆柱面被垂直于其轴线的一个平面所截的截线，称为节圆。在一对标准齿轮啮合中，两齿轮分度圆柱面相切，即 $d=d'$。

（4）齿顶高（h_a）　齿顶圆和分度圆之间的径向距离，称为齿顶高。标准齿轮的齿顶高 $h_a=m$（m 为模数）。

（5）齿根高（h_f）　齿根圆和分度圆之间的径向距离，称为齿根高。标准齿轮的齿根高 $h_f=1.25m$（m 为模数）。

（6）齿高（h）　齿顶圆和齿根圆之间的径向距离，称为齿高。

（7）端面齿距（简称齿距 p） 两个相邻同侧端面齿廓之间的分度圆弧长，称为端面齿距。

（8）端面齿槽宽（简称槽宽 e） 在端平面上，一个齿槽的两侧齿廓之间的分度圆弧长，称为端面齿槽宽。

（9）端面齿厚（简称齿厚 s） 一个齿的两侧端面齿廓之间的分度圆弧长，称为端面齿厚。在标准齿轮中，槽宽与齿厚各为齿距的一半，即 $s=e=p/2$，$p=s+e$。

（10）齿宽（b） 齿轮的有齿部位沿分度圆柱面的母线方向度量的宽度，称为齿宽。

（11）啮合角和压力角（α） 在一般情况下，两相啮合轮齿的端面齿廓在接触点处的公法线，与两节圆的内公切线所夹的锐角，称为啮合角，如图 6-14b 所示。对于渐开线齿轮，是指两相啮合轮齿在节点上的端面压力角。标准齿轮的压力角 $\alpha=20°$。

（12）齿数（z） 一个齿轮的轮齿总数。

（13）中心距（a） 齿轮副的两轴线之间的最短距离，称为中心距。

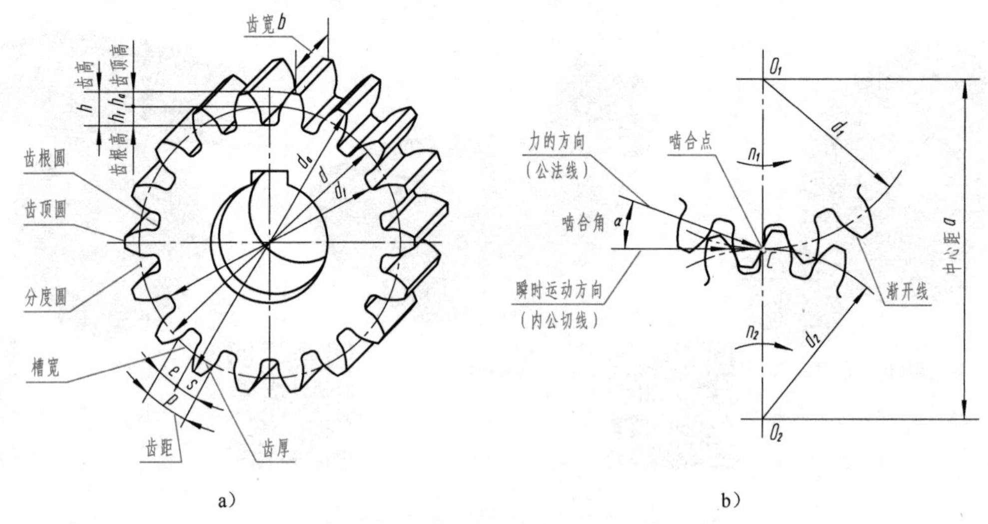

a） b）

图 6-14 直齿轮的各部分名称及代号

三、直齿轮的基本参数与齿轮各部分的尺寸关系

1. 模数

齿轮上有多少齿，在分度圆周上就有多少齿距，即分度圆周总长为

$$\pi d=zp \tag{6-1}$$

则分度圆直径

$$d=(p/\pi)z \tag{6-2}$$

分度曲面上的齿距 p 除以圆周率 π 所得的商，称为模数，用符号“m”表示，单位为毫米（mm），即

$$m=p/\pi \tag{6-3}$$

将式（6-3）代入式（6-2），得

$$d=mz \tag{6-4}$$

即

$$m=d/z \tag{6-5}$$

相互啮合的一对齿轮，其齿距 p 必须相等。由于 $p=m\pi$，因此它们的模数必须相等。模数 m 越大，轮齿就越大，齿轮的承载能力也大；模数 m 越小，轮齿就越小，齿轮的承载能力也小。

模数是计算齿轮主要尺寸的基本依据，国家标准对圆柱齿轮的模数做了统一规定，见表 6-3。

表 6-3　标准模数（摘自 GB/T 1357—2008）　　　　（单位：mm）

齿轮类型	模数系列	标准模数 m
圆柱齿轮	第一系列（优先选用）	1，1.25，1.5，2，2.5，3，4，5，6，8，10，12，16，20，25，32，40，50
	第二系列	1.125，1.375，1.75，2.25，2.75，3.5，4.5，5.5，（6.5），7，9，11，14，18，22，28，36，45

注：选用圆柱齿轮模数时，应优先选用第一系列，其次选用第二系列，避免采用括号内的模数。

2. 模数与齿轮各部分的尺寸关系

齿轮的模数确定后，按照与模数 m 的比例关系，可计算出直齿轮的各部分基本尺寸，详见表 6-4。

表 6-4　直齿轮的各部分尺寸关系

名称及代号	计算公式	名称及代号	计算公式
模　数 m	$m=d/z$（计算后，再从表 6-3 中取标准值）	分度圆直径 d	$d=mz$
齿顶高 h_a	$h_a=m$	齿顶圆直径 d_a	$d_a=d+2h_a=m(z+2)$
齿根高 h_f	$h_f=1.25m$	齿根圆直径 d_f	$d_f=d-2h_f=m(z-2.5)$
齿　高 h	$h=h_a+h_f=2.25m$	中心距 a	$a=\frac{d_1+d_2}{2}=\frac{m(z_1+z_2)}{2}$

四、直齿轮的规定画法（GB/T 4459.2—2003）

1. 单个直齿轮的规定画法

（1）视图画法　直齿轮的齿顶线用粗实线绘制；分度线用细点画线绘制；齿根线用细实线绘制，或省略不画，如图 6-15a 所示。

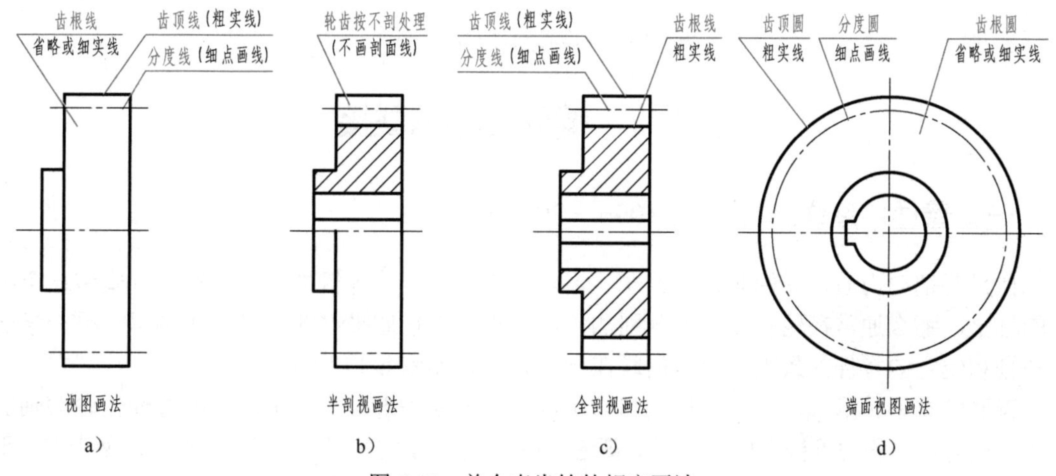

图 6-15　单个直齿轮的规定画法

（2）*剖视画法* 当剖切平面通过直齿轮的轴线时，轮齿一律按不剖处理（不画剖面线）。齿顶线用粗实线绘制；分度线用细点画线绘制；齿根线用粗实线绘制，如图 6-15b、c 所示。

（3）*端面视图画法* 在表示直齿轮端面的视图中，齿顶圆用粗实线绘制；分度圆用细点画线绘制；齿根圆用细实线绘制，或省略不画，如图 6-15d 所示。

2. 直齿轮啮合的规定画法

（1）*剖视画法* 当剖切平面通过两啮合齿轮的轴线时，在啮合区内，将一个齿轮的轮齿用粗实线绘制，另一个齿轮的轮齿被遮挡的部分用细虚线绘制，如图 6-16a 所示；另一个齿轮的轮齿被遮挡的部分，可省略不画，如图 6-16b 所示。

（2）*视图画法* 在平行于直齿轮轴线的投影面的视图中，啮合区内的齿顶线不必画出，节线用粗实线绘制，其他处的节线用细点画线绘制，如图 6-16c 所示。

（3）*端面视图画法* 在垂直于直齿轮轴线的投影面的视图中，两直齿轮节圆应相切，啮合区内的齿顶圆均用粗实线绘制，如图 6-16d 所示；也可将啮合区内的齿顶圆省略不画，如图 6-16e 所示。

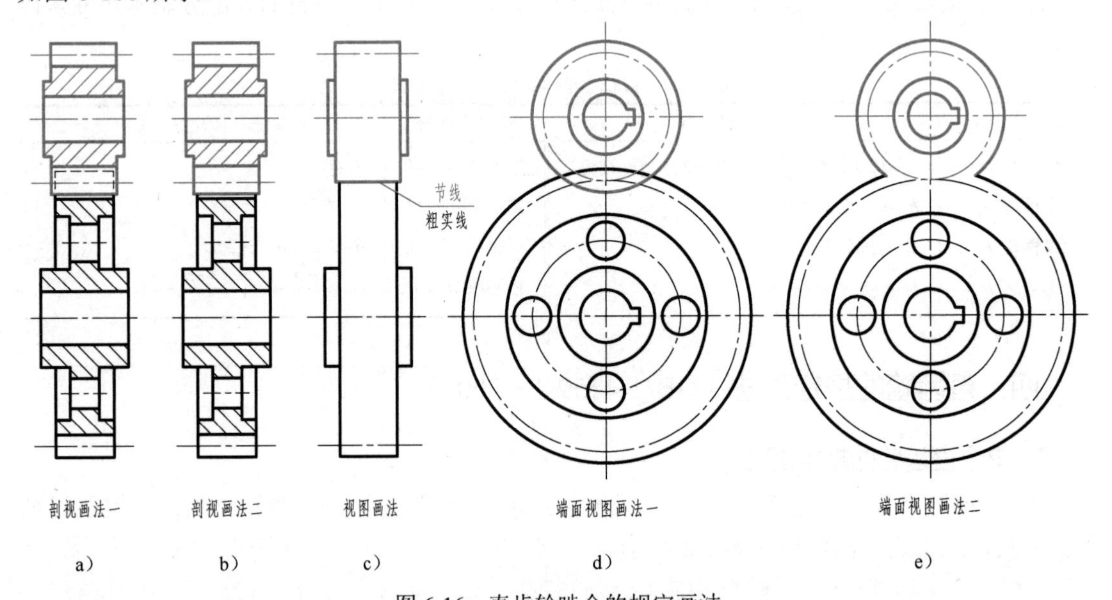

图 6-16　直齿轮啮合的规定画法

第四节　键联结和销联接

一、普通平键联结（GB/T 1096—2003）

如果要把动力通过联轴器、离合器、齿轮、飞轮或带轮等机械零件，传递到安装这个零件的轴上，那么通常在轮孔和轴上分别加工出键槽，把普通平键的一半嵌在轴里，另一半嵌在与轴相配合的零件的毂里，使它们联在一起转动，如图 6-17 所示。

键联结有多种形式，各有其特点和适用场合。普通平键制造简单，装拆方便，轮与轴的同轴度较好，在各种机械上应用广泛。普通平键有普通 A 型平键（圆头）、普通 B 型平键（平头）和普通 C 型平键（单圆头）三种类型，其形状如图 6-18 所示。

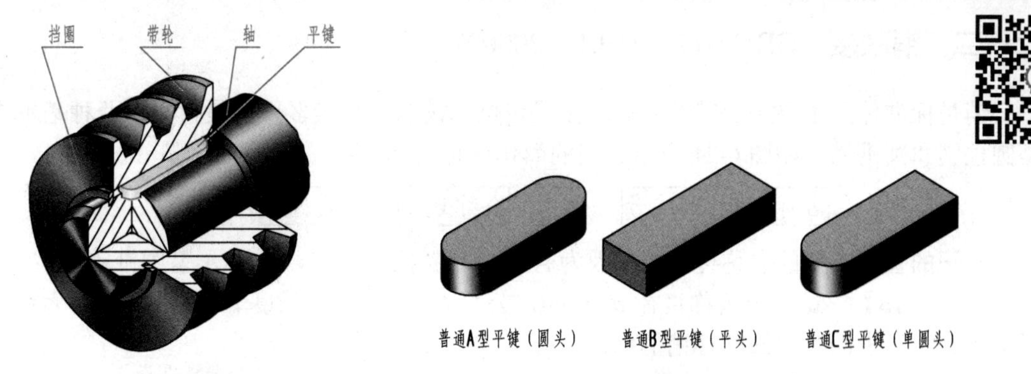

图 6-17　键联结　　　　图 6-18　普通平键的类型

普通平键是标准件。选择平键时，从标准中查取键的截面尺寸 $b\times h$（键宽×键高），然后按轮毂宽度 B 选定键长 L，一般 $L=B-$（5～10mm），并取 L 为标准值。键和键槽的类型、尺寸，详见表 B-4。

键的标记格式为：

标准编号　名称 类型 键宽×键高×键长

标记的省略　因为普通 A 型平键应用较多，所以普通 A 型平键不注“A”。

【例 6-12】　普通 A 型平键，键宽 b=18mm，键高 h=11mm，键长 L=100mm，试写出键的标记。

解　键的标记为**“GB/T 1096　键 18×11×100”**。

图 6-19 所示为轴和齿轮上的键槽在零件图中的一般表示法和尺寸注法。图 6-20 所示为键联结在装配图中的画法。普通平键在高度方向上的两个面是平行的，键侧与键槽的两个侧面紧密配合，靠键的侧面传递转矩。

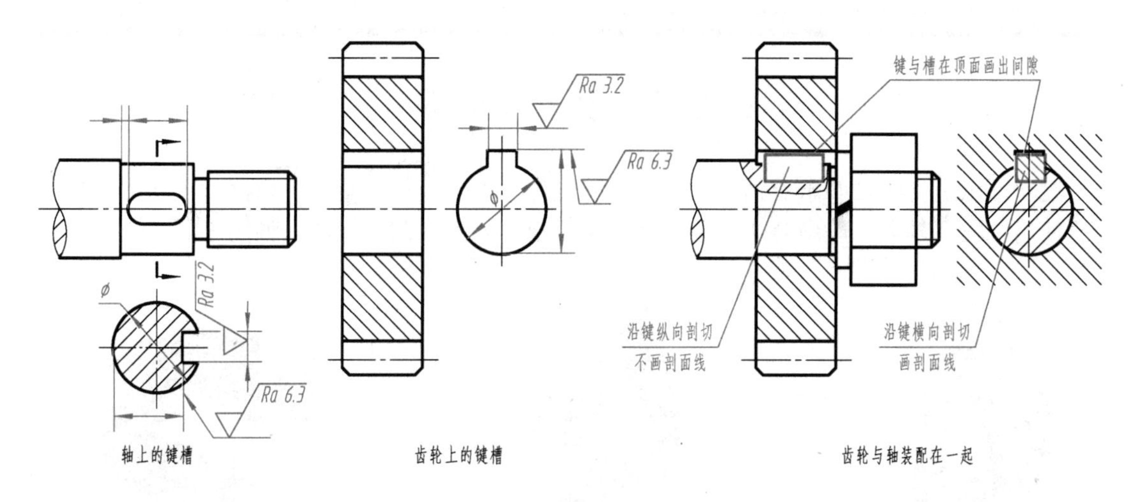

图 6-19　键槽的表达方法和尺寸注法　　　　图 6-20　键联结的画法

提示：①在键联结的画法中，平键与槽在顶面不接触，应画出间隙。②平键的倒角省略不画。③沿平键的纵向剖切时，平键按不剖处理。④横向剖切平键时，要画出剖面线，如图 6-20 所示。

二、销联接（GB/T 117、119.1—2000）

销是标准件，主要用于零件间的联接或定位。销的类型较多，但最常见的两种基本类型是圆柱销和圆锥销，如图 6-21 所示。销的简化标记格式为：

名称　标准编号　类型 公称直径　公差代号×长度

标记的省略　销的名称可省略；因为 A 型圆锥销应用较多，所以 A 型圆锥销不注“A”。

【例 6-13】　试写出公称直径 d=6mm，公差为 m6，公称长度 l=30mm，材料为钢、不经淬火、不经表面处理的圆柱销的标记。

解　圆柱销的标记为 **“销　GB/T 119.1　6 m6×30”**。

根据销的标记，即可查出销的类型和尺寸，详见表 B-5、表 B-6。

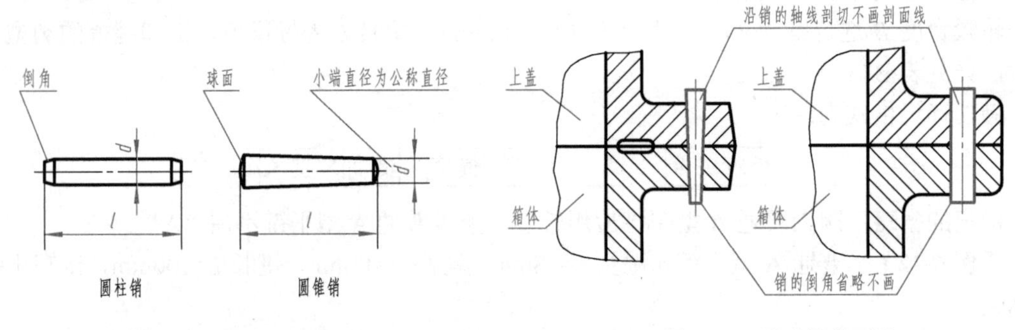

图 6-21　销的基本类型　　图 6-22　销联接的画法

> 提示：①圆锥销的公称直径是指小端直径。②在销联接的画法中，当剖切平面沿销的轴线剖切时，销按不剖处理（不画剖面线）；垂直销的轴线剖切时，要画出剖面线。③销的倒角（或球面）可省略不画，如图 6-22 所示。

第五节　滚动轴承

滚动轴承是支承轴并承受轴上载荷的标准组件。由于其结构紧凑、摩擦力小，所以得到广泛使用。滚动轴承一般由内圈、滚动体、保持架、外圈四部分组成，如图 6-23 所示。

图 6-23　滚动轴承的结构及类型

一、滚动轴承的基本代号（GB/T 272—2017）

滚动轴承基本代号表示轴承的基本类型、结构和尺寸，是滚动轴承代号的基础。滚动轴承基本代号由以下三部分内容组成，即

类型代号	尺寸系列代号	内径代号

1. 类型代号

滚动轴承类型代号用数字或字母来表示，见表 6-5。

表 6-5 滚动轴承类型代号（摘自 GB/T 272—2017）

代号	轴承类型	代号	轴承类型	代号	轴承类型
0	双列角接触球轴承	4	双列深沟球轴承	8	推力圆柱滚子轴承
1	调心球轴承	5	推力球轴承	N	圆柱滚子轴承
2	（推力）调心滚子轴承	6	深沟球轴承	U	外球面球轴承
3	圆锥滚子轴承	7	角接触球轴承	QJ	四点接触球轴承

2. 尺寸系列代号

尺寸系列代号由轴承的宽（高）度系列代号和直径系列代号组合而成，用两位阿拉伯数字来表示。它的主要作用是区别内径相同、宽度和外径不同的滚动轴承。常用的滚动轴承类型、尺寸系列代号及轴承系列代号见表 6-6。

表 6-6 常用的滚动轴承类型、尺寸系列代号及轴承系列代号（摘自 GB/T 272—2017）

轴承类型	类型代号	尺寸系列代号	轴承系列代号	轴承类型	类型代号	尺寸系列代号	轴承系列代号	轴承类型	类型代号	尺寸系列代号	轴承系列代号
圆锥滚子轴承	3	20	320	推力球轴承				深沟球轴承	6	17	617
	3	30	330						6	37	637
	3	31	331		5	11	511		6	18	618
	3	02	302		5	12	512		6	19	619
	3	22	322		5	13	513		6	（1）0	60
	3	32	332		5	14	514		6	（0）2	62
	3	03	303						6	（0）3	63
	3	13	313						6	（0）4	64

注：表中圆括号内的数字在组合代号中省略。

3. 内径代号

内径代号表示滚动轴承的公称直径，一般用两位阿拉伯数字表示，其表示方法见表 6-7。

表 6-7 滚动轴承内径代号（摘自 GB/T 272—2017）

轴承公称内径/mm		内径代号	示例	
10～17	10	00	深沟球轴承 6200	d=10mm
	12	01	深沟球轴承 6201	d=12mm
	15	02	深沟球轴承 6202	d=15mm
	17	03	深沟球轴承 6203	d=17mm
20～480（22、28、32 除外）		公称内径除以 5 的商数，商数为个位数，需在商数左边加“0”，如 08	圆锥滚子轴承 30308	d=40mm
			深沟球轴承 6215	d=75mm

滚动轴承的基本代号举例：

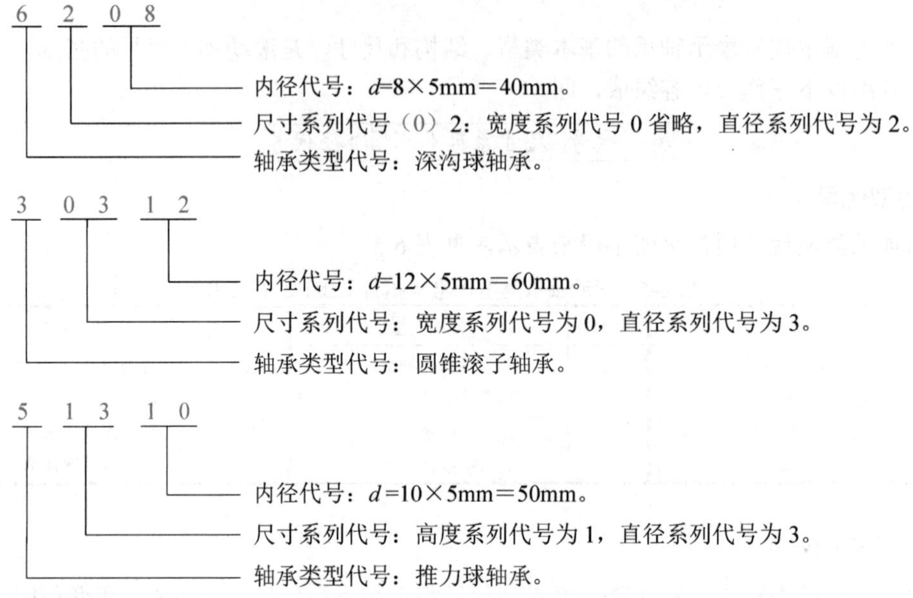

4. 滚动轴承的标记

滚动轴承的标记格式为：

名称　基本代号　标准编号

【例 6-14】 试写出，内径 d=70mm，宽度系列代号为 1，直径系列代号为 2 的圆锥滚子轴承标记。

解 圆锥滚子轴承的标记为“**滚动轴承　31214　GB/T 297—2015**”。

根据滚动轴承的标记，即可查出滚动轴承的类型和尺寸，详见表 B-7。

二、滚动轴承的画法（GB/T 4459.7—2017）

当需要在图样上表示滚动轴承时，可采用简化画法（即通用画法和特征画法）或规定画法。深沟球轴承和圆锥滚子轴承的各种画法及尺寸比例，如图 6-24 所示；其各部分尺寸可根据滚动轴承代号，由标准（表 B-7）中查得。

1. 简化画法

（1）通用画法　在剖视图中，当不需要确切地表示滚动轴承的外形轮廓、载荷特征、结构特征时，可用矩形线框及位于线框中央正立的十字形符号表示滚动轴承，如图 6-24a、e 所示（其画法相同）。

（2）特征画法　在剖视图中，当需较形象地表示滚动轴承的结构特征时，可采用在矩形线框内画出其结构要素符号的方法表示滚动轴承，如图 6-24b、f 所示。

通用画法和特征画法应绘制在轴的两侧。矩形线框、符号和轮廓线均用粗实线绘制。

2. 规定画法

必要时，在滚动轴承的产品图样、产品样本和产品标准中，采用规定画法表示滚动轴承。采用规定画法绘制滚动轴承的剖视图时，轴承的滚动体不画剖面线；其内外圈可画出方向和间隔相同的剖面线，在不致引起误解时，也允许省略不画。滚动轴承的保持架及倒圆省略不画。规定画法一般绘制在轴的一侧，另一侧按通用画法绘制，如图 6-24c、g 所示。

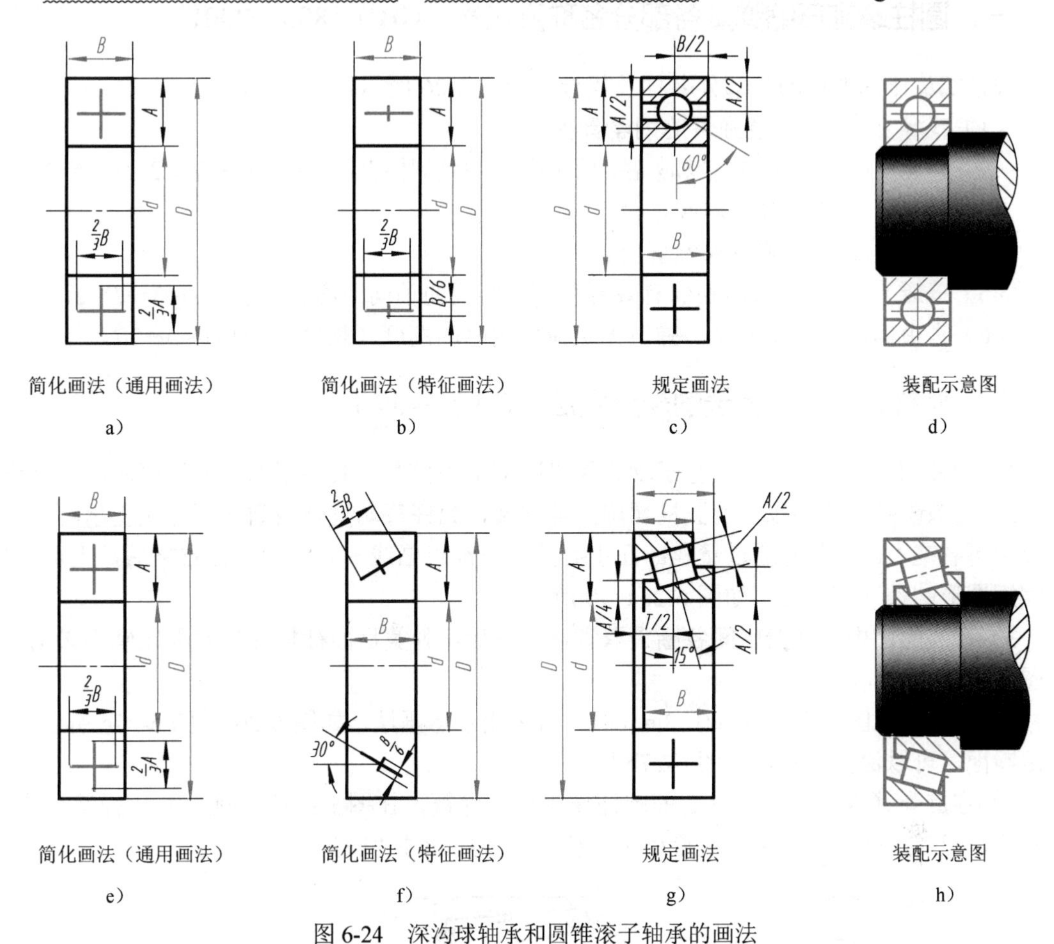

图 6-24　深沟球轴承和圆锥滚子轴承的画法

第六节　圆柱螺旋压缩弹簧

弹簧是利用材料的弹性和结构特点，通过变形和储存能量工作的一种机械零（部）件。它的特点是在弹性限度内，受外力作用而变形，去掉外力后，弹簧能立即恢复原状。弹簧的种类很多，用途较广。

呈圆柱形的螺旋弹簧，称为圆柱螺旋弹簧，由金属丝绕制而成。承受压力的圆柱螺旋弹簧（材料截面有矩形、扁形、卵形、圆形等），称为圆柱螺旋压缩弹簧，如图 6-25a 所示。

承受拉伸力的圆柱螺旋弹簧，称为圆柱螺旋拉伸弹簧，如图 6-25b 所示。

承受扭力矩的圆柱螺旋弹簧，称为圆柱螺旋

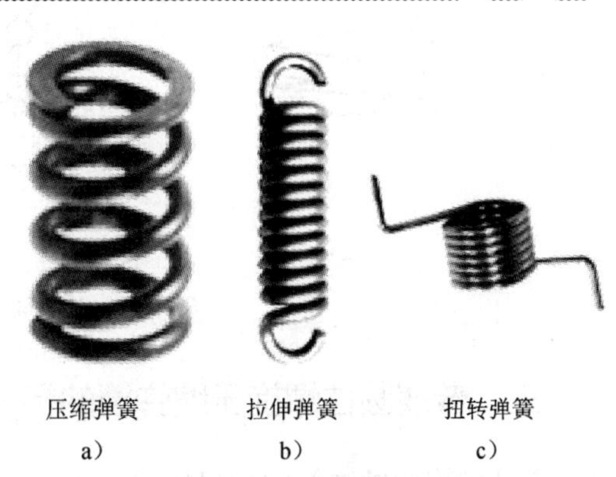

图 6-25　圆柱螺旋弹簧

扭转弹簧，如图 6-25c 所示。

一、圆柱螺旋压缩弹簧各部分名称及代号（GB/T 1805—2001）

圆柱螺旋压缩弹簧的各部分名称及代号，如图 6-26 所示。

（1）线径 d　用于缠绕弹簧的钢丝直径。

（2）弹簧中径 D　弹簧内径和外径的平均值，也是规格直径：$D=(D_2+D_1)/2=D_1+d=D_2-d$。

（3）弹簧内径 D_1　弹簧内圈直径。

（4）弹簧外径 D_2　弹簧外圈直径。

（5）节距 t　螺旋弹簧两相邻有效圈截面中心线的轴向距离。一般 $t=D_2/3\sim D_2/2$。

（6）自由高度（长度）H_0　弹簧无负荷作用时的高度（长度），即 $H_0=nt+2d$。

二、圆柱螺旋压缩弹簧的规定画法（GB/T 4459.4—2003）

1）圆柱螺旋压缩弹簧在平行于轴线的投影面上的投影，其各圈的外形轮廓应画成直线。

2）有效圈数在四圈以上的圆柱螺旋压缩弹簧，允许每端只画两圈（不包括支承圈），中间各圈可省略不画，只画通过簧丝断面中心的两条细点画线。当中间部分省略后，也可适当地缩短图形的长（高）度，如图 6-26a、b 所示。

3）在装配图中，弹簧中间各圈采取省略画法后，弹簧后面被挡住的零件轮廓不必画出，如图 6-27a、b 所示。

4）当线径在图上小于或等于 2mm 时，可采用示意画法，如图 6-26c、图 6-27c 所示。如果是断面，可以涂黑表示，如图 6-27b 所示。

5）右旋弹簧或旋向不做规定的圆柱螺旋压缩弹簧，在图上画成右旋。左旋弹簧允许画成右旋，但左旋弹簧不论画成左旋还是右旋，一律要加注“LH”。

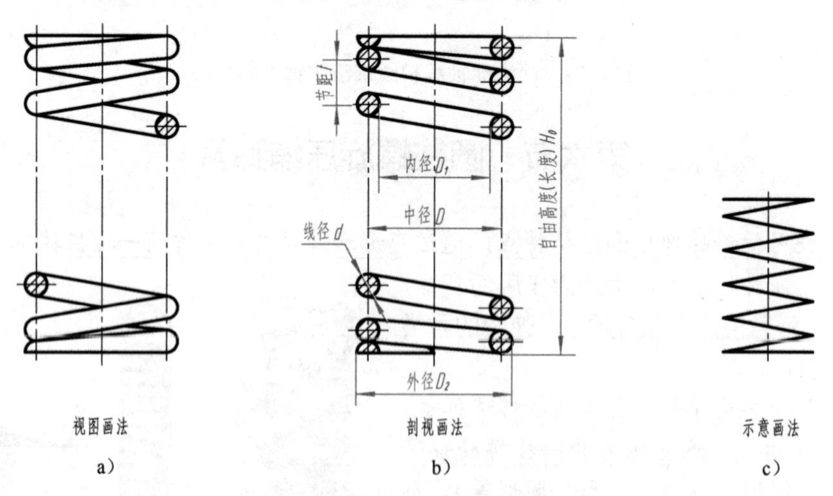

图 6-26　圆柱螺旋压缩弹簧的规定画法

三、普通圆柱螺旋压缩弹簧的标记（GB/T 2089—2009）

圆柱螺旋压缩弹簧的标记格式如下：

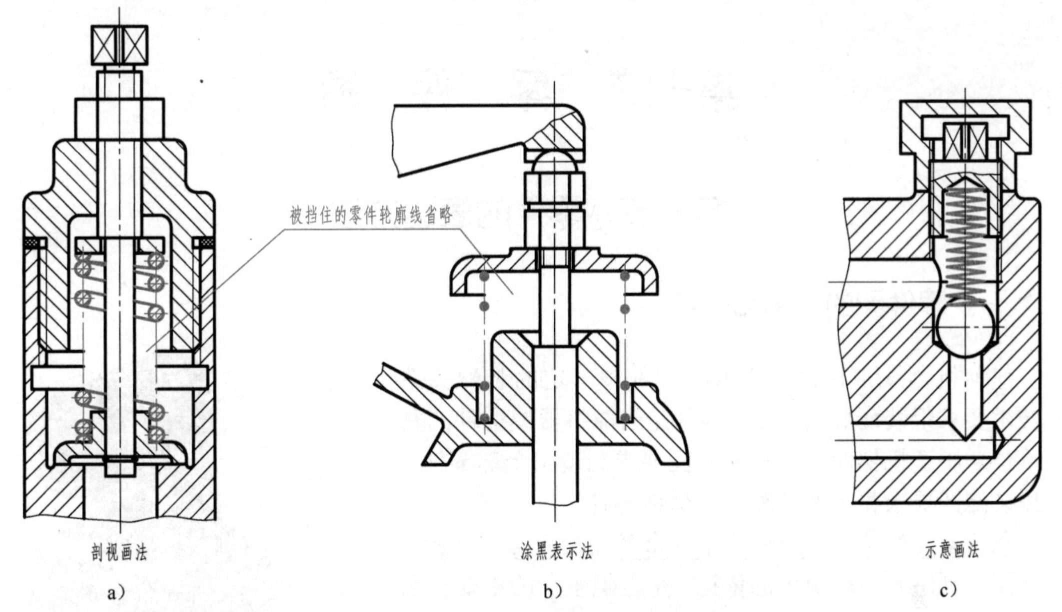

图 6-27　圆柱螺旋压缩弹簧在装配图中的画法

Y 端部形式　$d \times D \times H_0$—精度代号　旋向代号　标准号

标记的注写规则：

（1）类型代号　YA 为两端圈并紧磨平的冷卷压缩弹簧；YB 为两端圈并紧制扁的热卷压缩弹簧。

（2）规格　线径×弹簧中径×自由高度。

（3）精度代号　2 级精度制造不表示，3 级应注明“3”级。

（4）旋向代号　左旋应注明为左，右旋不表示。

（5）标准号　GB/T 2089（省略年号）。

【例 6-15】　解释“**YA　1.8×8×40　左　GB/T 2089**”的含义。

解　线径为 1.8mm，弹簧中径为 8mm，自由高度为 40mm，精度等级为 2 级，左旋的两端圈并紧磨平的冷卷压缩弹簧（标准号为 GB/T 2089）。

第七章　零　件　图

第一节　零件的表达方法

一、零件图的作用和内容

任何机器或部件都是由若干零件按一定的装配关系和技术要求组装而成的，因此零件是组成机器或部件的基本单位。制造机器时，先按零件图要求制造出全部零件，再按装配图要求将零件装配成机器或部件。

表示零件结构、大小和技术要求的图样称为零件图。零件图是制造和检验零件的依据，是组织生产的主要技术文件。

图 7-1　拨叉轴测图

图 7-1 所示为拨叉的轴测图，其零件图如图 7-2 所示。从中可以看出，一张完整的零件图，包括以下四方面内容：

（1）一组图形　用一定数量的视图、剖视图、断面图、局部放大图等，完整、清晰地表达零件的结构形状。

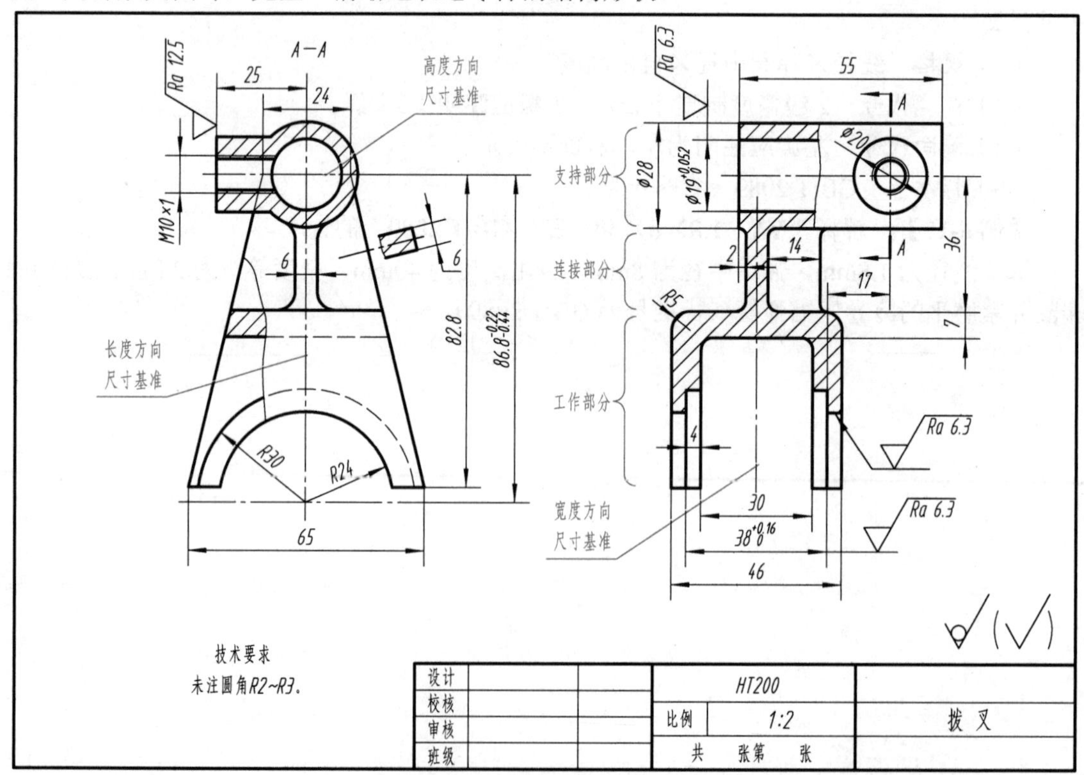

图 7-2　拨叉零件图

（2）一组尺寸　正确、完整、清晰、合理地标注出制造和检验零件所需的全部尺寸。

（3）技术要求　用规定的代号和文字，注写制造、检验零件所要达到的技术要求，如表面粗糙度、极限与配合、表面处理等。

（4）标题栏　在图样的右下角绘有标题栏，填写零件的名称、数量、材料、比例、图号以及设计、校核人员的签名等。

二、典型零件的表达方法

根据零件结构的特点和用途，大致可分为轴（套）类、轮盘类、叉架类和箱体类四类典型零件。它们在视图表达方面虽有共同原则，但各有不同特点。

1. 轴（套）类零件

（1）结构特点　轴类零件的主体多数由几段直径不同的圆柱、圆锥体所组成，构成阶梯状，轴（套）类零件的轴向尺寸远大于其径向尺寸。轴上常加工有键槽、螺纹、挡圈槽、倒角、退刀槽、中心孔等结构，如图 7-3 所示。

图 7-3　轴的结构

为了传递动力，轴上装有齿轮、带轮等，利用键来联结，因此轴上有键槽；为了便于轴上各

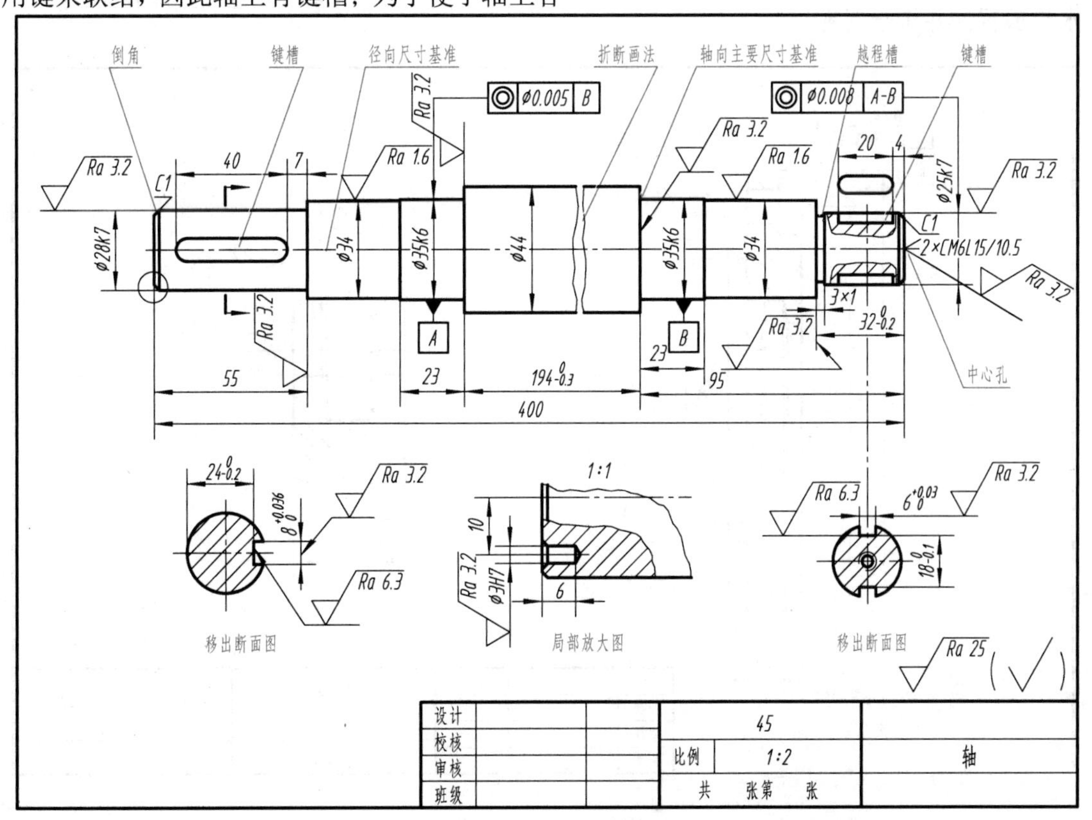

图 7-4　轴零件图

零件的安装，在轴端车有倒角；轴的中心孔是供加工时装夹和定位用的。这些局部结构主要是为了满足设计要求和机加工工艺要求。

（2）常用的表达方法　为了加工时看图方便，轴类零件的主视图按加工位置选择，一般将轴线水平放置，垂直轴线方向作为主视图的投射方向，使它符合车削和磨削的加工位置，如图 7-4 所示。在主视图上，清楚地反映了阶梯轴的各段形状及相对位置，也反映了轴上各种局部结构的轴向位置。轴上的局部结构，一般采用断面图、局部剖视图、局部放大图、局部视图来表达。通常，用移出断面反映键槽的深度，用局部放大图表达定位孔的结构。

关于套类零件，主要结构仍由回转体组成，与轴类零件不同之处在于套类零件是空心的，因此主视图多采用轴线水平放置的全剖视图表示。

2. 轮盘类零件

（1）结构特点　轮盘类零件的基本形状是扁平的盘状，主体部分多为回转体，其径向尺寸远大于轴向尺寸，如图 7-5 所示。轮盘类零件大部分是铸件，如各种齿轮、带轮、手轮、减速器的一些端盖、齿轮泵的泵盖等都属于这类零件。

（2）常用的表达方法　轮盘类零件的主要加工表面以车削为主，因此在表达这类零件时，主视图经常是将轴线水平放置，并作全剖视。

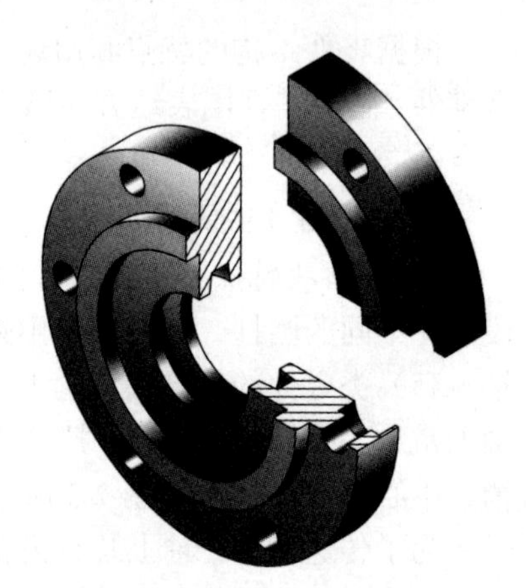

图 7-5　端盖

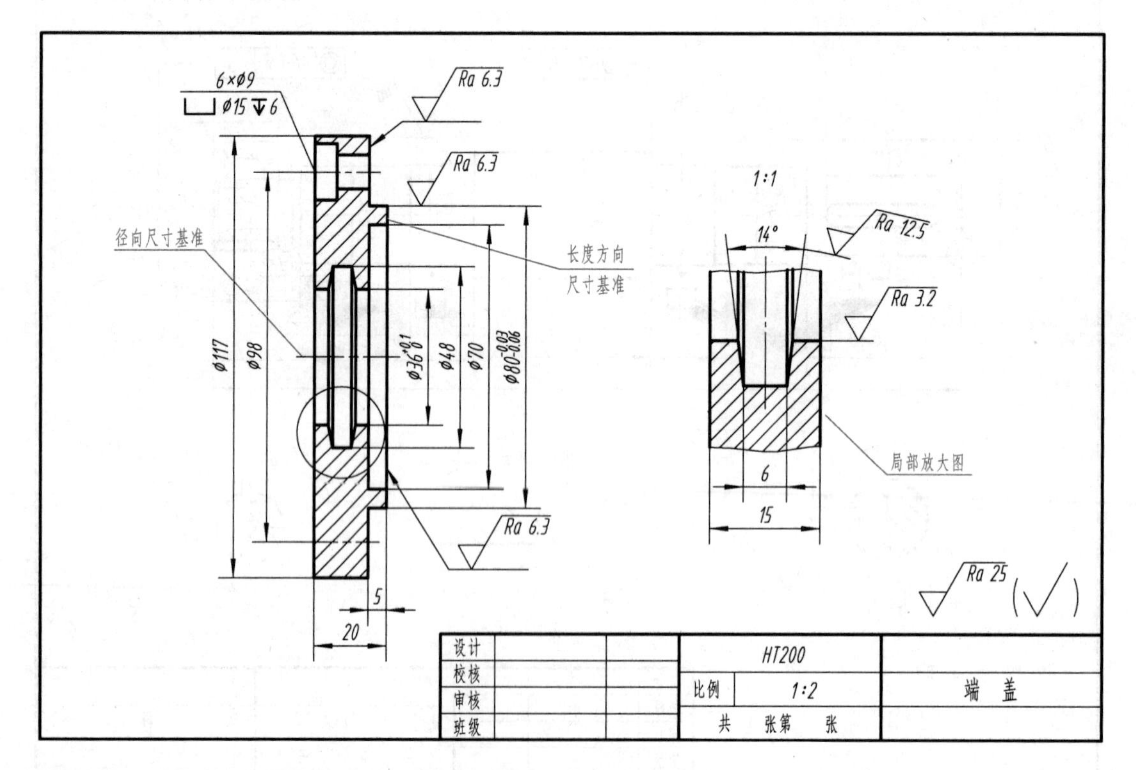

图 7-6　端盖零件图

如图 7-6 所示，端盖零件图采用一个全剖的主视图，基本上清楚地反映了端盖的结构。另外，采用一个局部放大图，用它表示密封槽的结构，以便于标注密封槽的尺寸。

3. 叉架类零件

（1）结构特点　叉架类零件包括拨叉、支架、连杆等零件。叉架类零件一般由三部分构成，即支持部分、工作部分和连接部分，如图 7-1 所示。连接部分多是肋板结构，且形状弯曲、扭斜的较多。支持部分和工作部分的细部结构也较多，如圆孔、螺纹孔、油槽、油孔等。这类零件，多数形状不规则，结构比较复杂，毛坯多为铸件，需经多道工序加工制成。

（2）常用的表达方法　由于叉架类零件加工位置经常变化，因此选主视图时，主要考虑零件的形状特征和工作位置。叉架类零件常需要两个或两个以上的基本视图，为了表达零件上的弯曲或扭斜结构，还要选用斜视图、单一斜剖切面剖切的全剖视图、断面图和局部视图等表达方法。

画图时，一般把零件主要轮廓放成垂直或水平位置。如图 7-2 所示，拨叉的套筒凸出部分内部有螺纹孔，在主视图上采用局部剖视表达较为合适，并用移出断面表示肋板的断面形状；左视图着重表示了套筒、叉的形状和肋板结构的宽度。

4. 箱体类零件

（1）结构特点　箱体类零件主要用来支承和包容其他零件，其内外结构都比较复杂，一般为铸件。如泵体、阀体、减速器的箱体等都属于这类零件。图 7-7 所示为传动器箱体结构示意图。

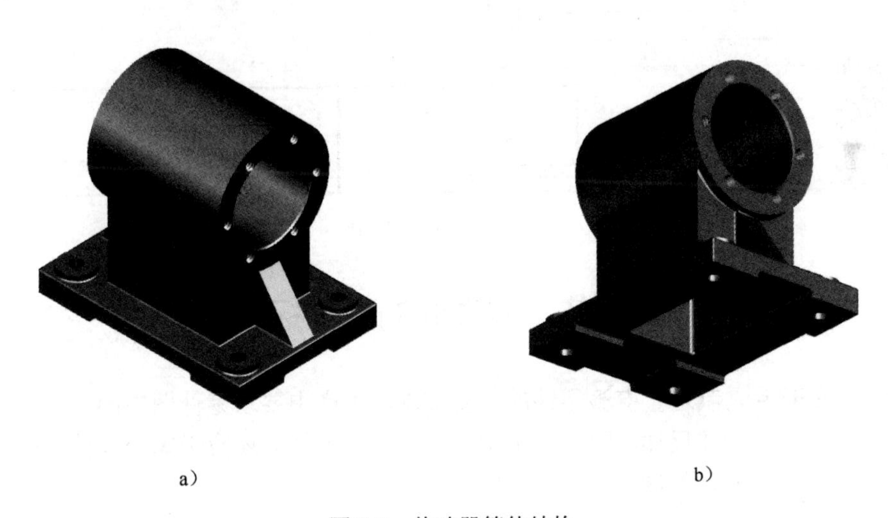

a）　　　　b）

图 7-7　传动器箱体结构

（2）常用的表达方法　由于箱体类零件形状复杂，加工工序较多，加工位置不尽相同，但箱体在机器中的工作位置是固定的。因此，箱体零件的主视图常常按工作位置及形状特征来选择，为了清晰地表达内部结构，常采用剖视的方法。

如图 7-8 所示，箱体零件图采用了三个基本视图。主视图采用全剖视，重点表达其内部结构；左视图内外兼顾，采用了半剖视，并采用局部剖视表达了底板上安装孔的结构；而俯视图采用 $A—A$ 剖视，既表达了底板的形状，又反映了连接支承部分的断面形状，显然比画出俯视图的表达效果要好。

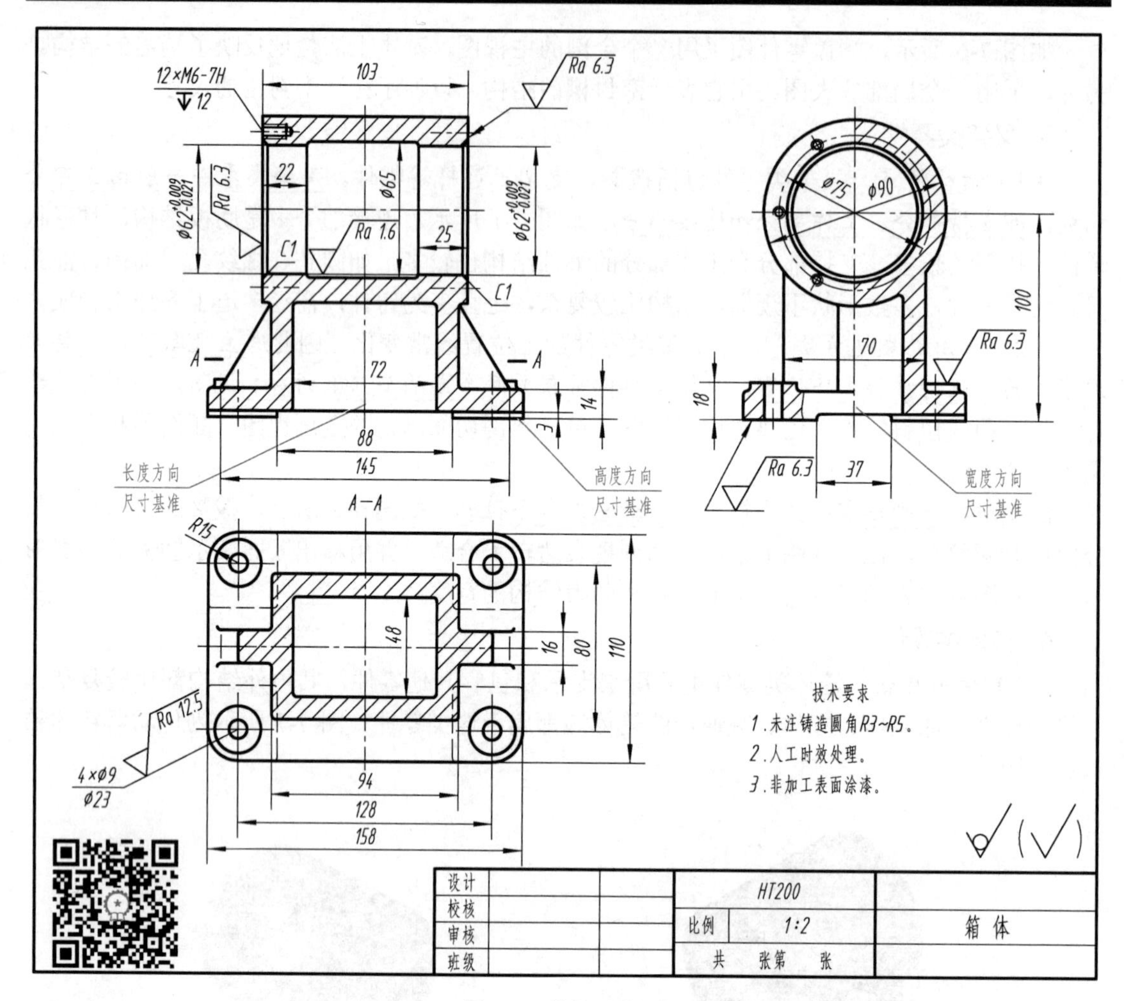

图 7-8 箱体零件图

第二节 零件图的尺寸标注

零件图中的尺寸是制造、检验零件的重要依据，生产中要求零件图中的尺寸不允许有任何差错。在零件图上标注尺寸，除要求正确、完整和清晰外，还应考虑合理性，既要满足设计要求，又要便于加工、测量。

一、正确地选择尺寸基准

要合理标注尺寸，必须恰当地选择尺寸基准，即尺寸基准的选择应符合零件的设计要求并便于加工和测量。零件的底面、端面、对称面、主要的轴线、对称中心线等都可作为尺寸基准。

1. 主要基准

每个零件都有长、宽、高三个方向的尺寸，每个方向至少有一个尺寸基准，且都有一个主要基准，即决定零件主要尺寸的基准。如图 7-9 所示，底面为轴承座高度方向的主要基准，对称面为长度方向的主要基准，圆筒后端面为宽度方向的主要基准。

2. 辅助基准

为了便于加工和测量，通常还需要附加一些尺寸基准，这些除主要基准外另选的基准为辅助基准。辅助基准必须有尺寸与主要基准相联系。如图 7-9 主视图所示，高度方向的主要基准是底面，而凸台端面为辅助基准，辅助基准与主要基准之间联系尺寸为 58。

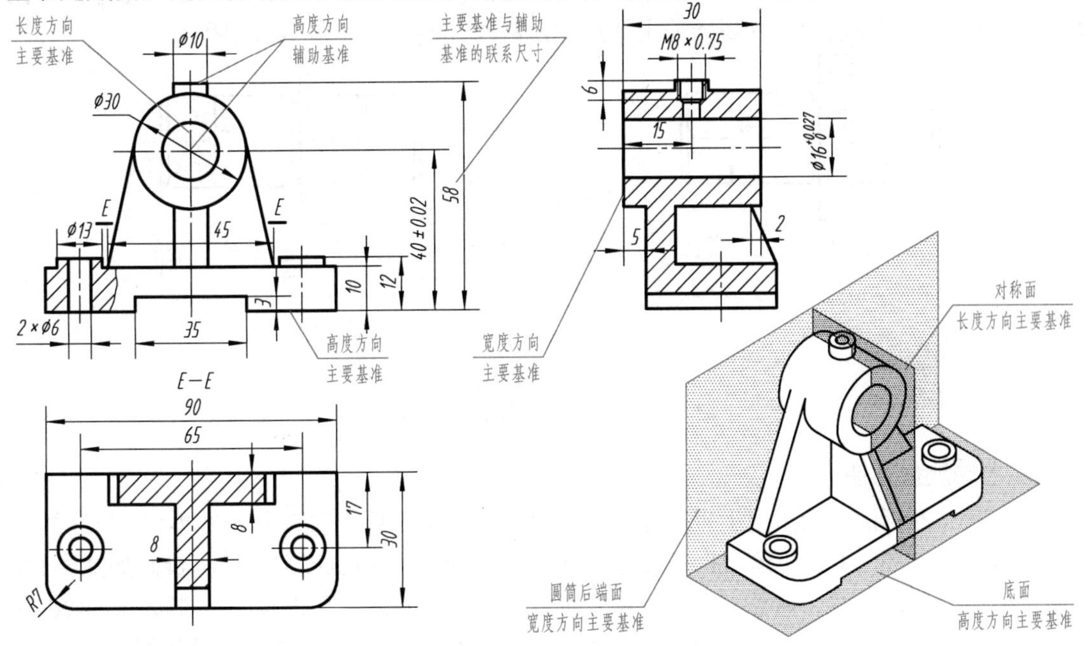

图 7-9 尺寸基准的确定

二、标注尺寸应注意的几个问题

1. 功能尺寸应直接标注

为保证设计的精度要求，功能尺寸应直接注出。如图 7-10a 所示的装配图表明了零件凸块与凹槽之间的配合要求。如图 7-10b 所示，在零件图中直接注出功能尺寸 $20_{-0.041}^{-0.020}$ 和 $20_{0}^{+0.033}$，以及尺寸 6、7，能保证两零件的配合要求。而图 7-10c 所示的标红尺寸，则需经计算得出，是错误的注法。

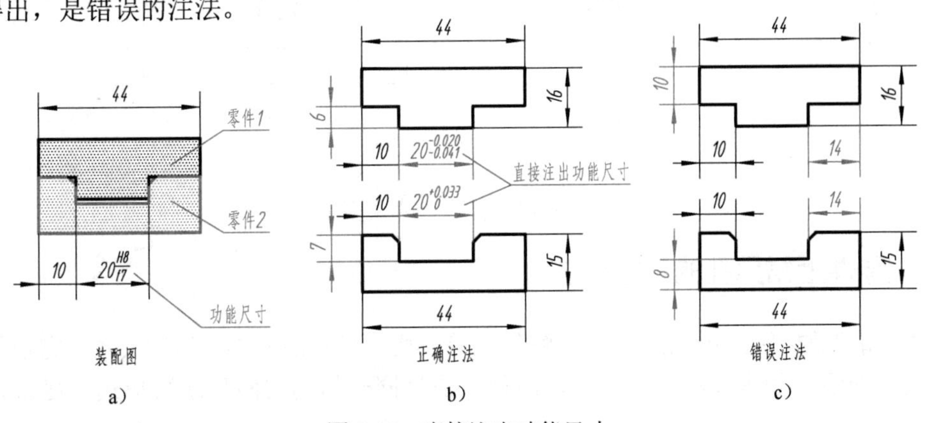

图 7-10 直接注出功能尺寸

2. 避免注成封闭的尺寸链

图 7-11a 所示的阶梯轴，其长度方向的尺寸 24、9、38、71 首尾相接，构成一个封闭的尺寸链，这种情况应避免。因为封闭尺寸链中每一个尺寸的尺寸精度，都将受链中其他各尺寸的误差的影响，在加工时就很难保证总长尺寸 71 的尺寸精度。

在这种情况下，应当挑选一个最不重要的尺寸空出不注，以使所有的尺寸误差都积累在此处，阶梯轴凸肩宽度尺寸 9 属于非主要尺寸，故断开不注，如图 7-11b 所示。

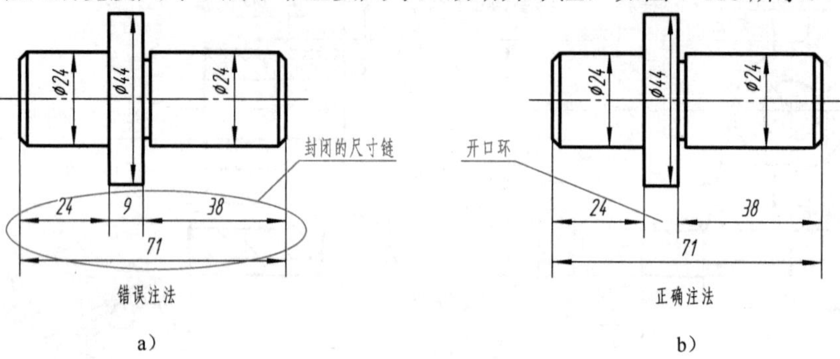

图 7-11　避免注成封闭的尺寸链

3. 考虑测量方便

孔深尺寸的标注，除了便于直接测量，也要便于调整刀具的进给量，图 7-12a 所示的注法是正确的；如图 7-12b 所示，孔深尺寸 14 的注法，不便于用深度尺直接测量。如图 7-12c 所示，套筒零件的外径、内径、筒深等尺寸可直接测量，其注法是正确的；若按图 7-12d 所示注法标注，标红的尺寸 5、5、29 在加工时无法直接测量，套筒的外径需经计算才能得出。

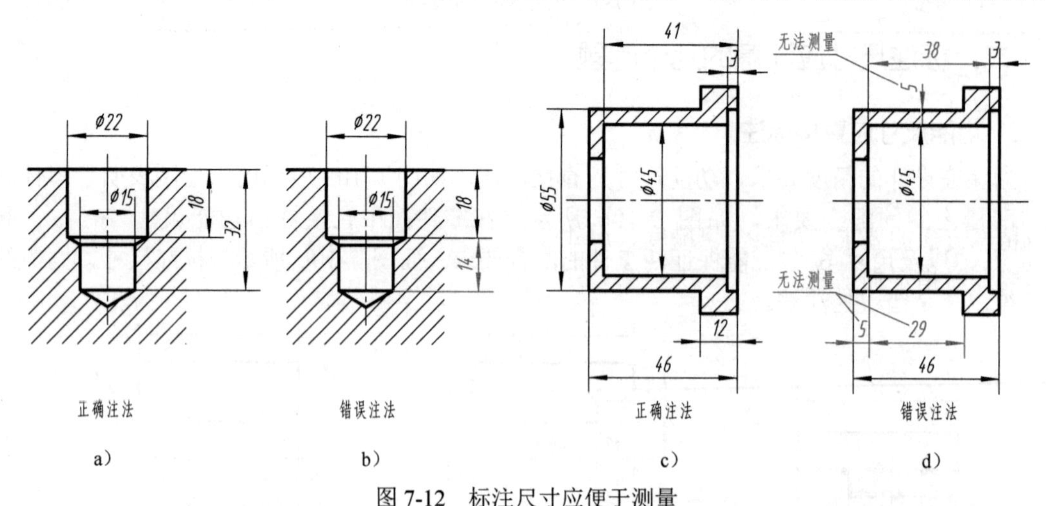

图 7-12　标注尺寸应便于测量

三、零件上常见孔的尺寸标注

零件上常见的销孔、锪孔、沉孔、螺纹孔等结构，可参照表 7-1 标注尺寸。它们的尺寸标注分为普通注法和旁注法两种形式，两种注法为同一结构的两种注写形式，尽量采用旁注法。

表 7-1　零件上常见孔的简化注法

类型	普通注法	旁注法（简化后）		说　明
光孔	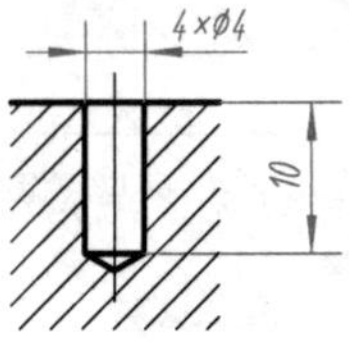 4×ϕ4　10	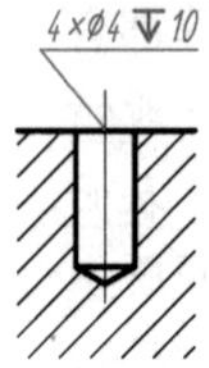 4×ϕ4 ↧10	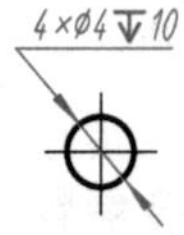 4×ϕ4 ↧10	"↧"为深度符号 四个相同的孔，直径为 ϕ4mm，孔深为 10mm
锪孔	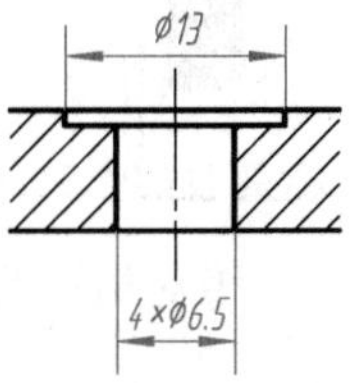 ϕ13　4×ϕ6.5	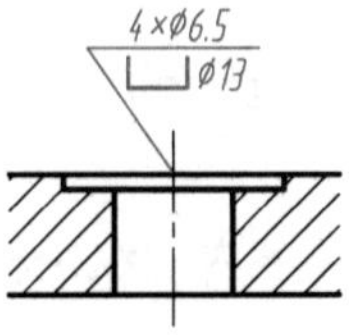 4×ϕ6.5 ⌴ϕ13	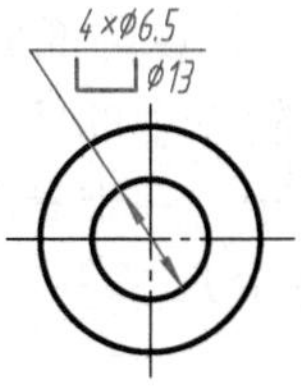 4×ϕ6.5 ⌴ϕ13	"⌴"为锪平符号。锪孔通常只需锪出圆平面即可，故锪平深度一般不注 四个相同的孔，直径为 ϕ6.6mm，锪平直径为 ϕ13mm
沉孔	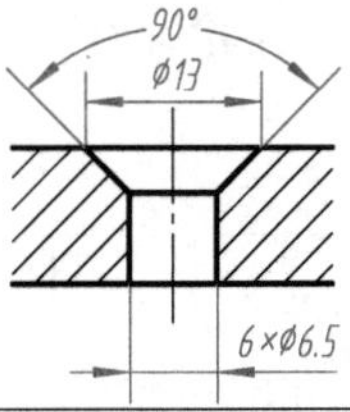 90°　ϕ13　6×ϕ6.5	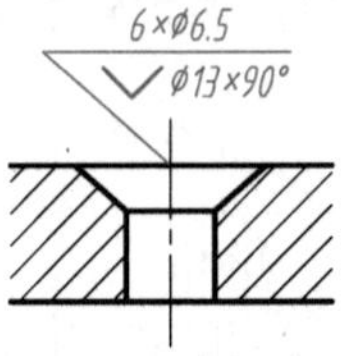 6×ϕ6.5 ⌵ϕ13×90°	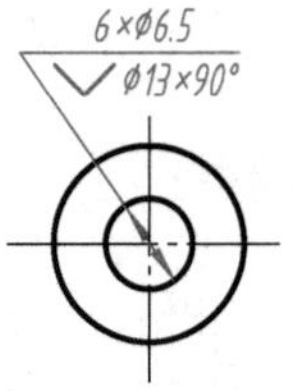 6×ϕ6.5 ⌵ϕ13×90°	"⌵"为埋头孔符号。该孔为安装开槽沉头螺钉所用 六个相同的孔，直径为 ϕ6.6mm，沉孔锥顶角为 90°，大口直径为 ϕ 13mm
螺纹孔	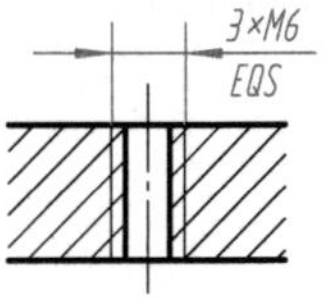 3×M6 EQS	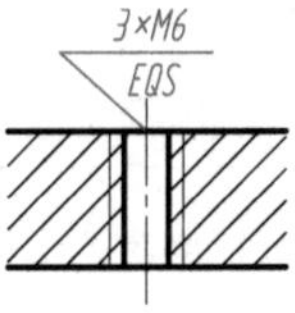 3×M6 EQS	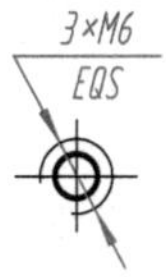 3×M6 EQS	"EQS"为均布孔的缩写词 三个相同的螺纹通孔均匀分布，公称直径 D=M6，螺纹公差为 6H（省略未注）

第三节　零件图上技术要求的注写

零件图中除了图形和尺寸外，还应具备加工和检验零件的技术要求。技术要求主要是指几何精度方面的要求，如表面粗糙度、尺寸公差、零件的几何公差、材料的热处理和表面处理，以及对指定加工方法和检验的说明等。

一、表面结构的表示法（GB/T 131—2006）

在机械图样上，要根据零件的功能需要，对零件的表面质量——表面结构提出要求。表面结构是表面粗糙度、表面波纹度、表面缺陷、表面纹理和表面几何形状的总称。表面结构的各项要求在图样上的表示法在 GB/T 131—2006《产品几何技术规范（GPS）　技术产品文件中表面结构的表示法》中均有具体规定。这里主要介绍常用的表面粗糙度的表示法。

1. 表面粗糙度的基本概念

零件在机械加工过程中，由于机床、刀具的振动，以及材料在切削时产生塑性变形、刀痕等原因，经放大后可见其加工表面是高低不平的，如图 7-13 所示。零件加工表面上由较小间距的峰谷所组成的微观几何形状特征，称为表面粗糙度。表面粗糙度与加工方法、刀具形状及进给量等各种因素都有密切关系。

表面粗糙度是评定零件表面质量的一项重要技术指标，对于零件的配合、耐磨性、耐蚀性以及密封性等都有显著影响，是零件图中必不可少的一项技术要求。一般情况下，零件上凡是有配合要求或有相对运动的表面，表面粗糙度参数值均较小。表面粗糙度参数值越小，表面质量越高，加工成本也越高。因此，在满足使用要求的前提下，应尽量选用较大的粗糙度参数值，以降低成本。

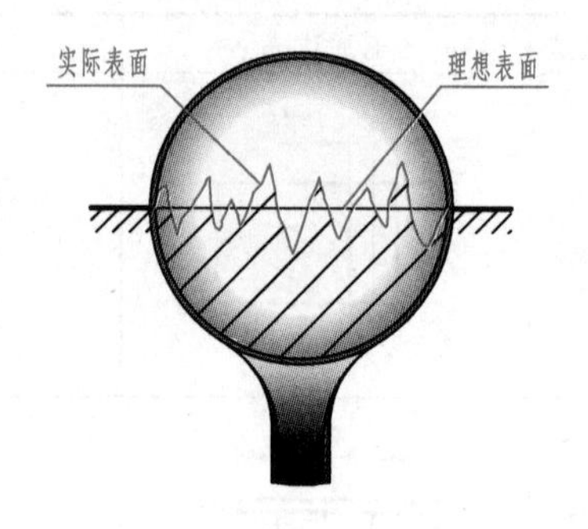

图 7-13　零件的真实表面

国家标准规定评定粗糙度轮廓中的两个高度参数 *Ra* 和 *Rz*，是我国机械图样中最常用的评定参数。

（1）轮廓的算术平均偏差 *Ra*　在一个取样长度内，纵坐标值 $Z(x)$ 绝对值的算术平均值，如图 7-14 所示。

（2）轮廓的最大高度 *Rz*　在一个取样长度内，最大轮廓峰高和最大轮廓谷深之和，如图 7-14 所示。

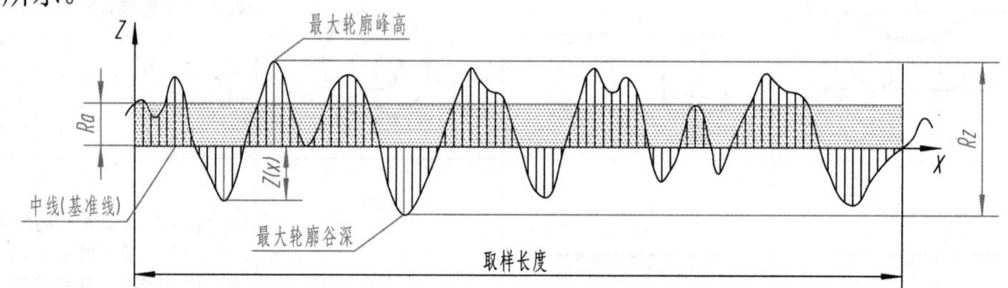

图 7-14　算术平均偏差 *Ra* 和轮廓最大高度 *Rz*

2. 表面粗糙度的图形符号

标注表面粗糙度要求时，其图形符号的种类、名称、尺寸及含义见表 7-2。

表 7-2　表面粗糙度图形符号的含义

符号名称	符　　号	含　义
基本图形符号（简称基本符号）	1.4h　60°　60°　3h　符号粗细为h/10　h=字体高度	对表面粗糙度有要求的图形符号 仅用于简化代号标注，没有补充说明时不能单独使用
扩展图形符号（简称扩展符号）		对表面粗糙度有指定要求（去除材料）的图形符号 在基本图形符号上加一短横，表示指定表面是用去除材料的方法获得的，如通过机械加工获得的表面；仅当其含义是“被加工表面”时可单独使用
		对表面粗糙度有指定要求（不去除材料）的图形符号 在基本图形符号上加一圆圈，表示指定表面是用不去除材料的方法获得
完整图形符号（简称完整符号）	允许任何工艺　去除材料　不去除材料	对基本图形符号或扩展图形符号扩充后的图形符号 当要求标注表面结构特征的补充信息时，在基本图形符号或扩展图形符号的长边上加一横线

3. 表面粗糙度要求在图样中的注法

1）表面粗糙度对每一表面一般只注一次，并尽可能注在相应的尺寸及其公差的同一视图上。除非另有说明，所标注的表面粗糙度是对完工零件表面的要求。

2）表面粗糙度的注写和读取方向与尺寸的注写和读取方向一致，如图 7-2、图 7-4、图 7-6、图 7-8、图 7-15 所示。

3）表面粗糙度可标注在轮廓线上，其符号应从材料外指向并接触表面，如图 7-15、图 7-16 所示。

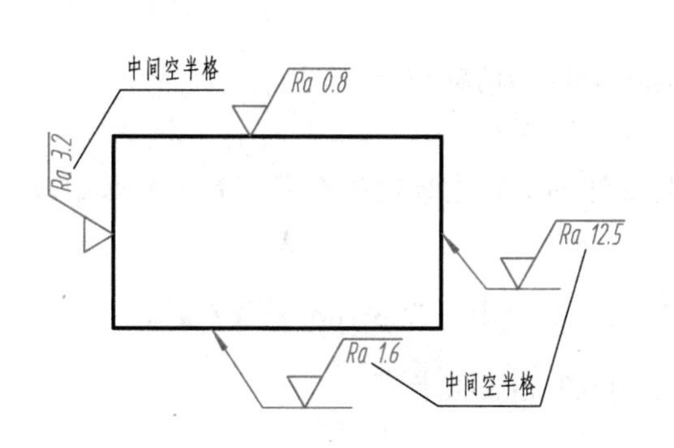

图 7-15　表面粗糙度的注写方向

图 7-16　表面粗糙度在轮廓线上的标注

4）圆柱表面的表面粗糙度只标注一次，如图 7-17 所示。

5）表面粗糙度可以直接标注在延长线上，或用带箭头的指引线引出标注，如图 7-17、图 7-18 所示。

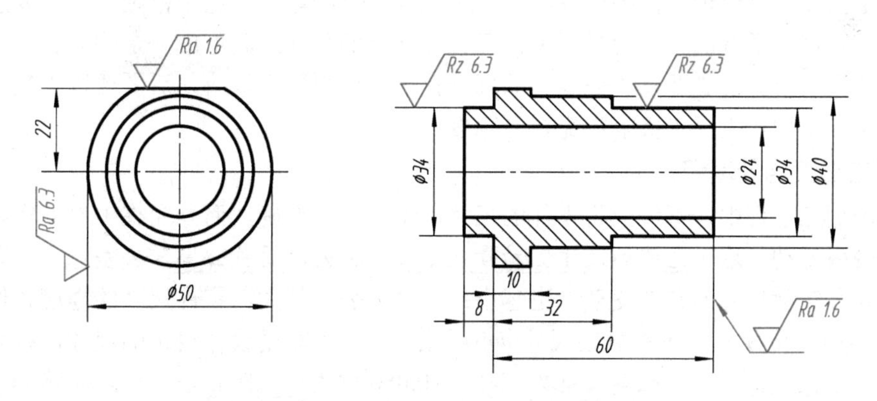

图 7-17　表面粗糙度标注在圆柱特征的延长线上

4. 表面粗糙度要求的简化注法

1）如果工件的全部表面具有相同的表面粗糙度，则图形中不再标注粗糙度代号，在紧邻标题栏的右上方统一标注粗糙度代号即可，如图 7-18a 所示。

2）如果工件的多数表面有相同的表面粗糙度，则粗糙度代号可统一标注在紧邻标题栏的右上方，并在粗糙度代号后面的圆括号内，给出无任何其他标注的基本符号，如图 7-18b 所示；或将已在图形上注出的不同要求的代号，一一抄注在圆括号内，如图 7-18c 所示。

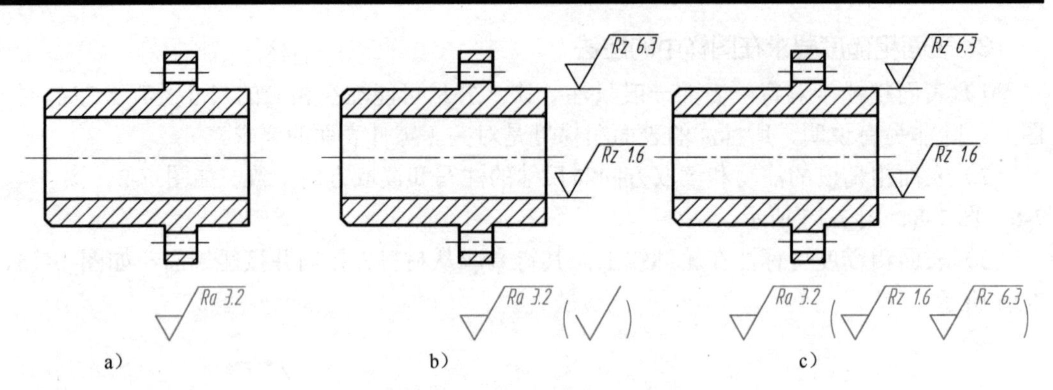

图 7-18　大多数表面有相同表面粗糙度的简化注法

5. 表面粗糙度代号的识读

在图样中，零件表面粗糙度是用代（符）号标注的，它由规定的符号和有关参数组成。表面粗糙度代号一般按下列方式识读：

1）Ra 3.2，读作“表面轮廓的算术平均偏差 *Ra* 的上限值为 3.2μm（微米）”。

2）Rz 6.3，读作“表面轮廓的最大高度 *Rz* 为 6.3μm（微米）”。

二、极限与配合（GB/T 1800.1—2009、GB/T 1801—2009）

在一批相同的零件中任取一个，不需修配便可装到机器上并能满足使用要求的性质，称为互换性。

就尺寸而言，互换性要求尺寸的一致性，并不是要求零件都准确地制成一个指定的尺寸，而只是限定其在一个合理的范围内变动。对于相互配合的零件，这个范围，一是要求在使用和制造上是合理、经济的；再就是要求保证相互配合的尺寸之间形成一定的配合关系，以满足不同的使用要求。前者要以“公差”的标准化——极限制来解决，后者要以“配合”的标准化来解决，由此产生了“极限与配合”制度。

1. 尺寸公差与公差带

在机械加工过程中，不可能将零件的尺寸加工得绝对准确，而是允许零件的实际尺寸在合理的范围内变动。这个允许的尺寸变动量就是尺寸公差，简称公差。公差越小，零件尺寸的精度越高，实际尺寸的允许变动量也越小；反之，公差越大，零件尺寸的精度越低。

如图 7-19a、b 所示，轴的直径尺寸 $\phi40^{+0.050}_{+0.034}$ 中，$\phi40$ 是设计给定的尺寸，称为公称尺寸。$\phi40$ 后面的 $^{+0.050}_{+0.034}$ 是什么含义呢？其中，+0.050 称为上极限偏差，+0.034 称为下极限偏差。它们的含义分别是：轴的直径允许的最大尺寸，即上极限尺寸为 40mm+0.05mm=40.05mm；轴的直径允许的最小尺寸，即下极限尺寸为 40mm+0.034mm=40.034mm。

也就是说，轴最粗为 $\phi40.05$mm、最细为 $\phi40.034$mm。轴径的实际尺寸只要在 $\phi40.034$~$\phi40.05$mm 范围内，就是合格的。

由此可见，“公差=上极限尺寸-下极限尺寸”，即 40.05mm−40.034mm=0.016mm；或“公差=上极限偏差-下极限偏差”，即 0.05mm−0.034mm=0.016mm。

上极限偏差和下极限偏差统称为极限偏差。极限偏差可以是正值、负值或零；而公差恒为正值，不能是零或负值。

在公差分析中，常把公称尺寸、极限偏差及尺寸公差之间的关系简化成公差带图，如图7-19c所示。

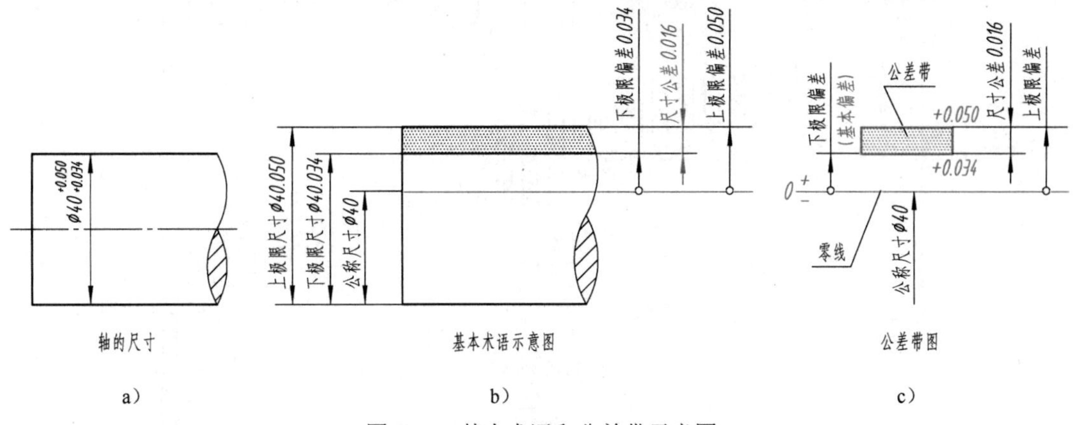

图7-19　基本术语和公差带示意图

在公差带图中，由代表上、下极限偏差的两条直线所限定的一个区域，称为公差带。表示公称尺寸的一条直线称为零线，以其为基准确定极限偏差和尺寸公差。

2. 标准公差与基本偏差

公差带由公差带大小和公差带位置两个要素来确定。

（1）标准公差　公差带大小由标准公差来确定。标准公差分为20个等级，即IT01、IT0、IT1、IT2，…，IT18。IT代表标准公差，数字表示公差等级。IT01公差值最小，精度最高；IT18公差值最大，精度最低。标准公差数值可由表C-1查得。

（2）基本偏差　公差带相对零线的位置由基本偏差来确定。基本偏差通常是指靠近零线的那个极限偏差，它可以是上极限偏差或下极限偏差。当公差带在零线上方时，基本偏差为下极限偏差，如图7-19c所示；当公差带在零线下方时，基本偏差为上极限偏差。

GB/T 1800.1－2009《产品几何技术规范（GPS）　极限与配合　第1部分：公差、偏差和配合的基础》对孔和轴各规定了28个不同的基本偏差。基本偏差代号用拉丁字母表示。其中，用一个字母表示的各有21个，用两个字母表示的各有7个。从26个拉丁字母中去掉了易与其他含义相混淆的I、L、O、Q、W（i、l、o、q、w）5个字母。大写字母表示孔，小写字母表示轴。轴和孔的基本偏差代号与数值可由表C-2、表C-3查得。

如果基本偏差和标准公差确定了，那么，孔和轴的公差带大小和位置就确定了。

图7-20所示为基本偏差系列示意图，图中各公差带只表示了公差带位置，即基本偏差，另一端开口，由相应的标准公差确定。

3. 配合

公称尺寸相同并且相互结合的孔和轴公差带之间的关系称为配合。根据使用要求的不同，配合有松有紧。

（1）间隙配合　具有间隙（包括最小间隙等于零）的配合。此时，孔的公差带位于轴的公差带之上。也就是说孔的最小尺寸大于或等于轴的最大尺寸，如图7-21所示。

（2）过盈配合　具有过盈（包括最小过盈等于零）的配合。此时，孔的公差带位于轴的公差带之下。也就是说轴的最小尺寸大于或等于孔的最大尺寸，如图7-22所示。

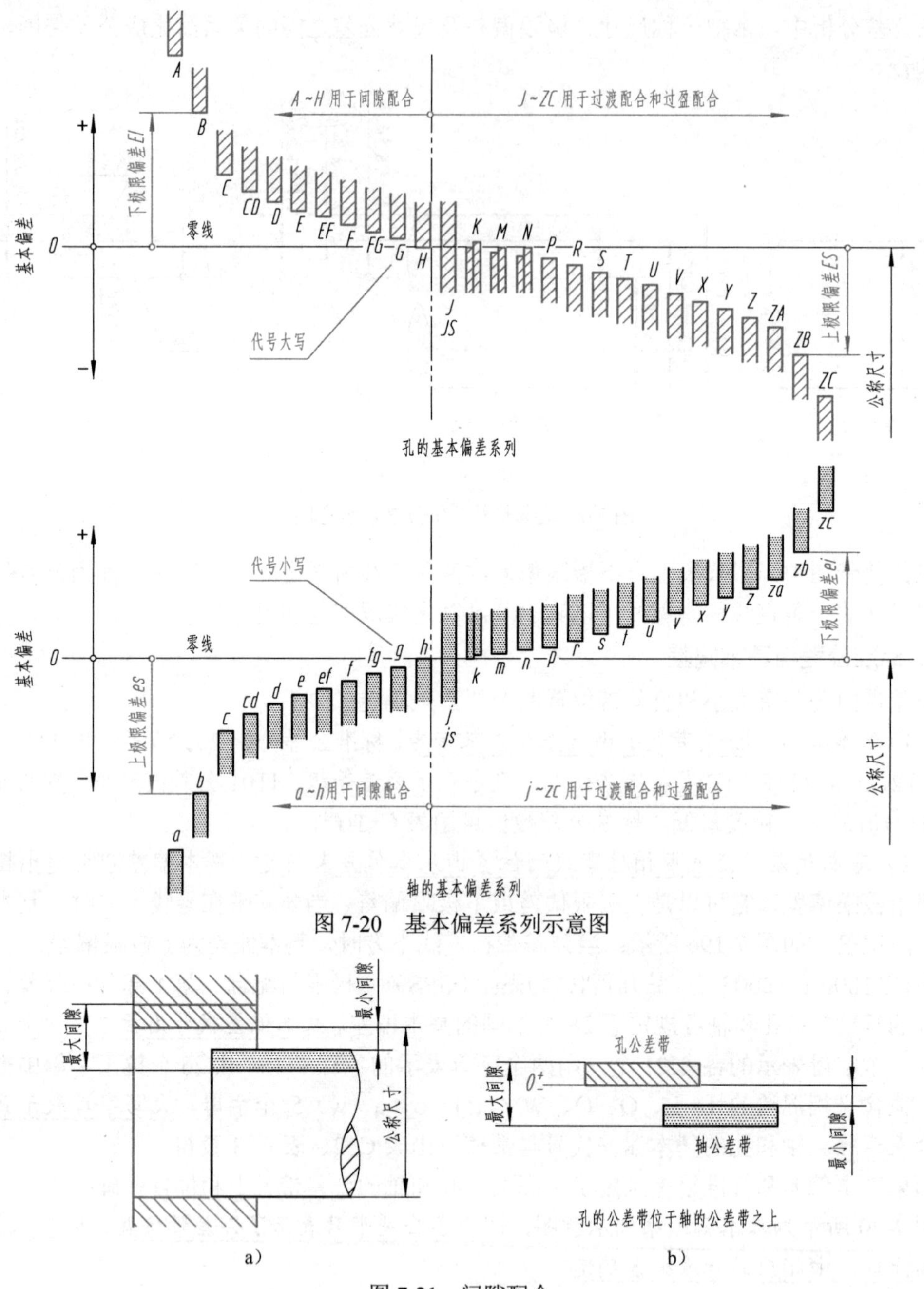

图 7-20　基本偏差系列示意图

图 7-21　间隙配合

（3）过渡配合　可能具有间隙或过盈的配合。此时，孔的公差带与轴的公差带相互交叠。也就是说轴与孔配合时，有可能产生间隙，也可能产生过盈，产生的间隙或过盈都比较小，如图 7-23 所示。

4. 配合制

配合制是指在加工制造相互配合的零件时，采取其中一个零件作为基准件，使其基本偏差不变，通过改变另一零件的基本偏差以达到不同的配合要求。国家标准规定了两种配合制。

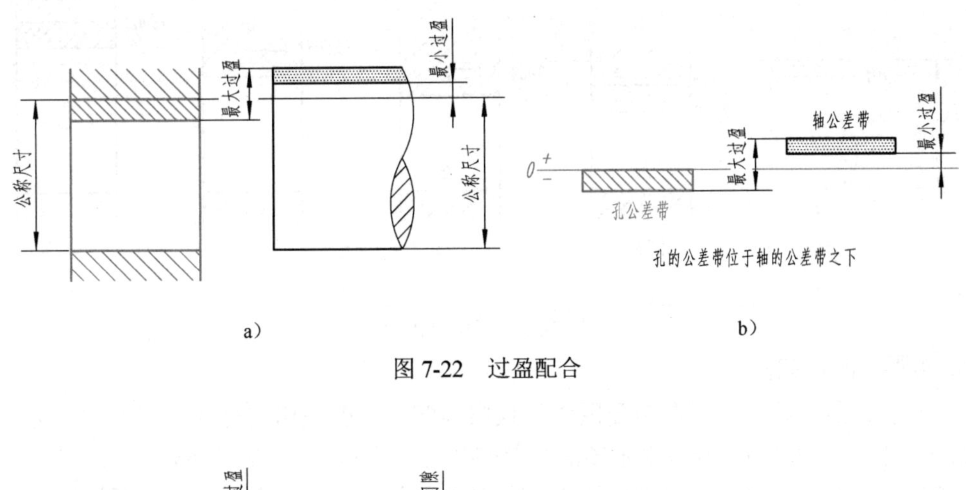

图 7-22 过盈配合

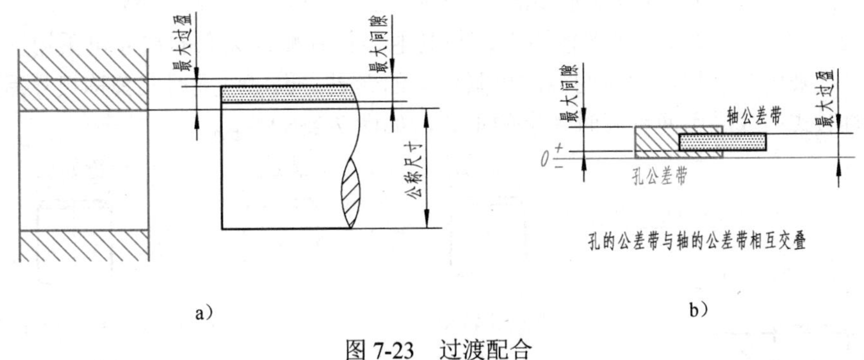

图 7-23 过渡配合

（1）基孔制配合 基本偏差为一定的孔的公差带，与不同基本偏差的轴的公差带形成各种配合的一种制度，如图 7-24 所示。在基孔制配合中选作基准的孔，称为基准孔（其特点是：基本偏差为 H，下极限偏差为 0）。由于轴比孔易于加工，所以应优先选用基孔制配合。

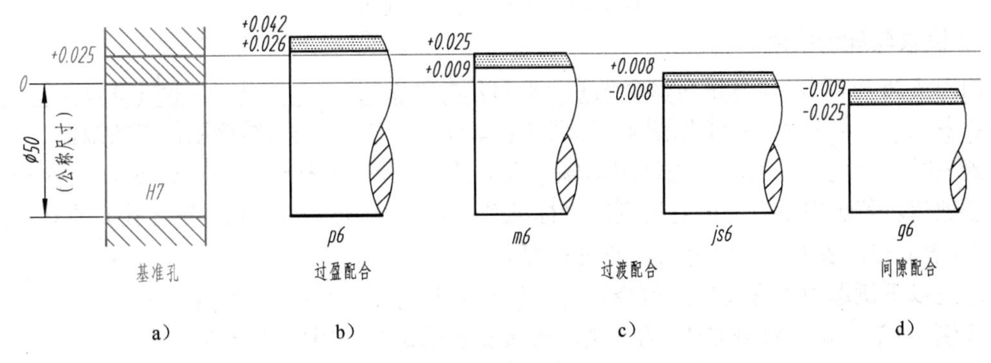

图 7-24 基孔制配合

（2）基轴制配合 基本偏差为一定的轴的公差带，与不同基本偏差的孔的公差带形成各种配合的一种制度，如图 7-25 所示。在基轴制配合中选作基准的轴，称为基准轴（其特点是：基本偏差为 h，上极限偏差为 0）。

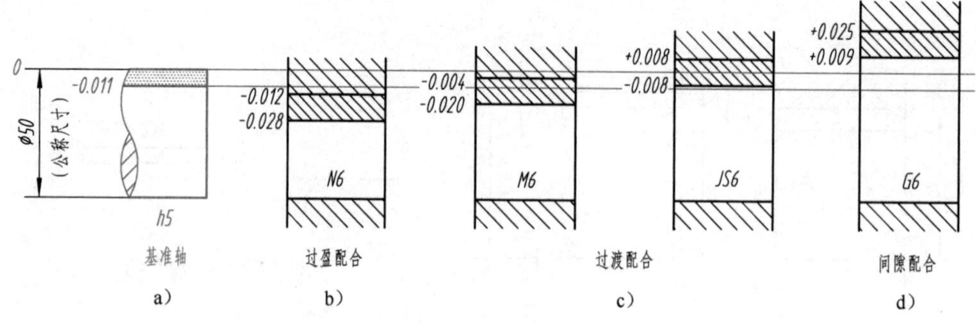

a) b) c) d)

图 7-25 基轴制配合

5. 极限与配合的标注

（1）装配图中的注法 在装配图中，极限与配合一般采用代号的形式标注。分子表示孔的公差带代号（大写），分母表示轴的公差带代号（小写），如图 7-26a 所示。

（2）零件图中的注法 在零件图中，与其他零件有配合关系的尺寸可采用三种形式进行标注。一般采用在公称尺寸后面标注极限偏差的形式；也可以采用在公称尺寸后面标注公差带代号的形式；或采用两者同时注出的形式，如图 7-26b 所示。

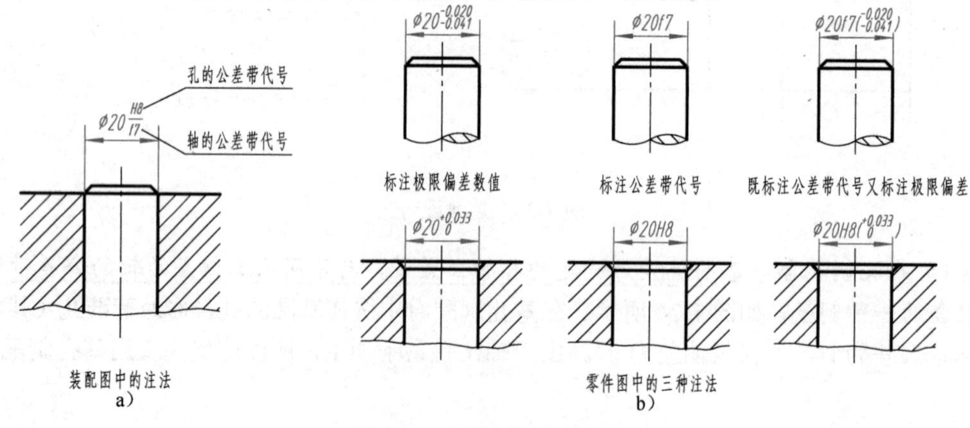

a) b)

图 7-26 极限与配合的标注

6. 极限与配合应用举例

由图 7-26 可以看出，极限与配合代号一般用基本偏差代号（拉丁字母）和标准公差等级（阿拉伯数字）组合来表示。通过查阅国家标准（表 C-1～表 C-5）可获得极限偏差的数值。

查表时，首先要查阅“优先选用的轴（孔）的公差带”（表 C-4、表 C-5），直接获得极限偏差数值。若表中没有，再通过查阅“标准公差数值”（表 C-1）和“轴（孔）的基本偏差数值”（表 C-2、表 C-3）两个表，通过计算获得。

通过以下例题中“含义”的解释，可了解极限与配合代号的识读方法。

【例 7-1】 试解释 φ35H7 的含义，直接查表确定其极限偏差数值。

解 ①其公差代号的含义为：公称尺寸为 φ35mm、公差等级为 IT7 级的基准孔。

②查表 C-1：查竖列 IT7、横排 30～50 的交点，得到其上极限偏差为+0.025mm（基准孔的下极限偏差为 0）。

【例 7-2】 试解释 φ50f7 的含义，查表并计算其极限偏差数值。

解 ①公差代号的含义为：公称尺寸为 φ50mm、基本偏差为 f、公差等级为 IT7 级的轴。

②查表C-2：查竖列f、横排40～50的交点，得到其上极限偏差为-0.025mm。

③查表C-1：查竖列IT7、横排30～50的交点，得到其标准公差为+0.025mm。

④计算其下极限偏差。因为上极限偏差-下极限偏差=公差，所以下极限偏差=上极限偏差-公差，即下极限偏差=-0.025mm-0.025mm=-0.05mm。

【例7-3】 试解释ϕ30g7的含义，查表并计算其极限偏差数值。

解 ①公差代号的含义为：公称尺寸为ϕ30mm、基本偏差为g、公差等级为IT7级的轴。

②查表C-1：查竖列IT7、横排18～30的交点，得到其标准公差为+0.021mm。

③查表C-2：查竖列“上极限偏差”→g、横排24～30的交点，得到上极限偏差为-0.007mm（因为g位于零线下方，所以其上、下极限偏差均为负值）。

④计算其下极限偏差。因为上极限偏差-下极限偏差=公差，所以下极限偏差=上极限偏差-公差，即下极限偏差=-0.007mm-0.021mm=-0.028mm。

【例7-4】 试解释ϕ55E9的含义，查表并计算其极限偏差数值。

解 ①公差代号的含义为：公称尺寸为ϕ55mm、基本偏差为E、公差等级为IT9级的孔。

②查表C-1：查竖列IT9、横排50～80的交点，得到标准公差+0.074mm。

③查表C-3：查竖列“下极限偏差”→E、横排50～65的交点，得到下极限偏差为+0.060mm（因为E位于零线上方，所以其上、下极限偏差均为正值）。

④计算其上极限偏差。因为上极限偏差-下极限偏差=公差，所以上极限偏差=公差+下极限偏差，即上极限偏差=+0.060mm+0.074mm=+0.134mm。

【例7-5】 试写出孔ϕ25H7与轴ϕ25n6的配合代号，并说明其含义。

解 ①配合代号写作：$\phi 25\dfrac{\mathrm{H7}}{\mathrm{n6}}$。

②配合代号的含义为：公称尺寸为ϕ25mm、公差等级为IT7的基准孔，与相同公称尺寸、基本偏差为n、公差等级为IT6的轴，所组成的基孔制、过渡配合。

【例7-6】 试写出孔ϕ40G6与轴ϕ40h5的配合代号，并说明其含义。

解 ①配合代号写作：$\phi 40\dfrac{\mathrm{G6}}{\mathrm{h5}}$。

②其配合代号的含义为：公称尺寸为ϕ40mm、公差等级为IT5的基准轴，与相同公称尺寸、基本偏差为G、公差等级为IT6的孔，所组成的基轴制、间隙配合。

三、几何公差简介（GB/T 1182—2018）

零件的几何公差是指形状公差、方向公差、位置公差和跳动公差。对于精度要求较高的零件，要规定其表面形状的几何公差，合理地确定几何公差是保证产品质量的重要措施。

1. 几何公差的几何特征和符号

GB/T 1182—2018《产品几何技术规范（GPS） 几何公差 形状、方向、位置和跳动公差标注》规定，几何公差的几何特征、符号共分为19项，详见表7-3。

2. 几何公差的标注

几何公差要求在矩形框格中给出。该框格由两格或多格组成，框格中的内容从左到右按几何特征符号、公差值、基准字母的次序填写，其标注的基本形式及其框格、几何特征符号、数字规格、基准三角形的画法等，如图7-27所示。

表 7-3 几何公差的分类、几何特征及符号（摘自 GB/T 1182—2018）

公差类型	几何特征	符号	有无基准	公差类型	几何特征	符号	有无基准
形状公差	直线度	⏤	无	位置公差	位置度	⌖	有或无
	平面度	⏥	无		同心度（用于中心点）	◎	有
	圆　度	○	无		同轴度（用于轴线）	◎	有
	圆柱度	⌭	无		对称度	⌯	有
	线轮廓度	⌒	无		线轮廓度	⌒	有
	面轮廓度	⌓	无		面轮廓度	⌓	有
方向公差	平行度	∥	有	跳动公差	圆跳动	↗	有
	垂直度	⊥	有		全跳动	⌰	有
	倾斜度	∠	有	—	—	—	—
	线轮廓度	⌒	有	—	—	—	—
	面轮廓度	⌓	有	—	—	—	—

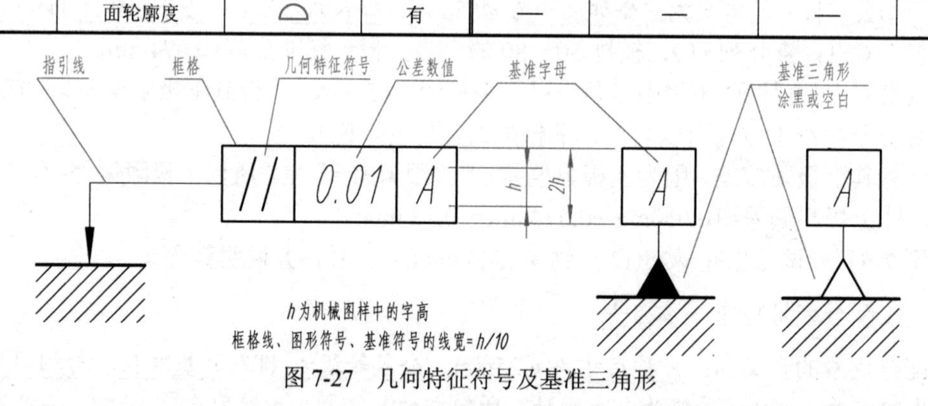

图 7-27 几何特征符号及基准三角形

图 7-28 所示为标注几何公差的示例。从图中可以看到，当被测要素是表面或素线时，从框格引出的指引线箭头，应指在该要素的轮廓线或其延长线上；当被测要素是轴线时，应将箭头与该要素的尺寸线对齐（如 M8×1 轴线的同轴度要求的注法）；当基准要素是轴线时，应将基准三角形与该要素的尺寸线对齐（如基准 *A*）。

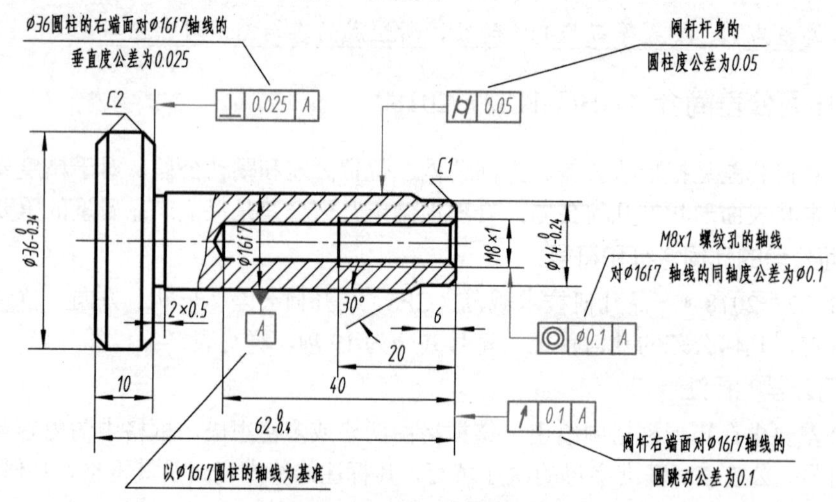

图 7-28 几何公差的标注示例

第四节 零件上常见的工艺结构

零件的结构形状，是由它在机器中的作用来决定的。除了满足设计要求外，还要考虑零件在加工、测量、装配过程中的一系列工艺要求，使零件具有合理的工艺结构。下面介绍一些零件上常见的工艺结构。

一、铸造工艺对零件结构的要求

1. 起模斜度

在铸造零件毛坯时，为了便于在砂型中取出木模，一般沿着起模方向设计出起模斜度（通常为 1∶20，约 3°），如图 7-29a、b 所示。铸造零件的起模斜度在图样中可不画出、不标注。必要时，可在技术要求中用文字说明，如图 7-29c 所示。

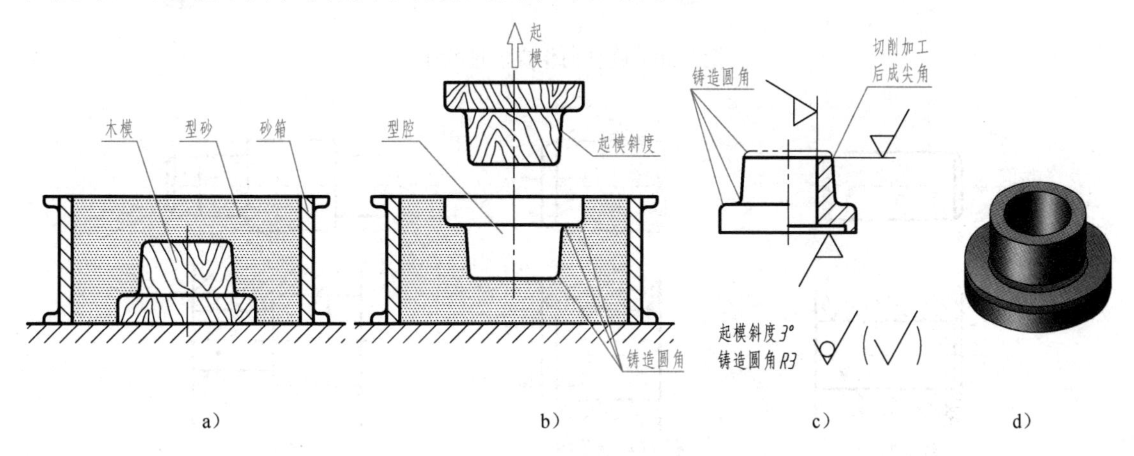

图 7-29 起模斜度和铸造圆角

2. 铸造圆角及过渡线

为便于铸件造型时起模，防止铁液冲坏转角处或冷却时产生缩孔和裂纹，将铸件的转角处制成圆角，此种圆角称为铸造圆角，如图 7-29c 所示。圆角尺寸通常较小，一般为 *R*2～*R*5，在零件图上可省略不画。圆角尺寸常在技术要求中统一说明，如“铸造圆角 *R*3”或“未注圆角 *R*4”等，不必一一注出，如图 7-29c 所示。

由于铸件表面的转角处有圆角，因此其表面产生的交线不清晰。为了看图时便于区分不同的表面，在图中仍要画出理论上的交线，但两端不与轮廓线接触，此线称为过渡线。过渡线用细实线绘制。图 7-30 所示为两圆柱面相交的过渡线画法。

二、机械加工工艺结构

1. 倒角和倒圆

为便于安装和安全，轴或孔的端部，一般都加工成倒角。45° 倒角的注法如图 7-31a 所示；非 45° 倒角的注法如图 7-31b 所示；为避免应力集中产生裂纹，轴肩处往往加工成圆角过渡，称为倒圆，倒圆的注法如图 7-31c 所示。

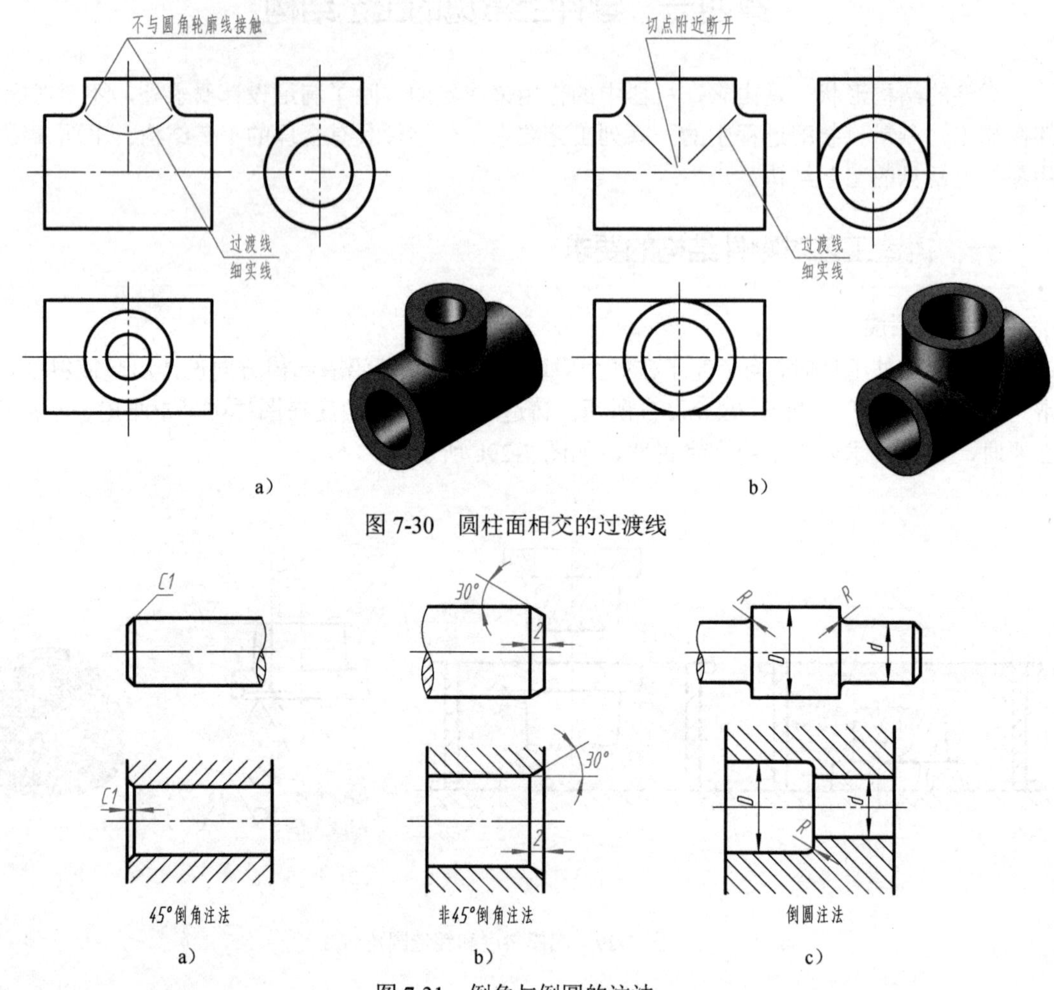

图 7-30　圆柱面相交的过渡线

图 7-31　倒角与倒圆的注法

2. 退刀槽和砂轮越程槽

在车削螺纹和磨削轴表面时，为便于退出刀具或使砂轮可以稍越过加工面，常在待加工面的末端预先制出退刀槽或砂轮越程槽。退刀槽或砂轮越程槽的尺寸可按“槽宽×槽深”的形式标注，如图 7-32a、c 所示。退刀槽也可以按“槽宽×直径”的形式标注，如图 7-32b 所示。

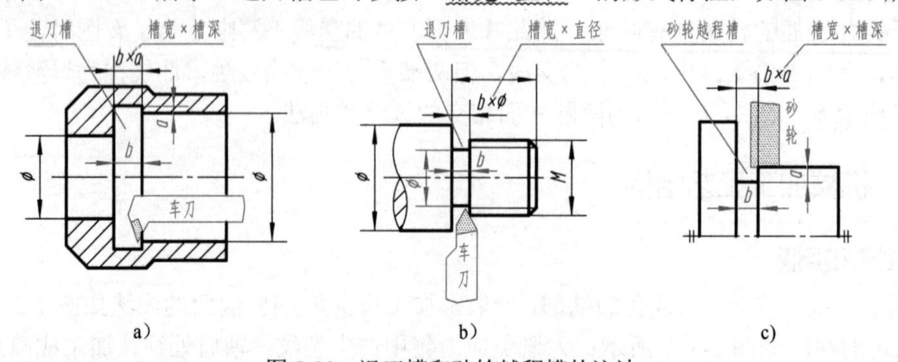

图 7-32　退刀槽和砂轮越程槽的注法

第五节 读零件图

零件的设计、生产加工以及技术改造过程中，都需要读零件图。因此，准确、熟练地读懂零件图，是工程技术人员必须掌握的基本技能之一。读零件图，一方面要看懂视图，想象出零件的结构形状；另一方面还要读懂尺寸和技术要求等内容，以便在制造零件时能正确地采用相应的加工方法，达到图样上的设计要求。

下面以图 7-33 所示支架零件图为例，说明读零件图的一般方法和步骤。

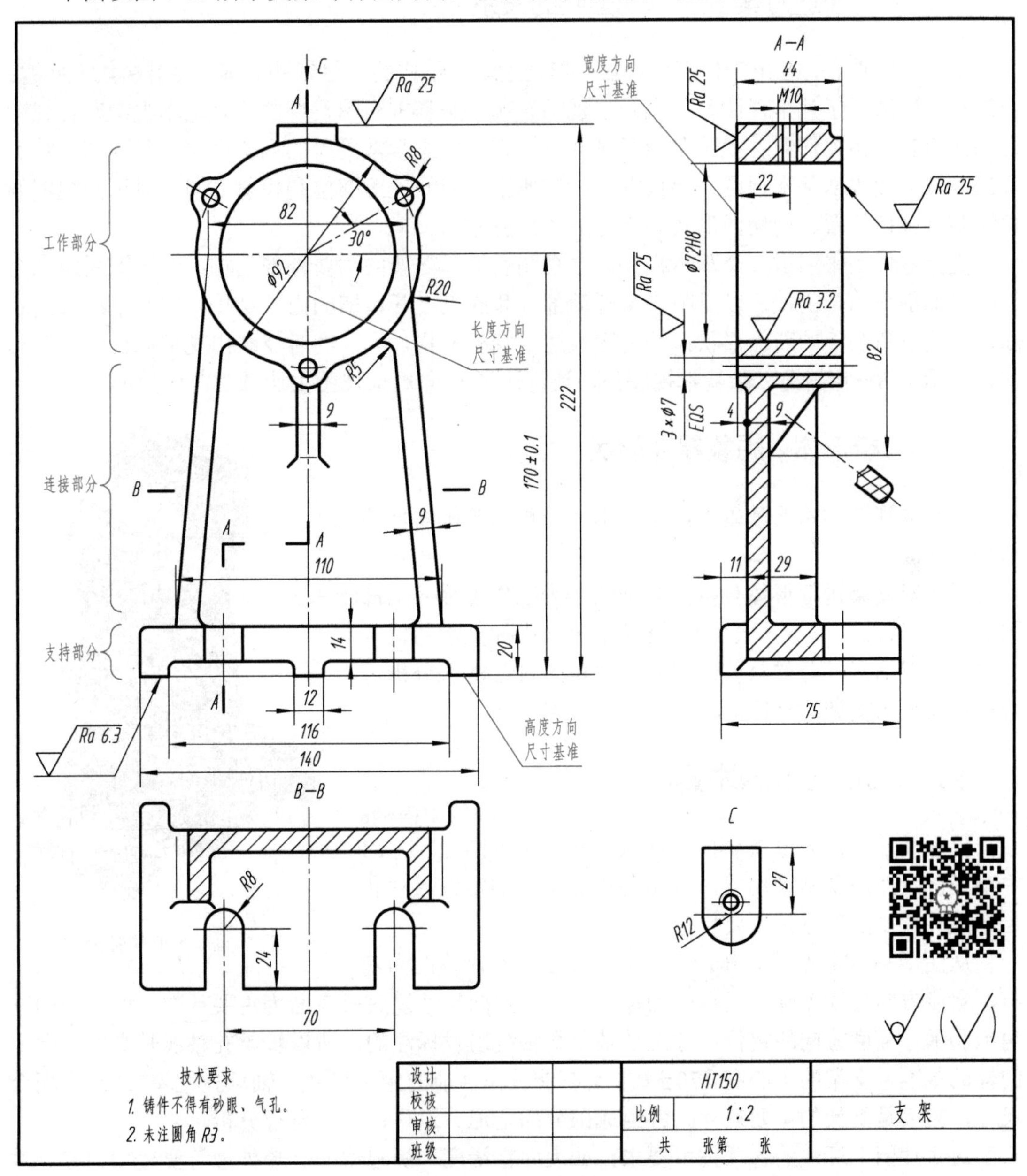

图 7-33 支架零件图

一、概括了解

读零件图时，首先从标题栏了解零件的名称、材料、比例等，并粗看视图，大致了解零件的结构特点和大小。

图 7-33 所示零件的名称为支架，是用来支承滚动轴承和轴的，材料为铸铁（HT150），绘图比例为 1∶2。

二、分析表达方案，搞清视图间的关系

要读懂零件图，想出零件形状，必须把表达零件结构的一组视图看懂。要解决如下问题：一组视图中选用了几个视图？哪个是主视图？哪些是基本视图？哪些不是基本视图？各视图之间的投影关系如何？各视图采用了哪些表达方法？对于常采用的局部视图、斜视图、断面及局部放大图等非基本视图，要根据其标注找出它们的表达部位和投射方向。对于剖视图要搞清楚其剖切位置、剖切面形式和剖开后的投射方向。

支架零件图采用了三个基本视图。主视图表达了支架的主要外形结构；左视图采用几个平行平面剖切的全剖视，以反映支架圆筒部分和底板上开口槽的内部结构，同时采用移出断面，表达三角肋板的断面形状；俯视图表达了底板形状，为了同时反映出支承肋板的断面形状，采用了 *B*—*B* 剖视。除基本视图外，还选用了 *C* 向局部视图表达顶部凸台的形状。

三、分析形体，想象零件形状

在看懂视图关系的基础上，运用形体分析法分析零件的结构形状。

通过对支架进行形体分析，可把它分为工作部分（上部圆筒）、支持部分（下部底板）、连接部分（中间支承肋板）三部分。对这三部分的具体形状和相对位置进行深入分析，最后可想象出支架的立体形状，如图 7-34 所示。

图 7-34　支架的轴测图

四、分析尺寸和技术要求

分析尺寸时，先分析零件长、宽、高三个方向上尺寸的主要基准。然后从基准出发，找出各组成部分的定位尺寸和定形尺寸，搞清哪些是主要尺寸。

从图 7-33 可以看出，其长度方向尺寸以左右对称面为基准，宽度方向尺寸以圆筒后端面为基准，高度方向尺寸以底板底面为主要基准。而中间的三角形肋板，高度方向的定位尺寸是从轴承孔轴线出发标注的，所以轴承孔轴线是高度方向上的辅助基准。支架的中心高 170±0.1 是影响工作性能的定位尺寸，轴承孔径 ϕ72H8 是配合尺寸，它们是支架的主要尺寸。各组成部分的定形、定位尺寸可自行分析。

对零件图上标注的各项技术要求，如表面粗糙度、极限偏差、热处理等要逐项识读。例如，支架的轴承孔径 ϕ72H8 和中心高 170±0.1 注出了极限偏差。从所注表面粗糙度可以看

出，轴承孔和底面要求较高，属重要配合面、装配面，其表面粗糙度 *Ra* 的上限值分别为 3.2μm 和 6.3μm；而前、后端面，顶部凸台面及 3× ϕ7 孔为一般加工面，其表面粗糙度 *Ra* 的上限值为 25μm；其余表面由于不与其他零件表面接触，属于自由表面，所以保持铸造毛坯面，未进行切削加工。

五、归纳总结

在以上分析的基础上，对零件的形状、大小和加工要求进行综合归纳，形成一个清晰的认识。有条件时还应参考有关资料和图样，如产品说明书、装配图和相关零件图等，以对零件的作用、工作情况及加工工艺做进一步了解。

第六节　零件测绘

零件测绘是针对现有零件，进行分析，目测尺寸，徒手绘制草图，测量并标注尺寸及技术要求，经整理画出零件图的过程。在仿制和修配机器、设备及其部件时，常要对零件进行测绘。因此，测绘是工程技术人员必须掌握的基本技能之一。

一、零件测绘的方法和步骤

1. 了解和分析零件

了解零件的名称、用途、材料及其在机器或部件中的位置和作用。对零件的结构形状和制造方法进行分析，以便考虑选择零件表达方案和标注尺寸。

2. 确定表达方案

先根据零件的形状特征、加工位置、工作位置等情况选择主视图；再按零件内外结构特点选择其他视图及剖视、断面等表达方法。

图 7-35 所示零件为填料压盖，用来压紧填料，其主要结构分为腰圆形板和圆筒两部分。选择其加工位置为主视图投射方向，并采用全剖视，用以表达填料压盖的轴向板厚、圆筒长度、三个通孔等内外结构形状。选择 *K* 向（右）视图，表达填料压盖的腰圆形板结构和三个通孔的相对位置。

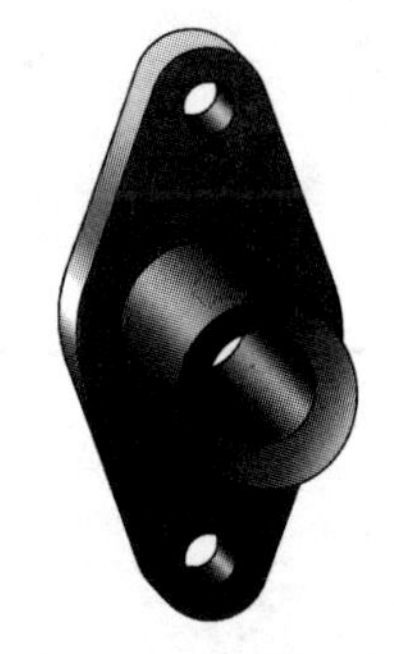

图 7-35　填料压盖

3. 画零件草图

目测比例，徒手画成的图，称为草图。零件草图是绘制零件图的依据，必要时还可以直接指导生产，因此，它必须包括零件图的全部内容。

绘制填料压盖草图的步骤如下：

①布置视图，画出主、*K* 向（右）视图的定位线，如图 7-36a 所示。

②以目测比例，徒手画出主视图（全剖视）和 *K* 向（右）视图，如图 7-36b 所示。

③画剖面线；选定尺寸基准，画出全部尺寸界线、尺寸线和箭头，如图 7-36c 所示。

④测量并填写全部尺寸，标注各表面的表面粗糙度代号，确定尺寸公差；填写技术要求和标题栏，如图 7-36d 所示。

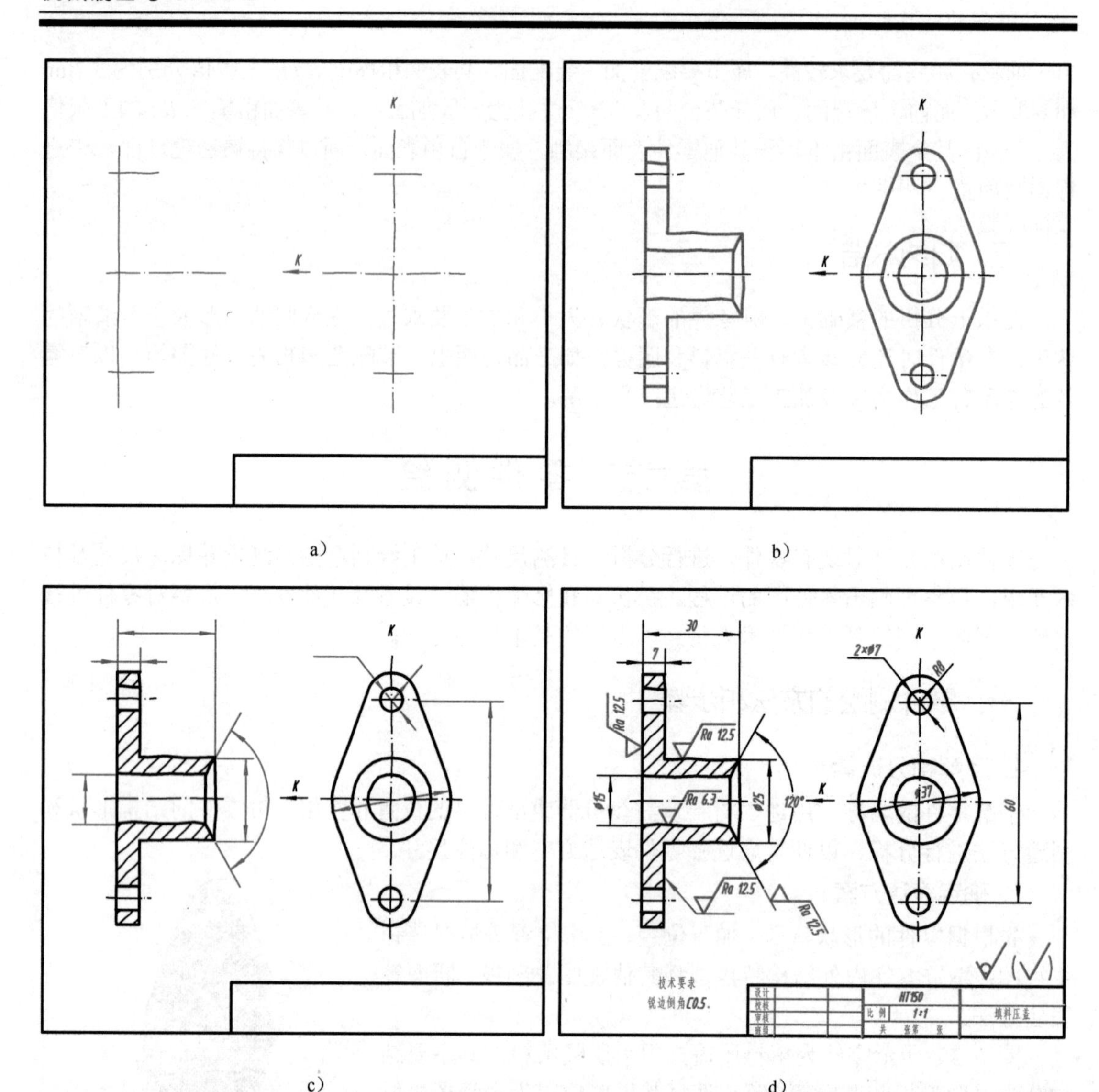

a) b) c) d)

图 7-36　绘制填料压盖草图的步骤

4. 审核草图，根据草图画零件图

零件草图一般是在现场绘制的，受时间和条件所限，有些部分只要表达清楚就可以了，不一定是完善的。因此，画零件图前需对草图的视图表达方案、尺寸标注、技术要求等进行审核，经过补充、修改后，即可根据草图绘制零件图。

二、零件测绘应注意的几个问题

零件测绘是一项比较复杂的工作，要认真对待每个环节，测绘时应注意以下几点：

1）对于零件制造过程中产生的缺陷（如铸造时产生的缩孔、裂纹，以及该对称的结构不对称等）和使用过程中造成的磨损、变形等，画草图时应予以纠正。

2）零件上的工艺结构，如倒角、圆角、退刀槽等，虽小也应完整表达，不可忽略。

3）严格检查尺寸是否遗漏或重复，相关零件尺寸是否协调，以保证零件图、装配图的顺利绘制。

4）对于零件上的标准结构要素，如螺纹、键槽、轮齿等的尺寸，以及与标准件配合或相关联结构（如轴承孔、螺栓孔、销孔等）的尺寸，应将测量结果与标准进行核对，并圆整成标准数值。

第八章 装 配 图

第一节 装配图的表达方法

一、装配图的作用和内容

装配图是表示产品及其组成部分的联接、装配关系及其技术要求的图样。它主要反映机器（或部件）的工作原理、各零件之间的装配关系、传动路线和主要零件的结构形状，是设计和绘制零件图的主要依据，也是装配生产过程中调试、安装、维修的主要技术文件。

图 8-1 所示为传动器的轴测剖视图。图 8-2 所示为传动器的装配图，从图中可以看出，一张完整的装配图具备以下五方面内容：

（1）一组视图　用来表达机器的工作原理、装配关系、传动路线，以及各零件的相对位置、联接方式和主要零件结构形状等。

（2）必要的尺寸　装配图中只需标注表达机器（或部件）规格、性能、外形的尺寸，以及装配和安装时所必需的尺寸。

（3）技术要求　用文字说明机器（或部件）在装配、调试、安装和使用过程中的技术要求。

（4）零件序号和明细栏　为了便于生产管理和看图，装配图中必须对每种零件进行编号，并在标题栏上方绘制明细栏，明细栏中要按编号填写零件的名称、材料、数量，以及标准件的规格尺寸等。

图 8-1　传动器

（5）标题栏　装配图标题栏包括机器（或部件）名称、图号、比例，以及图样责任者的签名等内容。

二、装配图的规定画法

装配图的表达方法和零件图基本相同，零件图中所应用的各种表达方法，装配图中同样适用。此外，根据装配图的特点，还制定了一些规定画法。

1. 相邻两零件的画法

相邻两零件的接触面和配合面，只画一条轮廓线。当相邻两零件有关部分的基本尺寸不同时，即使间隙很小，也要画出两条线。

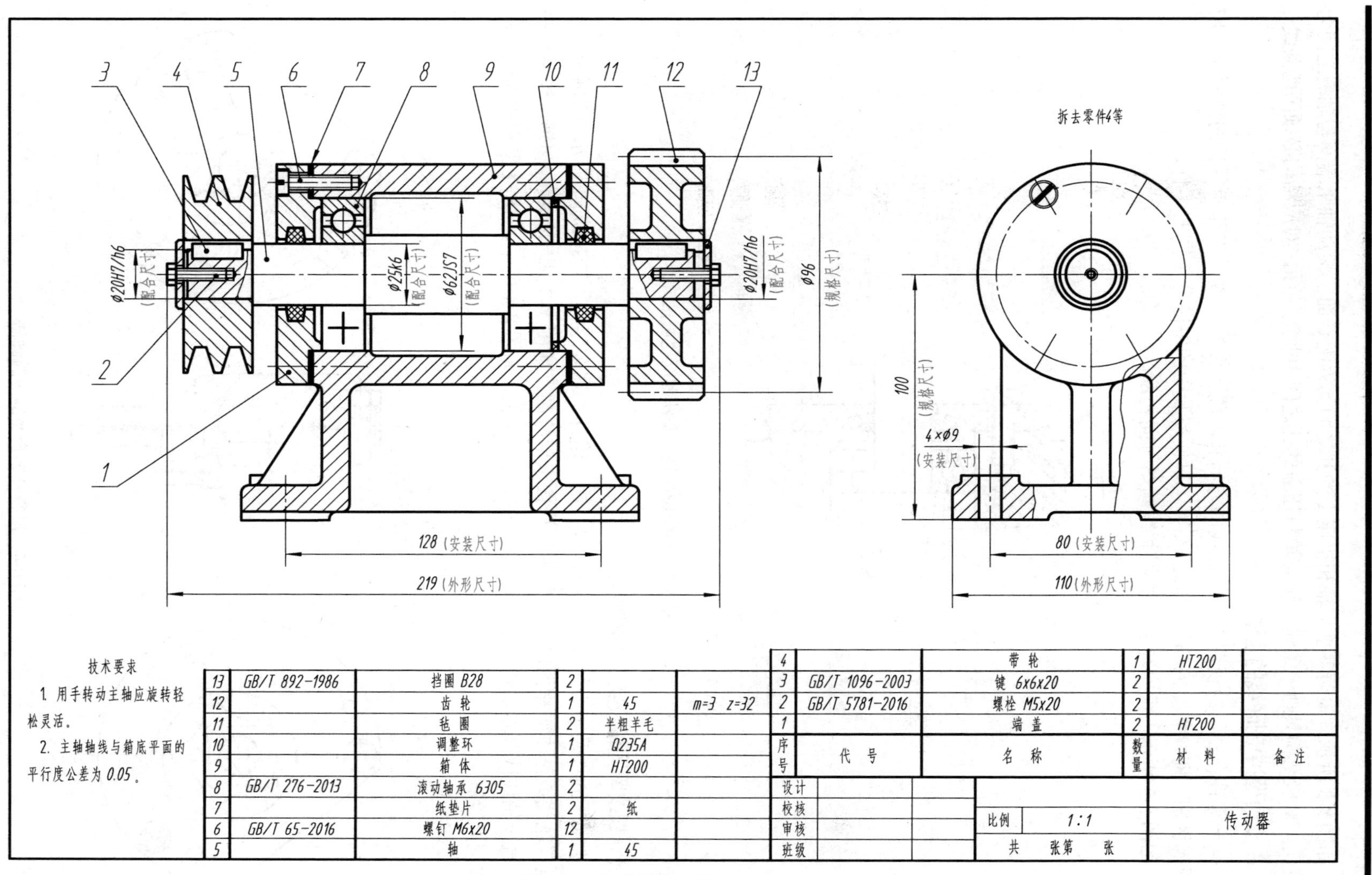

技术要求

1. 用手转动主轴应旋转轻松灵活。

2. 主轴轴线与箱底平面的平行度公差为0.05。

序号	代号	名称	数量	材料	备注
13	GB/T 892-1986	挡圈 B28	2		
12		齿轮	1	45	m=3 z=32
11		毡圈	2	半粗羊毛	
10		调整环	1	Q235A	
9		箱体	1	HT200	
8	GB/T 276-2013	滚动轴承 6305	2		
7		纸垫片	2	纸	
6	GB/T 65-2016	螺钉 M6x20	12		
5		轴	1	45	
4		带轮	1	HT200	
3	GB/T 1096-2003	键 6x6x20	2		
2	GB/T 5781-2016	螺栓 M5x20	2		
1		端盖	2	HT200	

设计		比例	1:1	传动器
校核		共 张第 张		
审核				
班级				

图 8-2 传动器装配图

如图 8-3 所示，滚动轴承与轴和机座上的孔之间均为配合面，滚动轴承端面与轴肩之间为接触面，对应结构只画一条线；轴与填料压盖的孔之间为非接触面，对应结构必须画两条线。

2. 装配图中剖面线的画法

同一零件在不同的视图中，剖面线的方向和间隔应保持一致；相邻两零件的剖面线，应有明显区别，即倾斜方向相反或间隔不等，以便在装配图中区分不同的零件。

如图 8-3 所示，机座与端盖的剖面线倾斜方向相反。

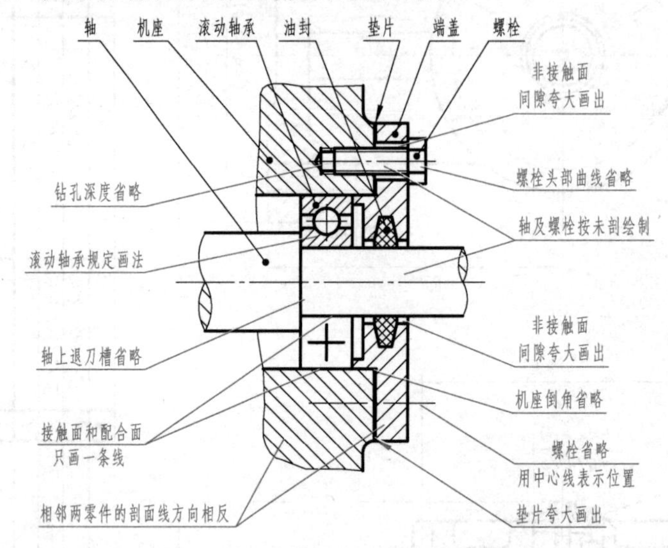

图 8-3　装配图的规定画法和简化画法

3. 螺纹紧固件及实心件的画法

螺纹紧固件及实心的轴、手柄、键、销、连杆、球等零件，若按纵向剖切，即剖切平面通过其轴线或基本对称面时，这些零件均按未剖绘制，如图 8-3 所示的螺栓和轴；当剖切平面垂直于轴线或基本对称面剖切时，则应按剖开绘制，如图 8-4 所示，*A*—*A* 剖视中的螺栓剖面按剖开绘制。

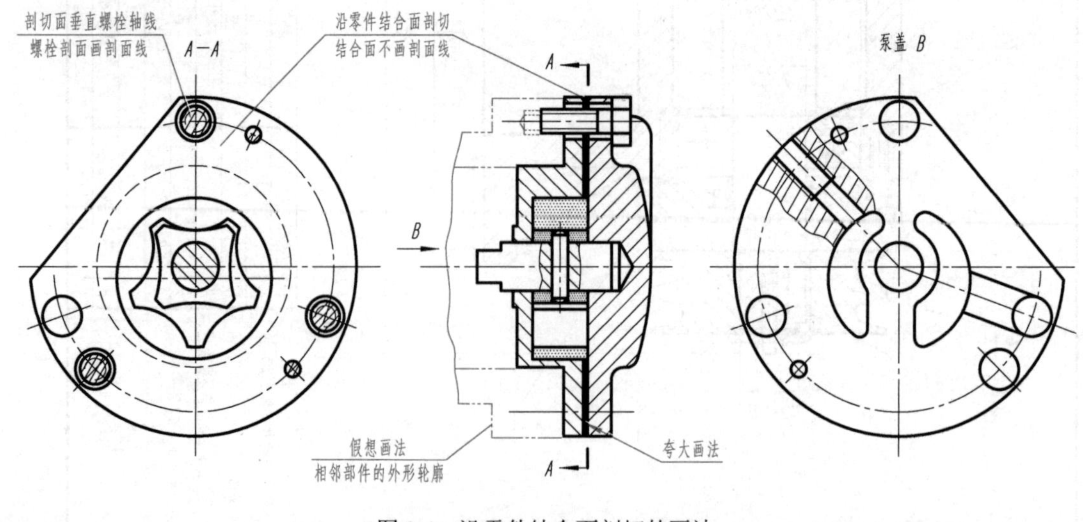

图 8-4　沿零件结合面剖切的画法

三、装配图的特殊表达方法和简化画法

1. 拆卸画法

在装配图的某一视图中，当某些零件遮住了需要表达的结构，或者为避免重复，简化作图，可假想将某些零件拆去后绘制，这种表达方法称为拆卸画法。

采用拆卸画法后，为避免误解，在该视图上方加注“拆去××”。拆卸关系明显，不至于引起误解时，也可不加标注。如图 8-2 所示，左视图是拆去螺栓、挡圈、带轮、键、齿轮等零件后绘制的，这种画法需要加注“拆去××”，如“拆去零件 4 等”。

2. 沿零件的结合面剖切画法

装配图中，可假想沿着两个零件的结合面剖切，这时，零件的结合面不画剖面线，其他被横向剖切的轴、螺钉及销的断面要画剖面线。如图 8-4 所示的 *A—A* 剖视即是沿两个零件结合面剖切画出的，螺栓和心轴的断面要画出剖面线。

3. 假想画法

在装配图中，为了表示本零部件与相邻零部件的相互位置关系，或运动零件的极限位置，可用细双点画线画出相邻零部件的外形轮廓或运动零件的极限位置。如图 8-4 中的主视图所示，用细双点画线表示相邻部件的局部外形轮廓；如图 8-5 所示，用细双点画线表示手柄的另一极限位置。

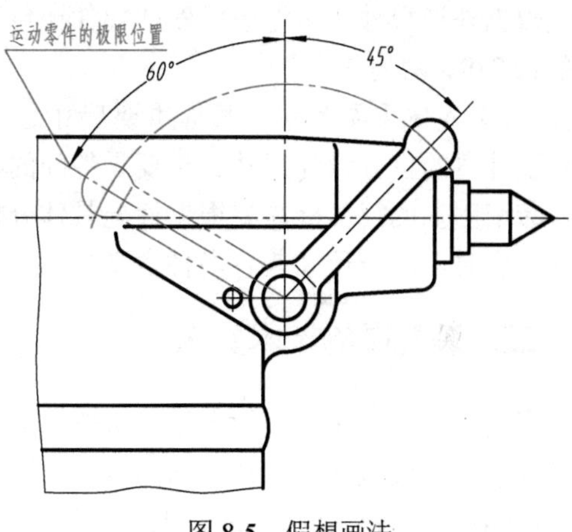

图 8-5 假想画法

4. 夸大画法

在装配图中，对一些薄、细、小零件或间隙，若无法按其实际尺寸画出，则可不按比例而适当夸大画出。厚度或直径小于 2 mm 的薄、细零件，其剖面符号可涂黑表示，如图 8-3、图 8-4 中垫片的画法。

5. 简化画法

1）在装配图中，对于若干相同的零件或零件组，如螺栓联接等，可仅详细地画出一处，其余只需用细点画线表示出位置，如图 8-3 所示主视图中的螺栓画法。

2）在装配图中，零件上的工艺结构（如倒角、小圆角、退刀槽等）可省略不画。六角螺栓头部及螺母的倒角曲线也可省略不画，如图 8-2、图 8-3 中螺栓头部及螺母的画法。

3）在装配图中，剖切平面通过某些标准产品组合件（如油杯、油标、管接头等）轴线时，组合件可以只画外形。对于标准件（如滚动轴承、螺栓、螺母等）可采用简化画法或示意画法，如图 8-3 中滚动轴承的画法。

第二节　装配图的尺寸标注、技术要求及零件编号

一、装配图的尺寸标注

装配图和零件图在生产中的作用不同，因此，在图上标注尺寸的要求也不同。装配图中需注出一些必要的尺寸，这些尺寸按作用不同，可分为以下几类：

（1）性能（规格）尺寸　表示机器性能（规格）的尺寸，称为性能（规格）尺寸，它是产品设计的主要依据。如图 8-2 中传动器的外联齿轮分度圆直径 ϕ96，主轴中心线高度 100。

（2）装配尺寸　保证机器中各零件装配关系的尺寸，称为装配尺寸。装配尺寸包括配合尺寸和主要零件相对位置尺寸。如图 8-2 中滚动轴承外圈与箱体间的配合尺寸 ϕ62JS7，滚动轴承内圈与主轴间的配合尺寸 ϕ25k6，带轮、齿轮与主轴间的配合尺寸 ϕ20H7/h6。

（3）安装尺寸　机器或部件安装时所需的尺寸，称为安装尺寸。如图 8-2 中传动器箱体的安装孔直径 4× ϕ9、四个孔的中心距 128 和 80。

（4）外形尺寸　表示机器或部件外形轮廓的尺寸，即总长、总宽和总高，称为外形尺寸。根据外形尺寸，可考虑机器或部件在包装、运输、安装时所占的空间。如图 8-2 中传动器总长 219、总宽 110。

（5）其他重要尺寸　其他重要尺寸是指根据装配体的特点和需要，必须标注的尺寸。如经过计算的重要设计尺寸、重要零件间的定位尺寸、主要零件的尺寸等。

装配图上的尺寸标注要根据情况具体分析，上述五类尺寸并不是每一张装配图都必须标注的，有时，同一尺寸兼有多种含义。

二、装配图的技术要求

用文字或符号在装配图上说明机器或部件的装配、检验要求和使用方法等。装配图上的技术要求，一般包括以下几方面内容：

1）对机器或部件在装配、调试和检验时的具体要求。

2）关于机器性能指标方面的要求。

3）有关机器安装、运输及使用方面的要求。

技术要求一般写在明细栏上方或图样左下方的空白处。

三、装配图的零件编号和明细栏

为了便于看图和管理图样，装配图中必须对每种零件进行编号，并根据零件编号绘制相应的明细栏。

1）装配图中的所有零件，均应按顺序编写序号，相同零件只编一个序号，一般只注一次。

2）零件序号应标注在视图周围，按水平或竖直方向排列整齐。应按顺时针或逆时针方向排列，如图 8-2 所示。

3）零件序号应填写在指引线一端的横线上（或圆圈内），指引线的另一端应自所指零件的可见轮廓内引出，并在末端画一圆点；若所指部分内不宜画圆点（零件很薄或涂黑的剖面），

则可在指引线一端画箭头指向该部分的轮廓，如图 8-6a 所示。

4）序号的字号应比图中尺寸数字大一号或大两号，如图 8-2 所示。

5）一组紧固件或装配关系明显的零件组，可采用公共指引线，如图 8-6b 所示。

6）零件的明细栏应画在标题栏上方，当标题栏上方位置不够时，可在标题栏左边继续列表，如图 8-2 所示。明细栏的格式画法、内容如图 1-5 所示。

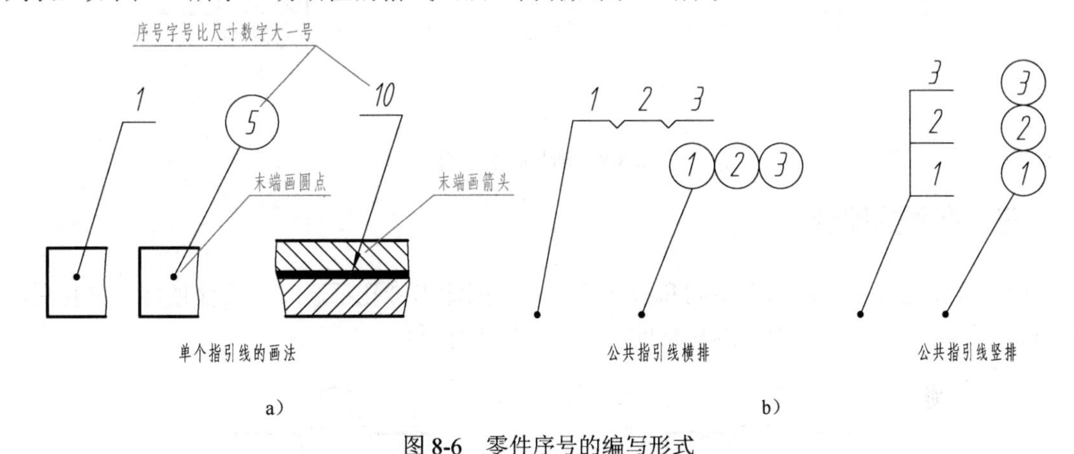

图 8-6　零件序号的编写形式

第三节　装配结构简介

在设计和绘制装配图的过程中，应考虑到装配结构的合理性，以保证机器或部件的性能要求，并给零件的加工和装拆带来方便。

一、接触面的数量

为了避免装配时不同的表面相互干涉，两零件在同一个方向上的接触面数量，一般不得多于一个，否则会给加工和装配带来困难，如图 8-7 所示。

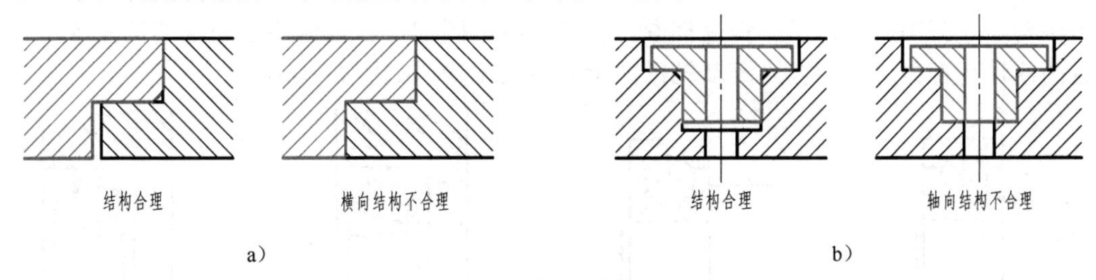

图 8-7　接触面的画法

二、轴与孔的配合

轴与孔配合且轴肩与端面相互接触时，在两接触面的交角处（孔端或轴的根部）应加工出倒角、退刀槽或不同大小的倒圆，以保证两个方向的接触面均接触良好，确保装配精度。如图 8-8a 所示的孔口倒角、图 8-8b 所示的轴肩处切槽，孔口端面与轴肩均有良好接触。图 8-8c 所示的结构是错误的。

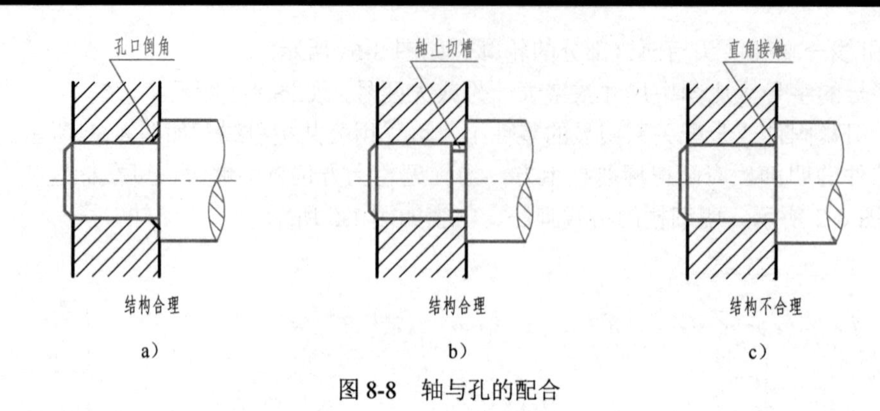

图 8-8　轴与孔的配合

三、锥面的配合

由于锥面配合能同时确定轴向和径向的位置，因此当锥孔不通时，锥体顶部与锥孔底部之间必须留有间隙，否则得不到稳定的配合，如图 8-9 所示。

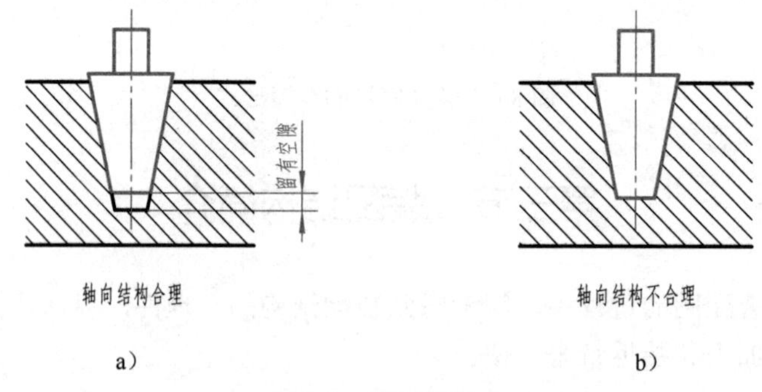

图 8-9　锥面的配合

四、滚动轴承的轴向固定结构

为了防止滚动轴承产生轴向窜动，必须采用一定的结构来固定其内、外圈。常用的轴向固定结构形式有轴肩、台肩、弹性挡圈、端盖凸缘、圆螺母、止退垫圈和轴端挡圈等。若轴肩过高或轴孔直径过小，会给滚动轴承的拆卸带来困难，如图 8-10 所示。

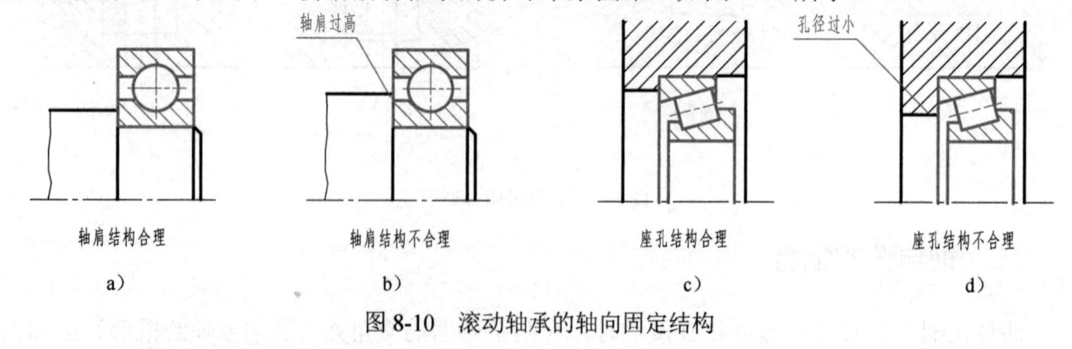

图 8-10　滚动轴承的轴向固定结构

五、螺纹联接防松结构

为了防止螺纹联接在工作中由于机器振动而松开，常采用螺纹防松装置。如双螺母防松，其结构形式如图 8-11a 所示；弹簧垫圈防松，其结构形式如图 8-11b 所示；开口销防松，其结构形式如图 8-11c 所示。

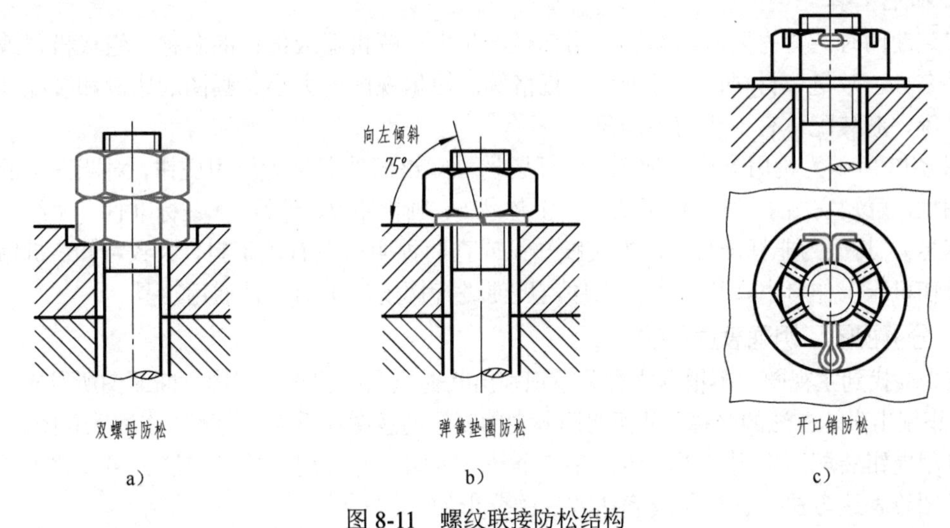

图 8-11　螺纹联接防松结构

六、螺栓联接结构

采用螺栓联接时，孔的位置与箱壁之间应有足够的空间，以保证装配的可能和方便，如图 8-12 所示。

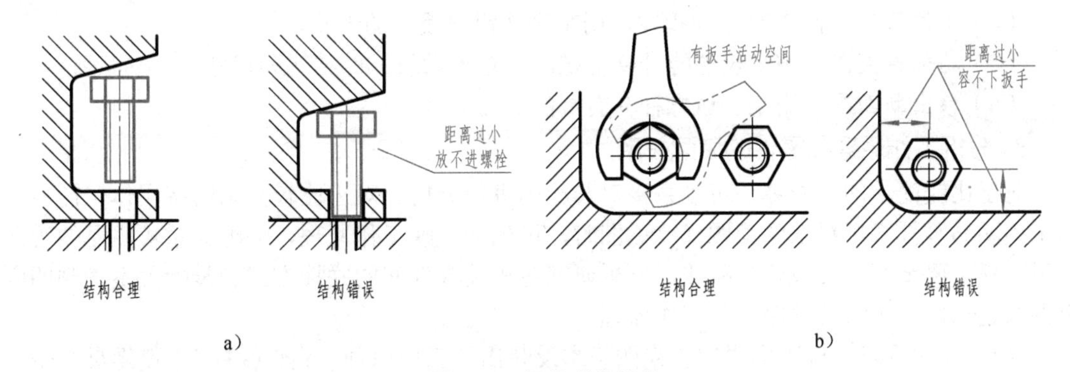

图 8-12　螺栓联接结构

第四节　读装配图和拆画零件图

在机器或部件的设计、装配、检验和维修工作中，或在技术交流的过程中，都需要装配图。因此，熟练地阅读装配图，正确地由装配图拆画零件图，是每个工程技术人员必须具备的基本技能之一。读装配图的目的是：

1）了解机器或部件的性能、用途和工作原理。

2）了解各零件间的装配关系及拆卸顺序。

3）了解各零件的主要结构形状和作用。

一、读装配图的方法和步骤

1. 概括了解

读装配图时，首先要看标题栏、明细栏，从中了解机器或部件的名称、组成机器或部件的零件名称、数量、材料以及标准件的规格等。根据视图的大小、画图的比例和装配体的外形尺寸等，对装配体有一个初步印象。

图 8-13 所示为机用虎钳装配图。由标题栏可知该部件名称为机用虎钳，对照图上的序号和明细栏，可知它由 11 种零件组成，其中垫圈 5、圆锥销 7、螺钉 10 是标准件（明细栏中有标准编号），其他为非标准件。根据实践知识或查阅说明书及有关资料，大致可知：机用虎钳是安装在机床工作台上，用于夹紧工件，以便进行切削加工的一种通用工具。

2. 分析视图，明确表达目的

首先要找到主视图，再根据投影关系识别出其他视图；找出剖视图、断面图所对应的剖切位置，识别出表达方法的名称，从而明确各视图表达的意图和重点，为下一步深入看图做准备。

机用虎钳装配图采用了主、俯、左三个基本视图，并采用了单件画法、局部放大图、移出断面图等表达方法。各视图及表达方法的分析如下：

（1）*主视图*　采用了全剖视，主要反映机用虎钳的工作原理和零件的装配关系。

（2）*俯视图*　主要表达机用虎钳的外形，并通过局部剖视表达钳口板 2 与固定钳身 1 联接的局部结构。

（3）*左视图*　采用 $B—B$ 半剖视，表达固定钳身 1、活动钳身 4 和螺母 8 三个零件之间的装配关系。

（4）*单件画法*　件 2 的 A 向视图，用来表达钳口板 2 的形状。

（5）*局部放大图*　用来表达螺杆 9 上螺纹（矩形螺纹）的结构和尺寸。

（6）*移出断面图*　用来表达螺杆 9 右端的断面形状。

3. 分析工作原理和零件的装配关系

对于比较简单的装配体，可以直接对装配图进行分析。对于比较复杂的装配体，需要借助于说明书等技术资料来阅读图样。读图时，可先从反映工作原理、装配关系较明显的视图入手，抓主要装配干线或传动路线，分析研究各相关零件间的联接方式和装配关系，判明固定件与运动件，搞清传动路线和工作原理。

（1）*工作原理*　机用虎钳的主视图基本反映出其工作原理：旋转螺杆 9，使螺母 8 带动活动钳身 4 在水平方向上向右或向左移动，进而夹紧或松开工件。机用虎钳的最大夹持厚度为 70mm。

（2）*装配关系*　主视图反映了机用虎钳主要零件间的装配关系：螺母 8 从固定钳身 1 下方的空腔装入工字形槽内，再装入螺杆 9，用垫圈 11、垫圈 5 及挡圈 6 和圆锥销 7 将螺杆轴向固定；螺钉 3 用于联接活动钳身 4 与螺母 8，最后用螺钉 10 将两块钳口板 2 分别与固定钳身 1、活动钳身 4 联接。

4. 分析视图，看懂零件的结构形状

在弄清上述内容的基础上，还要看懂每一个零件的形状。读图时，借助序号指引的零件上的剖面线，利用同一零件在不同视图中的剖面线方向与间隔一致的规定，对照投影关系以及与相邻零件的装配情况，逐步想象出各零件的主要结构形状。

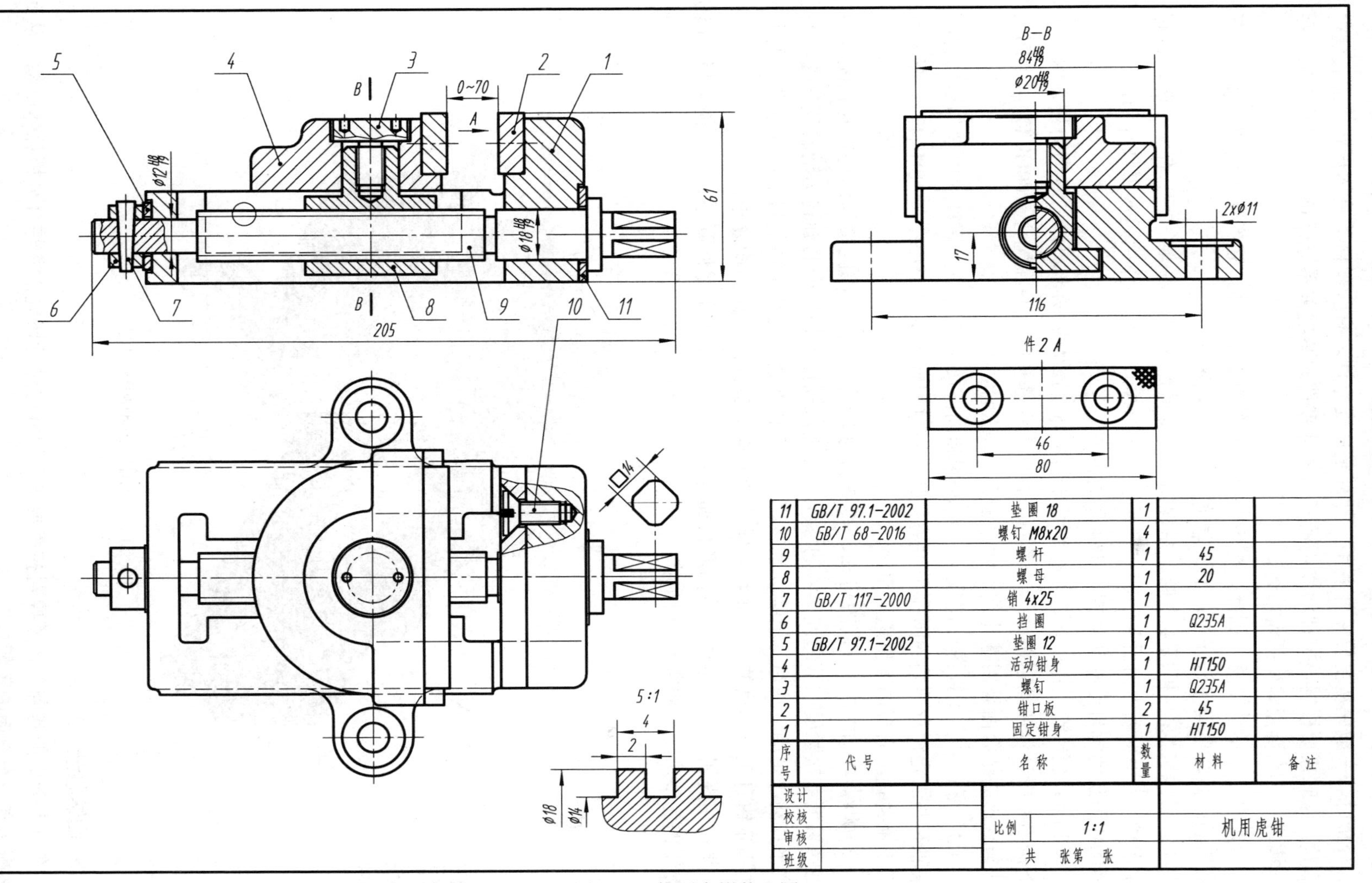

序号	代号	名称	数量	材料	备注
11	GB/T 97.1-2002	垫圈 18	1		
10	GB/T 68-2016	螺钉 M8x20	4		
9		螺杆	1	45	
8		螺母	1	20	
7	GB/T 117-2000	销 4x25	1		
6		挡圈	1	Q235A	
5	GB/T 97.1-2002	垫圈 12	1		
4		活动钳身	1	HT150	
3		螺钉	1	Q235A	
2		钳口板	2	45	
1		固定钳身	1	HT150	

机用虎钳	
比例	1:1
共 张 第 张	

图 8-13 机用虎钳装配图

分析时，一般先从主要零件着手，然后是次要零件。有些零件的具体形状可能表达得不够清楚，这时需要根据该零件的作用及其与相邻零件的装配关系进行推想，完整构思出零件的结构形状，为拆画零件图做准备。

固定钳身、活动钳身、螺杆、螺母是机用虎钳的主要零件，它们在结构和尺寸上都有非常密切的联系，要读懂装配图，必须看懂它们的结构形状。

（1）**固定钳身**　根据主、俯、左视图，可知其结构左低右高，下部有一空腔，且有一工字形槽（由矩形槽内前后各凸起一个长方体而形成）。空腔的作用是放置螺杆和螺母，工字形槽的作用是使螺母带动活动钳身沿水平方向左右移动。

（2）**活动钳身**　由三个基本视图可知其主体左侧为阶梯半圆柱，右侧为长方体，前后向下探出的部分包住固定钳身，二者的结合面采用基孔制、间隙配合（80H9/f9）。中部的阶梯孔与螺母的结合面采用基孔制、间隙配合（ϕ20H8/f8）。

（3）**螺杆**　由主视图、俯视图、断面图和局部放大图可知，螺杆的中部为矩形螺纹，两端轴径与固定钳身两端的圆孔采用基孔制、间隙配合（ϕ12H8/f9、ϕ18H8/f9）。螺杆左端加工出锥销孔，右端加工出矩形平面。

（4）**螺母**　由主、左视图可知，其结构为上圆下方，上部圆柱与活动钳身相配合，并通过螺钉调节松紧度；下部方形内的螺纹孔可旋入螺杆，将螺杆的旋转运动转变为螺母的左右水平移动，带动活动钳身沿螺杆轴线移动，达到夹紧或松开工件的目的；底部凸台的上表面与固定钳身工字形槽的下导面相接触，故而应有较高的表面结构要求。

把机用虎钳中每个零件的结构形状都看清楚之后，将各个零件联系起来，便可想象出机用虎钳的完整形状，如图 8-14 所示。

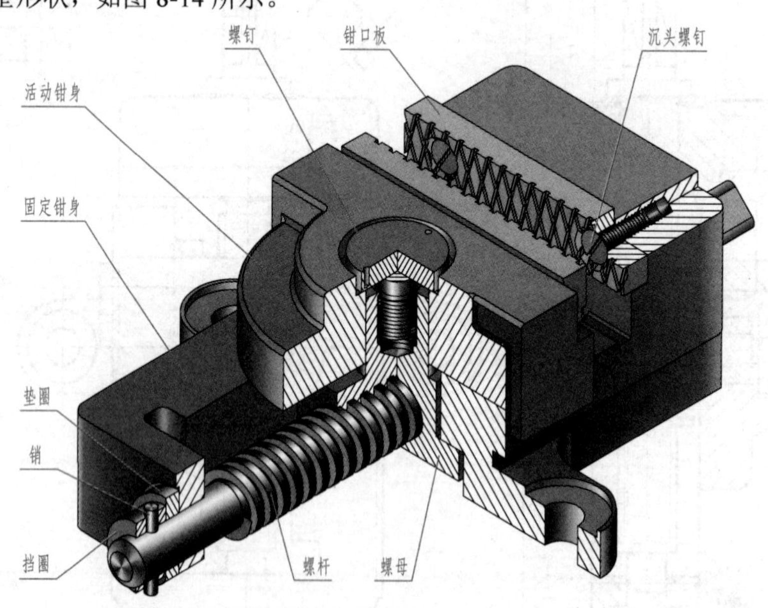

图 8-14　机用虎钳轴测剖视图

5. 归纳总结

在以上分析的基础上，还要对技术要求、尺寸等进行研究，并综合分析总体结构，从而对装配体有一个全面的了解。

二、拆画零件图

由装配图拆画零件图的过程简称拆图，即在完全读懂装配图的基础上，按照零件图的内容和要求，设计性地拆画出零件图。拆图时，先要正确地分离零件。一般应先拆主要零件，然后再逐一画出有关零件，以便保证各零件的结构形状合理，并使尺寸配合性质和技术要求等协调一致。

下面以机用虎钳装配图中的固定钳身 1 为例，介绍拆画零件图的方法。

1. 分离零件

由装配图分离零件，主要步骤如下：

1）根据零件序号和明细栏，找到要分离零件的序号、名称，再根据序号指引线所指的部位，找到该零件在装配图中的位置。如固定钳身是 1 号零件，根据序号的指引线起始端圆点，可找到固定钳身的位置和大致轮廓范围。

2）根据同一零件在各个剖视图中剖面线方向一致、间隔相等的规定，把所要分离的零件从有关的视图中区分出来。如果要分离的零件较复杂，而其他零件相对较简单，也可以采用“排除法”，即先在装配图上将其他零件一一去掉，留下的就是要分离的零件。

①先在机用虎钳装配图上去掉螺杆装配线上的垫圈 5、挡圈 6、销 7、螺杆 9、垫圈 11 等（将被遮挡的图线补齐），如图 8-15 所示。

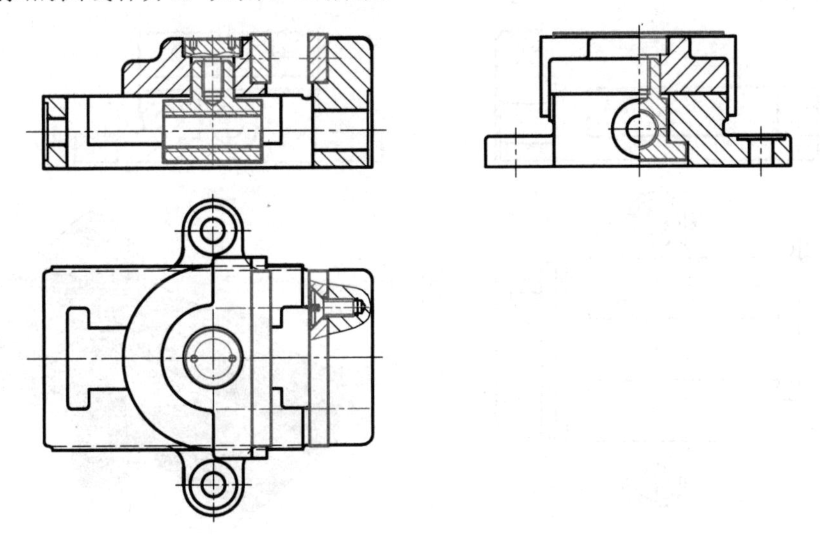

图 8-15　去除螺杆装配线上的零件

②参照图 8-15，再去掉螺钉 3、螺钉 10、钳口板 2、螺母 8（将被遮挡的图线补齐），如图 8-16 所示。

③参照图 8-16，最后去掉活动钳身 4，余下的即为固定钳身。根据零件各视图之间的投影关系，进行投影分析，进一步确定固定钳身的结构形状，如图 8-17 所示。

2. 确定零件的视图表达方案

装配图的表达方案是从整个机器或部件的角度考虑的，重点是表达工作原理和装配关系，而零件图的表达方案则是从零件的设计和工艺要求出发，根据零件的结构形状来确定的。因此，在确定零件的视图表达方案时，不能简单照搬装配图，而应根据零件的结构形状、按照零件图的视图选择原则重新选定。

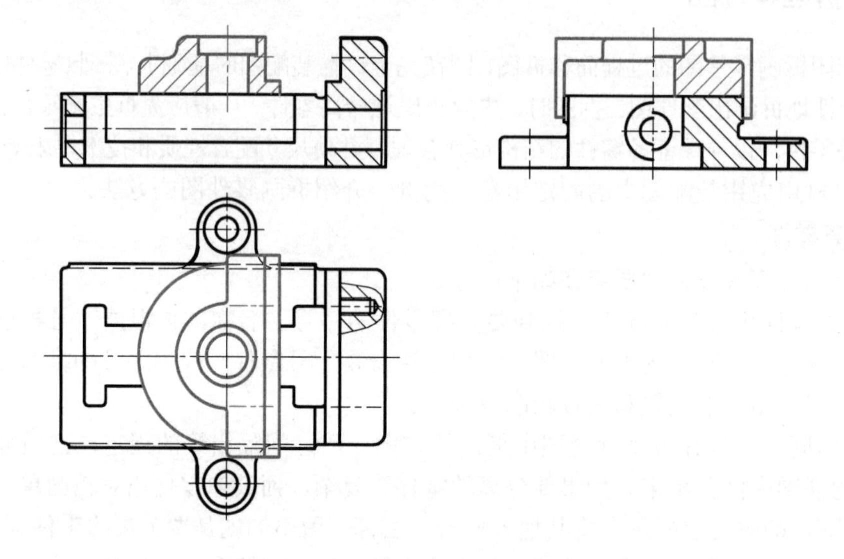

图 8-16 去除螺钉、钳口板和螺母

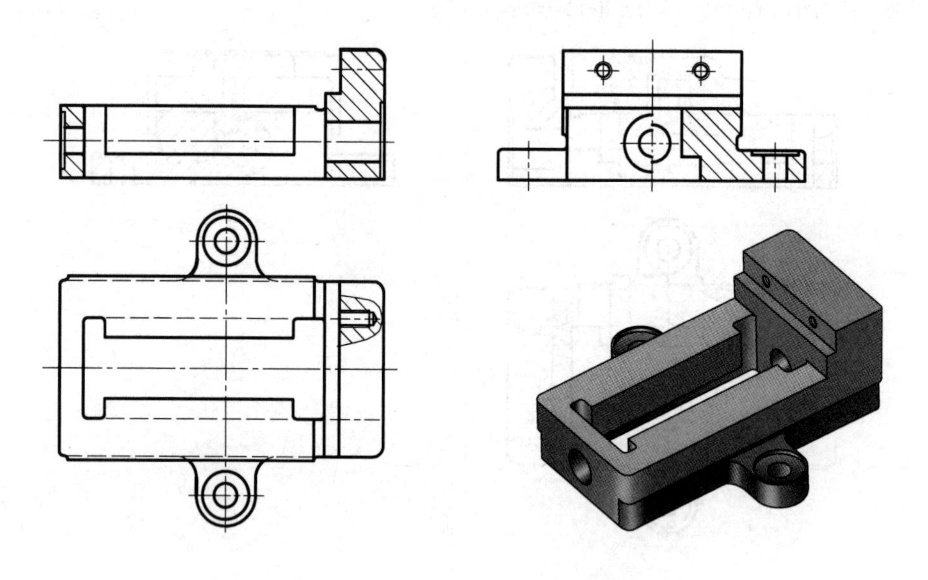

图 8-17 去除活动钳身后的固定钳身

固定钳身的主视图应按工作位置原则选择，即与装配图一致。根据其结构形状，增加俯视图和左视图。为表达内部结构，主视图采用全剖视，左视图采用半剖视，俯视图采用局部剖视，如图 8-18 所示。

3. 确定零件图上的尺寸

在零件图上正确、完整、清晰、合理地标注尺寸，是拆画零件图的一项重要内容。应根据零件在装配体中的作用，从零件设计、加工工艺等方面来选择尺寸基准。先确定长、宽、高三个方向尺寸的主要基准，再根据加工和测量的需要，适当选择一些辅助基准。装配图上的尺寸很少，零件图上必须将缺少的尺寸补齐。确定零件图尺寸的方法有以下几种：

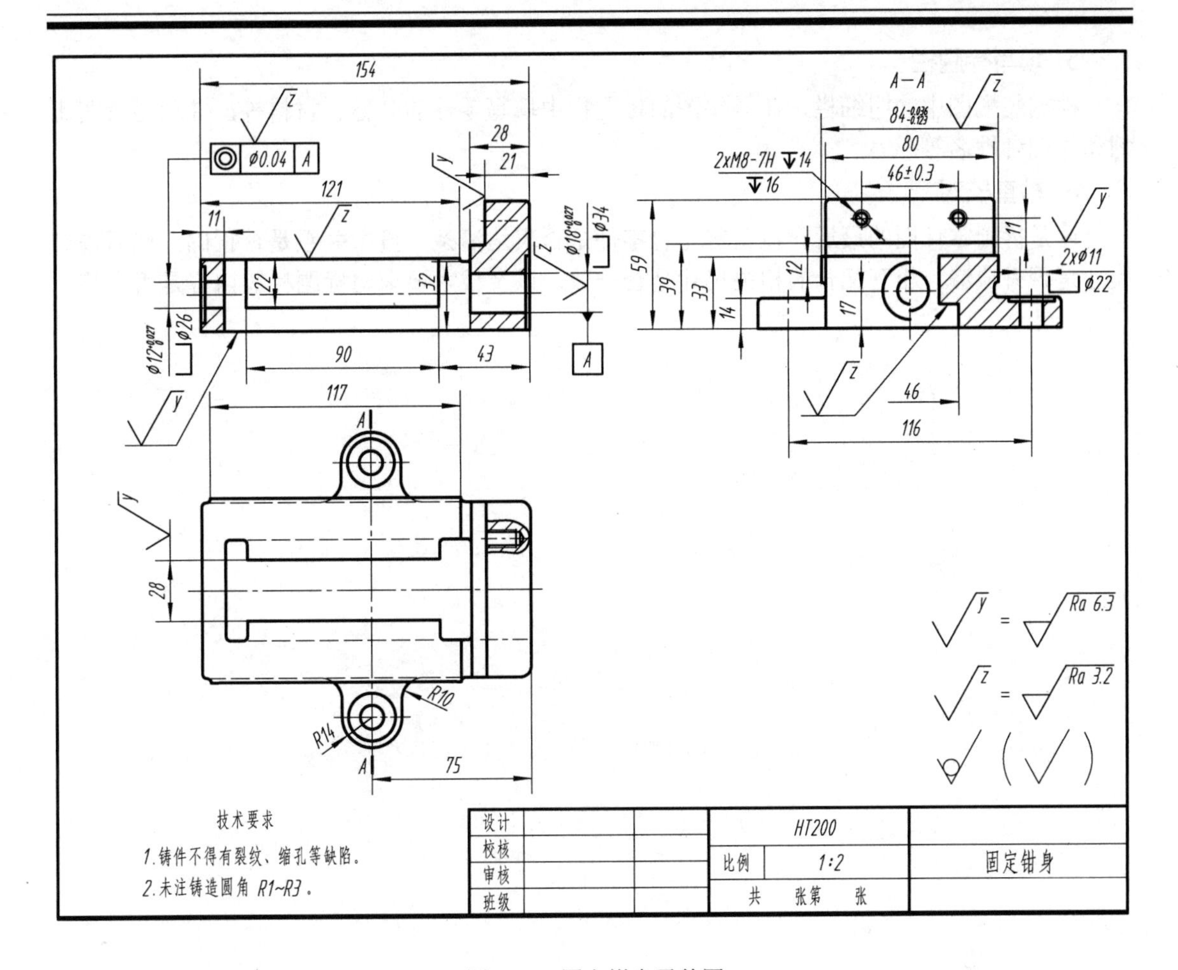

图 8-18 固定钳身零件图

（1）直接移注 对于装配图上已标注的尺寸和明细栏中注出的零件规格尺寸，可直接移注。如图 8-18 中固定钳身底部安装孔的尺寸 2× ϕ11、安装孔定位尺寸 116、左右装配孔的直径 ϕ12、 ϕ18 等。

（2）查表确定 对于零件上标准结构的尺寸，如螺栓通孔、倒角、退刀槽、键槽、沉孔等，可查阅有关标准确定。如图 8-18 中的沉孔尺寸及螺纹孔尺寸，可查阅标准后确定。

（3）计算确定 零件上比较重要的尺寸，可通过计算确定。如拆画齿轮零件图时，需根据齿轮参数 m、z 等，计算齿轮的各部分尺寸。

（4）直接量取 零件上大部分不重要或非配合的尺寸，一般可从装配图上按比例直接量取。量得的尺寸，应圆整成整数。如固定钳身的总长 154、总高 58 等。

4. 确定零件图上的技术要求

零件上各表面粗糙度的要求，应根据表面的作用和两零件间的配合性质进行选择。为了使活动钳身、螺母在水平方向上移动自如，固定钳身工字形槽的上、下导面必须提出较高的表面结构要求，表面粗糙度 Ra 的上限值为 1.6μm。

对于配合表面，应根据装配图上给出的配合性质、公差等级等，查阅标准来确定其极限偏差。

5. 填写标题栏

根据装配图中的明细栏，在零件图的标题栏中填写零件的名称、材料等，并填写绘图比例和绘图者姓名等。

6. 检查校对

这是拆画零件图的最后一步。首先看零件是否表达清楚，投影关系是否正确，然后校对尺寸是否有遗漏，相互配合的相关尺寸是否一致，以及技术要求与标题栏等内容是否完整。

第九章　AutoCAD 基本操作及应用

AutoCAD（Auto Computer Aided Design）是美国 Autodesk 公司开发的计算机辅助设计软件，用于二维绘图、详细绘制、设计文档和基本三维设计，广泛应用于机械制造、建筑、电子电气等众多领域。本章简要介绍 AutoCAD2014 简体中文版（以下简称 AutoCAD）的基本操作方法及绘图应用。

第一节　AutoCAD 界面

安装 AutoCAD 软件后，启动 AutoCAD 即进入“草图与注释”工作界面，在“工作空间”工具栏中，可以自由切换到二维或三维绘图界面，包括“草图与注释”“三维基础”“三维建模”“AutoCAD 经典”等界面。如图 9-1 所示，即为“AutoCAD 经典”界面。

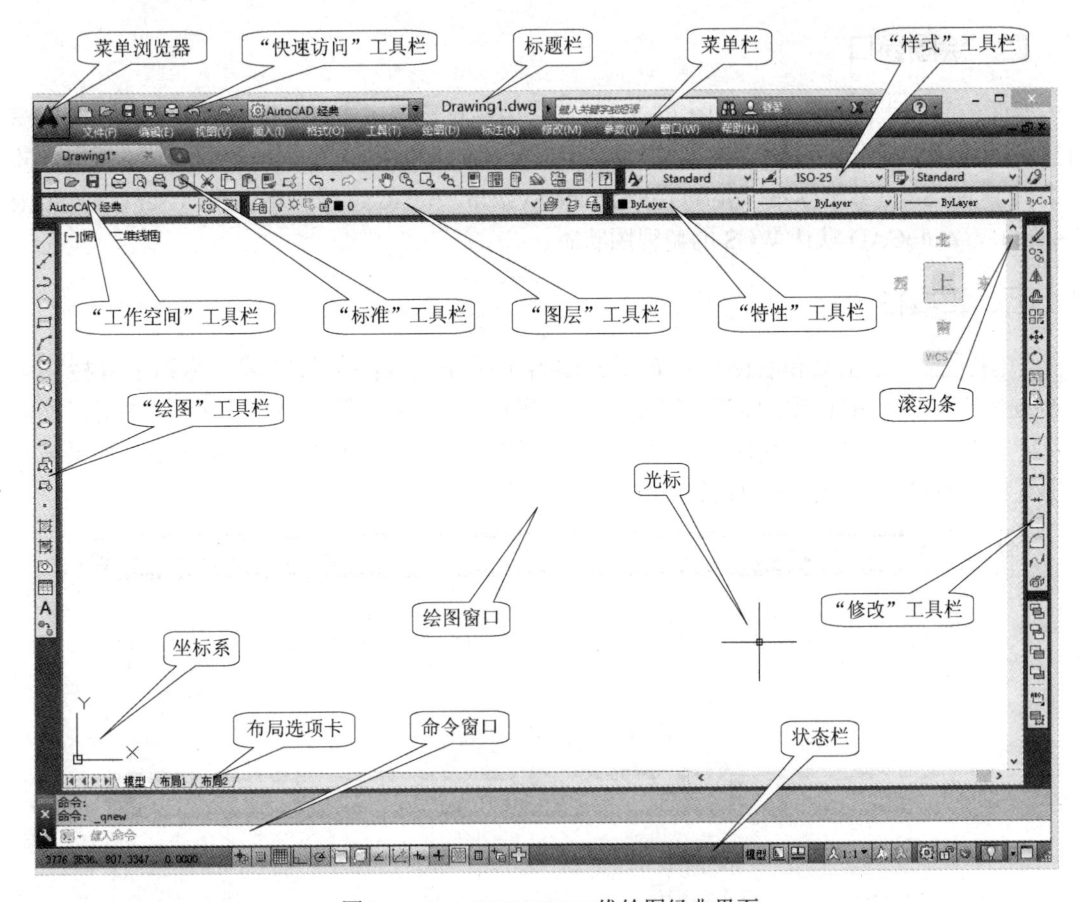

图 9-1　AutoCAD2014 二维绘图经典界面

一、菜单浏览器

单击左上角的菜单浏览器按钮，在展开菜单内可进行“新建”“打开”“保存”“另存”“输出”“发布”“打印”“图形实用工具”“关闭”等操作。

二、标题栏

标题栏位于界面的最上边一行，显示当前文件名。标题栏左侧为“快速访问”工具栏，单击最右边的按钮▾，可以自定义添加“新建”“打开”“保存”“另存”“打印”“放弃”“重做”“工作空间”等常用的命令按钮。标题栏右侧依次为“搜索帮助”工具栏和“最小化”▬、“最大化/还原”□、“关闭”× 三个按钮。

三、菜单栏

菜单栏位于标题栏下方，它由一行主菜单及其下拉子菜单组成。单击任意一项主菜单，即产生相应的下拉菜单。如果下拉菜单中某选项后面有符号▸，表示该选项还有下一级子菜单。下拉菜单项后边有点状符号…，表示选中该项时将会弹出一个对话框，可根据具体情况，对弹出的对话框进行操作。使用菜单栏中的功能可以完成 AutoCAD 的绘图操作。

四、绘图窗口

界面中间的大面积区域为绘图窗口，可在其内进行绘图工作，如图 9-1 所示。在绘图窗口的左下角设置三维坐标系按钮，显示当前绘图所用的坐标系形式及坐标方向，AutoCAD 软件提供了 WCS（世界坐标系，World Coordinate System）和 UCS（用户坐标系，User Coordinate System），AutoCAD 默认 WCS 的俯视图状态。

五、工具栏

绘图区上方、左侧和右侧任意布置的由若干按钮组成的条状区域，称为工具栏。可以通过单击工具栏中相应的按钮，输入常用的操作命令。系统默认的工具栏为“标准”“样式”“图层”“特性”“绘图”“修改”“标注”等，如图 9-2～图 9-8 所示。如果需要使用其他工具栏，可以右键单击工具栏侧面空白处，选择显示所需工具栏。

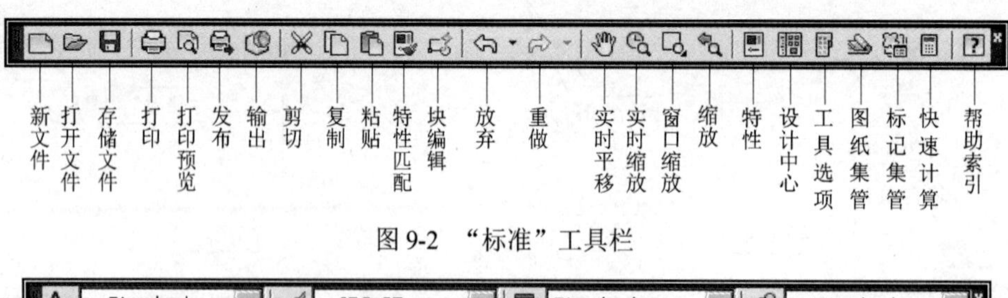

图 9-2 “标准”工具栏

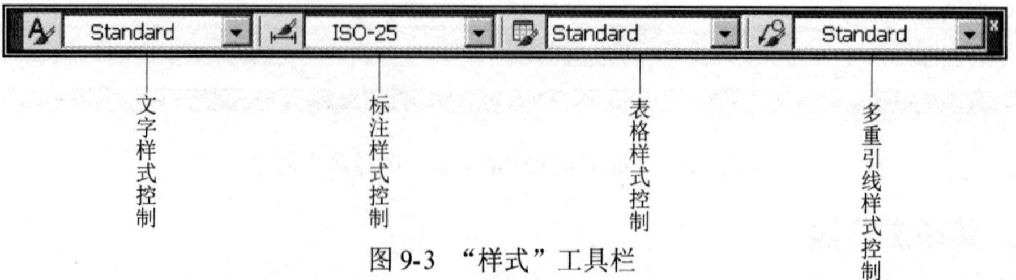

图 9-3 “样式”工具栏

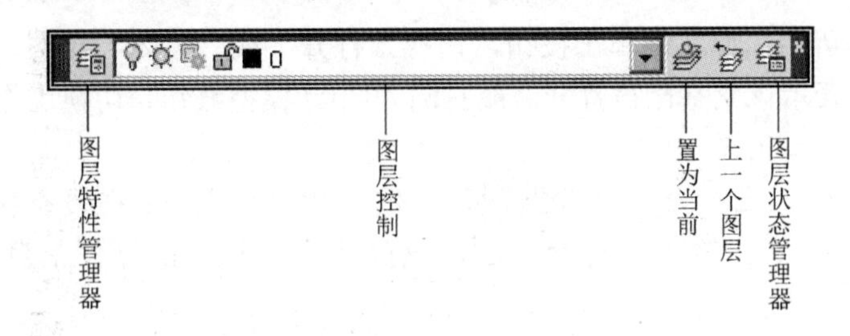

图 9-4　“图层”工具栏

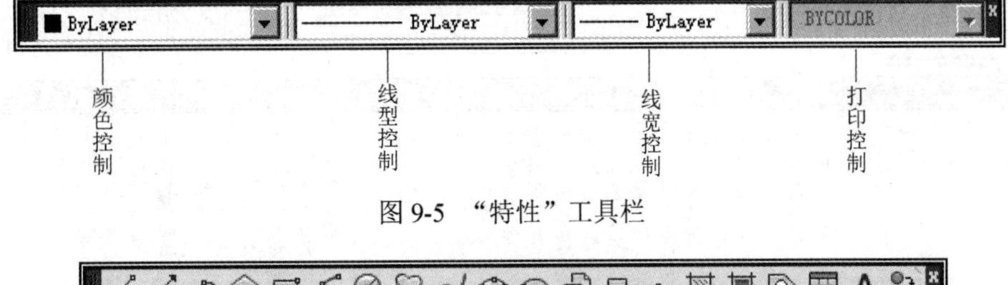

图 9-5　“特性”工具栏

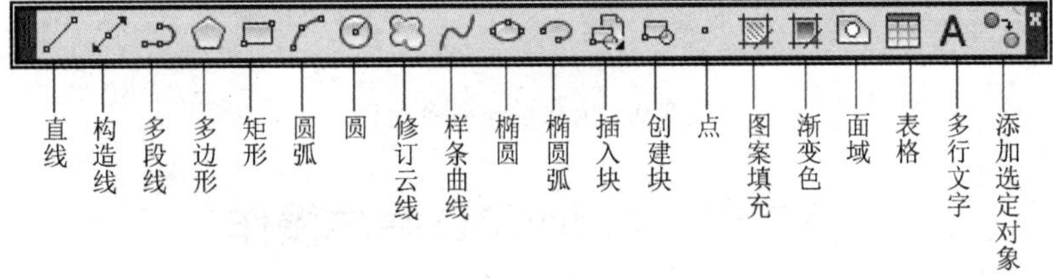

图 9-6　“绘图”工具栏

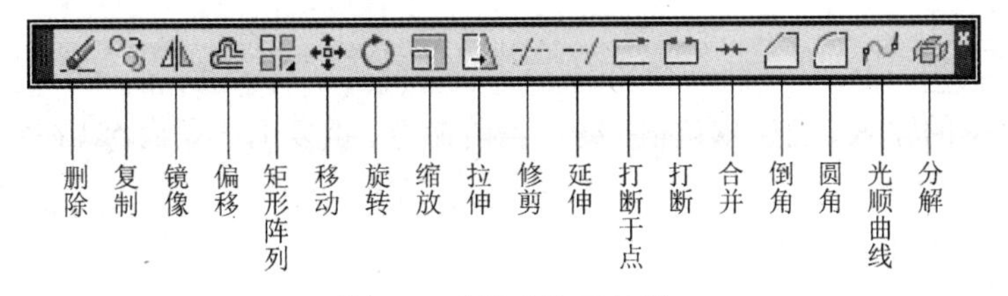

图 9-7　“修改”工具栏

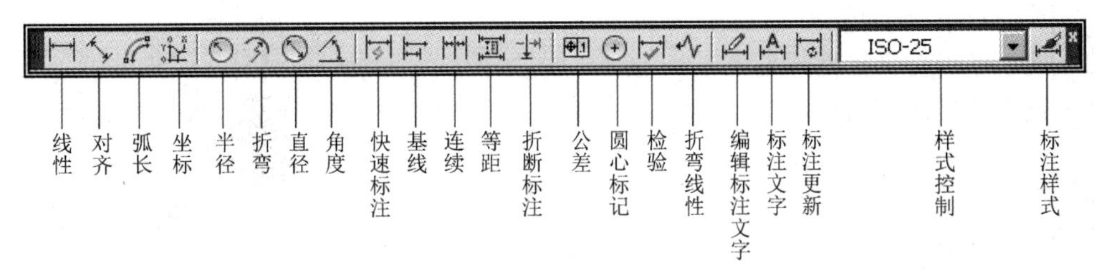

图 9-8　“标注”工具栏

六、状态栏与命令窗口

状态栏位于界面的最下面一行，命令窗口的“命令提示区”和“命令与数据输入区”位于其上方，如图 9-9 所示。

◇状态栏　状态栏用于显示、控制当前工作状态。最左侧为光标坐标值，其右侧为若干个状态切换按钮。可用鼠标左键单击按钮，切换“打开”或“关闭”状态。当某个状态切换按钮加亮显示时，表示该状态已被打开。最右侧为图纸/模型按钮、切换工作空间按钮和全屏显示按钮等。

◇命令与数据输入区　命令与数据输入区位于状态栏上方。在没有执行任何命令时，该区显示为“命令：”；输入某种命令后，该区将出现相应的操作信息提示，如图 9-9 所示。

◇命令提示区　命令提示区位于命令与数据输入区上方，显示已操作的命令信息。

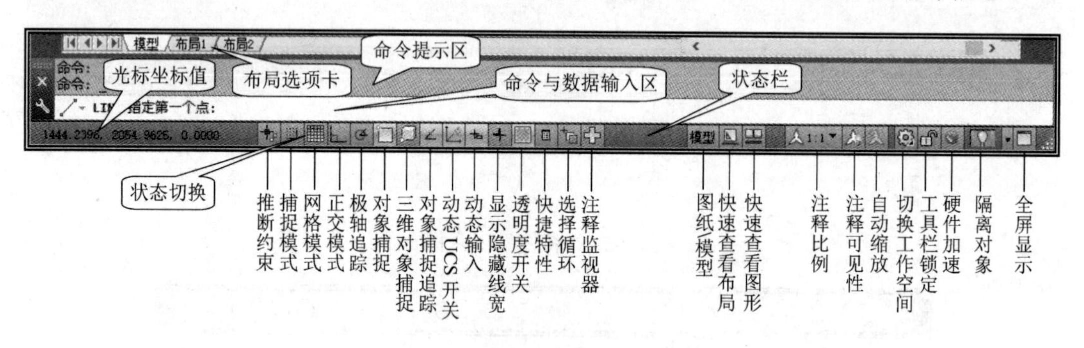

图 9-9　状态栏与命令窗口

第二节　AutoCAD 基本操作

一、常用键的功能

1. 回车键 Enter

用来结束数据的输入、确认默认值、终止当前命令、重复上一条命令（在空命令状态下）。

2. 空格键

通常是确认和重复上次操作。

3. 常用功能键

F3键　对象捕捉开关。

F4键　三维对象捕捉开关。

F5键　等轴测平面切换。

F6键　动态 UCS 开关。

F8键　正交开关。

F9键　捕捉开关。

F10键　极轴开关。

F11键　对象捕捉追踪开关。

F12键　动态输入开关。

4. 其他键

Esc键　中止当前命令。

Delete键　删除拾取加亮的元素。

Shift键+鼠标左键　连续“选择”和“反选”图形元素。

二、命令的输入与执行

AutoCAD 的命令输入方式有三种，虽然各种方式略有不同，但均能实现绘图的目的，若结合使用可以大大提高绘图速度。

●菜单栏输入　左键单击主菜单中的相应项，弹出下拉菜单及子菜单，单击相应的命令项。

●工具栏输入　左键单击工具栏中相应命令按钮。

●命令行输入　在命令行内直接输入 AutoCAD 命令并回车，或按空格键。

输入命令后，按命令行的提示进行操作。

三、命令的终止

在任何情况下，按键盘上的Esc键，即终止正在执行的操作。连续按Esc键，可以退回到命令状态，即终止当前命令。通常情况下，在命令的执行过程中，单击右键或↙（代表按回车键 Enter，下同），也可终止当前操作直至退出命令。

在某一命令的执行过程中选择另一命令后，系统会自动退出当前命令而执行新命令。只有在命令执行过程中弹出对话框或输入数据窗口时，系统才不接受其他命令的输入。

四、点的输入

1. 鼠标输入

用鼠标输入点的坐标就是通过移动鼠标的十字光标线，选择需要输入的点的位置，选中后单击左键，该点的坐标即被输入。绘制一些简单图形时，鼠标和键盘配合输入非常方便快捷，而且 AutoCAD 提供了动态输入，可在鼠标侧面的动态框中输入数据。

2. 键盘输入

用键盘键入拟输入点的坐标并↙（或按空格键），该点即被输入。

【例 9-1】　绘制图 9-10 所示平面图形，不注尺寸。

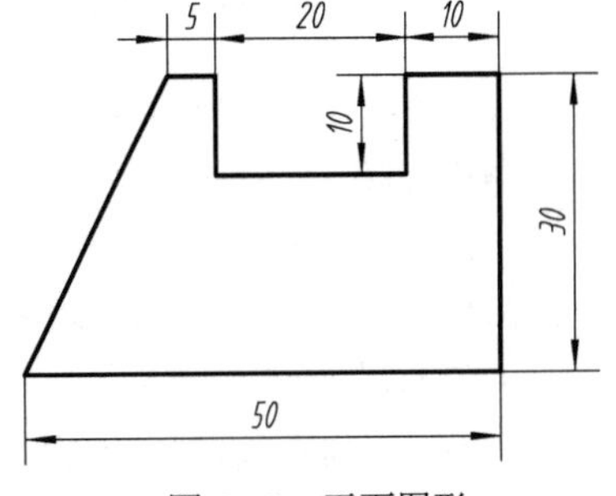

图 9-10　平面图形

操作步骤

鼠标左键单击（以下简称“左击”）状态栏“正交模式”按钮，打开“正交”模式。此时移动光标，方便画出水平和垂直方向的线条。左击绘图工具栏中的“直线”按钮，命令与数据输入区提示：

LINE 指定第一个点：（光标移动到适当位置后单击左键，完成第一点即图中左下角点的输入）

LINE 指定下一点或[放弃(U)]：（向右移动光标）50↙

LINE 指定下一点或[放弃(U)]：（向上移动光标）30↙

LINE 指定下一点或[闭合(C) 放弃(U)]：（向左移动光标）10↙

LINE 指定下一点或[闭合(C) 放弃(U)]：（向下移动光标）10↙

LINE 指定下一点或[闭合(C) 放弃(U)]：（向左移动光标）20↙

LINE 指定下一点或[闭合(C) 放弃(U)]: （向上移动光标）10↙

LINE 指定下一点或[闭合(C) 放弃(U)]: （向左移动光标）5↙

LINE 指定下一点或[闭合(C) 放弃(U)]: c↙

3. 特征点的捕捉

为了使鼠标输入点准确、快捷，AutoCAD 提供了“捕捉”“追踪”功能。鼠标右键单击（以下简称“右击”）状态栏的“对象捕捉”按钮，可设置需要捕捉的特征点。打开“对象捕捉”和“对象捕捉追踪”按钮后，在执行绘图命令期间，鼠标临近图样特征点时，界面上会出现特征点标志。将光标悬停于该点片刻，移动光标自动启动追踪，绘图区便出现追踪虚线，方便绘图。

右击“状态栏”的“对象捕捉”按钮，在弹出的快捷菜单中左击“设置”，弹出“草图设置”对话框。左击“草图设置”对话框中的“对象捕捉”选项卡，如图 9-11 所示，可在其中勾选一个或多个对象捕捉模式。在此对话框中还可对“捕捉和栅格”“极轴追踪”“三维对象捕捉”“动态输入”“快捷特性”“选择循环”等各选项进行设置。

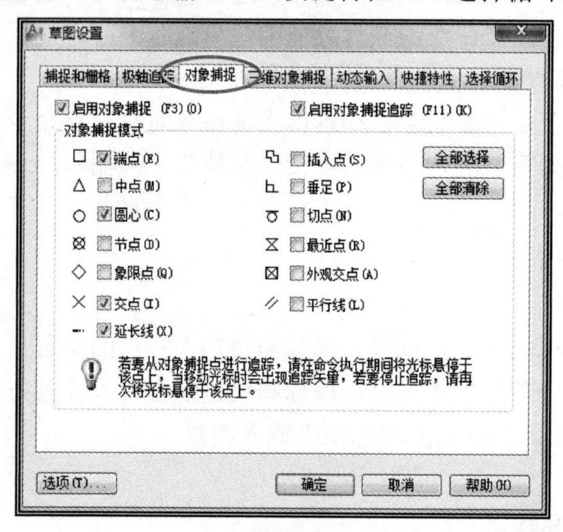

图 9-11 “草图设置”对话框

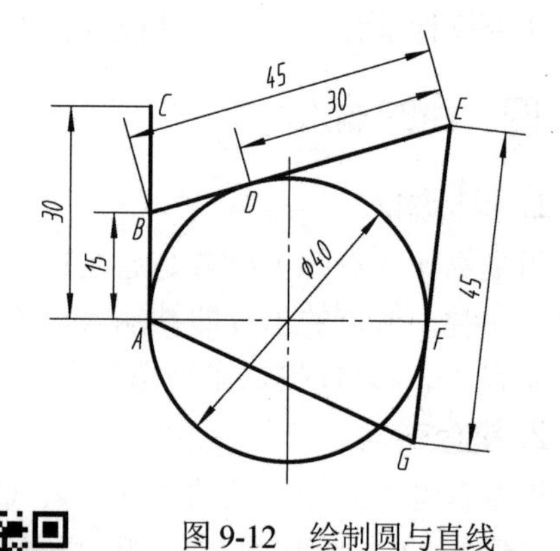

图 9-12 绘制圆与直线

【例 9-2】 绘制图 9-12 所示圆与直线。

操作步骤

左击“状态栏”内“对象捕捉”按钮、“对象捕捉追踪”按钮，使其处于打开状态。设置需要捕捉的特征点为象限点、端点、中点、切点。

①绘制圆。左击绘图工具栏中的“圆”按钮，命令与数据输入区提示：

CIRCLE 指定圆的圆心或[三点(3P) 两点(2P) 切点、切点、半径(T)]: （光标移动到适当位置后单击左键，完成圆心点输入）

CIRCLE 指定圆的半径或[直径(D)] <默认值>: 20↙

②绘制切线 AC。左击绘图工具栏中的“直线”按钮，命令与数据输入区提示：

LINE 指定第一个点: （如图 9-13a 所示，捕捉 $\phi40$ 圆的左侧象限点并左击，垂直向上移动光标）

LINE 指定下一点或[放弃(U)]: 30↙

按空格键，确认绘制结束。

③绘制切线 BE、EG 和直线 GA。关闭“正交”按钮，按空格键（重复直线命令），命令与数据输入区提示：

LINE 指定第一个点：（捕捉直线 AC 中点 B 后左击）

如图 9-13b 所示，沿圆弧移动光标，捕捉切点 D，并沿 BD 方向移动光标，启动捕捉追踪，命令与数据输入区提示：

LINE 指定下一点或[放弃(U)]: 45↙

LINE 指定下一点或[闭合(C) 放弃(U)]: （如图 9-14a 所示，沿 ϕ40 圆移动光标，捕捉切点 *F*，并沿切线方向移动光标，引出追踪线）45↙

LINE 指定下一点或[闭合(C) 放弃(U)]: （如图 9-14b 所示，捕捉点 A，单击左键）

按空格键确认绘制结束。

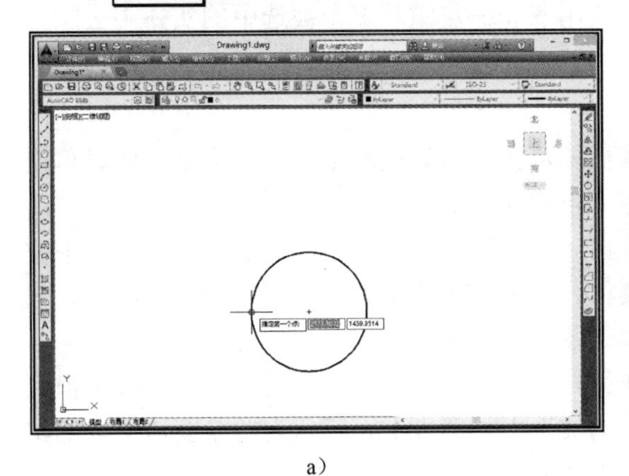

a）

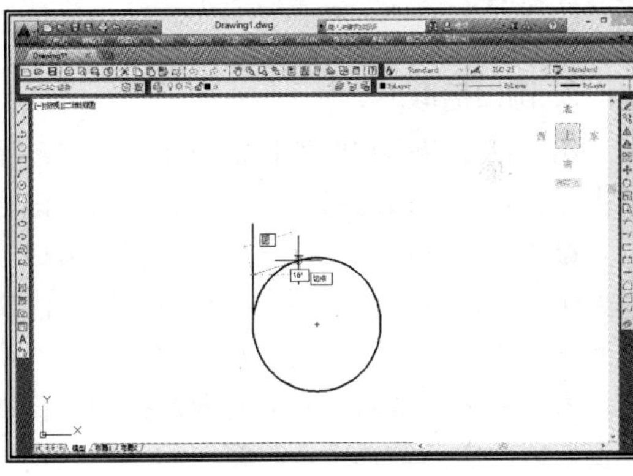

b）

图 9-13　绘制圆与直线（一）

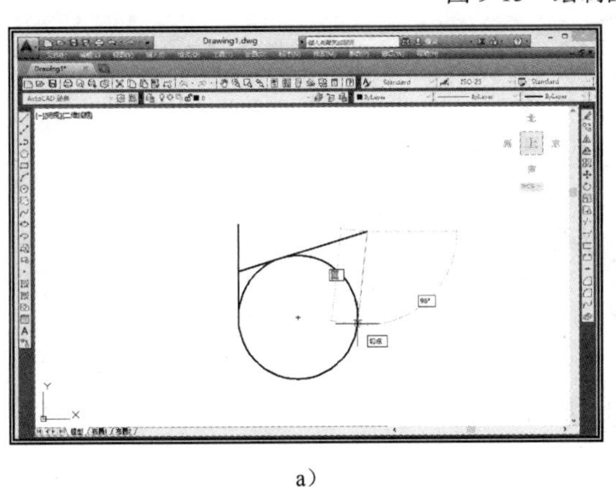

a）

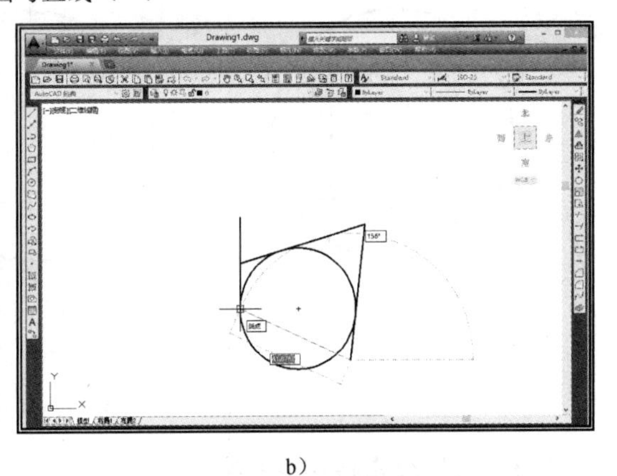

b）

图 9-14　绘制圆与直线（二）

五、文字及特殊字符的输入

AutoCAD 支持汉字、字符及符号的输入，输入字符或符号时，可以使用各种输入法中软键盘提供的字符或符号，AutoCAD 也提供了一些特殊字符（如 ϕ、°、±等）的输入格式，见表 9-1。

表 9-1　特殊字符的输入格式

内　容	键盘输入	内　容	键盘输入
ϕ50	%%c50	40±0.09	40%%p0.09
2×ϕ50	2x%%c50	60°	60%%d

六、拾取实体的方法

在许多命令（特别是修改命令）的执行过程中，常需要拾取实体，即拾取绘图时所用的直线、圆弧、块或图符等元素。

1. 单个拾取

移动光标，使待选实体位于光标拾取框内（图线变粗），单击左键，图线出现特征点，该实体被选中。可用左键连续拾取多个实体，或用 Shift+左键从多个被选中的实体中去除某个实体。

2. 窗口拾取

用左键在界面空白处指定一点后，移动鼠标即从指定点处拖动出一个矩形框，此时再次单击左键指定窗口的另一角点，则两角点确定了拾取窗口的大小。

●*左右窗口拾取*——从左向右拖动窗口（第一角点在左、第二角点在右），只能选中完全处于窗口内的实体，不包括与窗口相交的实体。图 9-15b 所示为左右窗口拾取的结果，只有两条水平粗实线、一条点画线和小圆被选中（图中的红色点线）。

●*右左窗口拾取*——从右向左拖动窗口（第一角点在右，第二角点在左），此时不但位于窗口内的实体被选中，与窗口相交的元素也均被选中。图 9-15c 所示为右左窗口拾取的结果，所有实体（图线）均被选中（图中的红色点线）。

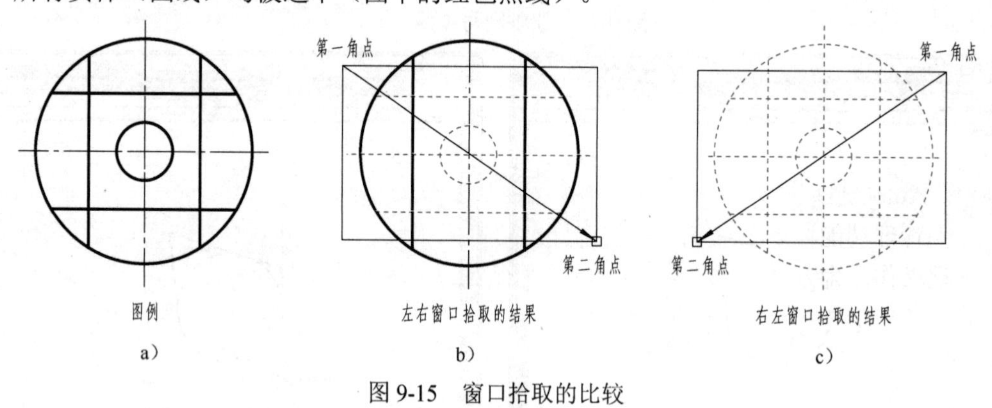

图 9-15　窗口拾取的比较

七、删除实体的方法

对已存在的元素进行删除，常采用以下两种方法：

1. 命令删除

●由工具栏输入　左击修改工具栏中的“删除”按钮。

●由主菜单输入　左击主菜单中的【修改】→【删除】命令。

命令输入后，操作提示为“拾取添加：”，在拾取元素时，可以单个拾取，也可以用窗口拾取。被拾取元素变为点线，单击右键或↙确认后，所选元素即被清除。

2. 预选删除

在空命令状态下，拾取一个或一组元素，这些元素变为点线，这时称为预选状态。在预选状态下，可通过以下三种方法将预选的实体删除：

●按键盘上的 Delete 键，所选元素即被删除。

●左击修改工具栏中的“删除”按钮，所选元素即被删除。

●单击右键，弹出快捷菜单，左击“删除”项，所选元素即被删除。

八、显示控制

1. 重画

重画命令的功能是刷新当前窗口中的所有图形。左击主菜单中的【视图】→【重画】或【重生成】命令。

2. 显示窗口

显示窗口的功能是将指定窗口内的图形进行缩放。命令的输入常采用以下两种方式：

●**由工具栏输入**　左击主菜单中的【视图】→【缩放】命令，在弹出的子菜单中选择视图缩放的方法，按系统提示的操作进行缩放。

●**由智能鼠标输入**　上下滚动鼠标滚轮，实现窗口图形的动态放缩。

使用以上功能不会更改图形中对象的绝对大小，仅更改视图显示的比例。

3. 显示平移

画图时除可以使用主菜单、工具栏的“平移”命令外，常采用按住鼠标滚轮后移动鼠标的方式，动态显示平移。

第三节　常用的文件操作

在使用计算机绘图的操作中，所绘图形都是以文件的形式存储在计算机中，故称之为图形文件。AutoCAD 软件具有方便、灵活的文件管理功能。

文件管理功能通过主菜单中的【文件】菜单来实现。左击相应的菜单项，即可实现对文件的管理操作。为方便使用，AutoCAD 还将常用的“新建”“打开”“保存”和“打印”等功能，以按钮形式放在标准工具栏中。

一、新建文件

启动 AutoCAD，就创建了一个新文件，默认文件名为“Drawing1.dwg”，同时在不退出系统的状态下，还可建立若干新文件，默认文件名为“Drawing2.dwg”“Drawing3.dwg”……

命令的输入常采用以下两种方式：

●**由工具栏输入**　左击标准工具栏中的“新建”按钮。

●**由主菜单输入**　左击主菜单中的【文件】→【新文件】命令。

命令输入后，弹出“选择样板”对话框，如图 9-16 所示。

对话框有两个窗口，左边是样板文件的选择框，右边是所选样板的预览窗口，默认 acadiso

样板。

图 9-16 “选择样板”对话框

二、保存文件

保存文件就是将当前绘制的图形以文件形式存储到磁盘上。

命令的输入常采用以下两种方式：

●由工具栏输入　左击标准工具栏中的“保存”按钮。

●由主菜单输入　左击主菜单中的【文件】→【保存】命令。

如果当前文件未曾保存，则系统弹出一个“图形另存为”对话框（与图 9-16 相似）。在对话框的“文件名”输入框内输入文件名，单击 保存(S) 按钮，系统即按所给文件名及路径存盘。文件存储的类型可以选择 AutoCAD 文件的不同版本、格式，左击“文件类型”下拉按钮，在弹出的列表中选择即可，如图 9-17 所示。

如果当前文件为有名文件，执行保存文件命令后，将以原文件名快速存盘，原文件被覆盖。

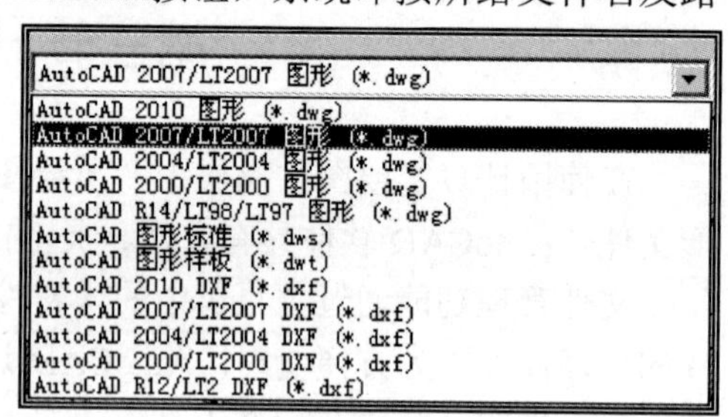

图 9-17 文件类型选择

三、打开文件

打开文件就是要调出一个已存盘的图形文件。

命令的输入常采用以下两种方式：

●由工具栏输入　左击标准工具栏中的“打开”按钮。

●由主菜单输入　左击主菜单中的【文件】→【打开】命令。

命令输入后，弹出“选择文件”对话框，如图 9-18 所示。在显示窗口中选取要打开的文件名，单击 打开(O) 按钮，系统将打开一个图形文件。

四、另存文件

另存文件就是将当前图形文件换名存盘，并以新的文件名作为当前文件名。

左击主菜单中的【文件】→【另存为】命令，弹出“图形另存为”对话框，在对话框的“文件名”输入框内输入一个新文件名，单击 保存(S) 按钮，系统即按所给的新文件名存盘。

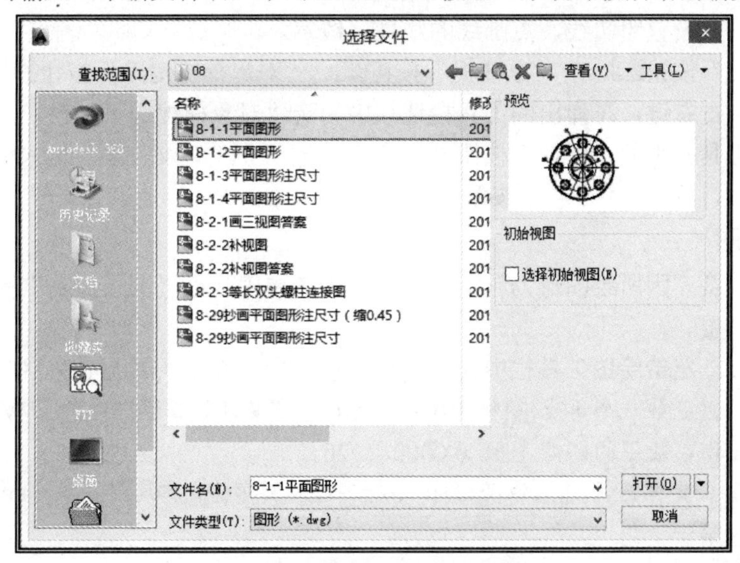

图 9-18　“选择文件”对话框

当希望在保存修改文件的同时，又使原有文件得以保留，则不能进行“保存文件”操作，必须进行“另存文件”操作。

第四节　简单图形的绘制

通过绘制简单图形，熟悉并掌握矩形、圆、两点线以及正多边形的绘制方法；熟悉并掌握修剪、镜像、删除、拉伸、分解、矩形阵列、环形阵列等常用修改操作方法；掌握常用的显示控制方法；熟悉工具栏菜单的使用方法及文件的存储方法。

【例 9-3】　按 1∶1 的比例，绘制图 9-19 所示的简单图形，不注尺寸。将所绘图形存盘，文件名：简单图形。

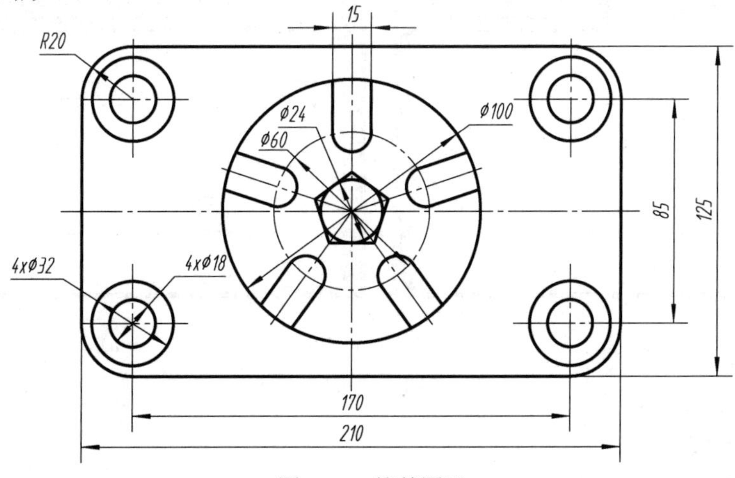

图 9-19　简单图形

作图步骤

左击图层工具栏“图层特性管理器”按钮，在弹出的对话框中新建“粗实线”层、“点画线”层，并设置粗实线、点画线的线型、线宽。

点亮“正交”按钮、“对象捕捉”按钮、“对象捕捉追踪”按钮。为方便画图，可在工具栏处单击右键，在弹出的工具栏选项中勾选“对象捕捉”工具栏。

左击标准工具栏中的“保存”按钮，在弹出对话框的“文件名”输入框内，输入文件名“简单图形”，单击 保存(S) 按钮，保存文件。

1. 绘制矩形

①选择当前层。因所绘图形为粗实线，故左击图层工具栏“图层控制”窗口，选择当前层为“粗实线”层。

②绘制矩形。左击绘图工具栏中的“矩形”按钮，命令与数据输入区提示：

RECTANG 指定第一个角点或[倒角(C) 标高(E) 圆角(F) 厚度(T) 宽度(W)]：f↙

RECTANG 指定矩形的圆角半径<0.0000>：20↙

RECTANG 指定第一个角点或[倒角(C) 标高(E) 圆角(F) 厚度(T) 宽度(W)]：(移动光标在适当位置输入第一个角点)

RECTANG 指定另一个角点或[面积(A) 尺寸(D) 旋转(R)]：d↙

RECTANG 指定矩形的长度<10.0000>：210↙

RECTANG 指定矩形的宽度<10.0000>：125↙

移动光标确定矩形的位置后，单击左键，绘出的图形如图 9-20a 所示。

2. 绘制左下角处的圆

左击绘图工具栏中的“圆”按钮，命令与数据输入区提示：

CIRCLE 指定圆的圆心或[三点(3P) 两点(2P) 切点、切点、半径(T)]：（光标捕捉左下圆角，此时圆角的圆心有十字线显示，移动光标至十字线处，单击左键确定圆心）

CIRCLE 指定圆的半径或[直径(D)] <默认值>：9↙

同理，绘出 ϕ32 同心圆，如图 9-20b 所示。

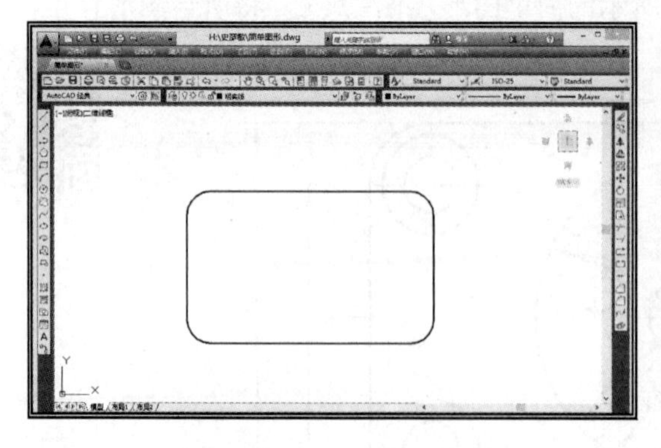

a）

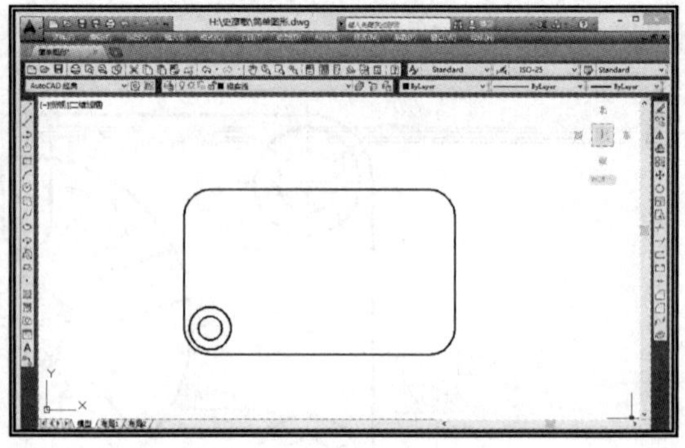

b）

图 9-20　简单图形的绘制（一）

3. 绘制点画线

将当前层设置为“点画线”层。

左击绘图工具栏中的“直线”按钮，命令与数据输入区提示：

LINE 指定第一个点：（捕捉矩形左侧边线中点，左移光标启动对象捕捉追踪，如图 9-21a 所示，在合适位置单击左键确定直线起点）

LINE 指定下一点或[放弃(U)]：（沿直线方向右移光标，在合适位置确定直线终点）

完成水平点画线绘制，如图 9-21b 所示。按空格键结束直线命令。

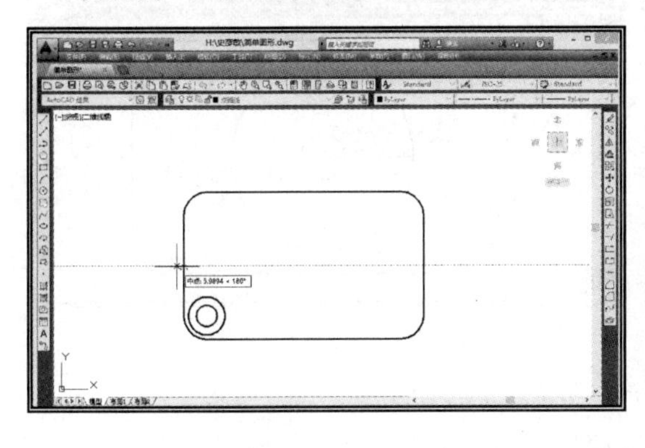

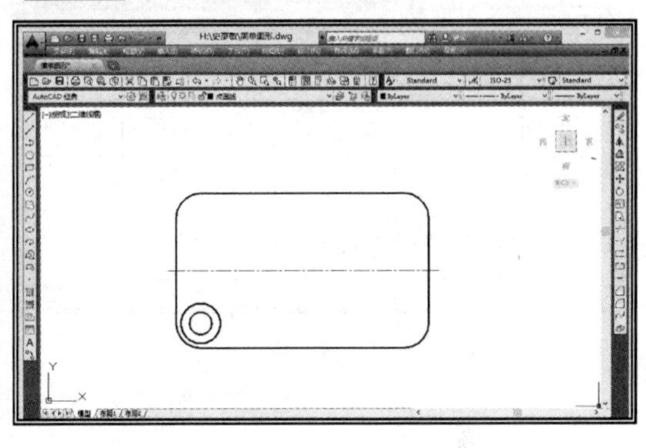

a）　　b）

图 9-21　简单图形的绘制（二）

同理，绘制竖直点画线及左下角圆的中心线，如图 9-22a 所示。

4. 绘制中部圆

改变当前层设置，重复“圆”命令，绘制中部的圆，绘出的图形如图 9-22b 所示。

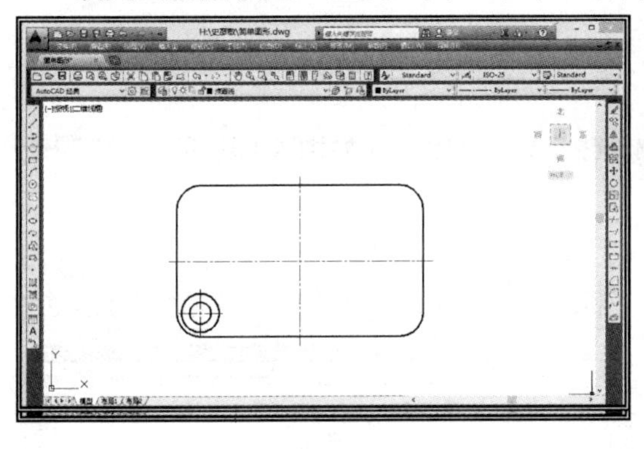

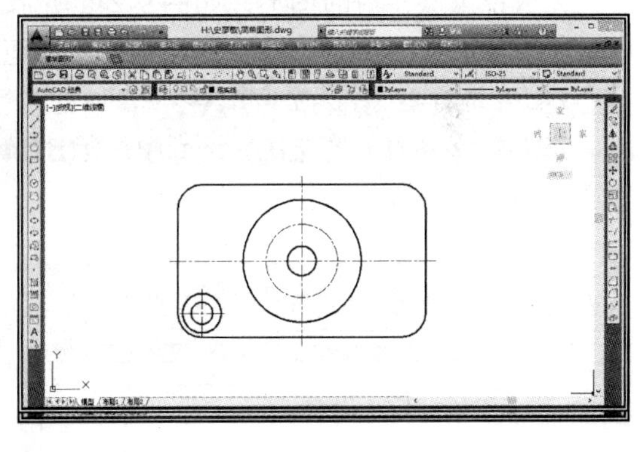

a）　　b）

图 9-22　简单图形的绘制（三）

5. 绘制顶部 U 形槽

①绘制小圆。左击绘图工具栏中的“圆”按钮，命令与数据输入区提示：

CIRCLE 指定圆的圆心或[三点(3P) 两点(2P) 切点、切点、半径(T)]：（左击捕捉工具栏中的“捕捉到象限点”按钮，将光标置于点画线圆顶部，待出现象限点标记时单击左键，如图 9-23a 所示）

CIRCLE 指定圆的半径或[直径(D)]<默认值>：7.5↙

②绘制小圆切线。左击绘图工具栏中的“直线”按钮，命令与数据输入区提示：

LINE 指定第一个点：（捕捉 ϕ15mm 圆的左象限点，单击左键，确定直线起点）

LINE 指定下一点或[放弃(U)]：（沿竖直方向向上移动光标，超过图中 ϕ100mm 圆时，单击左键）

绘制出的图形，如图 9-23b 所示。

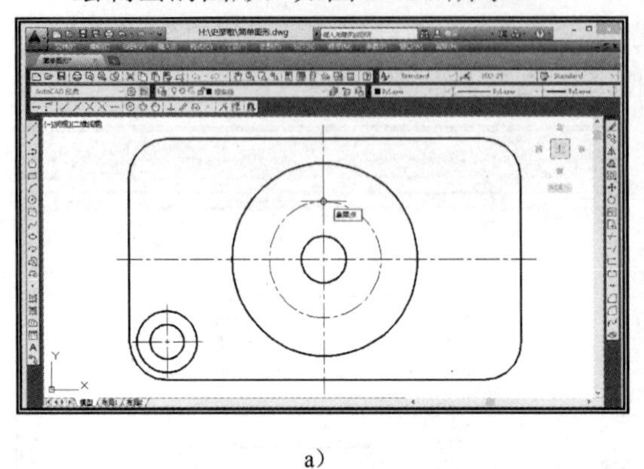

a）

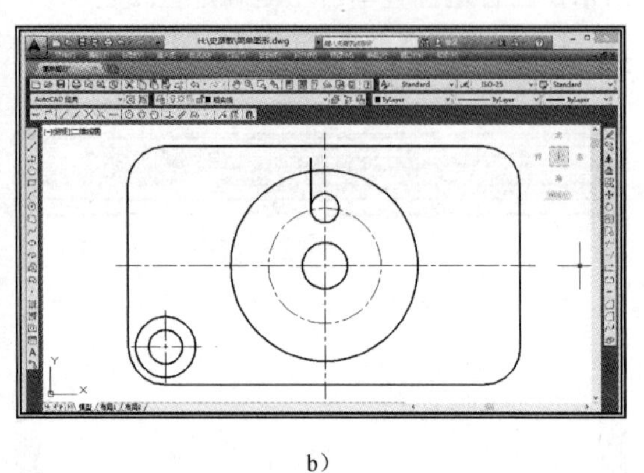

b）

图 9-23 绘制顶部 U 形槽（一）

③镜像。左击修改工具栏中的“镜像”按钮，命令与数据输入区提示：

MIRROR 选择对象：（拾取新绘制直线，单击右键确认）

MIRROR 指定镜像线的第一点：（左击竖直点画线的任一点）

MIRROR 指定镜像线的第一点：指定镜像线的第二点：（左击竖直点画线的另外一点）

MIRROR 要删除源对象吗？[是(Y) 否(N)]<N>：↙

完成镜像操作后的图形，如图 9-24a 所示。

④整理图形。左击修改工具栏中的“修剪”按钮，命令与数据输入区提示：

TRIM 选择对象或<全部选择>：↙

TRIM [栏选(F) 窗交(C) 投影(P) 边(E) 删除(R) 放弃(U)]：（如图 9-24b 所示，左击欲裁剪掉的多余线段）

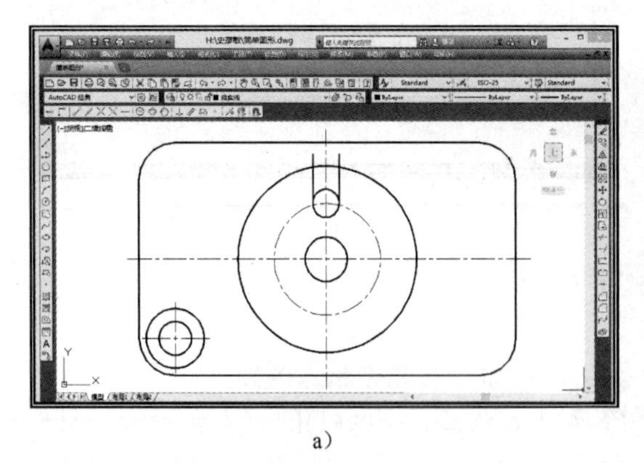

a）

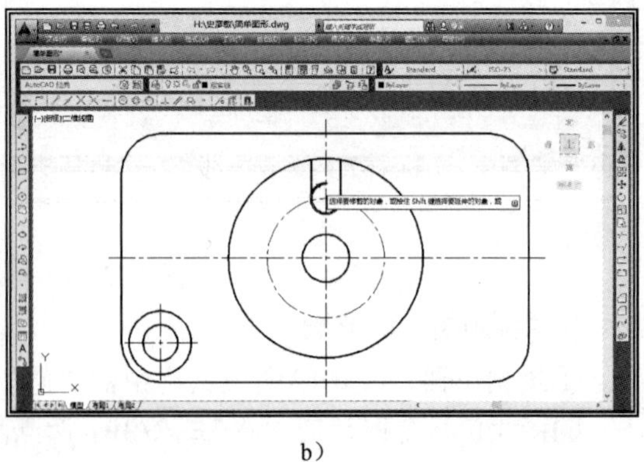

b）

图 9-24 绘制顶部 U 形槽（二）

6. 矩形阵列

矩形阵列的功能是通过一次操作，同时生成呈矩形分布的若干个相同的图形。

左击修改工具栏中的“阵列”按钮，命令与数据输入区提示：

ARRAYRECT 选择对象：（框选左下角圆及中心线，单击右键确认后的图形，如图 9-25a 所示）

ARRAYRECT 选择夹点以编辑阵列或[关联(AS) 基点(B) 计数(COU) 间距(S) 列数(COL) 行数(R) 层数(L) 退出(X)]<退出>：col↙

ARRAYRECT 输入列数数或[表达式(E)]<4>：2↙

ARRAYRECT 指定列数之间的距离或[总计(T) 表达式(E)]<默认值>：170↙

ARRAYRECT 选择夹点以编辑阵列或[关联(AS) 基点(B) 计数(COU) 间距(S) 列数(COL) 行数(R) 层数(L) 退出(X)]<退出>：r↙

ARRAYRECT 输入行数数或[表达式(E)]<3>：2↙

ARRAYRECT 指定行数之间的距离或[总计(T) 表达式(E)]<默认值>：85↙

完成矩形阵列后的图形，如图 9-25b 所示。

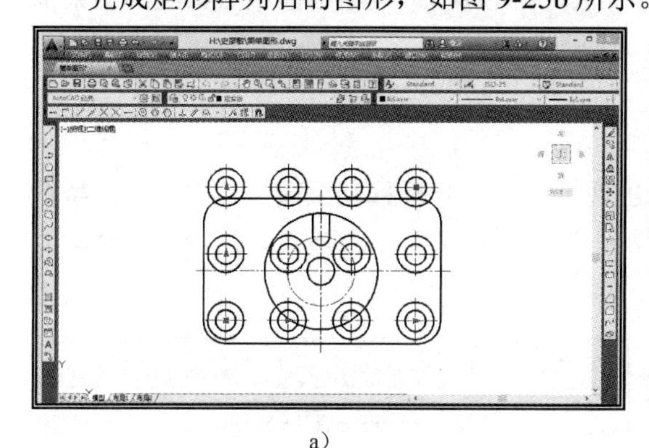

a)

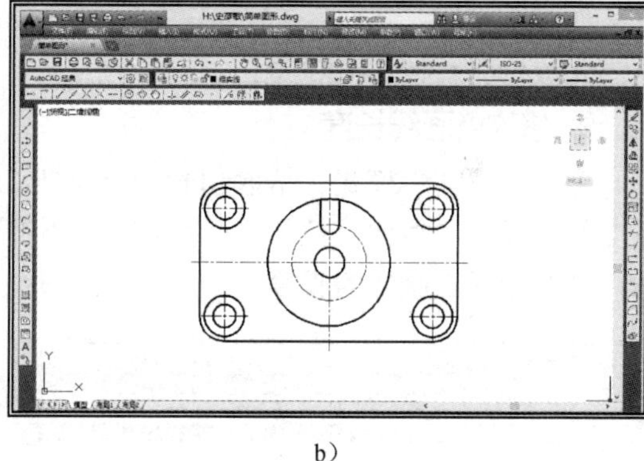

b)

图 9-25　矩形阵列

7. 环形阵列

环形阵列的功能是通过一次操作，同时生成呈圆形分布的若干个相同的图形。

左键长按修改工具栏中的“阵列”按钮，弹出一排按钮，光标移动到，松开左键，矩形阵列按钮变换成环形阵列按钮，命令与数据输入区提示：

ARRAYPOLAR 选择对象：（左键连续选取顶部槽线和竖直点画线，右键确认）

ARRAYPOLAR 指定阵列的中心点或[基点(B) 旋转轴(A)]：（在捕捉工具栏中指定“捕捉到圆心”，光标移动到点画线圆上捕捉其圆心，左击圆心后的图形，如图 9-26a 所示）

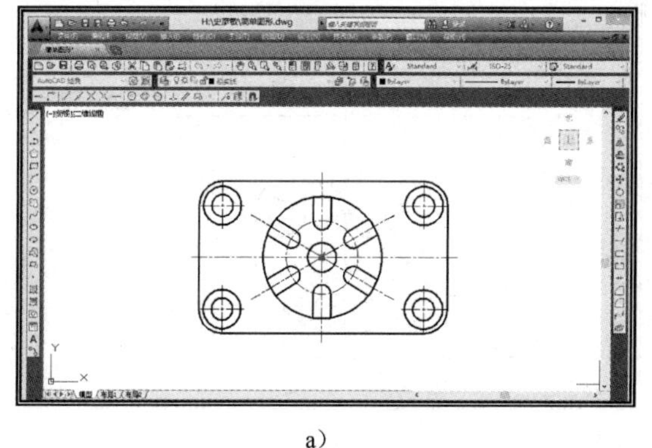

a)

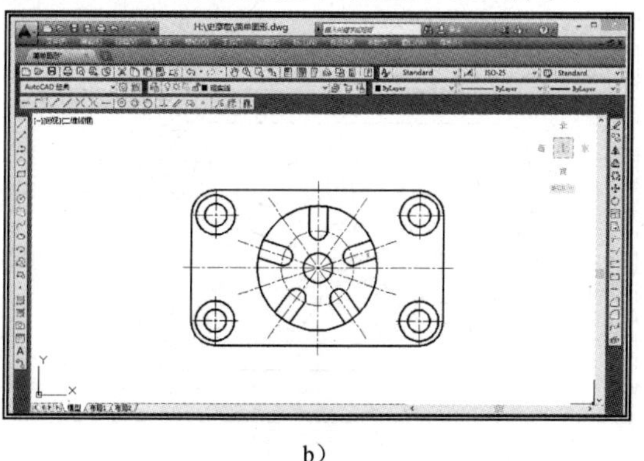

b)

图 9-26　环形阵列

ARRAYPOLAR 选择夹点以编辑阵列或[关联(AS) 基点(B) 项目(I) 项目间角度(A) 填充角度(F) 行(ROW) 层数(L) 旋转项目(ROT) 退出(X)]<退出>：i↙

ARRAYPOLAR 输入阵列中的项目数或[表达式(E)]<6>：5↙

完成环形阵列后的图形，如图 9-26b 所示。

8. 先“分解”后“修剪”

由于阵列后图形为块，如需修改应先分解。

左击修改工具栏中的“分解”按钮，命令与数据输入区提示：

EXPLODE 选择对象：（左键选择环形阵列形成的块，右键确认后，块被分解）

左击修改工具栏中的“修剪”按钮，命令与数据输入区提示：

TRIM 选择对象或<全部选择>：（拾取图中的水平点画线，右键确认）

TRIM [栏选(F) 窗交(C) 投影(P) 边(E) 删除(R) 放弃(U)]：（左击图中点画线的多余部分，如图 9-27a 所示）

完成修剪后按 Esc 键退出。

9. 修改点画线长度

关闭“正交”模式。拾取超长的点画线，出现特征点，光标移动至端点停留片刻，特征点变红并提示“拉伸　拉长”，如图 9-27b 所示。选择“拉长”，自端点开始沿图线移动光标，调整图中点画线的长度。

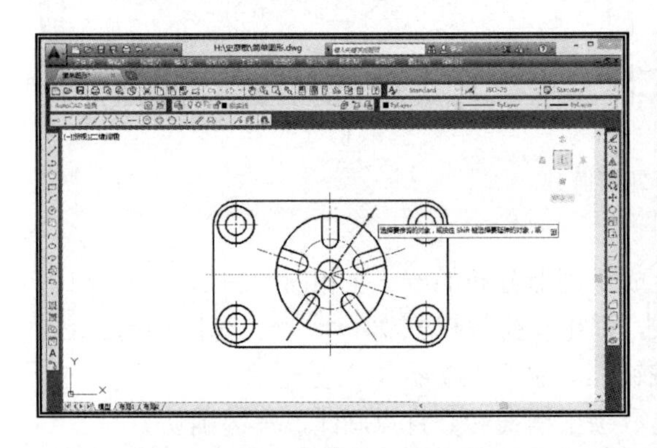

a）

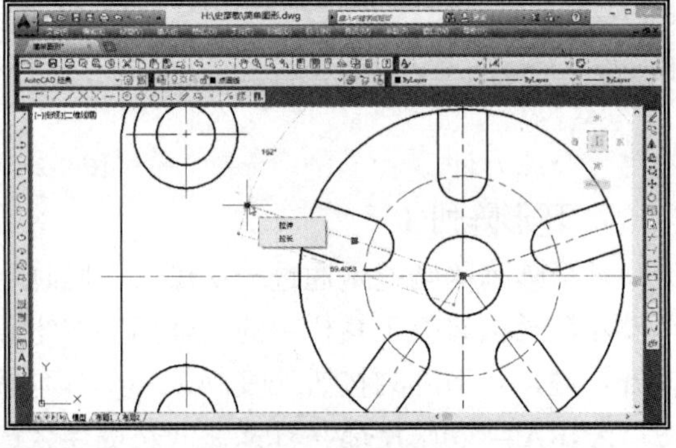

b）

图 9-27　修剪与拉长

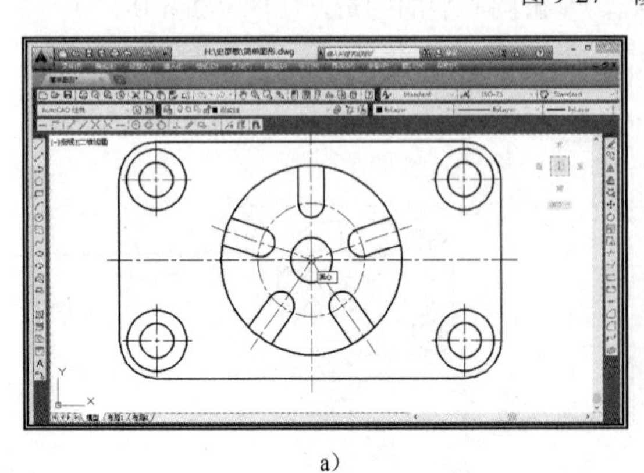

a）

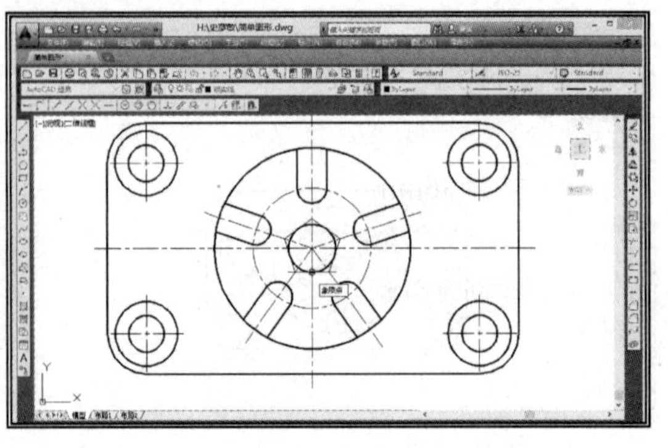

b）

图 9-28　绘制正多边形

10. 绘制正五边形

左击绘图工具栏中的“多边形”按钮，命令与数据输入区提示：

POLYGON 输入侧面数<4>：5↙

POLYGON 指定正多边形的中心点或[边(E)]：（如图 9-28a 所示，捕捉圆心后左击）

POLYGON 输入选项[内接于圆(I) 外切于圆(C)]<I>：c↙（选择外切于圆）

POLYGON 指定圆的半径：（如图 9-28b 所示，捕捉小圆下象限点后单击左键）

11. 保存文件

检查全图，确认无误后，左击“保存”按钮存储文件。

第五节 抄画平面图形并标注尺寸

通过抄画平面图形并标注尺寸，进一步掌握平面图形的绘制方法和编辑修改方法；掌握比例缩放的方法；掌握文本样式的设置方法；掌握标注样式的设置方法；熟悉并掌握尺寸标注的基本方法。

【例 9-4】 按 1∶2 的比例绘制图 9-29 所示平面图形，并标注尺寸。将所绘图形存盘，文件名：平面图形及尺寸。

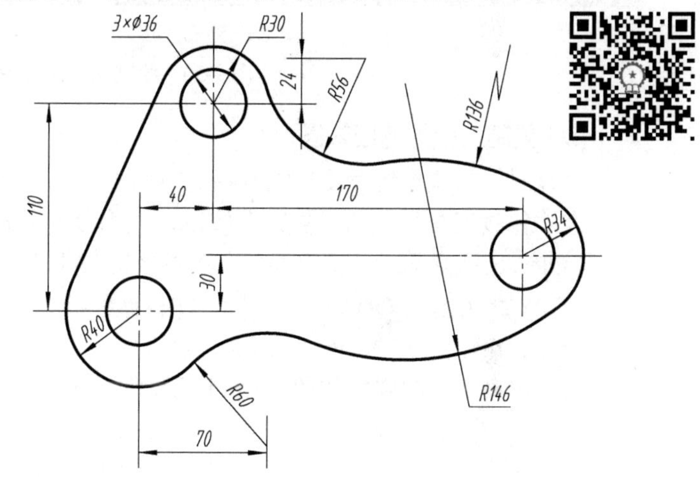

图 9-29 平面图形及尺寸

作图步骤

本例要求按 1∶2 的比例绘图，但为使作图方便、快捷，应先根据图中所注尺寸按 1∶1 的比例绘制图形。待图形绘制完成后，再进行比例缩放，使之达到题目要求。

左击图层工具栏“图层特性管理器”按钮，在弹出的对话框中新建“粗实线”“点画线”“尺寸标注”三个图层，并设置线型及其线宽。

点亮“正交”“对象捕捉”“对象捕捉追踪”按钮。

左击标准工具栏中的“保存”按钮，在“另存文件”对话框中输入文件名“平面图形及尺寸”，单击 保存(S) 按钮存储文件。

1. 绘制 ϕ36mm 已知圆及对称中心线

①绘制 ϕ36mm 圆。选择当前层为“粗实线”层，左击绘图工具栏中的“圆”按钮，提示：

指定圆的圆心或[三点(3P) 两点(2P) 切点、切点、半径(T)]：（用鼠标在适当位置确定圆心）

指定圆的半径或[直径(D)]：18↙

②绘制圆的对称中心线。选择当前层为“点画线”层，左击绘图工具栏中的“直线”，提示：

指定第一个点：（捕捉圆心，左移光标引出追踪线，如图 9-30a 所示，在合适位置单击左键确定直线起点）

指定下一点或[放弃(U)]：（沿追踪线右移光标，在合适位置单击左键确定直线终点）

完成水平点画线绘制，按空格键结束“直线”命令。

再按空格键重复“直线”命令，完成竖直方向点画线的绘制，如图 9-30b 所示。

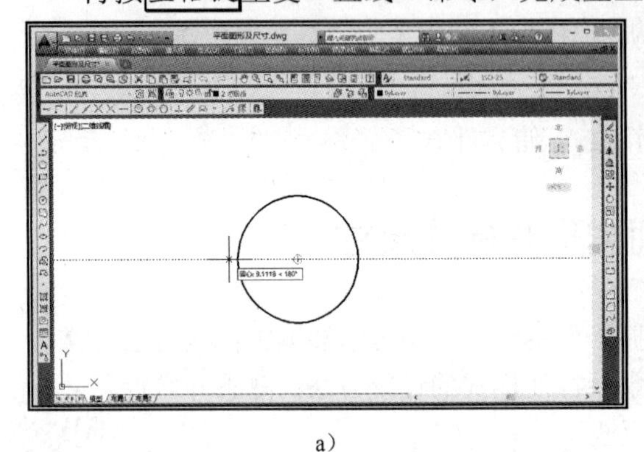

a）

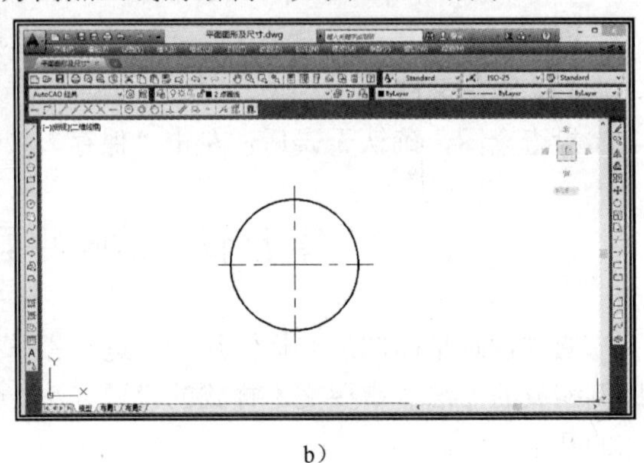

b）

图 9-30　绘制圆及对称中心线

2.“复制”相同的已知圆

“复制”功能是将对象复制到指定方向上的指定距离处。

左击修改工具栏中的“复制”按钮，命令与数据输入区提示：

COPY 选择对象：（拾取要复制的圆及对称中心线，单击右键结束拾取）

COPY 指定基点或[位移(D) 模式(O)]<位移>：↙

COPY 指定位移<0，0，0>：40，110↙

复制出最上方的圆，如图 9-31a 所示。

按空格键重复“复制”命令，提示：

选择对象：（再次拾取左下角圆及对称中心线，单击右键结束拾取）

指定基点或[位移(D) 模式(O)]〈位移〉：↙

指定位移〈40，110，0〉：210，30↙

复制出最右方圆，如图 9-31b 所示。

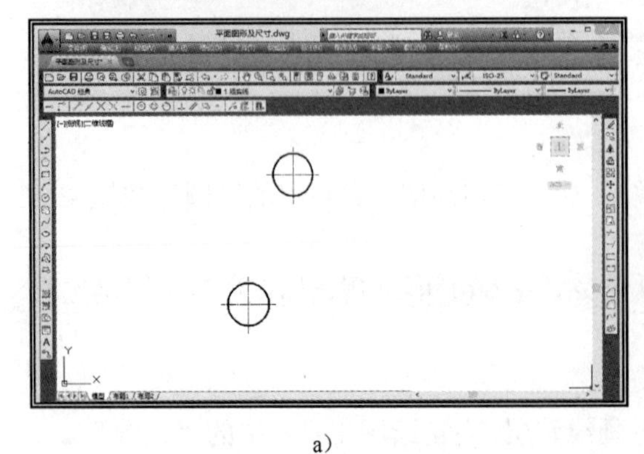

a）

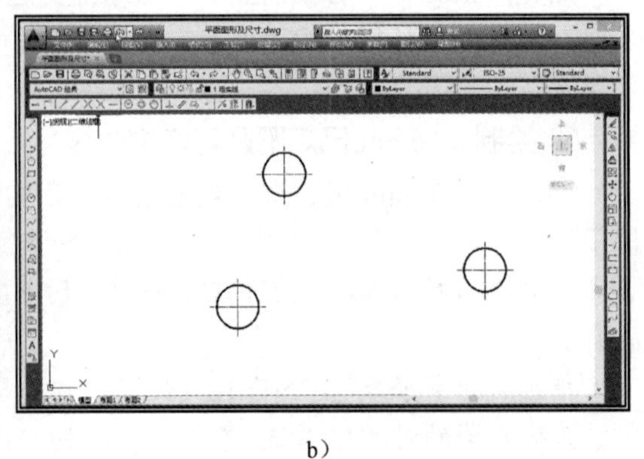

b）

图 9-31　复制

3. 绘制三个已知圆的同心圆

选择当前层为“粗实线”层，执行“圆”命令，以 *R*40、*R*30、*R*34 为半径，绘制出三个已知圆的同心圆。

4. 绘制两圆的公切线

执行“直线”命令，依次捕捉切点，绘制左侧两圆的公切线。

5. 利用“构造线”绘制 *R*60 中间弧

①绘制与 *R*60 中间弧相切的辅助线。左击绘图工具栏中的“构造线”按钮，命令与数据输入区提示：

XLINE 指定点或[水平(H) 垂直(V) 角度(A) 二等分(B) 偏移(O)]: v↙

XLINE 指定通过点:（如图 9-32a 所示，捕捉左下角圆的圆心，右移光标引出追踪线）130↙

绘制出的辅助线，如图 9-32b 所示。由于最终要删除辅助线，所以本例线型随意。

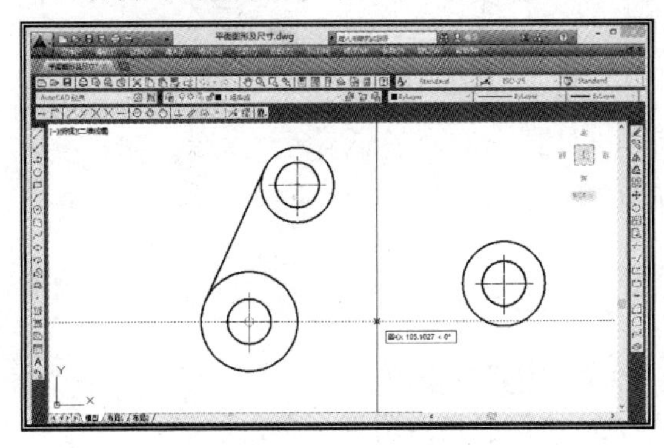

a）

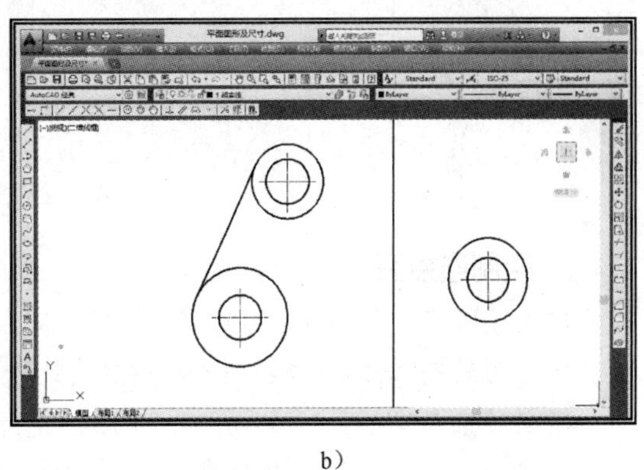

b）

图 9-32　绘制辅助线

②绘制 *R*60 圆弧。左击绘图工具栏中的“圆”按钮，提示：

指定圆的圆心或[三点(3P) 两点(2P) 切点、切点、半径(T)]: t↙

指定对象与圆的第一个切点：（移动光标至 *R*40 圆周上，如图 9-33a 所示，界面上显示切点标记，单击左键）

指定对象与圆的第二个切点：（移动光标至辅助线上，界面上显示切点标记，单击左键）

指定圆的半径：60↙

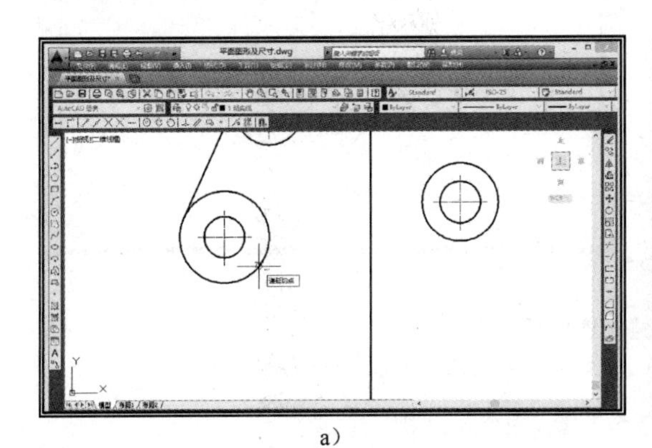

a）

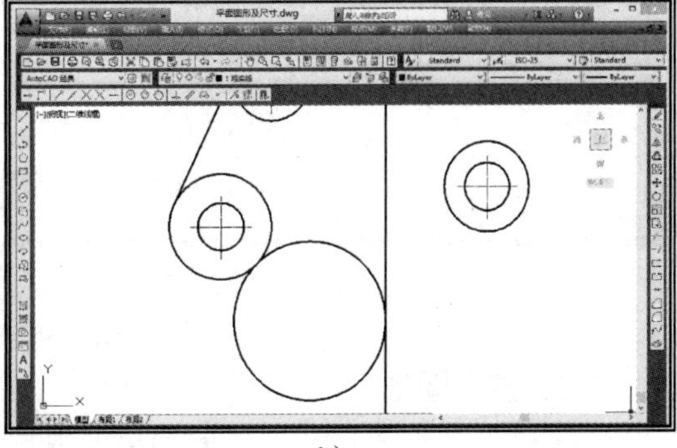

b）

图 9-33　绘制 *R*60 圆弧

绘制完成的图形，如图 9-33b 所示。拾取绘图辅助线（图中的构造线），按键盘上的Delete键，将其删除。

6. 绘制 *R*56 中间弧

用“构造线”命令画一条水平辅助线，用与步骤 5 同样的方法绘制 *R*56 中间弧，如图 9-34a、b 所示。最后删除辅助线。

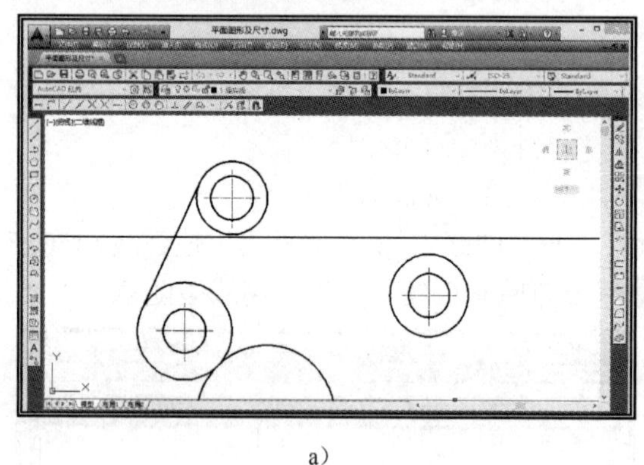

a）

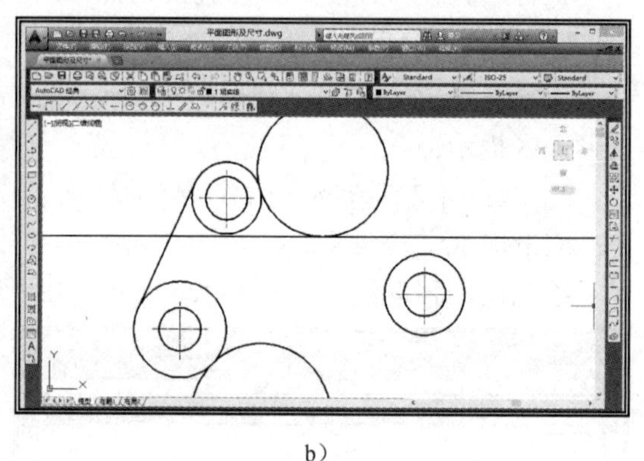

b）

图 9-34　绘制 *R*56 中间弧

7. 绘制连接弧

左击绘图工具栏中的“圆”按钮，提示：

指定圆的圆心或[三点(3P) 两点(2P) 切点、切点、半径(T)]: t↙

指定对象与圆的第一个切点：（移动光标至 *R*56 中间弧切点附近，单击左键）

指定对象与圆的第二个切点：（移动光标至 *R*34 已知弧切点附近，单击左键）

指定圆的半径：136↙

绘制完成的图形，如图 9-35a 所示。

重复上述步骤，完成另一个连接弧的绘制，如图 9-35b 所示。

用“修剪”命令去除多余图线。

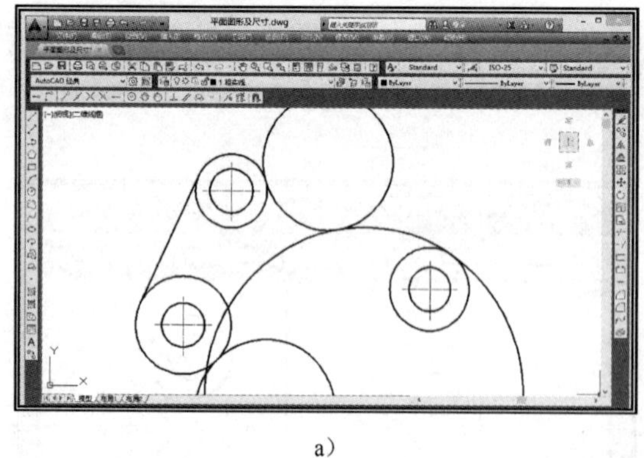

a）

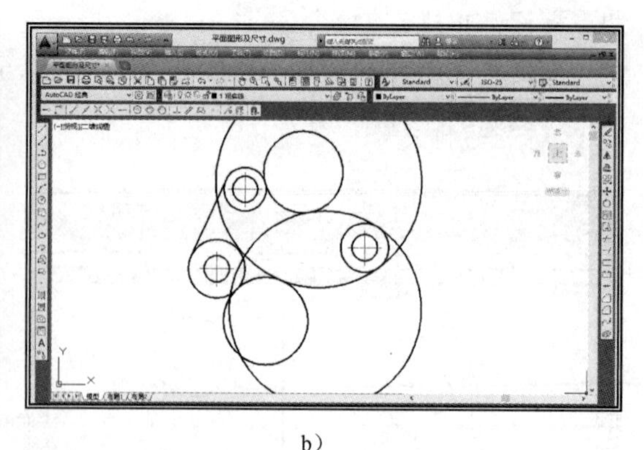

b）

图 9-35　绘制连接弧

8.“缩放”图形

左击修改工具栏中的“缩放”按钮，命令与数据输入区提示：

SCALE 选择对象：（框选已绘图样，单击右键确认）

SCALE 指定基点：（左击图样中心位置）

SCALE 指定比例因子或[复制(C) 参照(R)]：0.5↙

图形按 1∶2 的比例缩小。

9. 标注尺寸

①设置文字样式。左击样式工具栏中的“文字样式”按钮，在弹出的“文字样式”对话框中，新设置样式为“尺寸”。如图 9-36所示，完成字体及其他参数设置后，单击 应用(A) 按钮，再单击 确定 按钮，完成文本风格的设置。

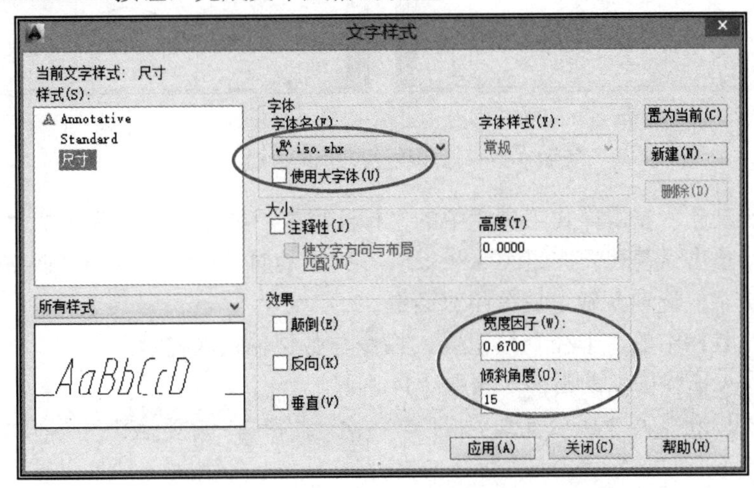

图 9-36　“文字样式”对话框

②设置标注样式。左击样式工具栏中的“标注样式”按钮，在弹出的“标注样式管理器”对话框中，新建标注样式“国标尺寸”。在弹出的对话框中，单击“线”选项卡，修改“起点偏移量”为“0”；单击“文字”选项卡，选择“文字样式”为“尺寸”；单击“主单位”选项卡，设定“精度”为“0”，“比例因子”为“2”。

返回到“标注样式管理器”对话框。将新建样式“国标尺寸”置为当前(C)，单击 关闭 按钮，完成标注风格的设置。

选择当前层为“尺寸”。右击工具栏任一按钮，勾选“标注”工具栏。

③标注线性尺寸。左击标注工具栏中的“线性”按钮，命令与数据输入区提示：

DIMLINEAR 指定第一个尺寸界线原点或<选择对象>：（拾取左下方圆的水平中心线）

DIMLINEAR 指定第二条尺寸界线原点：（拾取上方圆的水平中心线）

DIMLINEAR [多行文字(M) 文字(T) 角度(A) 水平(H) 垂直(V) 旋转(R)]：（移动光标至适当位置，单击左键，标注出两圆的中心距）

重复上述方法，标注出其他线性尺寸，如图 9-37a 所示。

> 提示：标注定位尺寸 24 和 70 时，指定第二条尺寸界线原点时要捕捉圆心。

④标注连续尺寸。先用“线性”标注命令标注尺寸 40，再左击标注工具栏中的“连续”按钮，命令与数据输入区提示：

DIMCONTINUE 指定第二条尺寸界线原点或[放弃(U) 选择(S)]<选择>：（如图 9-37b 所

示，拾取右侧圆的竖直中心线，注出连续尺寸 170）

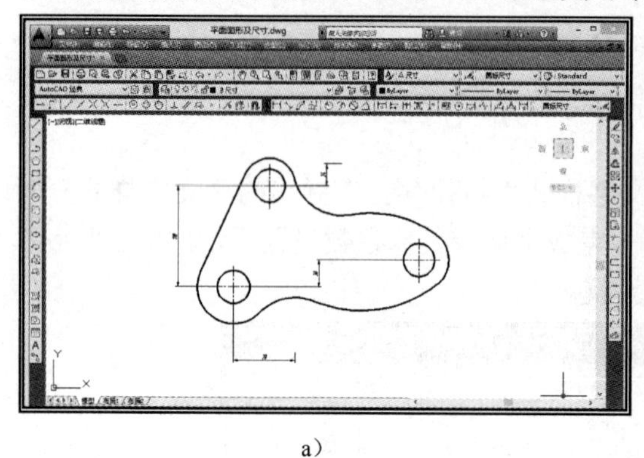

a）

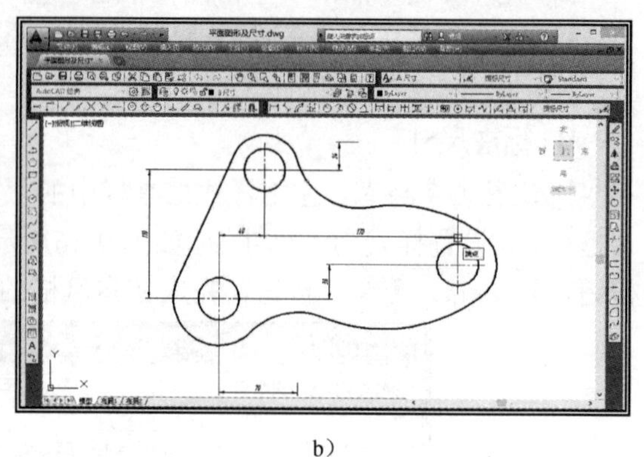

b）

图 9-37　标注线性尺寸和连续尺寸

⑤标注半径尺寸。左击样式工具栏中的“标注样式”按钮，在弹出的“标注样式管理器”对话框中，单击“替代”按钮 替代(O)... ，在弹出的对话框中，单击“调整”选项卡，勾选“手动放置文字”选项，确定后关闭对话框。

左击标注工具栏中的“半径”按钮，命令与数据输入区提示：

DIMRADIUS 选择圆弧或圆：（拾取 *R*34 圆弧）

DIMRADIUS 指定尺寸线位置或[多行文字(M) 文字(T) 角度(A)]：（拖动尺寸线至合适位置，单击左键）

按空格键注出半径尺寸 *R*40。

⑥标注 *R*136 圆弧半径尺寸。左击标注工具栏中的“折弯”按钮，命令与数据输入区提示：

DIMJOGGED 选择圆弧或圆：（拾取 *R*136 圆弧）

DIMJOGGED 指定图示中心位置：（用鼠标选择尺寸线的中心位置，此时界面上显示欲标注的尺寸，如图 9-38 所示）

DIMJOGGED 指定尺寸线位置或[多行文字(M) 文字(T) 角度(A)]：（移动光标选择尺寸线位置后，单击左键）

DIMJOGGED 指定折弯位置：（移动光标选择折弯位置后，单击左键）

⑦标注 *R*146 圆弧半径尺寸。再次设置标注样式替代，在“文字”选项卡中，选择“文字对齐”方式为“水平”。

左击标注工具栏中的“半径”按钮，命令与数据输入提示：

选择圆弧或圆：（拾取 *R*146 圆弧）

指定尺寸线位置或[多行文字(M) 文字(T) 角度(A)]：（拖动尺寸线至合适位置，单击左键）

用同样的方法，注出上部的 *R*30 和 *R*56 尺寸。

⑧标注圆的直径尺寸。左击标注工具栏中的“直径”按钮，命令与数据输入区提示：

DIMDIAMETER 选择圆弧或圆：（拾取最上方小圆）

DIMDIAMETER 指定尺寸线位置或[多行文字(M) 文字(T) 角度(A)]：t↙

DIMDIAMETER 输入标注文字<36>：3×%%c36↙

如图 9-39 所示，拖动尺寸线至合适位置，单击左键。

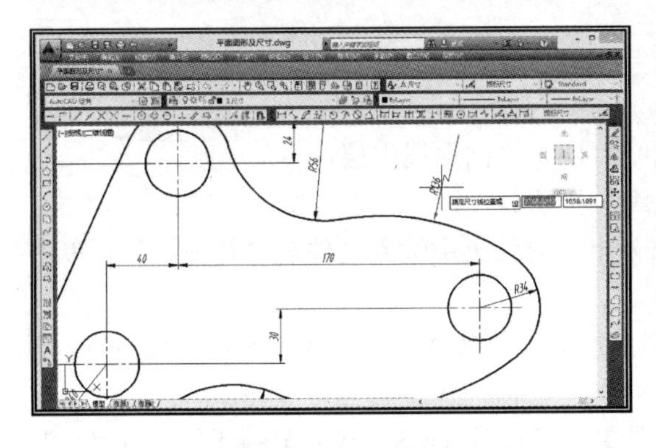

图 9-38　标注 *R*136 圆弧尺寸

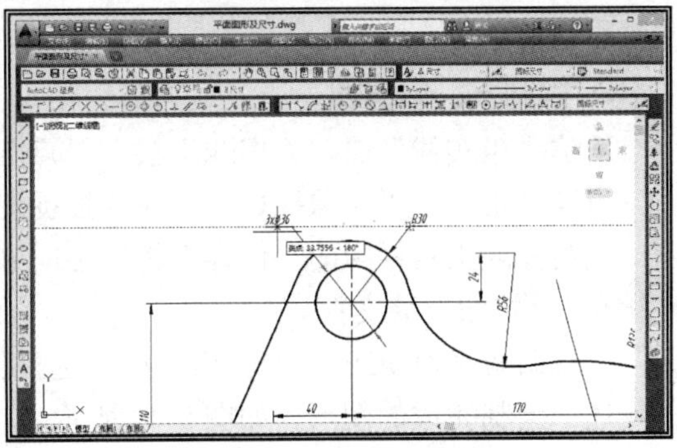

图 9-39　标注圆的直径尺寸

10. 保存文件

检查全图，确认无误后，保存文件。

第六节　补 画 视 图

通过抄画已知视图和按要求补画未知视图，掌握用户坐标系的设置方法，能通过设置用户坐标系简化作图；熟悉并掌握利用“对象捕捉追踪”功能保证基本视图之间符合“长对正、高平齐、宽相等”的三等关系；熟悉并掌握“剖面线”的绘制方法。

【例 9-5】　按 1∶1 的比例，抄画图 9-40 所示的主、俯视图，补画全剖的左视图，不注尺寸。将所绘图形存盘，文件名：补视图。

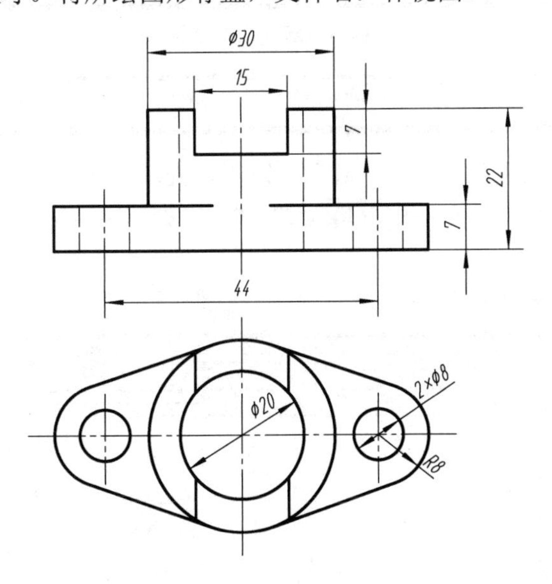

图 9-40　抄画与补画视图

图 9-41　形体分析

作图步骤

1. 形体分析

如图 9-41 所示，该形体由底板和开槽圆筒组合而成，底板侧面与圆柱面相切。在底板两侧对称地切割出小孔。

2. 绘制主、俯视图

新建“粗实线”层、“虚线”层、“点画线”层、“剖面线”层。

点亮“正交”“对象捕捉”“对象捕捉追踪”按钮。

左击标准工具栏中的“保存”按钮，在弹出的对话框中输入文件名“补视图”，单击 保存(S) 按钮存储文件。

①绘制俯视图 $\phi20$、$\phi30$ 同心圆。选择当前层为“粗实线”层，绘制圆的方法同前，不再赘述。绘制完成的图形，如图 9-42 所示。

②新建用户坐标系。左击主菜单中的【工具】→【新建 UCS（W）】→【原点（N）】命令，命令与数据输入区提示：

UCS 指定新原点<0，0，0>:（捕捉图中圆心，单击左键，确定原点）

新建用户坐标系如图 9-43 所示。

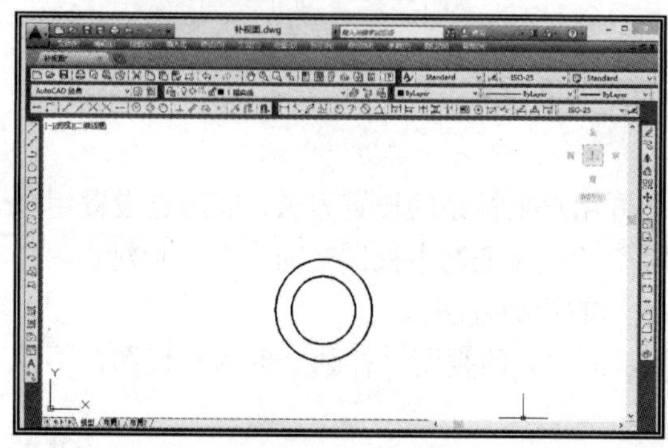

图 9-42　绘制俯视图中间的同心圆

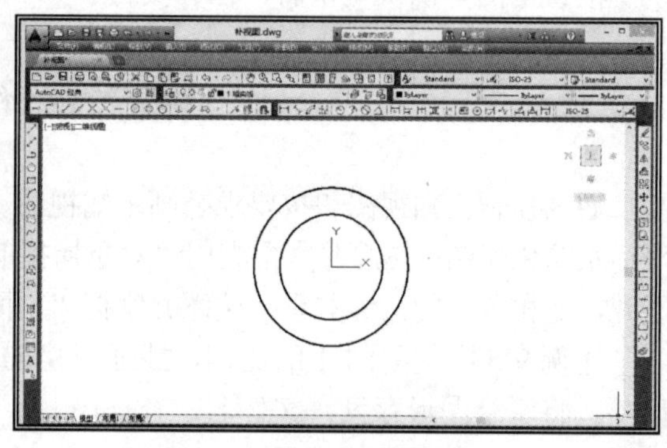

图 9-43　新建用户坐标系

提示：新设置的用户坐标系为当前用户坐标系。

③绘制俯视图 $\phi8$、$R8$ 同心圆。左击绘图工具栏中的“圆”按钮，提示：

指定圆的圆心或[三点(3P) 两点(2P) 切点、切点、半径(T)]: 22，0↙（如图 9-44a 所示，系统根据坐标确定圆心）

指定圆的半径或[直径(D)]: 4↙（完成 $\phi8$ 圆）

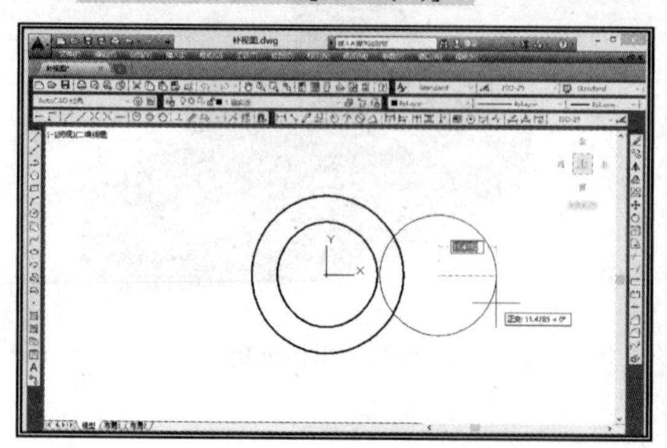

a）

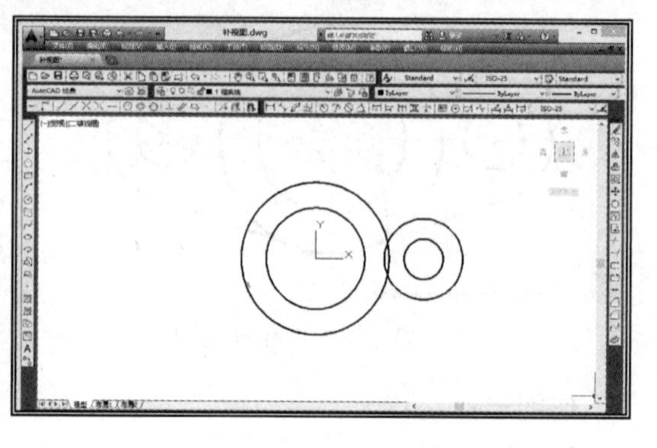

b）

图 9-44　绘制俯视图 $\phi8$、$R8$ 同心圆

重复“圆”命令，绘制 $R8$ 圆，完成的图形如图 9-44b 所示。

④绘制俯视图 $\phi30$ 圆与 $R8$ 圆的公切线。启用“直线”命令，提示：

指定第一个点：（在对象捕捉工具栏中选择“切点”）

指定第一点:_tan 到：（如图 9-45a 所示，移动光标至 $\phi30$ 圆切点附近，单击左键）

指定下一点或[放弃(U)]：（在对象捕捉工具栏中再次选择“切点”）

指定下一点或[放弃(U)]:_tan 到：（如图 9-45b 所示，移动光标至 $R8$ 圆切点附近，单击左键）

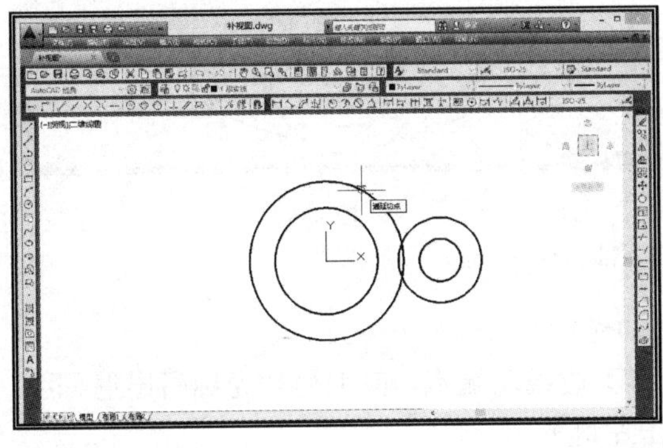

a）

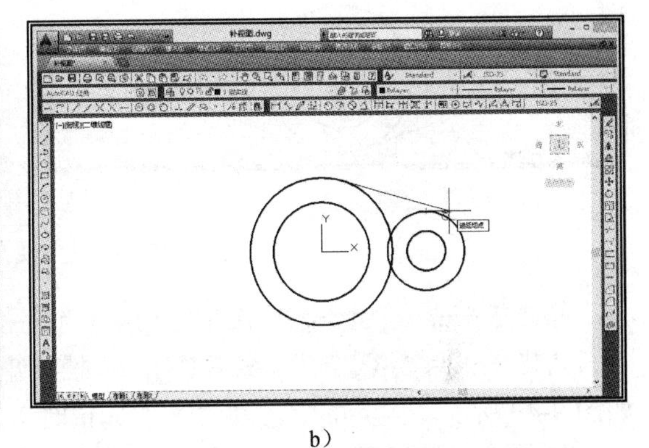

b）

图 9-45 绘制 $\phi30$、$R8$ 两圆的公切线

重复“直线”命令，绘制右下方的切线，如图 9-46 所示。

⑤镜像并整理图形。启用“镜像”命令，提示：

选择对象：（拾取两条公切线及右侧两个同心圆，单击右键确认）

指定镜像线的第一点：（左击图中坐标原点）

指定镜像线的第一点：指定镜像线的第二点：（如图 9-47 所示，向上或向下垂直移动光标后单击左键）

要删除源对象吗？[是(Y) 否(N)]<N>：↙

启用“修剪”命令，对照图例，去除俯视图的多余图线。

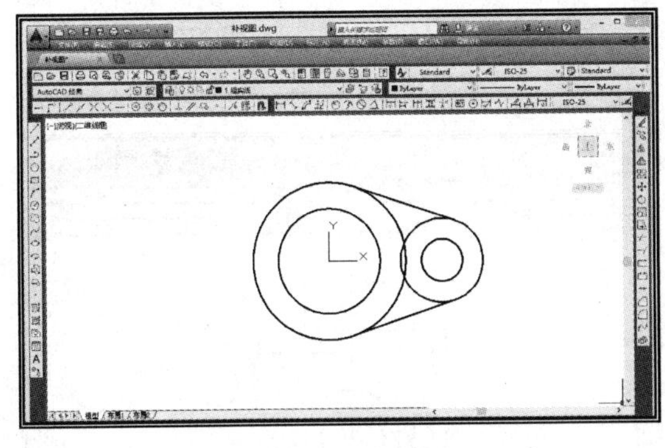

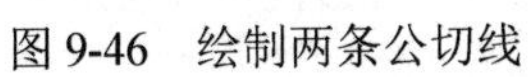

图 9-46 绘制两条公切线

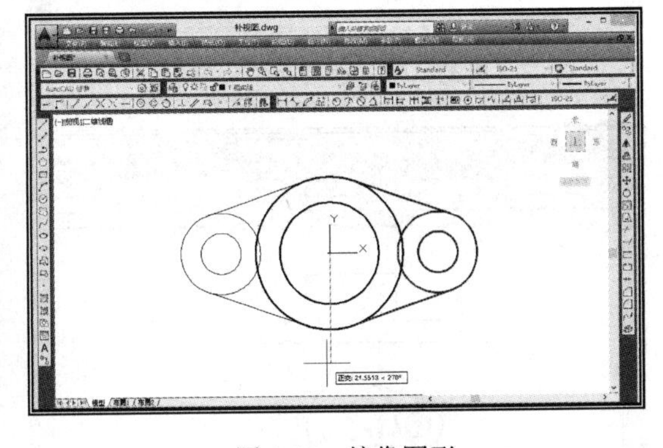

图 9-47 镜像图形

⑥绘制主视图下部的矩形线框。启用“直线”命令，提示：

指定第一点：（如图 9-48a 所示，光标捕捉左侧 $R8$ 圆弧左象限点，向上移动光标引出追踪线，在合适位置单击左键）

指定下一点或[放弃(U)]: （光标捕捉右侧 *R*8 圆弧右象限点，向上移动光标引出追踪线。如图 9-48b 所示，当界面上出现“×”标记时单击左键）

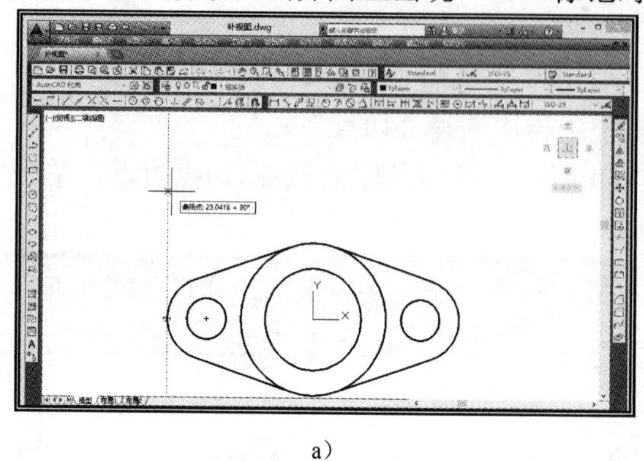

a）

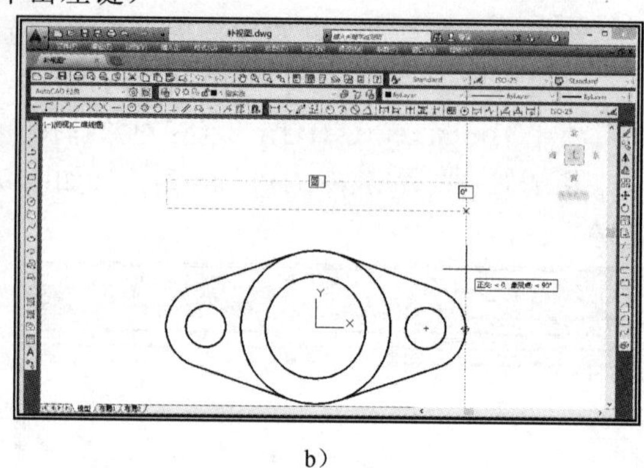

b）

图 9-48　绘制主视图下部矩形（一）

指定下一点或[闭合(C) 放弃(U)]: （向上移动光标）7↙

指定下一点或[闭合(C) 放弃(U)]: （捕捉矩形下边线左端点，向上移动光标引出追踪线。如图 9-49 所示，当界面上出现“×”标记时单击左键）

指定下一点或[闭合(C) 放弃(U)]: c↙

用同样方法，绘制出上部的矩形线框，如图 9-50 所示。

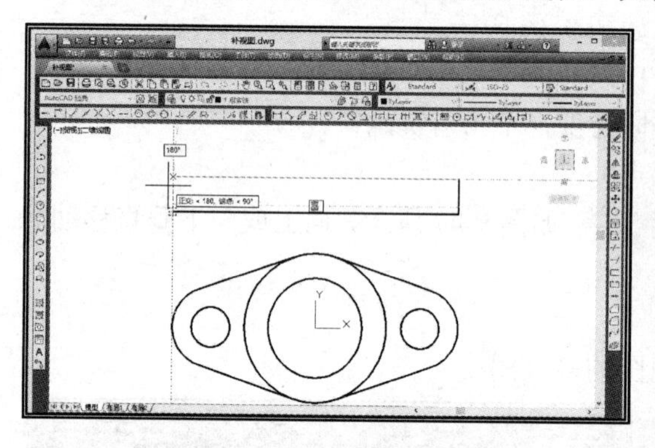

图 9-49　绘制主视图下部矩形（二）

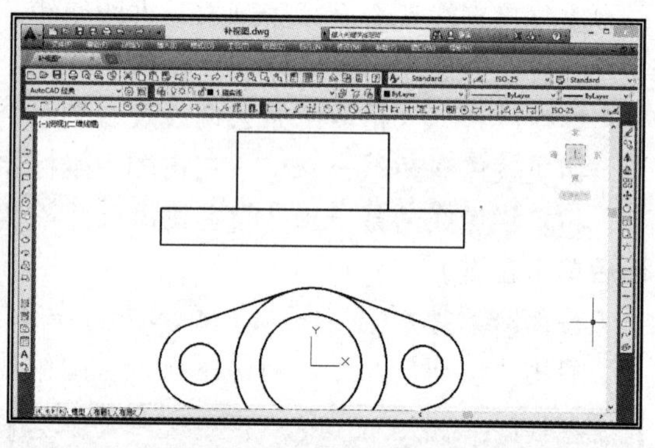

图 9-50　绘制出上部矩形

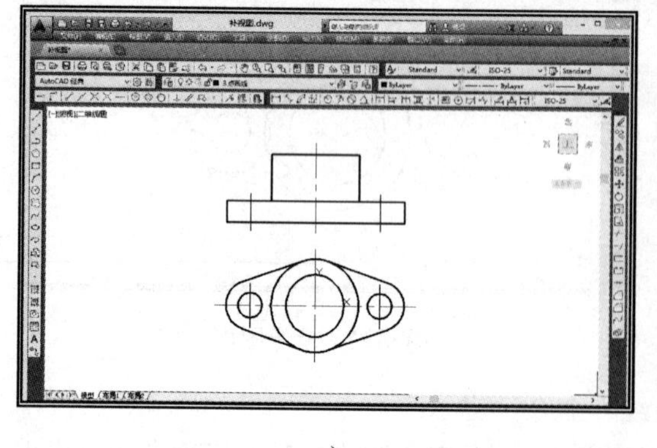

a）

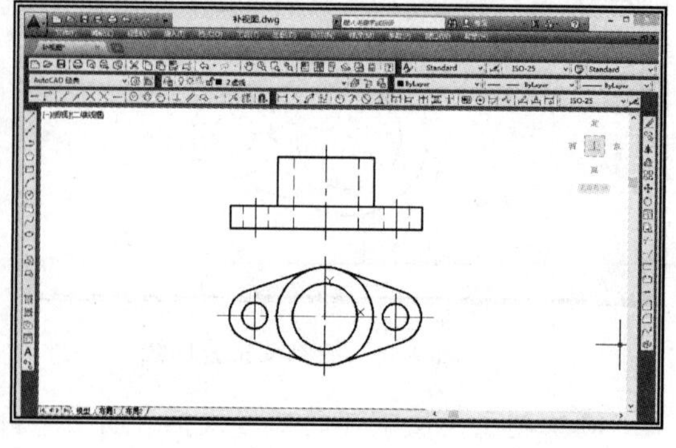

b）

图 9-51　绘制细点画线和细虚线

⑦绘制细点画线和细虚线。启用“直线”命令，在“点画线”层绘制轴线、对称中心线，如图 9-51a 所示；在“虚线层”绘制孔的轮廓线，如图 9-51b 所示。

⑧绘制凹槽底部。将当前层设置为“粗实线”层。左击修改工具栏中的“偏移”按钮，命令与数据输入区提示：

OFFSET 指定偏移距离或[通过(T) 删除(E) 图层(L)]<默认值>: 7↙

OFFSET 选择要偏移的对象，或[退出(E) 放弃(U)]<退出>: （拾取主视图最上边线框）

OFFSET 指定要偏移的那一侧上的点，或[退出(E) 多个(M) 放弃(U)]<退出>:（如图 9-52a 所示，将光标移至所选直线下方，单击左键）

启动“构造线”命令，提示：

指定点或[水平(H) 垂直(V) 角度(A) 二等分(B) 偏移(O)]: v↙

指定通过点：（如图 9-52b 所示，捕捉主视图竖直点画线端点，右移光标引出追踪线）7.5↙

按Esc键，中止当前命令。

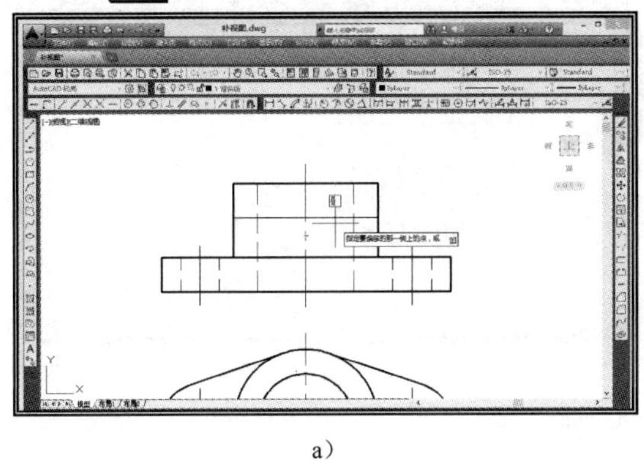

a）

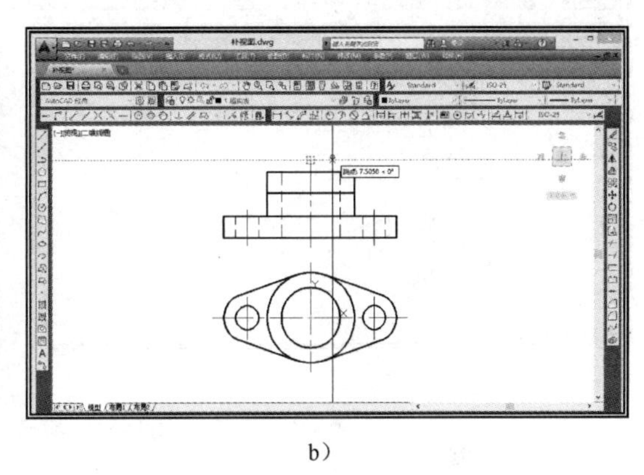

b）

图 9-52　绘制凹槽

⑨整理图形。启用 “修剪”“镜像”命令整理图形，绘制出开槽部分的主、俯视图。

⑩修改到切点的直线。左击修改工具栏中的“打断”按钮，命令与数据输入区提示：

BREAK 选择对象：（拾取主视图下数第二条水平线）

BREAK 指定第二个打断点或[第一点(F)]: f↙

BREAK 指定第一个打断点：（如图 9-53a 所示，在俯视图上捕捉左侧切线端点并上移光标至主视图所选直线处，单击左键）

BREAK 指定第二个打断点：（如图 9-53b 所示，在俯视图上捕捉右侧切线端点并上移光标至主视图所选直线处，单击左键）

主、俯视图绘制完成。

3. 补画左视图

①旋转并复制俯视图。左击修改工具栏中的“旋转”按钮，命令与数据输入区提示：

ROTATE 选择对象：（框选俯视图，单击右键确认）

ROTATE 指定基点：（如图 9-54a 所示，在主、俯视图之间的适当位置单击左键）

ROTATE 指定旋转角度，或[复制(C) 参照(R)]<默认值>: c↙

ROTATE 指定旋转角度，或[复制(C) 参照(R)]<默认值>: 90↙

旋转复制后的图形，如图 9-54b 所示。

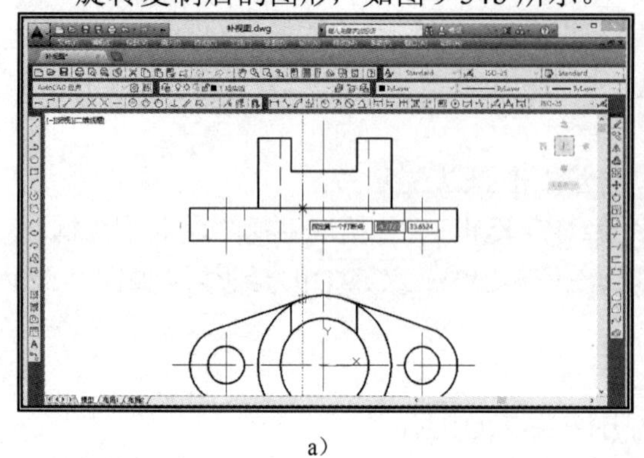

a）

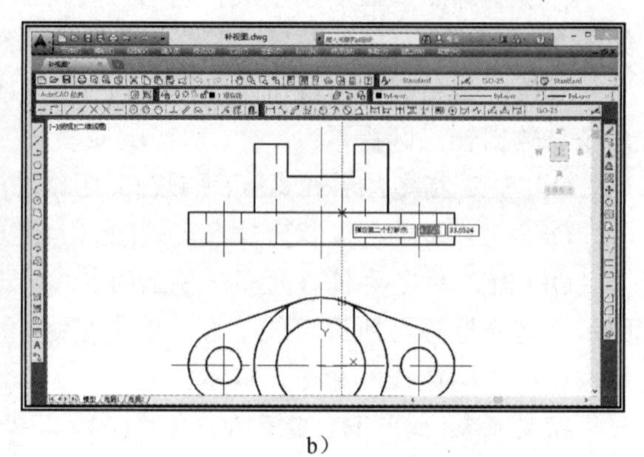

b）

图 9-53　用“打断”命令修改直线

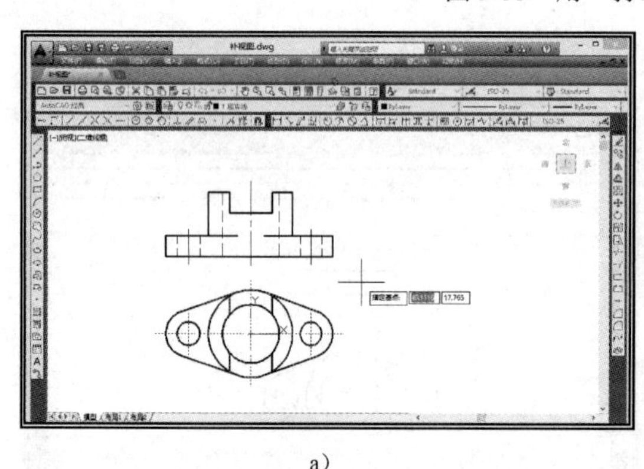

a）

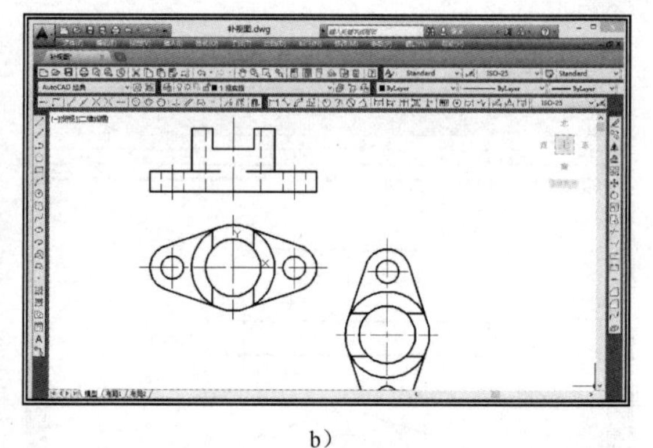

b）

图 9-54　旋转并复制俯视图

②绘制左视图。启用“直线”命令，提示：

指定第一点：（捕捉主视图右下角点，右移光标引出追踪线；在旋转后的俯视图上捕捉 $\phi30$ 圆左象限点并上移光标，如图 9-55a 所示，待出现两条垂直相交的追踪线时，单击左键，指定左视图的左下角点）

指定下一点或[放弃(U)]：（移动光标，捕捉各特征点，绘制出左视图外框，如图 9-55b 所示）

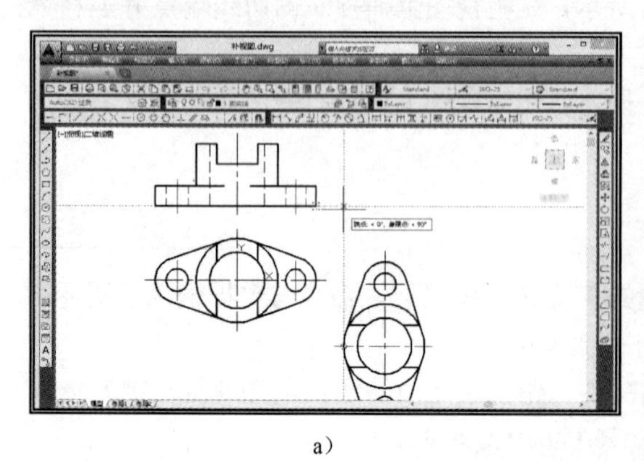

a）

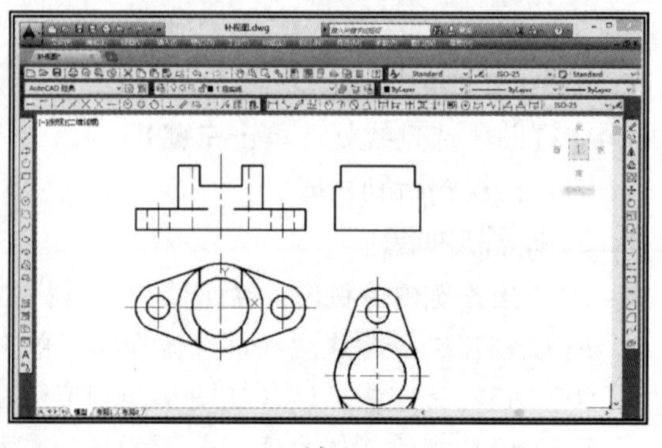

b）

图 9-55　绘制左视图（一）

选择不同的图层，重复“直线”命令，绘制出左视图的其他轮廓线及对称中心线，如图 9-56 所示。

框选“旋转复制后的俯视图”，按键盘上的 Delete 键，将其删除。

最后完成的图形，如图 9-57 所示。

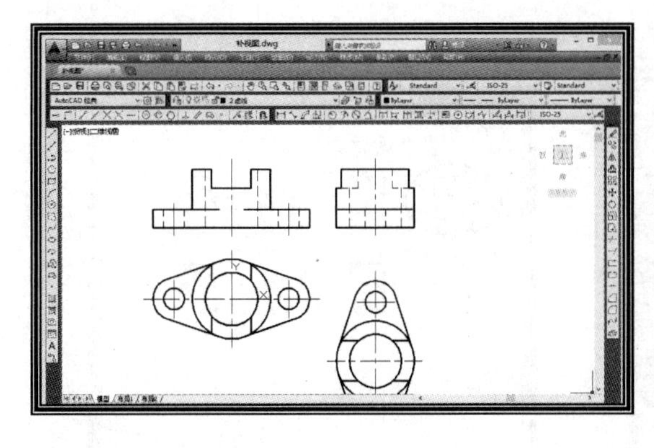

图 9-56　绘制左视图（二）

图 9-57　绘制左视图（三）

4. 改画全剖的左视图

①删除多余线。如图 9-58a 所示，拾取底板上 $\phi 8$ 孔虚线、底板矩形上边线，按键盘上的 Delete 键，将所选图线删除。

②改线型。拾取图中剩余虚线，如图 9-58b 所示，单击“图层控制”窗口，在下拉菜单内选择“粗实线”层，将所选虚线更改为粗实线。

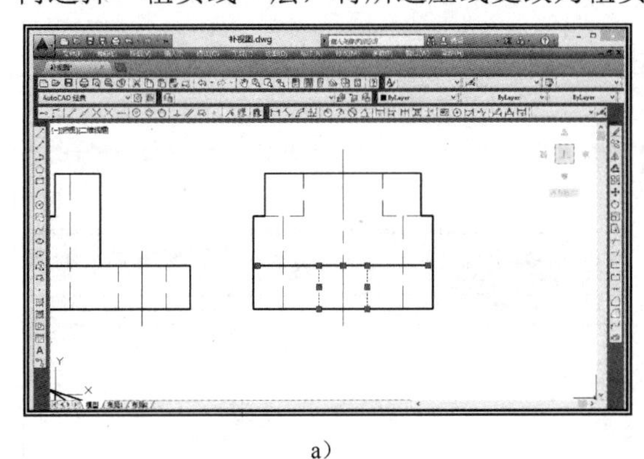

a)

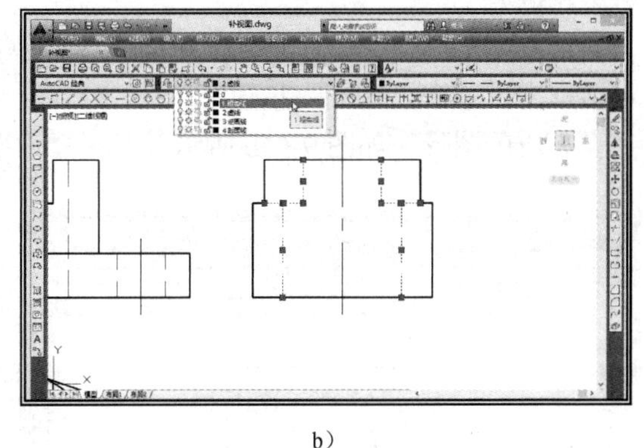

b)

图 9-58　改画全剖的左视图（一）

③绘制剖面线。选择当前层为“剖面线”层。左击绘图工具栏中的“图案填充”按钮，弹出“图案填充和渐变色”对话框，如图 9-59 所示。在对话框中单击“样例”框，弹出“填充图案选项板”对话框，如图 9-60 所示。

在“填充图案选项板”对话框内，选择“ANSI”选项卡内的“ANSI31”图案，单击 确定 按钮，返回“图案填充和渐变色”对话框。

在“图案填充和渐变色”对话框内，单击“添加：拾取点（K）”按钮，返回到绘图界面，命令与数据输入区提示：

hatch 拾取内部点或[选择对象(S) 删除边界(B)]:（如图 9-61a 所示，将光标置于左侧的

封闭线框内，此时可预览剖面线的样式、间距和倾斜方向。单击左键，封闭线框变虚）

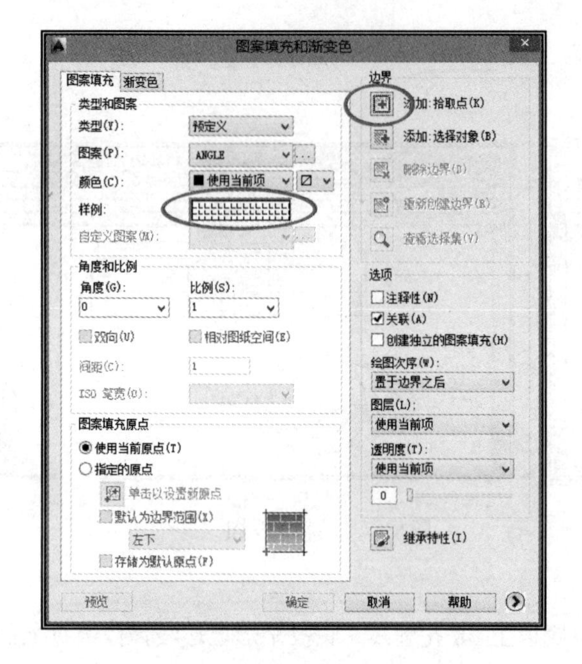

图 9-59　图案填充和渐变色对话框

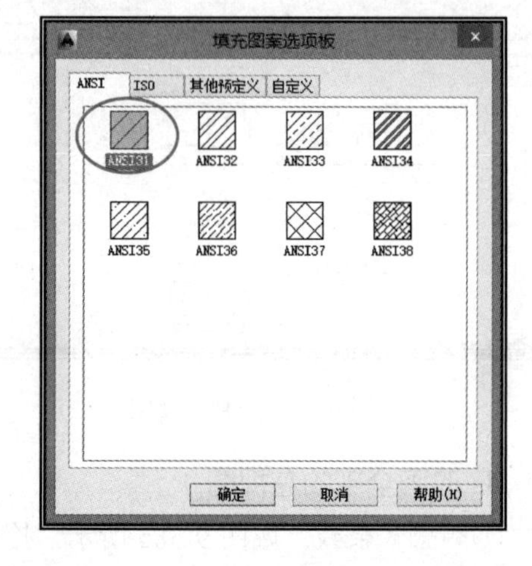

图 9-60　填充图案选项板对话框

hatch 拾取内部点或[选择对象(S) 删除边界(B)]：（连续在需绘制剖面线的封闭线框内单击左键）

拾取完毕后，单击右键弹出快捷菜单，单击“确认”，在返回的“图案填充和渐变色”对话框内，单击 确定 按钮。

完成的图形，如图 9-61b 所示。

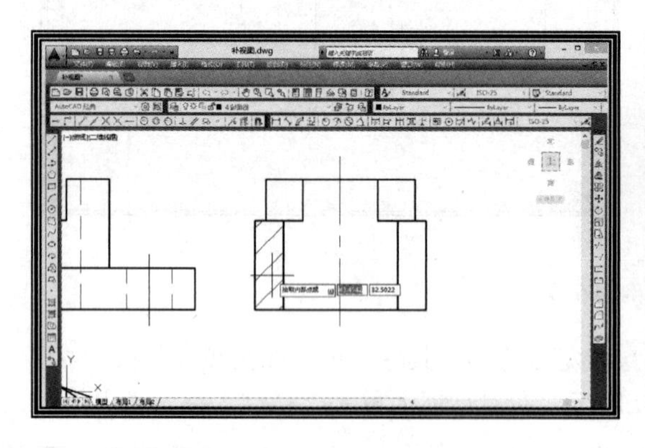

a）

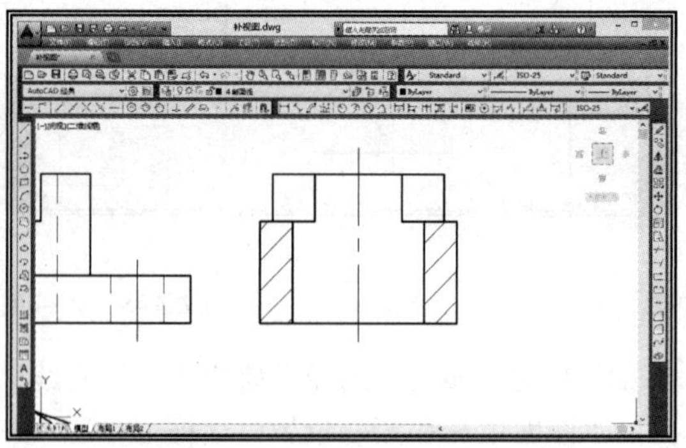

b）

图 9-61　改画全剖的左视图（二）

5. 保存文件

对全图进行检查修改，确认无误后，保存文件。

第七节　零件图的绘制

通过绘制阀杆零件图，熟悉设置幅面，绘制图框、标题栏的方法；了解绘制零件图的方法和步骤；掌握绘制局部放大图的方法；掌握常用的工程标注方法；能正确标注表面粗糙度和尺寸公差。

【例 9-6】　按 1∶1 的比例，抄画图 9-62 所示阀杆零件图，并标注尺寸、技术要求和表面粗糙度。将所绘零件图存盘，文件名：阀杆。

作图步骤

1. 分析图形及绘图准备

（1）分析图形　阀杆零件图由四个图形构成，分别为主视图、两个移出断面图和一个局部放大图。通过分析可知，阀杆为轴套类零件，主体由直径不等的同轴圆柱体构成，内部有通孔贯穿左右，通孔的右端加工出 M16 螺纹。*A*—*A* 移出断面图，主要表示阀杆的左段前后对称切制出平面；另一个画在剖切位置的移出断面图，表示在该处分别沿 *Y* 轴和 *Z* 轴加工出直径为 3mm 的通孔。

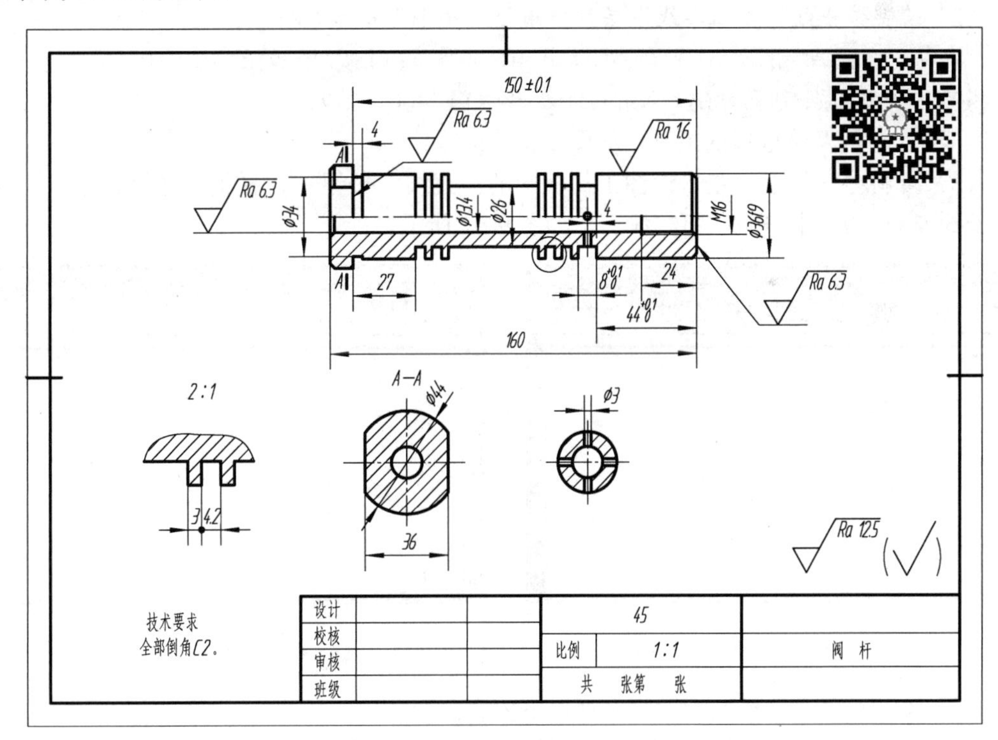

图 9-62　阀杆零件图

（2）绘图准备　左击“图层”工具栏中的“图层特性管理器”按钮，在弹出的“图层特性管理器”对话框中新建“粗实线”层、“点画线”层、“细实线”层、“剖面线”层、“尺寸”层。

点亮“正交”“对象捕捉”“对象捕捉追踪”按钮。

左击标准工具栏中的“保存”按钮，在弹出的对话框中输入文件名“阀杆”，单击保存(S) 按钮，存储文件。

（3）设置文字样式　左击样式工具栏中的“文字样式”按钮，在弹出的“文字样式”对话框中，新设“国标文字”样式，选择字体名 仿宋，宽度因子为“0.67”，单击 应用(A) 按钮；新设“尺寸”样式，选择字体名 iso.shx，宽度因子为“0.67”，倾斜角度为“15”，单击 应用(A) 按钮。

（4）设置标注样式　左击样式工具栏中的“标注样式”按钮，在弹出的“标注样式管理器”对话框中，新设“国标尺寸”标注样式，在“线”选项卡中，将尺寸界线超出尺寸线的数值修改为“2”，起点偏移修改为“0”；在“符号和箭头”选项卡中，设置箭头大小为“2.5”；在“文字”选项卡中，选择文字样式为“尺寸”；在“调整”选项卡中，设置调整选项为“文字和箭头”，勾选“手动放置文字”复选框。

2. 绘制 A3 幅面、图框、标题栏

（1）绘制 A3 幅面（“细实线”层）　启用“矩形”命令，提示：

指定第一个角点或[倒角(C) 标高(E) 圆角(F) 厚度(T) 宽度(W)]: 0，0↙

指定另一个角点或[面积(A) 尺寸(D) 旋转(R)]: 420，297↙

（2）绘制边框线（“粗实线”层）　重复“矩形”命令，提示：

指定第一个角点或[倒角(C) 标高(E) 圆角(F) 厚度(T) 宽度(W)]: 10，10↙

指定另一个角点或[面积(A) 尺寸(D) 旋转(R)]: 400，277↙

完成 A3 幅面及边框线的绘制，如图 9-63 所示。

（3）绘制对中符号　左击绘图工具栏中的“直线”按钮，捕捉各边框线中点，向内绘制长约 5mm 的对中符号（粗实线），如图 9-64 所示。

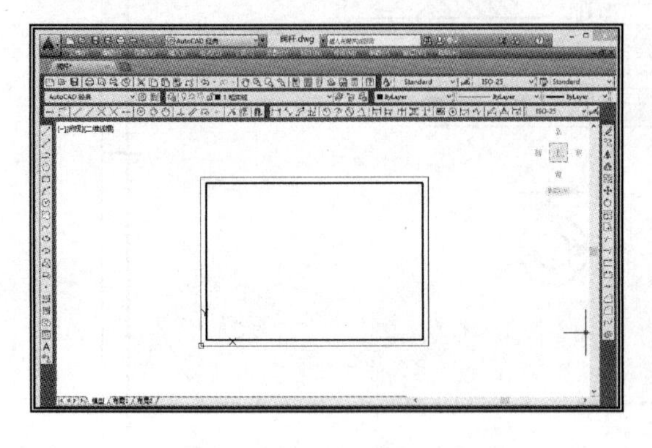

图 9-63　绘制 A3 幅面及边框线

图 9-64　绘制对中符号

（4）绘制标题栏　绘制标题栏包括以下内容：

①设置标题栏表格样式。单击样式工具栏中的“表格样式”按钮，弹出“表格样式”对话框，如图 9-65a 所示。在对话框中单击 新建(N)... 按钮，在弹出的“创建新的表格样式”对话框中，输入新建表格样式名“标题栏”，单击 继续 按钮，系统弹出“新建表格样式：标题栏”对话框。如图 9-65b 所示，在“常规”选项卡中，选择“单元样式”为“数据”，“对齐”方式为“正中”，“页边距”为“0”。如图 9-65c 所示，在“文字”选项卡中，选择“文字样式”为“国标文字”，“文字高度”为“5”。如图 9-65d 所示，在“边框”选项卡中，选择“线宽”为“0.25mm”后单击“所有边框”按钮。设置完成后单击 确定 按钮

并关闭“表格样式”对话框。

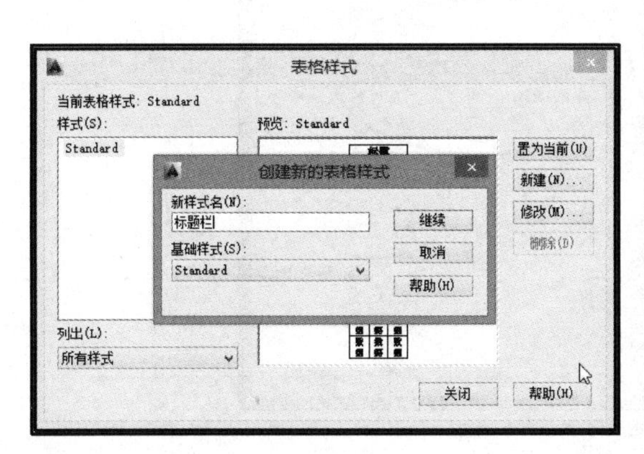

a）

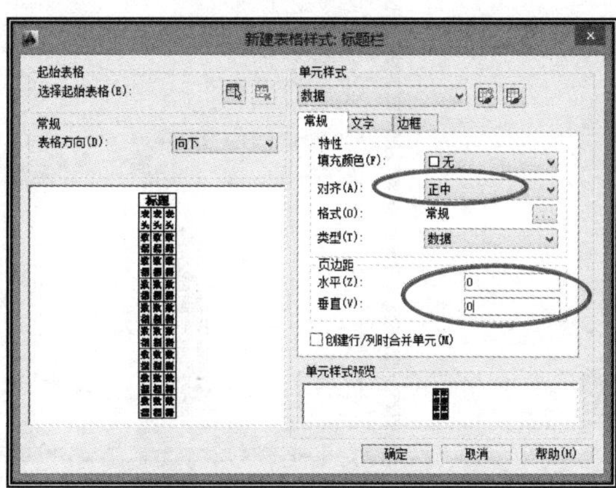

b）

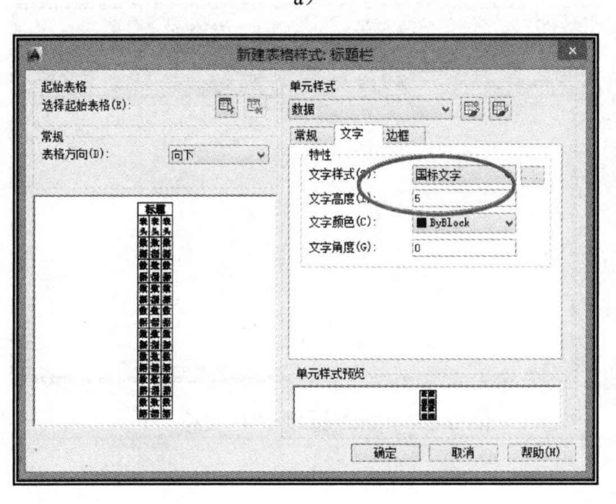

c）

d）

图 9-65　设置表格样式

②插入标题栏。设置当前层为“细实线”层。左击绘图工具栏中的“表格”按钮，弹出“插入表格”对话框，如图 9-66 所示。在对话框中，选择“表格样式”为“标题栏”；“列数”设置为“3”，“列宽”设置为“15”；“数据行数”设置为“2”；“单元样式”全部设置为“数据”。

提示：标题栏格式及尺寸参照第一章图 1-5 绘制。

完成标题栏左表格设置，单击 确定 按钮。

在绘图区左击给出插入点，插入标题栏左表格，如图 9-67 所示，单击“文字格式”编辑器的 确定 按钮。

重复“表格”命令，用上述方法插入标题栏右表格，如图 9-68 所示。

提示：右表格的“数据行数”设置为“1”，且左、右两个表格的插入位置可以随意。

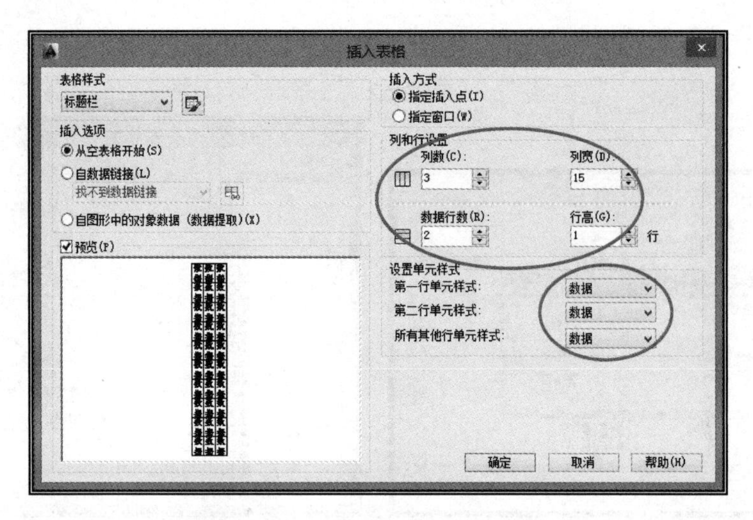

图 9-66 “插入表格”对话框

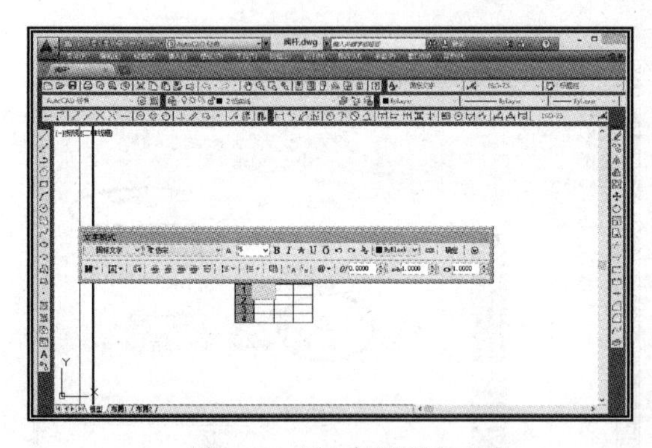

图 9-67 插入标题栏左表格

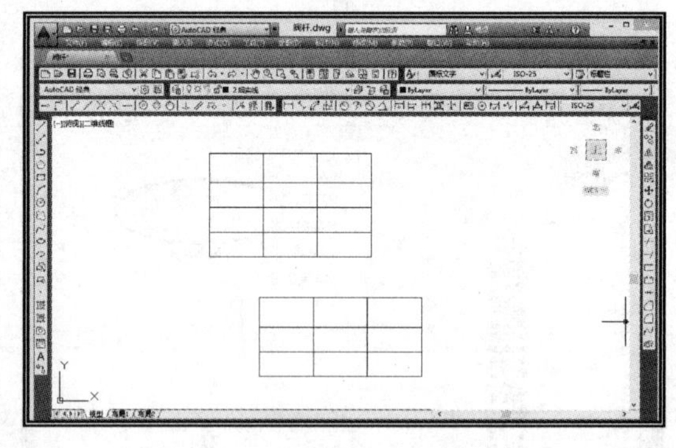

图 9-68 插入标题栏右表格

③编辑标题栏。一般按如下顺序编辑标题栏：

a）修改行高、列宽。在要修改的单元格里面单击左键后，再单击右键弹出快捷菜单，选择“特性”命令，弹出特性栏，如图 9-69 所示。在特性栏中修改“单元宽度”为“60”，“单元高度”为“10”后按 Enter 键，则该单元格所在的行与列均修改完成。

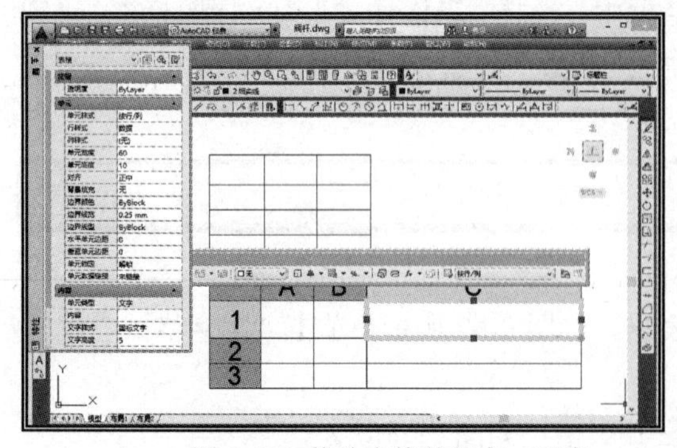

图 9-69 修改表格的行高、列宽

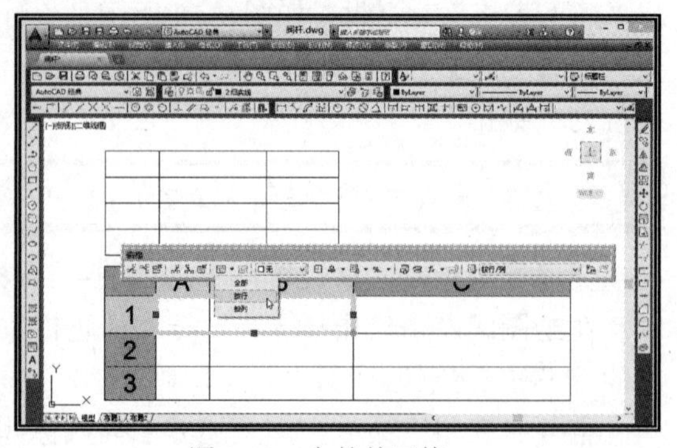

图 9-70 合并单元格

按尺寸将所有行高、列宽修改完毕后，关闭特性栏。

b）合并单元格。窗选需要合并的单元格，如图 9-70 所示，在弹出的“表格”编辑器中左击“合并单元”按钮，并选择“按行”合并，所选单元格合并。

合并其他单元格，方法同上。

c）修改标题栏线型。窗选左表格，在弹出的“表格”编辑器中单击“单元边框”按钮，从中设置该表格的外框线宽为“0.5”，确定后，表格的外框修改为粗实线。

再按要求修改右表格线型。

d）移动标题栏。选取表格单击右键，选择“移动”命令，捕捉表格右下角为基点，将其移动到边框右下角。

（5）填写标题栏　左键双击要填写文字的单元格，弹出“文字格式”编辑器。如图 9-71 所示，可由键盘输入文字，并可对输入的文字进行调整，单击确定结束文字输入。

3. 绘制主视图

绘图方法略。

4. 绘制断面图

①绘制左侧断面图。启用“圆”命令，提示：

指定圆的圆心或[三点(3P) 两点(2P) 切点、切点、半径(T)]:（在主视图下方左侧适当位置，单击左键，确定圆心）

指定圆的半径或[直径(D)]: 22↙

同理，捕捉 ϕ44 圆心，绘制 ϕ13.4 圆。

启用“构造线”命令，提示：

指定点或[水平(H) 垂直(V) 角度(A) 二等分(B) 偏移(O)]: v↙

指定通过点:（如图 9-72 所示，捕捉圆心，右移光标引出追踪线）18↙

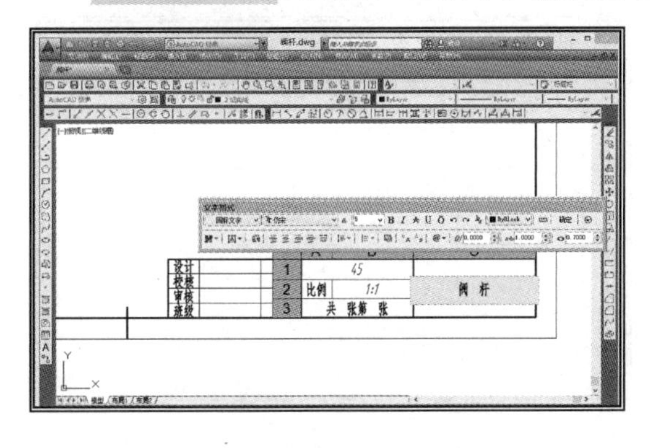

图 9-71　填写标题栏

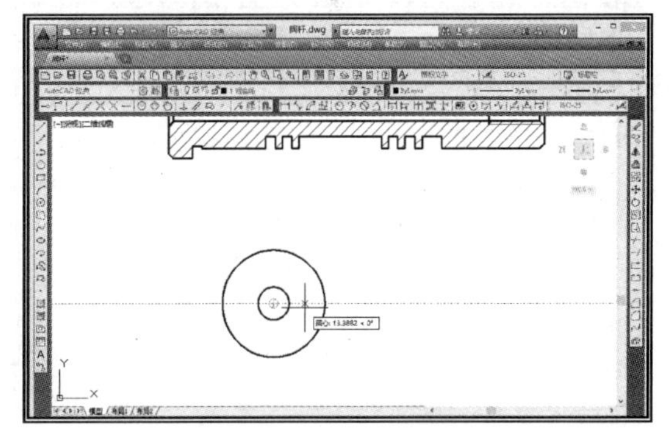

图 9-72　绘制左断面图

修剪并整理图形，在“点画线”层绘制中心线，在“剖面线”层绘制和主视图相同的剖面线，如图 9-73 所示。

②绘制右侧断面图。启用“圆”命令，提示：

指定圆的圆心或[三点(3P) 两点(2P) 切点、切点、半径(T)]:（如图 9-74 所示，捕捉主视图右侧 ϕ3 圆孔中心线，下移光标；同时捕捉左侧断面图圆心，右移光标，待显示两追踪线垂直相交时，单击左键确定圆心）

指定圆的半径或[直径(D)]: 13↙

重复“圆”命令，绘出 ϕ13.4 圆。

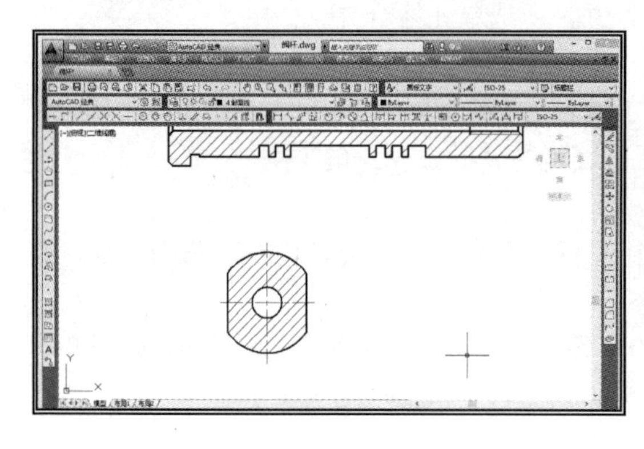

图 9-73　完成左断面图

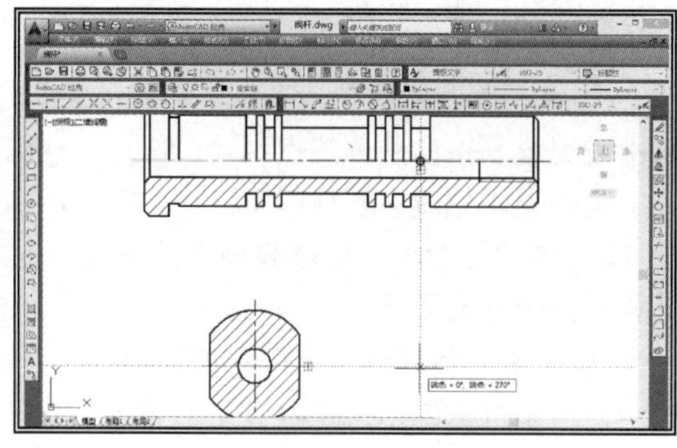

图 9-74　确定右断面图圆心

启用“直线”命令，绘制 ϕ3 小孔的轮廓线并整理；在“点画线”层绘制中心线。

左键长按修改工具栏中的“阵列”按钮，选择环形阵列按钮，提示：

选择对象：（选择 ϕ3 小孔的轮廓线）

指定阵列的中心点或[基点(B) 旋转轴(A)]：（如图 9-75 所示，左击圆心）

选择夹点以编辑阵列或[关联(AS) 基点(B) 项目(I) 项目间角度(A) 填充角度(F) 行(ROW) 层(L) 旋转项目(ROT) 退出(X)] <退出>：i↙

输入阵列中的项目数或[表达式(E)] <6>：4↙

按空格键确认，如图 9-76 所示。

在“剖面线”层绘制和主视图相同的剖面线。

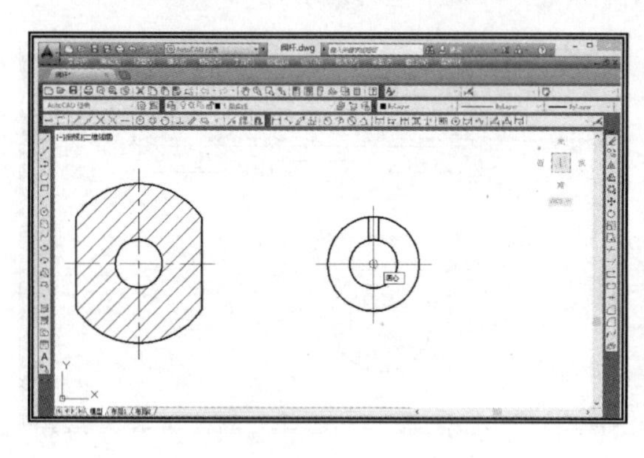

图 9-75　指定阵列中心点

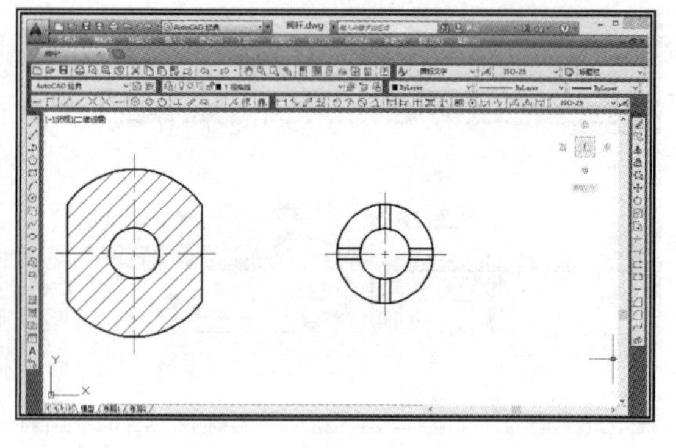

图 9-76　阵列 ϕ3 孔

5. 绘制局部放大图

启用“复制”命令，提示：

选择对象：（在主视图中选取欲放大部位，单击右键确定）

指定基点或[位移(D) 模式(O)] <位移>：（选择复制对象的右端点）

指定第二个点或[阵列(A)] <使用第一个点作为位移>：（关闭“正交”模式，移动光标拖动复制图样到合适位置，单击左键）

修改复制图样中左直线的长度。

启用“缩放”命令，按系统提示，将图形放大一倍。

选择当前层为“细实线”层。左击绘图工具栏中的“样条曲线”按钮，命令与数据输入区提示：

SPLINE 指定第一个点或[方式(M) 节点(K) 对象(O)]: （如图 9-77 所示，指定左直线的左端点为第一个点）

SPLINE 输入下一个点或[起点切向(T) 公差(L)]: （单击左键输入下一个点）

SPLINE 输入下一个点或[起点切向(T) 公差(L) 放弃(U)]: （单击左键输入下一个点）

SPLINE 输入下一个点或[起点切向(T) 公差(L) 放弃(U) 闭合(C)]: （单击左键输入下一个点）

SPLINE 输入下一个点或[起点切向(T) 公差(L) 放弃(U) 闭合(C)]: （单击右键，在快捷菜单中选择“确定”命令，绘制出局部放大范围）

在“剖面线”层绘制和主视图相同的剖面线。

6. 修改主视图左端轮廓

启用“复制”命令，复制左侧断面图，至主视图左侧。

选择当前层为“粗实线”层。启用“直线”命令，如图 9-78 所示，按投影关系修改主视图左端轮廓。

删除复制的左侧断面图。

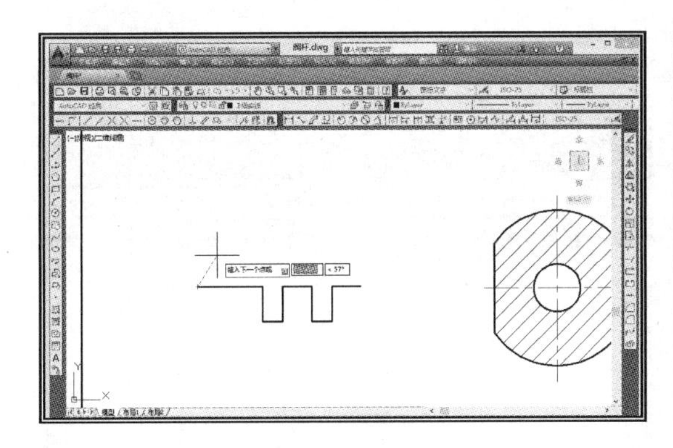

图 9-77　绘制局部放大图

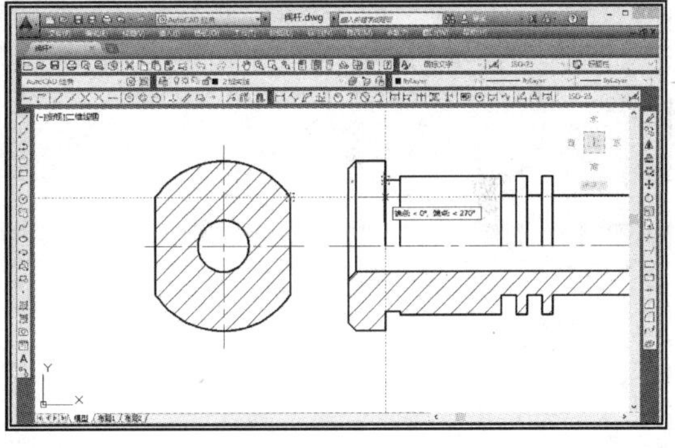

图 9-78　修改主视图左端轮廓

7. 标注尺寸

当前层选择“尺寸”层。标注样式选择“国标尺寸”。

①标注线性尺寸。左击标注工具栏中的“线性”按钮，提示：

指定第一个尺寸界线原点或<选择对象>: （如图 9-79a 所示，拾取下方尺寸界线）

指定第二条尺寸界线原点: （对称地拾取上方尺寸界线）

[多行文字(M) 文字(T) 角度(A) 水平(H) 垂直(V) 旋转(R)]: t↙

输入标注文字<34>: %%c34↙

[多行文字(M) 文字(T) 角度(A) 水平(H) 垂直(V) 旋转(R)]: （如图 9-79b 所示，移动光标到适当位置，单击左键）

重复“线性”命令，标注出其他线性尺寸。

②标注直径尺寸。左击标注工具栏中的“直径”按钮，在断面图中标注直径 $\phi 44$。

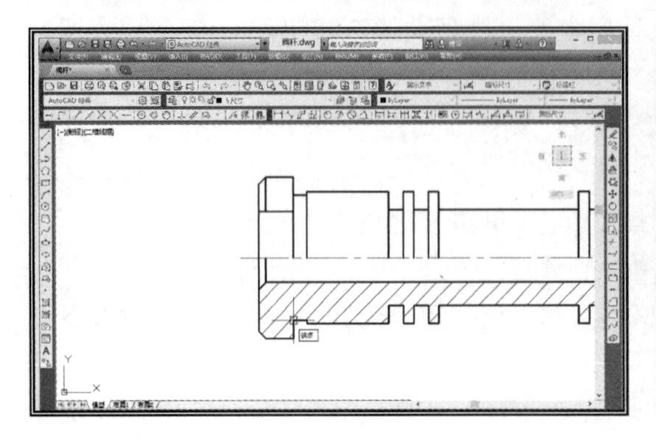

a）

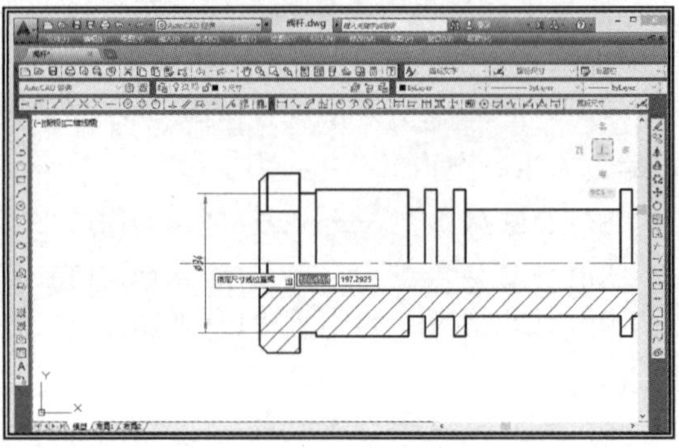

b）

图 9-79　标注线性尺寸

③标注公差尺寸。左击样式工具栏中的“标注样式”按钮，在“标注样式管理器”对话框中新建“公差尺寸”。在“主单位”选项卡中修改小数分隔符为“句点”、精度为“0.0”；如图 9-80a 所示，在“公差”选项卡中设置标注方式为“极限偏差”、上偏差为“0.1”、下偏差为“0”。启用“线性”命令，注出的公差尺寸如图 9-80b 所示。

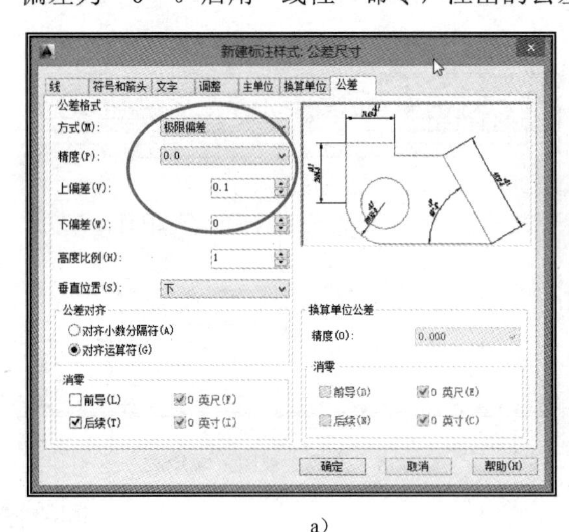

a）

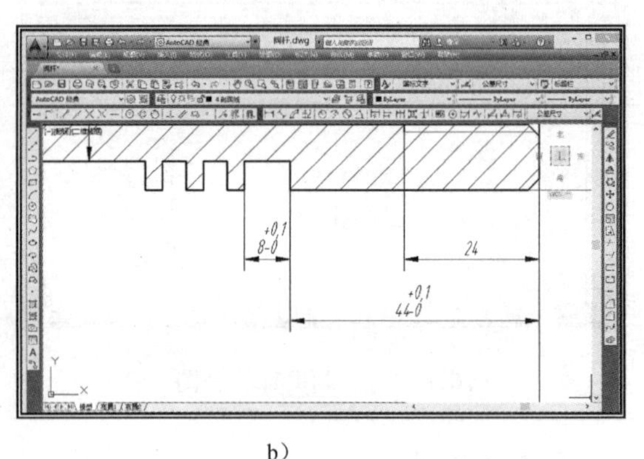

b）

图 9-80　标注公差尺寸（一）

左击样式工具栏中的“标注样式”按钮，在“标注样式管理器”对话框中单击 替代(O)... 按钮，弹出“替代当前样式”对话框。如图 9-81a 所示，在“公差”选项卡中设置标注方式为“对称”、精度为“0.0”、上偏差为“0.1”、下偏差为“0.1”，注出的公差尺寸如图 9-81b 所示。

④标注半剖视尺寸。在“标注样式管理器”对话框中，对“国标尺寸”进行 替代(O)...，在“替代当前样式”对话框的“线”选项卡中，勾选隐藏尺寸线 2 和尺寸界线 2；在“符号和箭头”选项卡中，将第二个箭头选择为“无”。

左击标注工具栏中的“线性”按钮，用“替代”方式标注 M16、$\phi 13.4$ 等线性尺寸，如图 9-82a 所示。

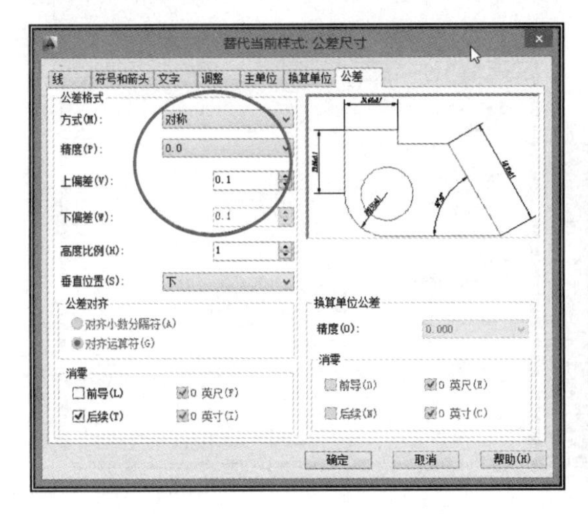

a）

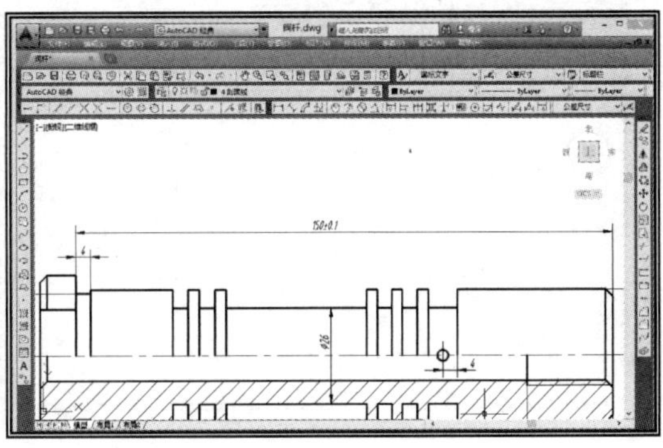

b）

图 9-81　标注公差尺寸（二）

⑤标注连续小尺寸。在“标注样式管理器”对话框中，单击 替代(O)... 按钮，在弹出的“替代当前样式”对话框的“线”选项卡中，恢复尺寸线 2 和尺寸界线 2；在“符号和箭头”选项卡中，将第二个箭头选择为“小点”；在“调整”选项卡中，将调整选项选择为“箭头”；在“主单位”选项卡中，输入“比例因子”为“0.5”。尺寸替代后用“线性”命令，注出局部放大图中的尺寸，如图 9-82b 所示。

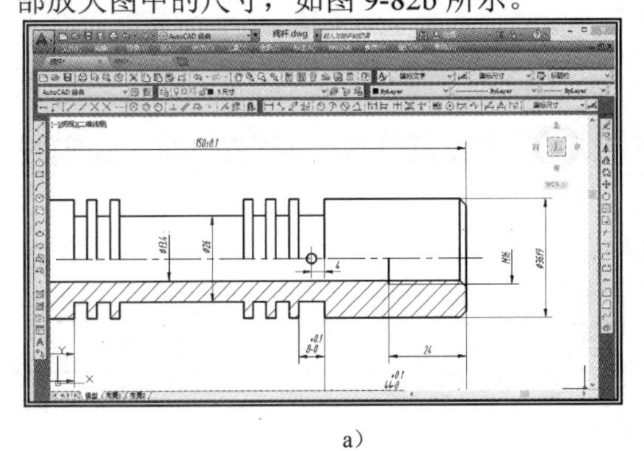

a）

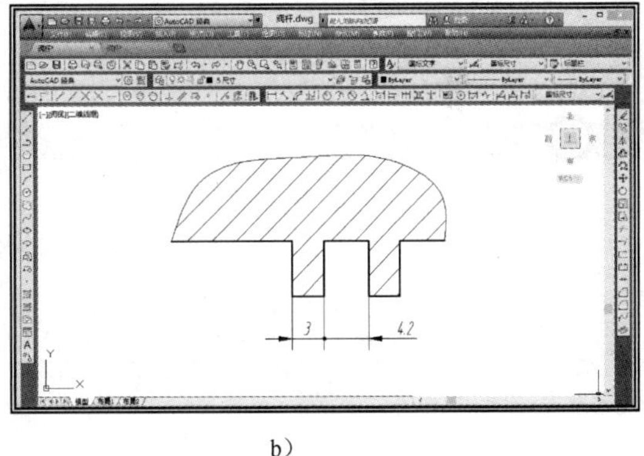

b）

图 9-82　半标注与连续小尺寸标注

8. 标注表面粗糙度

①绘制粗糙度符号。启用“直线”命令，绘制粗糙度符号，如图 9-83a 所示。

②创建带属性的块。

a）定义块属性。左击主菜单的【绘图】→【块】→【定义属性】命令，弹出“属性定义”对话框，如图 9-83b 所示进行设置，单击 确定 按钮。在粗糙度符号右上方横线下适当位置插入标记，如图 9-84a 所示。

b)创建块。左击绘图工具栏中的“创建块”按钮，弹出“块定义”对话框，如图 9-84b 所示，输入块的名称“ccd”。单击对话框中的“选择对象”按钮，如图 9-85a 所示，窗选粗糙度符号及标记，右键确认；单击“拾取点”按钮，如图 9-85b 所示，点选块的插入点，单击对话框的 确定 按钮。

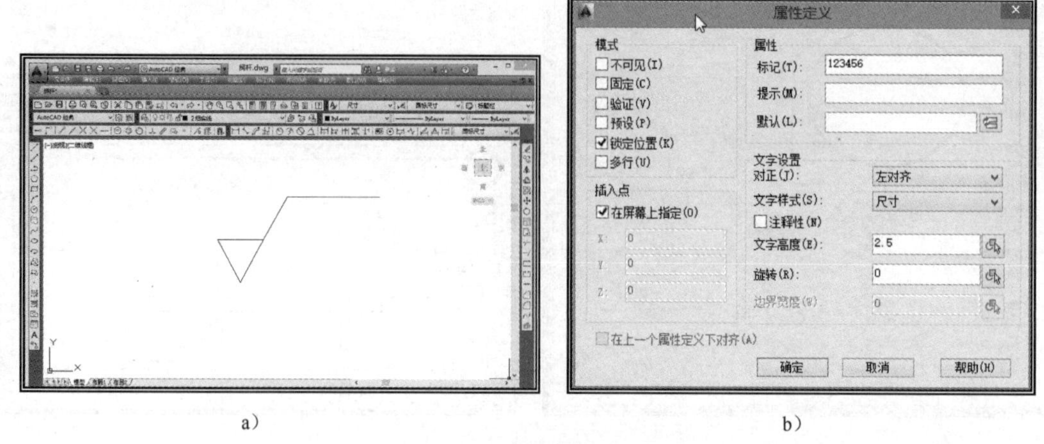

a） b）

图 9-83 标注表面粗糙度（一）

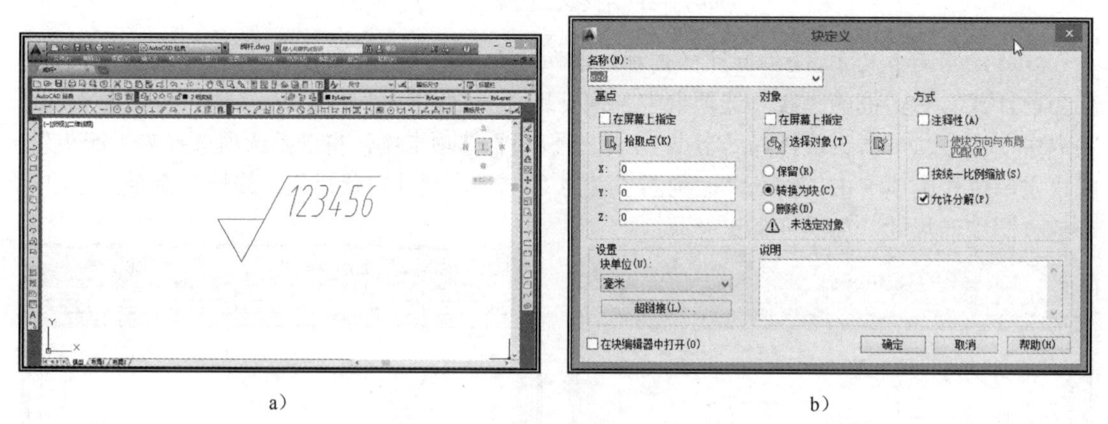

a） b）

图 9-84 标注表面粗糙度（二）

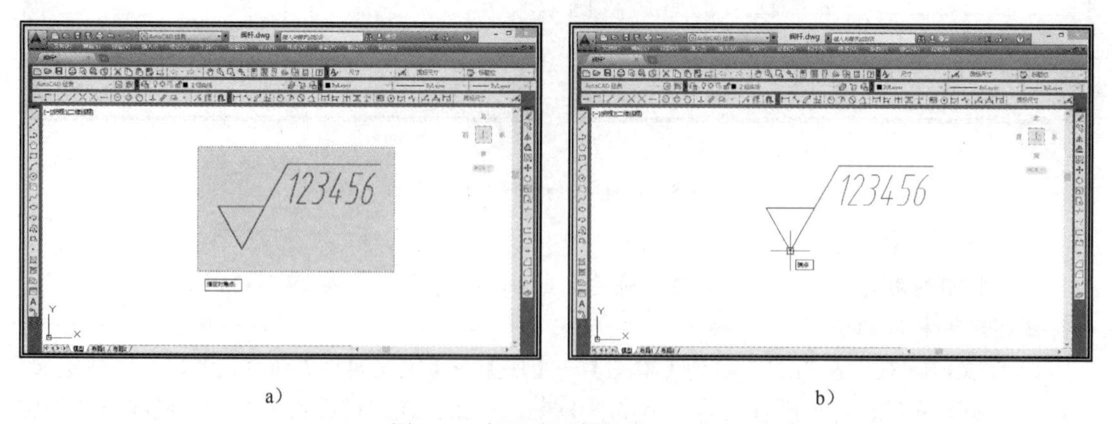

a） b）

图 9-85 标注表面粗糙度（三）

用同样的方法，可以创建其他类型的粗糙度符号，命名“ccd2”“ccd3”等。

③标注表面粗糙度。左击绘图工具栏中的“插入块”按钮，弹出“插入”对话框，如

图 9-86a 所示。在“名称”栏选择“ccd”，其他项默认设置，单击 确定 按钮，返回绘图界面，命令与数据输入区提示：

INSERT 指定插入点或[基点(B) 比例(S) X Y Z 旋转(R)]: （如图 9-86b 所示，在图上指定插入点，弹出“编辑属性”对话框）

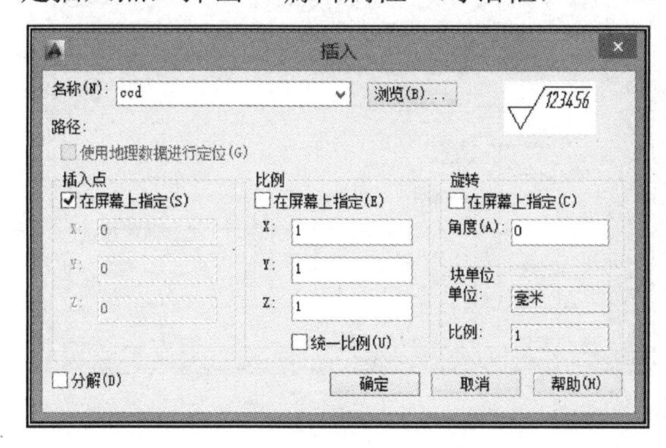

a）

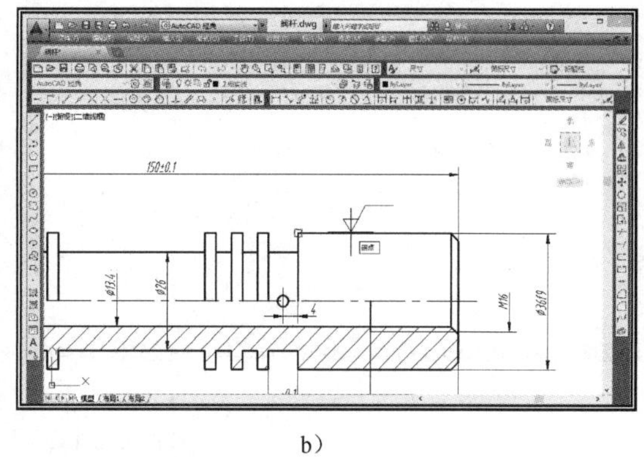

b）

图 9-86　标注表面粗糙度（四）

如图 9-87a 所示，在“编辑属性”对话框的编辑框中输入“Ra 1.6”，单击 确定 按钮，完成该处的标注，如图 9-87b 所示。

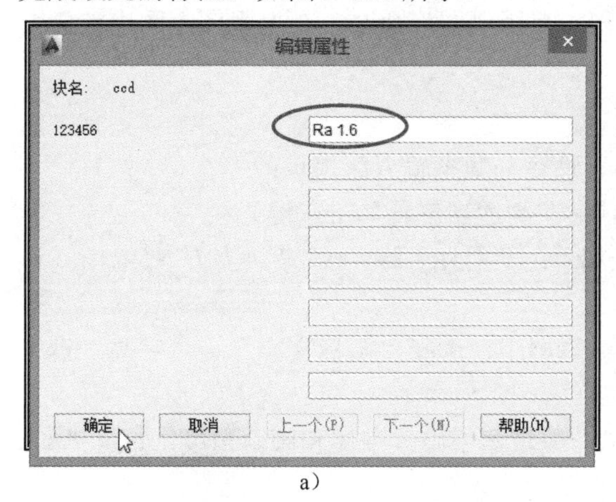

a）

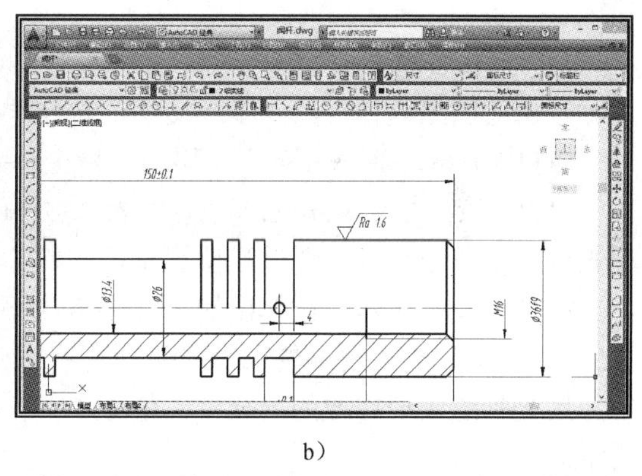

b）

图 9-87　标注表面粗糙度（五）

左击主菜单的【格式】→【多重引线样式】命令，弹出“多重引线样式管理器”，单击 修改(M)... 按钮。如图 9-88a 所示，修改多重引线的箭头与尺寸标注的箭头相同，单击 确定 按钮。

左击主菜单的【标注】→【多重引线】命令，命令与数据输入区提示：

MLEADER 指定引线箭头的位置或[引线基线优先(L) 内容优先(C) 选项(O)] <选项>: （在图上指定箭头位置单击左键）

MLEADER 指定引线基线的位置: （移动光标至适当位置后单击左键，弹出“文字格式”编辑器，单击 确定 按钮，完成的引线如图 9-88b 所示）

启用“插入块”命令，在引线上标注出表面粗糙度。

> 提示：此时在“编辑属性”的编辑框中要输入“Ra 6.3”。

同理，在标题栏上方简化标注粗糙度。

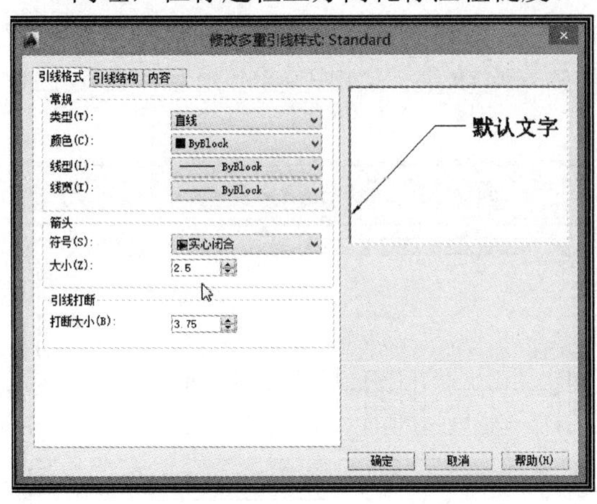

a)

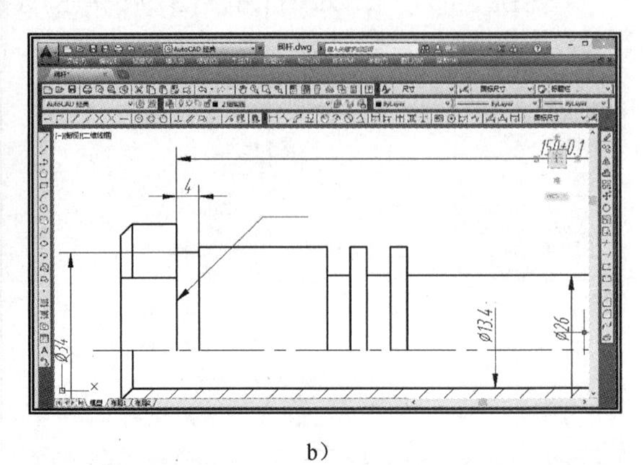

b)

图 9-88　标注表面粗糙度（六）

9. 其他标注

①标注剖切位置。当前层选择“粗实线”层。启用“直线”命令，在主视图左端绘制剖切符号。

②标注放大部位。当前层选择“细实线”层。启用“圆”命令，在主视图上圈出被放大部位。

10. 文字标注

左击绘图工具栏中的“多行文字”按钮 A，命令与数据输入区提示：

MTEXT 指定第一角点：（移动光标至标题栏左侧适当位置单击左键）

MTEXT 指定对角点或[高度(H) 对正(J) 行距(L) 旋转(R) 样式(S) 宽度(W) 栏(C)]:（移动光标拖动出矩形框，至适当位置单击左键）

如图 9-89a 所示，在弹出的“文字格式”编辑器中，选择“国标文字”、“字高”设为“5”，由键盘输入技术要求。

用光标选中要修改的内容后，在“文字格式”编辑器中修改字体和倾斜角度，如图 9-89b 所示。

a)

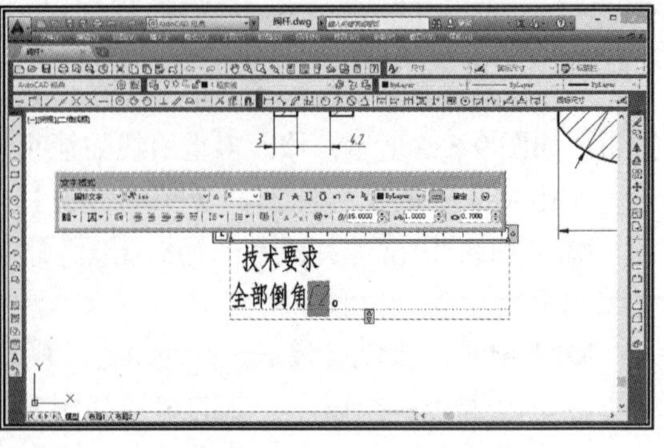

b)

图 9-89　文字标注

单击 确定 按钮，完成技术要求的输入。

同理，在局部放大图、断面图等位置用“多行文字”作相应标注。

11. 整理及存储图形文件

检查全图，用“平移”命令调整各图形之间的距离；双击鼠标中键（滚轮），使所绘图形充满屏幕；左击“保存”按钮，存储文件。

第八节　装配图的绘制

通过绘制装配图，建立“块”的概念，掌握块生成、块插入、块消隐、块打散的方法；掌握零件序号的标注方法。熟悉绘制装配图的方法和步骤，进一步培养绘制机械图样的能力和技巧。

一、绘制装配图的方法

（1）直接绘制拼装法　在一个文件中绘出各零件图形，根据装配关系拼装成装配图。

（2）复制、粘贴、拼装法　将不同文件的图样复制到剪贴板上，然后将剪贴板上的图形粘贴到装配图文件，再进行拼装。

（3）图形文件插入法　将零件图用插入块的形式，插入、装配。

二、拼装时应注意的问题

（1）定位问题　在拼画装配图时经常出现定位不准的问题，如两零件相邻表面未接触或两零件图形重叠等。要使零件图在装配图中准确定位，必须做到两个准确：一是制作块时的“基准点”要准确；二是并入装配图时的“定位点”要准确。因此必须充分利用工具点准确捕捉，必要时还要利用“显示窗口”命令将图形放大。

（2）可见性问题　当零件较多时很容易出错，必要时可将块打散，删除被遮挡的图线。

（3）编辑、检查问题　将某零件图形拼装到装配图中以后，不一定完全符合装配图要求，很多情况下要进行编辑修改。

【例 9-7】　根据图 9-90～图 9-93 所示定位器的各零件图，按 2∶1 的比例，绘制出图 9-94 所示定位器装配图，标注必要的尺寸和序号。将所绘图形存盘，文件名：定位器。

1. 绘图前准备

①设置图层。新建“粗实线”层、“细实线”层、“点画线”层、“尺寸”层、“文字”层、“剖面线”层等。

②设置文字样式。左击样式工具栏中的“文字样式”按钮，在弹出的“文字样式”对话框中，新设“国标文字”样式，选择字体名 仿宋，宽度因子为“0.67”，单击 应用(A) 按钮；新设“尺寸”样式，选择字体名 iso.shx，宽度因子为“0.67”，倾斜角度为“15”，单击 应用(A) 按钮。

③设置标注样式。左击样式工具栏中的“标注样式”按钮，在弹出的“标注样式管理器”对话框中，新设“国标尺寸”标注样式，在“线”选项卡中，将尺寸界线超出尺寸线的数值修改为“2”，起点偏移修改为“0”；在“符号和箭头”选项卡中，设置箭头大小为“2.5”；在“调整”选项卡中，将调整选项设置为“文字和箭头”，勾选“手动放置文字”复选框；在“主单位”选项卡中，选择精度“0.00”，比例因子为“0.5”。

④设置状态栏。点亮“正交”“对象捕捉”“对象追踪”按钮。

⑤存储文件。左击标准工具栏中的“保存”按钮，在弹出的对话框中输入文件名“定位器”，单击 保存(S) 按钮存储文件。

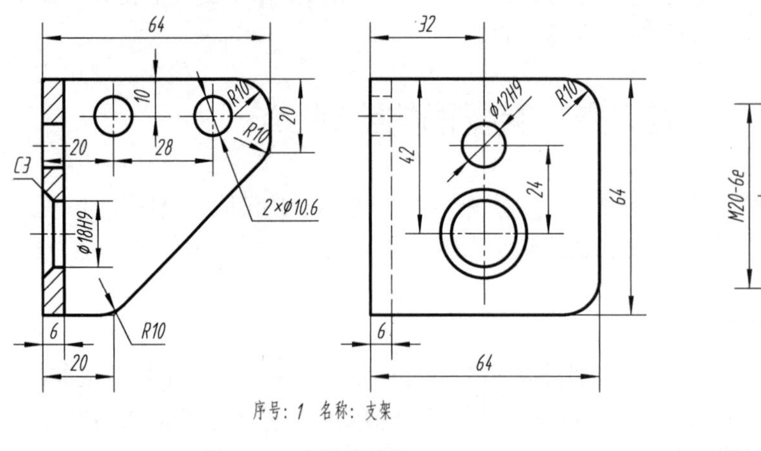

图 9-90　支架零件图　　　图 9-91　盖零件图

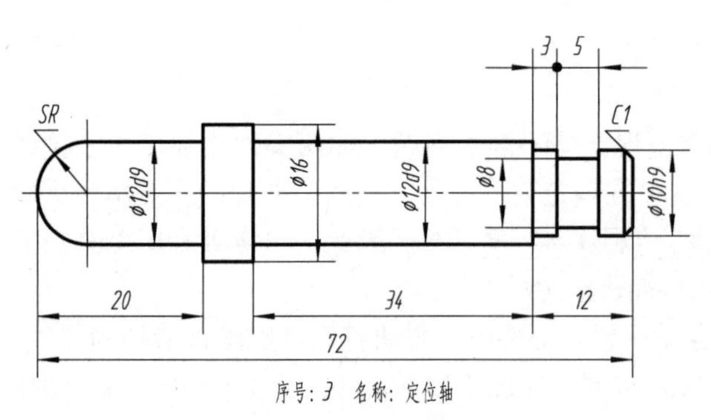

图 9-92　定位轴零件图

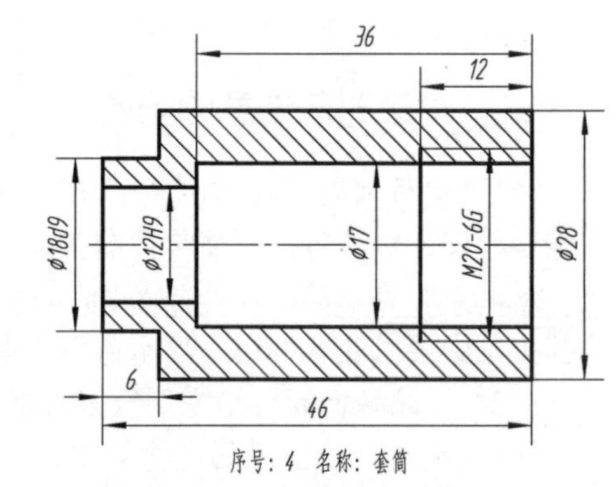

图 9-93　套筒零件图

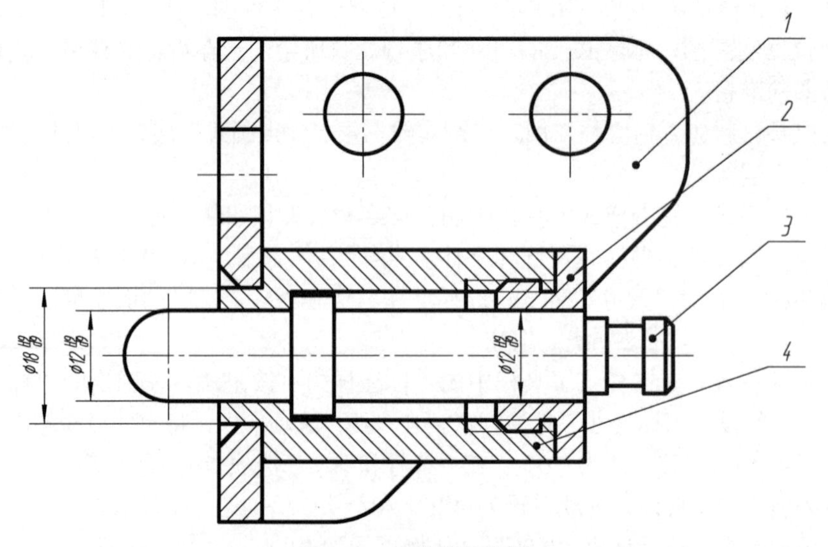

图 9-94　定位器装配图

2. 绘图步骤

（1）绘制各零件图形

因装配图上只需要各零件的部分图形，故不可盲目照抄试卷上的零件图，更不需要标注零件图上的尺寸。应参照装配图，用 1∶1 的比例，有选择地绘制拼画装配图所需的各零件图形。拼画装配图所需的各零件图形，如图 9-95 所示，实际画图时，套筒也可以不画剖面线。

绘制零件图形的方法在前面几章已详细介绍，这里不再赘述。

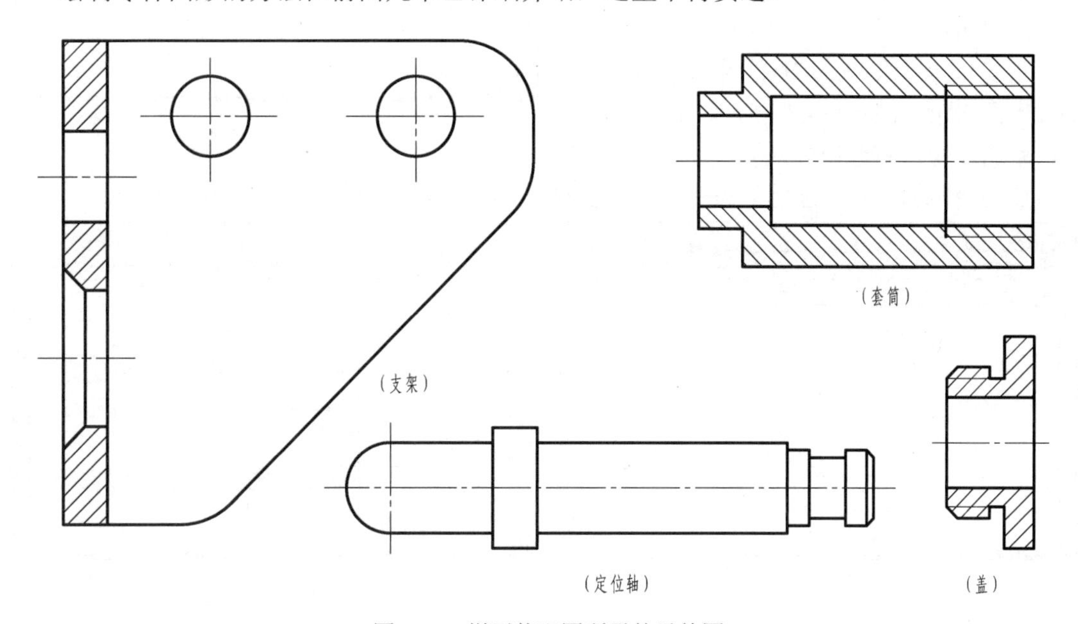

图 9-95 拼画装配图所需的零件图

（2）将各零件图形定义成块

①将套筒定义成块。左击绘图工具栏中的“创建块”按钮，在弹出的“块定义”对话框中输入块名称“04”，单击“选择对象”按钮，选取套筒图样；单击“拾取点”图示，如图 9-96 所示，捕捉套筒定位面与轴线的交点为基点，单击左键。

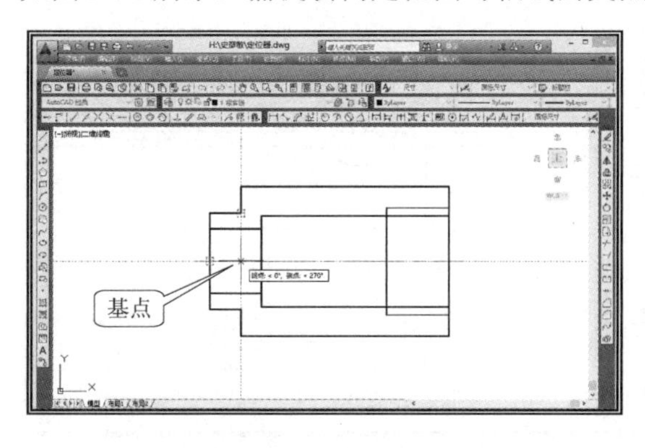

图 9-96 套筒块的基点

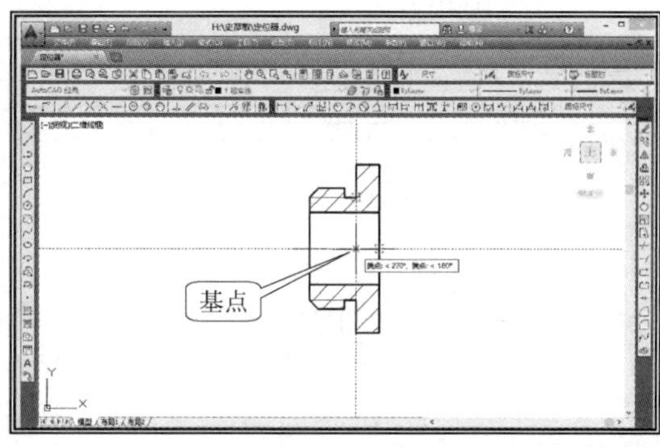

图 9-97 盖块的基点

此时的套筒图形为一个实体。

②将定位轴和盖定义成块。重复“创建块”命令，将定位轴和盖的图形定义成块，如图

9-97、图 9-98 所示。图中所指点，为对应块的基点。

（3）组合装配零件

①并入套筒。拾取套筒图形，整个套筒变虚，左击套筒块基点，套筒被“挂”在十字光标上，随光标移动。命令与数据输入区提示：

指定拉伸点或[基点(B) 复制(C) 放弃(U) 退出(X)]:（如图 9-99a 所示，捕捉交点，单击左键，将套筒并入）

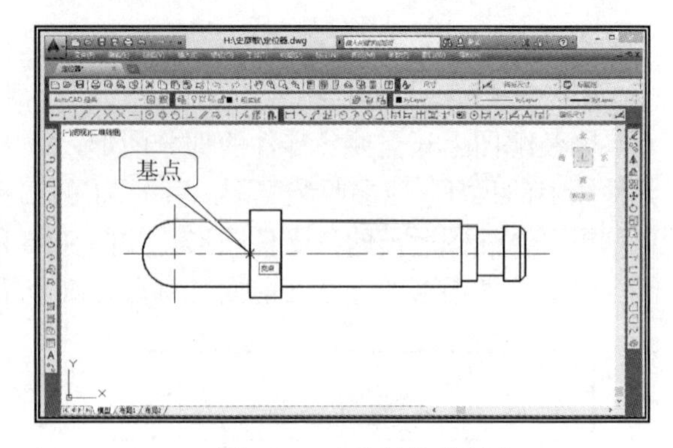

图 9-98 定位轴块的基点

启用“裁剪”和“删除”命令，去掉支架被套筒遮挡的线条，如图 9-99b 所示。

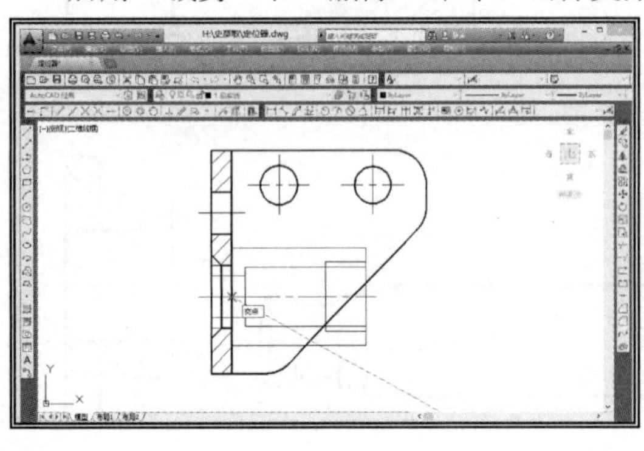

a）

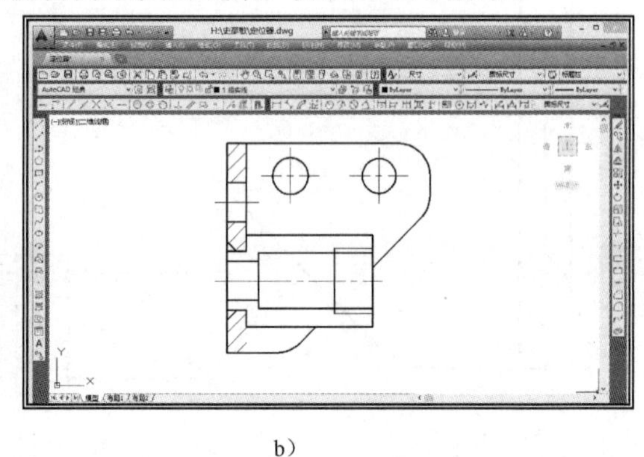

b）

图 9-99 并入套筒

②并入盖。拾取盖图形，使其变虚，单击盖块的基点，命令与数据输入区提示：

指定拉伸点或[基点(B) 复制(C) 放弃(U) 退出(X)]:（如图 9-100a 所示，捕捉交点，单击左键，将盖并入）

启用“分解”命令分解套筒块，再用“裁剪”和“删除”命令，去除所有被盖遮挡的线条，如图 9-100b 所示。

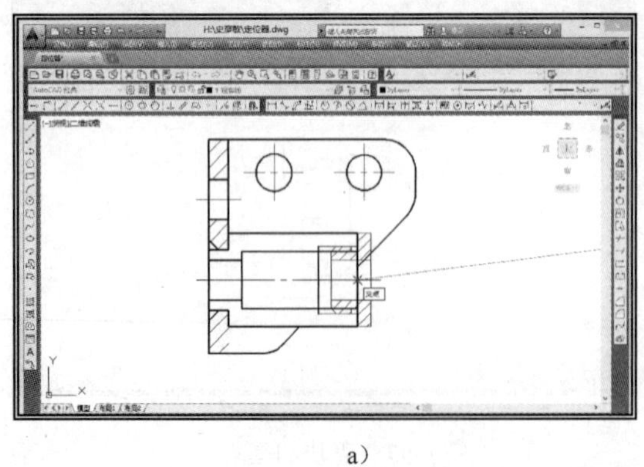

a）

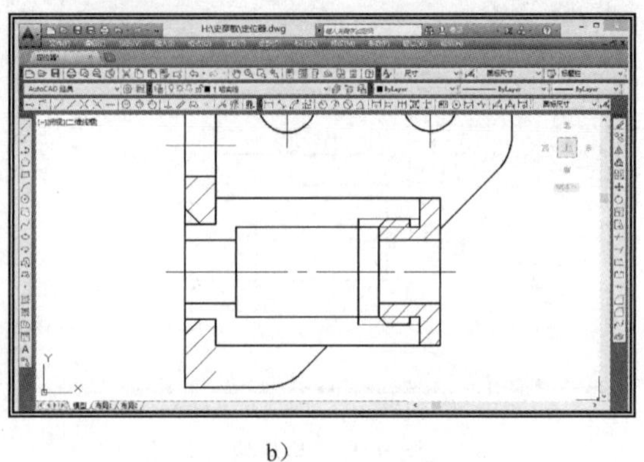

b）

图 9-100 并入盖

③并入定位轴。拾取定位轴图形，定位轴变虚，单击定位轴块的基点，定位轴随光标移

动，如图 9-101a 所示，捕捉套筒内孔阶梯面与轴线的交点，单击左键，将定位轴并入。

启用“分解”命令分解所有块，再用“裁剪”和“删除”命令，去除被遮挡的线条和重叠的点画线。最后添画套筒的剖面线，如图 9-101b 所示。

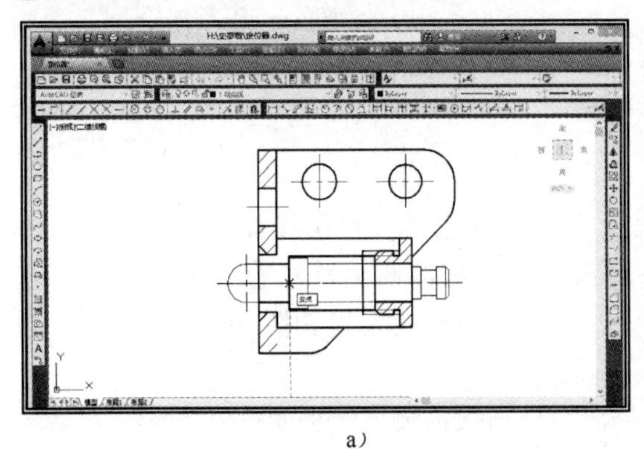
a）

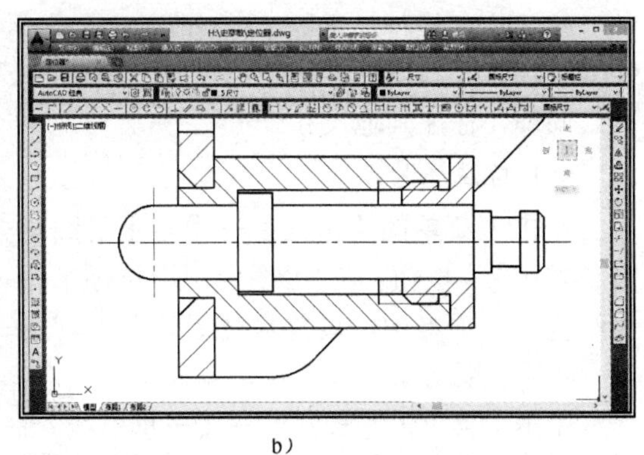
b）

图 9-101　并入定位轴

从本例可以看出，定义图块时，基点的选择要充分考虑零件拼装时的定位需要。如果图块拼装后不符合装配图的要求，需要编辑一些图素时（如图中的螺纹旋合部分、被遮挡的线条等），就要将定义好的图块先分解，然后再进行编辑修改。

（4）按比例放大图形

左击修改工具栏中的“缩放”按钮，提示：

选择对象：（选取装配图，右键确认）

指定基点：（左键在图上任指定一点）

指定比例因子或[复制(C) 参照(R)]：2↙

所选图形按 2∶1 的比例被放大。

（5）标注配合尺寸

选择“尺寸”层，左击标注工具栏中的“线性”按钮，命令与数据输入区提示：

指定第一个尺寸界线原点或<选择对象>：（左击一侧尺寸界线）

指定第二条尺寸界线原点：（左击另一侧尺寸界线）

指定尺寸线位置或[多行文字(M) 文字(T) 角度(A) 水平(H) 垂直(V) 旋转(R)]：m↙

弹出“文字格式”编辑器，如图 9-102a 所示。

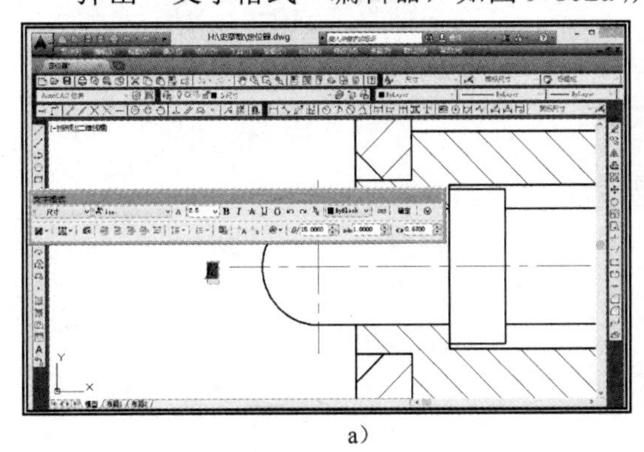
a）

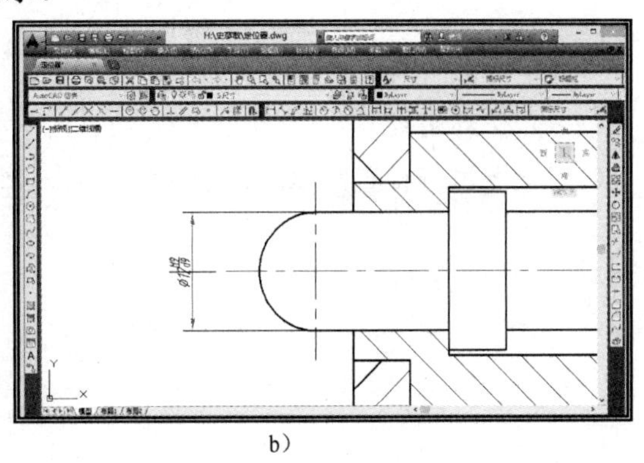
b）

图 9-102　标注配合尺寸

键盘输入“%%c12H9/d9”。

选中“H9/d9”，单击“文字格式”编辑器内的“堆叠”按钮，“H9/d9”变成$\frac{H9}{d9}$，单击确定按钮，命令与数据输入区提示：

指定尺寸线位置或[多行文字(M) 文字(T) 角度(A) 水平(H) 垂直(V) 旋转(R)]：（如图9-102b 所示，移动光标至适当位置，单击左键）

同理，标注其他尺寸。

（6）标注序号

左击主菜单的【格式】→【多重引线样式】命令，弹出“多重引线样式管理器”，单击修改(M)...按钮。在“引线格式”选项卡中，修改多重引线的箭头符号为“小点”；在“引线结构”选项卡中，设置基线距离为“4”；“内容”选项卡的设置如图 9-103a 所示，单击确定按钮。

左击主菜单的【标注】→【多重引线】命令，命令与数据输入区提示：

MLEADER 指定引线箭头的位置或[引线基线优先(L) 内容优先(C) 选项(O)]<选项>:（指定序号的引出位置）

MLEADER 指定引线基线的位置：（指定序号的标注位置，弹出“文字格式”编辑器）

如图 9-103b 所示，输入零件序号，单击确定按钮，完成序号的输入。

同理，标注其他零件序号。

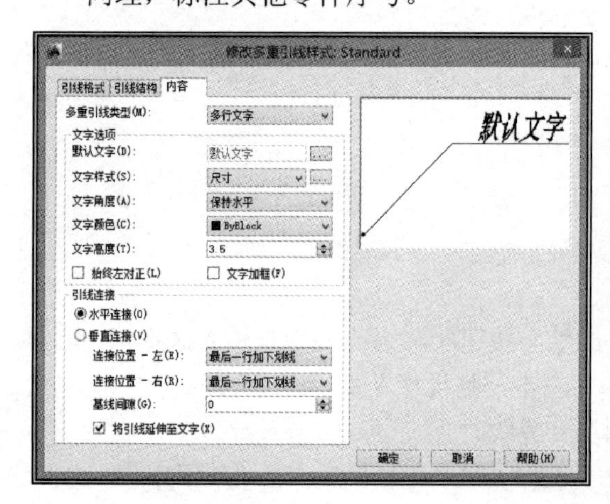

a)

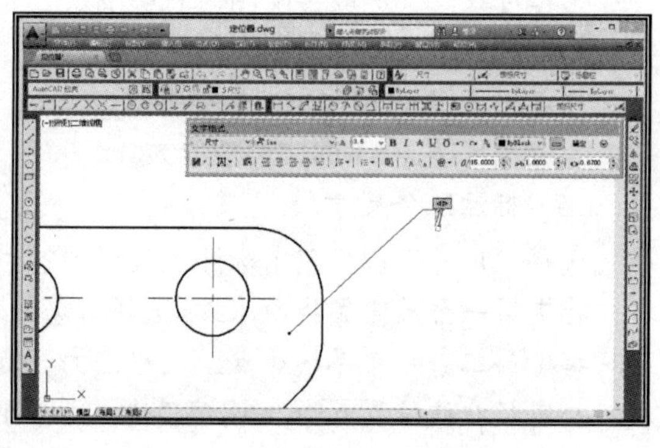

b)

图 9-103　标注零件序号

（7）保存文件

对全图进行检查和修改，确认无误后，保存文件。

附　　录

附录A　螺　　纹

表 A-1　普通螺纹直径、螺距与公差带（摘自 GB/T 193—2003、GB/T 197—2018）　（单位：mm）

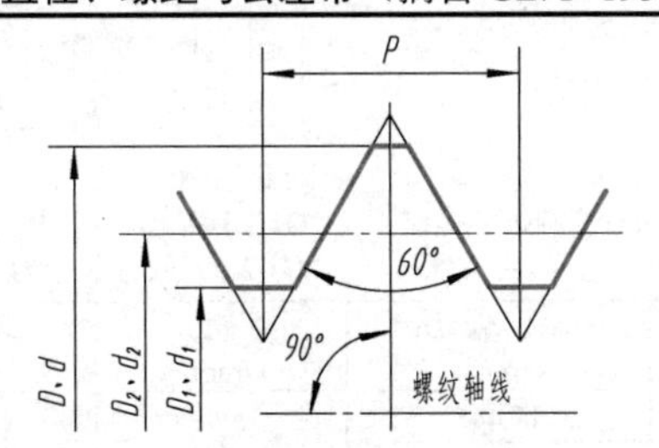

D——内螺纹大径（公称直径）
d——外螺纹大径（公称直径）
D_2——内螺纹中径
d_2——外螺纹中径
D_1——内螺纹小径
d_1——外螺纹小径
P——螺距

标记示例：

M16-6e（单线粗牙普通外螺纹、公称直径为 16mm、螺距为 2mm、中径及大径公差带均为 6e、中等旋合长度、右旋）

M20×2-6G-LH（单线细牙普通内螺纹、公称直径为 20mm、螺距为 2mm、中径及小径公差带均为 6G、中等旋合长度、左旋）

公称直径（D、d）			螺　　距（P）	
第一系列	第二系列	第三系列	粗　牙	细　　牙
4	—	—	0.7	0.5
5	—	—	0.8	
6	—	—	1	0.75
—	7	—		
8	—	—	1.25	1、0.75
10	—	—	1.5	1.25、1、0.75
12	—	—	1.75	1.25、1
—	14	—	2	1.5、1.25、1
—	—	15	—	1.5、1
16	—	—	2	
—	18	—	2.5	2、1.5、1
20	—	—		
—	22	—		
24	—	—	3	
—	—	25	—	
—	27	—	3	
30	—	—	3.5	（3）、2、1.5、1
—	33	—		（3）、2、1.5
—	—	35	—	1.5
36	—	—	4	3、2、1.5
—	39	—		

螺纹种类	精度	外螺纹的推荐公差带			内螺纹的推荐公差带		
		S	N	L	S	N	L
普通螺纹	精密	（3h4h）	（4g） *4h	（5g4g） （5h4h）	4H	5H	6H
	中等	（5g6g） （5h6h）	*6e *6f *6g 6h	（7e6e） （7g6g） （7h6h）	（5G） *5H	*6G *6H	（7G） *7H

注：1. 优先选用第一系列直径，其次选择第二系列直径，最后选择第三系列直径。尽可能地避免选用括号内的螺距。

2. 公差带优先选用顺序为：带*的公差带、一般字体公差带、括号内公差带。紧固件螺纹采用方框内的公差带。

3. 精度选用原则：精密——用于精密螺纹，中等——用于一般用途螺纹。

表 A-2　管螺纹

55°密封管螺纹(摘自 GB/T 7306.1、7306.2—2000)

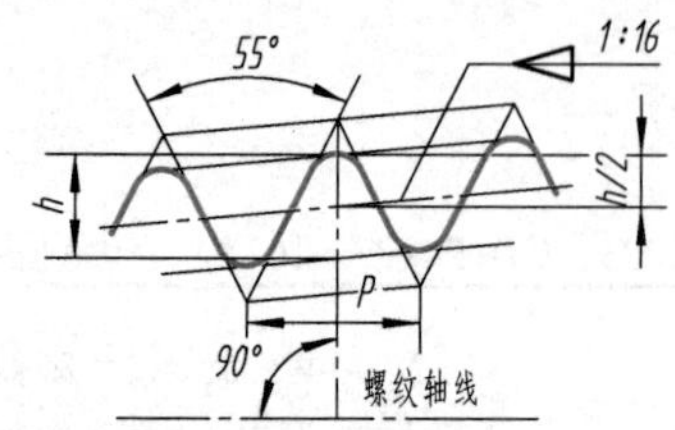

标记示例：

R_1 1/2（尺寸代号为 1/2，与圆柱内螺纹相配合的右旋圆锥外螺纹）

Rc 1/2 LH（尺寸代号为 1/2，左旋圆锥内螺纹）

55°非密封管螺纹(摘自 GB/T 7307—2001)

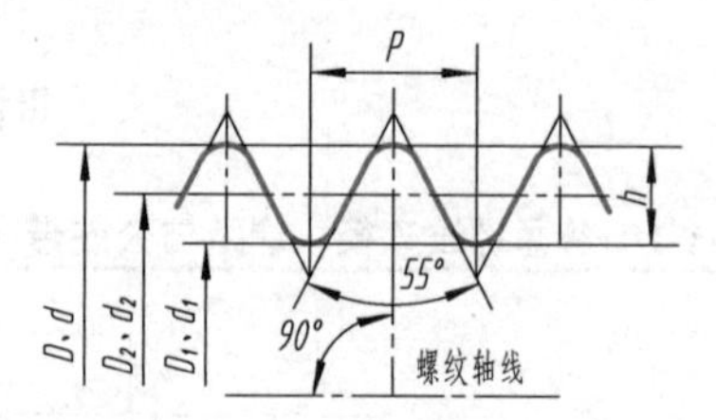

标记示例：

G1/2 LH（尺寸代号为 1/2，左旋内螺纹）

G1/2 A（尺寸代号为 1/2，A 级右旋外螺纹）

尺寸代号	大径 d、D /mm	中径 d_2、D_2 /mm	小径 d_1、D_1 /mm	螺距 P /mm	牙高 h /mm	每 25.4mm 内的牙数 n
1/4	13.157	12.301	11.445	1.337	0.856	19
3/8	16.662	15.806	14.950			
1/2	20.955	19.793	18.631	1.814	1.162	14
3/4	26.441	25.279	24.117			
1	33.249	31.770	30.291	2.309	1.479	11
1¼	41.910	40.431	38.952			
1½	47.803	46.324	44.845			
2	59.614	58.135	56.656			
2½	75.184	73.705	72.226			
3	87.884	86.405	84.926			

附录 B　常用的标准件

表 B-1　六角头螺栓　　（单位：mm）

六角头螺栓　C 级（摘自 GB/T 5780—2016）　　六角头螺栓　全螺纹　C 级（摘自 GB/T 5781—2016）

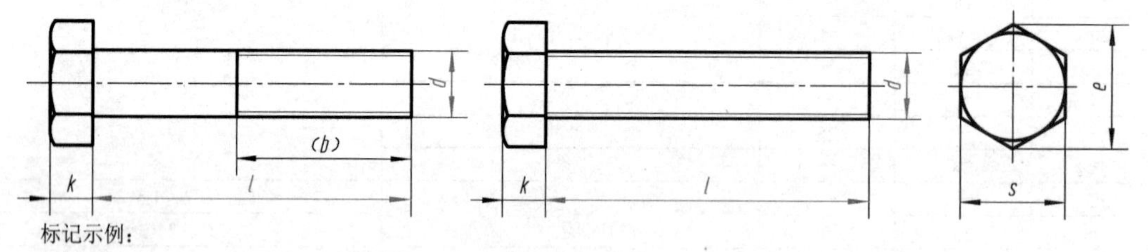

标记示例：

螺栓　GB/T 5780　M20×100（螺纹规格为 M20、公称长度 l=100mm、性能等级为 4.8 级、表面不经处理、产品等级为 C 级的六角头螺栓）

螺纹规格 d		M5	M6	M8	M10	M12	M16	M20	M24	M30	M36	M42
$b_{参考}$	$l_{公称}$≤125	16	18	22	26	30	38	46	54	66	—	—
	125＜$l_{公称}$≤200	22	24	28	32	36	44	52	60	72	84	96
	$l_{公称}$＞200	35	37	41	45	49	57	65	73	85	97	109
$k_{公称}$		3.5	4.0	5.3	6.4	7.5	10	12.5	15	18.7	22.5	26
s_{max}		8	10	13	16	18	24	30	36	46	55	65
e_{min}		8.63	10.89	14.2	17.59	19.85	26.17	32.95	39.55	50.85	60.79	71.3
$l_{范围}$	GB/T 5780	25～50	30～60	40～80	45～100	55～120	65～160	80～200	100～240	120～300	140～360	180～420
	GB/T 5781	10～50	12～60	16～80	20～100	25～120	30～160	40～200	50～240	60～300	70～360	80～420
$l_{公称}$		10、12、16、20～65（5 进位）、70～160（10 进位）、180、200、220～420（20 进位）										

表 B-2　1 型六角螺母　C 级（摘自 GB/T 41—2016）　（单位：mm）

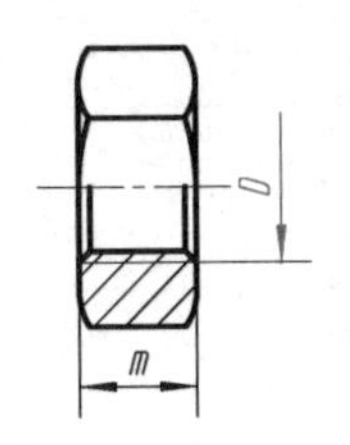

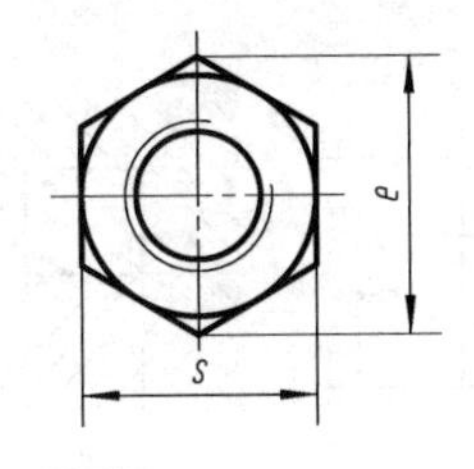

标记示例：

螺母　GB/T 41　M10

（螺纹规格为 M10、性能等级为 5 级、表面不经处理、产品等级为 C 级的 1 型六角螺母）

螺纹规格 D	M5	M6	M8	M10	M12	M16	M20	M24	M30	M36	M42	M48	M56
s_{max}	8	10	13	16	18	24	30	36	46	55	65	75	85
e_{min}	8.63	10.89	14.20	17.59	19.85	26.17	32.95	39.55	50.85	60.79	71.3	82.6	93.56
m_{max}	5.6	6.4	7.9	9.5	12.2	15.9	19	22.3	26.4	31.9	34.9	38.9	45.9

表 B-3　垫圈　（单位：mm）

平垫圈　A 级（摘自 GB/T 97.1—2002）

平垫圈　倒角型　A 级（摘自 GB/T 97.2—2002）

平垫圈　C 级（摘自 GB/T 95—2002）

标准型弹簧垫圈（摘自 GB/T 93—1987）

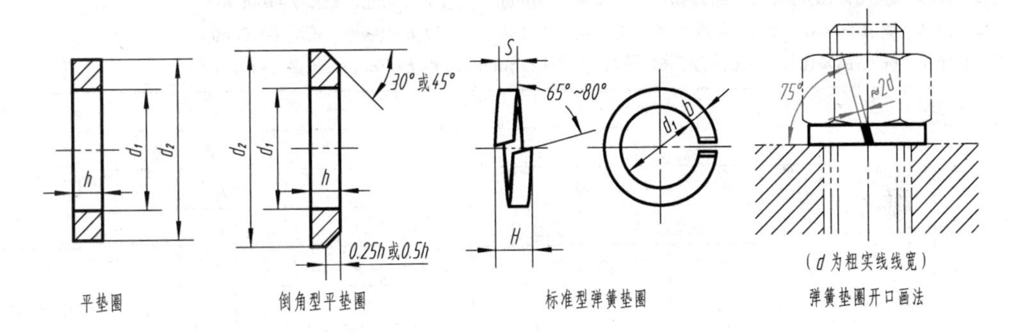

平垫圈　倒角型平垫圈　标准型弹簧垫圈　弹簧垫圈开口画法

标记示例：

垫圈　GB/T 95　8（标准系列、公称规格 8mm、硬度等级为 100HV 级、不经表面处理，产品等级为 C 级的平垫圈）

垫圈　GB/T 93　10（规格 10mm、材料为 65Mn、表面氧化的标准型弹簧垫圈）

公称尺寸 d(螺纹规格)		4	5	6	8	10	12	16	20	24	30	36	42	48
GB/T 97.1—2002（A 级）	d_1	4.3	5.3	6.4	8.4	10.5	13	17	21	25	31	37	45	52
	d_2	9	10	12	16	20	24	30	37	44	56	66	78	92
	h	0.8	1	1.6	1.6	2	2.5	3	3	4	4	5	8	8
GB/T 97.2—2002（A 级）	d_1	—	5.3	6.4	8.4	10.5	13	17	21	25	31	37	45	52
	d_2	—	10	12	16	20	24	30	37	44	56	66	78	92
	h	—	1	1.6	1.6	2	2.5	3	3	4	4	5	8	8
GB/T 95—2002（C 级）	d_1	4.5	5.5	6.6	9	11	13.5	17.5	22	26	33	39	45	52
	d_2	9	10	12	16	20	24	30	37	44	56	66	78	92
	h	0.8	1	1.6	1.6	2	2.5	3	3	4	4	5	8	8
GB/T 93—1987	d_{1min}	4.1	5.1	6.1	8.1	10.2	12.2	16.2	20.2	24.5	30.5	36.5	42.5	48.5
	$S=b$	1.1	1.3	1.6	2.1	2.6	3.1	4.1	5	6	7.5	9	10.5	12
	H_{max}	2.75	3.25	4	5.25	6.5	7.75	10.25	12.5	15	18.75	22.5	26.25	30

注：1. A 级适用于精装配系列，C 级适用于中等精度装配系列。

2. C 级垫圈没有 Ra3.2μm 和去毛刺的要求。

表 B-4　平键及键槽各部分尺寸（摘自 GB/T 1095、1096—2003）　　（单位：mm）

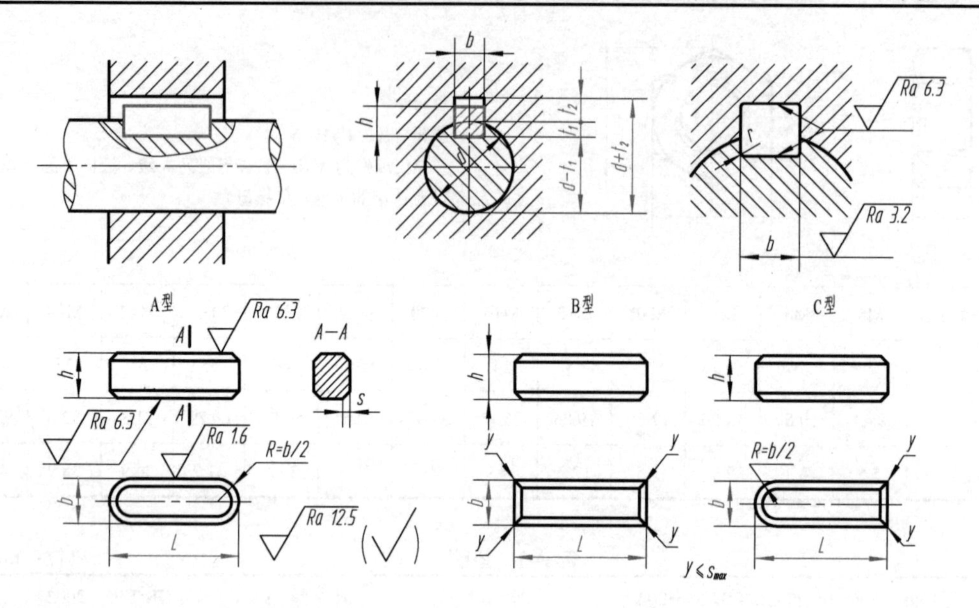

标记示例：

GB/T 1096　键 16×10×100（普通 A 型平键、宽度 b=16mm、高度 h=10mm、长度 L=100mm）

GB/T 1096　键 B 16×10×100（普通 B 型平键、宽度 b=16mm、高度 h=10mm、长度 L=100mm）

GB/T 1096　键 C 16×10×100（普通 C 型平键、宽度 b=16mm、高度 h=10mm、长度 L=100mm）

键		键槽											
键尺寸 $b\times h$	标准长度范围 L	宽度 b						深度				半径 r	
		基本尺寸 b	极限偏差					轴 t_1		毂 t_2			
			正常联结		紧密联结	松联结		基本尺寸	极限偏差	基本尺寸	极限偏差		
			轴 N9	毂 JS9	轴和毂 P9	轴 H9	毂 D10					最小	最大
4×4	8~45	4	0 −0.030	±0.015	−0.012 −0.042	+0.030 0	+0.078 +0.030	2.5	+0.1 0	1.8	+0.1 0	0.08	0.16
5×5	10~56	5						3.0		2.3		0.16	0.25
6×6	14~70	6						3.5		2.8			
8×7	18~90	8	0 −0.036	±0.018	−0.015 −0.051	+0.036 0	+0.098 +0.040	4.0	+0.2 0	3.3	+0.2 0		
10×8	22~110	10						5.0		3.3		0.25	0.40
12×8	28~140	12	0 −0.043	±0.0215	−0.018 −0.061	+0.043 0	+0.120 +0.050	5.0		3.3			
14×9	36~160	14						5.5		3.8			
16×10	45~180	16						6.0		4.3			
18×11	50~200	18						7.0		4.4			
20×12	56~220	20	0 −0.052	±0.026	−0.022 −0.074	+0.052 0	+0.149 +0.065	7.5		4.9		0.40	0.60
22×14	63~250	22						9.0		5.4			
25×14	70~280	25						9.0		5.4			
28×16	80~320	28						10		6.4			
$L_{系列}$	8~22（2 进位）、25、28、32、36、40、45、50、56、63、70~110（10 进位）、125、140~220（20 进位）、250、280、320												

表 B-5　圆柱销　不淬硬钢和奥氏体不锈钢（摘自 GB/T 119.1—2000）　（单位：mm）

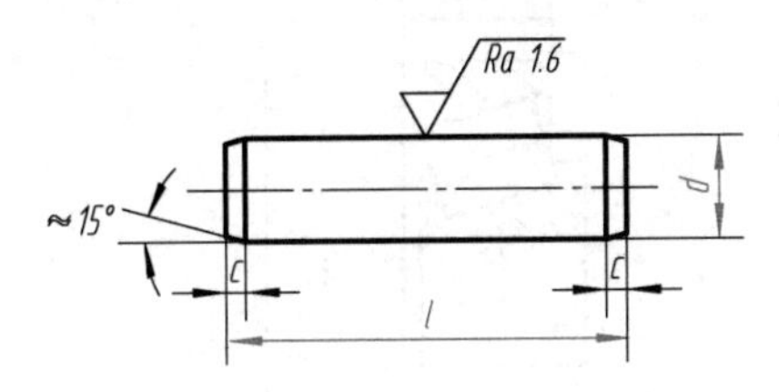

标记示例：

销　GB/T 119.1　10 m6×50（公称直径 d=10mm、公差为 m6、公称长度 l=50mm、材料为钢、不经淬火、不经表面处理的圆柱销）

销　GB/T 119.1　6 m6×30-A1（公称直径 d=6mm、公差为 m6、公称长度 l=30mm、材料为 A1 组奥氏体不锈钢、表面简单处理的圆柱销）

$d_{公称}$	2	2.5	3	4	5	6	8	10	12	16	20	25
$c\approx$	0.35	0.4	0.5	0.63	0.8	1.2	1.6	2.0	2.5	3.0	3.5	4.0
$l_{范围}$	6～20	6～24	8～30	8～40	10～50	12～60	14～80	18～95	22～140	26～180	35～200	50～200
$l_{公称}$	6～32（2 进位）、35～100（5 进位）、120～200（20 进位）（公称长度大于 200，按 20 递增）											

表 B-6　圆锥销（摘自 GB/T 117—2000）　（单位：mm）

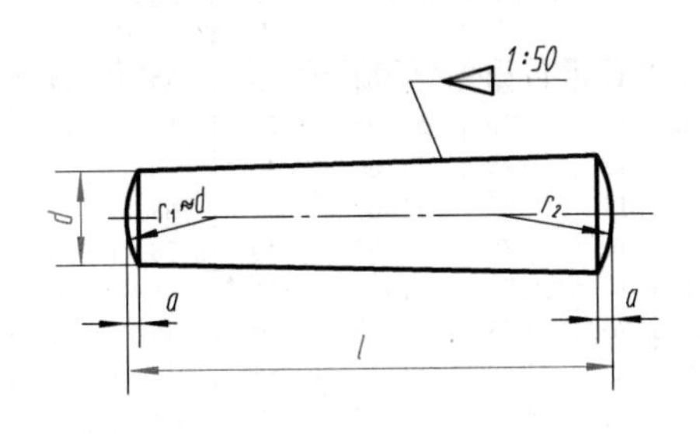

A 型（磨削）：锥面表面粗糙度 Ra=0.8μm

B 型（切削或冷镦）：锥面表面粗糙度 Ra=3.2μm

$$r_2 \approx \frac{a}{2}+d+\frac{(0.021)^2}{8a}$$

标记示例：

销　GB/T 117　6×30（公称直径 d=6mm、公称长度 l=30mm、材料为 35 钢、热处理硬度 28～38HRC、表面氧化处理的 A 型圆锥销）

$d_{公称}$	2	2.5	3	4	5	6	8	10	12	16	20	25
$a\approx$	0.25	0.3	0.4	0.5	0.63	0.8	1.0	1.2	1.6	2.0	2.5	3.0
$l_{范围}$	10～35	10～35	12～45	14～55	18～60	22～90	22～120	26～160	32～180	40～200	45～200	50～200
$l_{公称}$	10～32（2 进位）、35～100（5 进位）、120～200（20 进位）（公称长度大于 200，按 20 递增）											

表 B-7　滚动轴承

深沟球轴承（摘自 GB/T 276—2013）

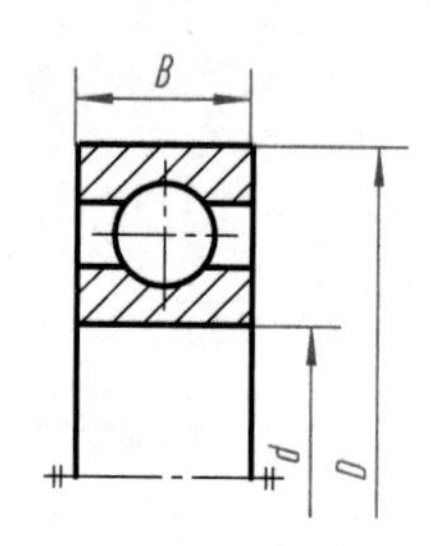

标记示例：

滚动轴承　6310　GB/T 276—2013

（深沟球轴承、内径 d=50mm、直径系列代号为 3）

轴承型号	尺寸/mm		
	d	D	B
尺寸系列〔（0）2〕			
6202	15	35	11
6203	17	40	12
6204	20	47	14
6205	25	52	15
6206	30	62	16
6207	35	72	17
6208	40	80	18
6209	45	85	19
6210	50	90	20
6211	55	100	21
6212	60	110	22
尺寸系列〔（0）3〕			
6302	15	42	13
6303	17	47	14
6304	20	52	15
6305	25	62	17
6306	30	72	19
6307	35	80	21
6308	40	90	23
6309	45	100	25
6310	50	110	27
6311	55	120	29
6312	60	130	31
尺寸系列〔（0）4〕			
6403	17	62	17
6404	20	72	19
6405	25	80	21
6406	30	90	23
6407	35	100	25
6408	40	110	27
6409	45	120	29
6410	50	130	31
6411	55	140	33
6412	60	150	35
6413	65	160	37

圆锥滚子轴承（摘自 GB/T 297—2015）

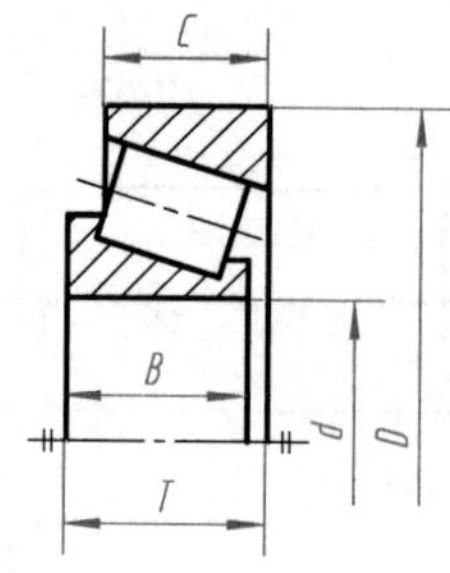

标记示例：

滚动轴承　30212　GB/T 297—2015

（圆锥滚子轴承、内径 d=60mm、宽度系列代号为 0，直径系列代号为 2）

轴承型号	尺寸/mm				
	d	D	B	C	T
尺寸系列〔02〕					
30203	17	40	12	11	13.25
30204	20	47	14	12	15.25
30205	25	52	15	13	16.25
30206	30	62	16	14	17.25
30207	35	72	17	15	18.25
30208	40	80	18	16	19.75
30209	45	85	19	16	20.75
30210	50	90	20	17	21.75
30211	55	100	21	18	22.75
30212	60	110	22	19	23.75
30213	65	120	23	20	24.75
尺寸系列〔03〕					
30302	15	42	13	11	14.25
30303	17	47	14	12	15.25
30304	20	52	15	13	16.25
30305	25	62	17	15	18.25
30306	30	72	19	16	20.75
30307	35	80	21	18	22.75
30308	40	90	23	20	25.25
30309	45	100	25	22	27.25
30310	50	110	27	23	29.25
30311	55	120	29	25	31.50
30312	60	130	31	26	33.50
尺寸系列〔13〕					
31305	25	62	17	13	18.25
31306	30	72	19	14	20.75
31307	35	80	21	15	22.75
31308	40	90	23	17	25.25
31309	45	100	25	18	27.25
31310	50	110	27	19	29.25
31311	55	120	29	21	31.50
31312	60	130	31	22	33.50
31313	65	140	33	23	36.00
31314	70	150	35	25	38.00
31315	75	160	37	26	40.00

推力球轴承（摘自 GB/T 301—2015）

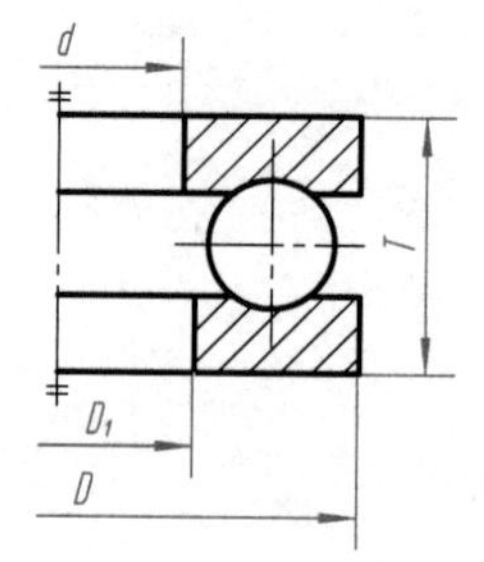

标记示例：

滚动轴承　51305　GB/T 301—2015

（推力球轴承、内径 d=25mm、高度系列代号为 1，直径系列代号为 3）

轴承型号	尺寸/mm			
	d	D	T	D_1
尺寸系列〔12〕				
51202	15	32	12	17
51203	17	35	12	19
51204	20	40	14	22
51205	25	47	15	27
51206	30	52	16	32
51207	35	62	18	37
51208	40	68	19	42
51209	45	73	20	47
51210	50	78	22	52
51211	55	90	25	57
51212	60	95	26	62
尺寸系列〔13〕				
51304	20	47	18	22
51305	25	52	18	27
51306	30	60	21	32
51307	35	68	24	37
51308	40	78	26	42
51309	45	85	28	47
51310	50	95	31	52
51311	55	105	35	57
51312	60	110	35	62
51313	65	115	36	67
51314	70	125	40	72
尺寸系列〔14〕				
51405	25	60	24	27
51406	30	70	28	32
51407	35	80	32	37
51408	40	90	36	42
51409	45	100	39	47
51410	50	110	43	52
51411	55	120	48	57
51412	60	130	51	62
51413	65	140	56	68
51414	70	150	60	73
51415	75	160	65	78

注：圆括号中的尺寸系列代号在轴承型号中省略。

附录 C　极限与配合

表 C-1　标准公差数值（摘自 GB/T 1800.1—2009）

公称尺寸/mm		标准公差等级																	
		IT1	IT2	IT3	IT4	IT5	IT6	IT7	IT8	IT9	IT10	IT11	IT12	IT13	IT14	IT15	IT16	IT17	IT18
大于	至	μm											mm						
—	3	0.8	1.2	2	3	4	6	10	14	25	40	60	0.1	0.14	0.25	0.4	0.6	1	1.4
3	6	1	1.5	2.5	4	5	8	12	18	30	48	75	0.12	0.18	0.3	0.48	0.75	1.2	1.8
6	10	1	1.5	2.5	4	6	9	15	22	36	58	90	0.15	0.22	0.36	0.58	0.9	1.5	2.2
10	18	1.2	2	3	5	8	11	18	27	43	70	110	0.18	0.27	0.43	0.7	1.1	1.8	2.7
18	30	1.5	2.5	4	6	9	13	21	33	52	84	130	0.21	0.33	0.52	0.84	1.3	2.1	3.3
30	50	1.5	2.5	4	7	11	16	25	39	62	100	160	0.25	0.39	0.62	1	1.6	2.5	3.9
50	80	2	3	5	8	13	19	30	46	74	120	190	0.3	0.46	0.74	1.2	1.9	3	4.6
80	120	2.5	4	6	10	15	22	35	54	87	140	220	0.35	0.54	0.87	1.4	2.2	3.5	5.4
120	180	3.5	5	8	12	18	25	40	63	100	160	250	0.4	0.63	1	1.6	2.5	4	6.3
180	250	4.5	7	10	14	20	29	46	72	115	185	290	0.46	0.72	1.15	1.85	2.9	4.6	7.2
250	315	6	8	12	16	23	32	52	81	130	210	320	0.52	0.81	1.3	2.1	3.2	5.2	8.1
315	400	7	9	13	18	25	36	57	89	140	230	360	0.57	0.89	1.4	2.3	3.6	5.7	8.9
400	500	8	10	15	20	27	40	63	97	155	250	400	0.63	0.97	1.55	2.5	4	6.3	9.7
500	630	9	11	16	22	32	44	70	110	175	280	440	0.7	1.1	1.75	2.8	4.4	7	11
630	800	10	13	18	25	36	50	80	125	200	320	500	0.8	1.25	2	3.2	5	8	12.5
800	1000	11	15	21	28	40	56	90	140	230	360	560	0.9	1.4	2.3	3.6	5.6	9	14
1000	1250	13	18	24	33	47	66	105	165	260	420	660	1.05	1.65	2.6	4.2	6.6	10.5	16.5
1250	1600	15	21	29	39	55	78	125	195	310	500	780	1.25	1.95	3.1	5	7.8	12.5	19.5
1600	2000	18	25	35	46	65	92	150	230	370	600	920	1.5	2.3	3.7	6	9.2	15	23
2000	2500	22	30	41	55	78	110	175	280	440	700	1100	1.75	2.8	4.4	7	11	17.5	28
2500	3150	26	36	50	68	96	135	210	330	540	860	1350	2.1	3.3	5.4	8.6	13.5	21	33

注：1．公称尺寸大于 500mm 的 IT1 至 IT5 的标准公差数值为试行的。

2．公称尺寸小于或等于 1mm 时，无 IT14 至 IT18。

表 C-2　轴的基本偏差

公称尺寸/mm		基本偏														
		上极限偏差（es）														
		所有标准公差等级												IT5和IT6	IT7	IT8
大于	至	a	b	c	cd	d	e	ef	f	fg	g	h	js	j		
—	3	-270	-140	-60	-34	-20	-14	-10	-6	-4	-2	0	偏差=±（IT_n）/2，式中 IT_n 是 IT 值数	-2	-4	-6
3	6	-270	-140	-70	-46	-30	-20	-14	-10	-6	-4	0		-2	-4	—
6	10	-280	-150	-80	-56	-40	-25	-18	-13	-8	-5	0		-2	-5	—
10	14	-290	-150	-95	—	-50	-32	—	-16	—	-6	0		-3	-6	—
14	18															
18	24	-300	-160	-110	—	-65	-40	—	-20	—	-7	0		-4	-8	—
24	30															
30	40	-310	-170	-120	—	-80	-50	—	-25	—	-9	0		-5	-10	—
40	50	-320	-180	-130												
50	65	-340	-190	-140	—	-100	-60	—	-30	—	-10	0		-7	-12	—
65	80	-360	-200	-150												
80	100	-380	-220	-170	—	-120	-72	—	-36	—	-12	0		-9	-15	—
100	120	-410	-240	-180												
120	140	-460	-260	-200	—	-145	-85	—	-43	—	-14	0		-11	-18	—
140	160	-520	-280	-210												
160	180	-580	-310	-230												
180	200	-660	-340	-240	—	-170	-100	—	-50	—	-15	0		-13	-21	—
200	225	-740	-380	-260												
225	250	-820	-420	-280												
250	280	-920	-480	-300	—	-190	-110	—	-56	—	-17	0		-16	-26	—
280	315	-1050	-540	-330												
315	355	-1200	-600	-360	—	-210	-125	—	-62	—	-18	0		-18	-28	—
355	400	-1350	-680	-400												
400	450	-1500	-760	-440	—	-230	-135	—	-68	—	-20	0		-20	-32	—
450	500	-1650	-840	-480												

注：1．公称尺寸小于或等于 1mm 时，基本偏差 a 和 b 均不采用。

2．公差带 js7 至 js11，若 IT_n 值是奇数，则取极限偏差=±（IT_{n-1}）/2。

数值（摘自 GB/T 1800.1—2009） （单位：μm）

差　　数　　值

下 极 限 偏 差（ei）

IT4至IT7	≤IT3 >IT7	所有标准公差等级													
k		m	n	p	r	s	t	u	v	x	y	z	za	zb	zc
0	0	+2	+4	+6	+10	+14	—	+18	—	+20	—	+26	+32	+40	+60
+1	0	+4	+8	+12	+15	+19	—	+23	—	+28	—	+35	+42	+50	+80
+1	0	+6	+10	+15	+19	+23	—	+28	—	+34	—	+42	+52	+67	+97
+1	0	+7	+12	+18	+23	+28	—	+33	—	+40	—	+50	+64	+90	+130
									+39	+45	—	+60	+77	+108	+150
+2	0	+8	+15	+22	+28	+35	—	+41	+47	+54	+63	+73	+98	+136	+188
							+41	+48	+55	+64	+75	+88	+118	+160	+218
+2	0	+9	+17	+26	+34	+43	+48	+60	+68	+80	+94	+112	+148	+200	+274
							+54	+70	+81	+97	+114	+136	+180	+242	+325
+2	0	+11	+20	+32	+41	+53	+66	+87	+102	+122	+144	+172	+226	+300	+405
					+43	+59	+75	+102	+120	+146	+174	+210	+274	+360	+480
+3	0	+13	+23	+37	+51	+71	+91	+124	+146	+178	+214	+258	+335	+445	+585
					+54	+79	+104	+144	+172	+210	+254	+310	+400	+525	+690
+3	0	+15	+27	+43	+63	+92	+122	+170	+202	+248	+300	+365	+470	+620	+800
					+65	+100	+134	+190	+228	+280	+340	+415	+535	+700	+900
					+68	+108	+146	+210	+252	+310	+380	+465	+600	+780	+1000
+4	0	+17	+31	+50	+77	+122	+166	+236	+284	+350	+425	+520	+670	+880	+1150
					+80	+130	+180	+258	+310	+385	+470	+575	+740	+960	+1250
					+84	+140	+196	+284	+340	+425	+520	+640	+820	+1050	+1350
+4	0	+20	+34	+56	+94	+158	+218	+315	+385	+475	+580	+710	+920	+1200	+1550
					+98	+170	+240	+350	+425	+525	+650	+790	+1000	+1300	+1700
+4	0	+21	+37	+62	+108	+190	+268	+390	+475	+590	+730	+900	+1150	+1500	+1900
					+114	+208	+294	+435	+530	+660	+820	+1000	+1300	+1650	+2100
+5	0	+23	+40	+68	+126	+232	+330	+490	+595	+740	+920	+1100	+1450	+1850	+2400
					+132	+252	+360	+540	+660	+820	+1000	+1250	+1600	+2100	+2600

表 C-3 孔的基本偏差

公称尺寸/mm		基本偏差																		
		下极限偏差（EI）																		
		所有标准公差等级												IT6	IT7	IT8	≤IT8	>IT8	≤IT8	>IT8
大于	至	A	B	C	CD	D	E	EF	F	FG	G	H	JS	J			K		M	
—	3	+270	+140	+60	+34	+20	+14	+10	+6	+4	+2	0	偏差=±（IT_n）/2，式中 IT_n 是 IT 值数	+2	+4	+6	0	0	−2	−2
3	6	+270	+140	+70	+46	+30	+20	+14	+10	+6	+4	0		+5	+6	+10	−1+Δ	—	−4+Δ	−4
6	10	+280	+150	+80	+56	+40	+25	+18	+13	+8	+5	0		+5	+8	+12	−1+Δ	—	−6+Δ	−6
10	14	+290	+150	+95	—	+50	+32	—	+16	—	+6	0		+6	+10	+15	−1+Δ	—	−7+Δ	−7
14	18																			
18	24	+300	+160	+110	—	+65	+40	—	+20	—	+7	0		+8	+12	+20	−2+Δ	—	−8+Δ	−8
24	30																			
30	40	+310	+170	+120	—	+80	+50	—	+25	—	+9	0		+10	+14	+24	−2+Δ	—	−9+Δ	−9
40	50	+320	+180	+130																
50	65	+340	+190	+140	—	+100	+60	—	+30	—	+10	0		+13	+18	+28	−2+Δ	—	−11+Δ	−11
65	80	+360	+200	+150																
80	100	+380	+220	+170	—	+120	+72	—	+36	—	+12	0		+16	+22	+34	−3+Δ	—	−13+Δ	−13
100	120	+410	+240	+180																
120	140	+460	+260	+200	—	+145	+85	—	+43	—	+14	0		+18	+26	+41	−3+Δ	—	−15+Δ	−15
140	160	+520	+280	+210																
160	180	+580	+310	+230																
180	200	+660	+340	+240	—	+170	+100	—	+50	—	+15	0		+22	+30	+47	−4+Δ	—	−17+Δ	−17
200	225	+740	+380	+260																
225	250	+820	+420	+280																
250	280	+920	+480	+300	—	+190	+110	—	+56	—	+17	0		+25	+36	+55	−4+Δ	—	−20+Δ	−20
280	315	+1050	+540	+330																
315	355	+1200	+600	+360	—	+210	+125	—	+62	—	+18	0		+29	+39	+60	−4+Δ	—	−21+Δ	−21
355	400	+1350	+680	+400																
400	450	+1500	+760	+440	—	+230	+135	—	+68	—	+20	0		+33	+43	+66	−5+Δ	—	−23+Δ	−23
450	500	+1650	+840	+480																

注：1．公称尺寸小于或等于 1mm 时，基本偏差 A 和 B 及大于 IT8 的 N 均不采用。

2．公差带 JS7 至 JS11，若 IT_n 值数是奇数，则取极限偏差=± （IT_{n-1}）/2。

3．对小于或等于 IT8 的 K、M、N 和小于或等于 IT7 的 P 至 ZC，所需Δ值从表内右侧选取。例如：18～30mm 段的

4．特殊情况：250～315mm 段的 M6，ES=−9μm（代替−11μm）。

数值（摘自 GB/T 1800.1—2009） （单位：μm）

差数值															Δ值					
上极限偏差（ES）																				
≤IT8	>IT8	≤IT7	标准公差等级大于IT7												标准公差等级					
N		P至ZC	P	R	S	T	U	V	X	Y	Z	ZA	ZB	ZC	IT3	IT4	IT5	IT6	IT7	IT8
-4	-4	在大于IT7的相应数值上增加一个Δ值	-6	-10	-14	—	-18	—	-20	—	-26	-32	-40	-60	0	0	0	0	0	0
-8+Δ	0		-12	-15	-19	—	-23	—	-28	—	-35	-42	-50	-80	1	1.5	1	3	4	6
-10+Δ	0		-15	-19	-23	—	-28	—	-34	—	-42	-52	-67	-97	1	1.5	2	3	6	7
-12+Δ	0		-18	-23	-28	—	-33	—	-40	—	-50	-64	-90	-130	1	2	3	3	7	9
								-39	-45	—	-60	-77	-108	-150						
-15+Δ	0		-22	-28	-35	—	-41	-47	-54	-63	-73	-98	-136	-188	1.5	2	3	4	8	12
						-41	-48	-55	-64	-75	-88	-118	-160	-218						
-17+Δ	0		-26	-34	-43	-48	-60	-68	-80	-94	-112	-148	-200	-274	1.5	3	4	5	9	14
						-54	-70	-81	-97	-114	-136	-180	-242	-325						
-20+Δ	0		-32	-41	-53	-66	-87	-102	-122	-144	-172	-226	-300	-405	2	3	5	6	11	16
				-43	-59	-75	-102	-120	-146	-174	-210	-274	-360	-480						
-23+Δ	0		-37	-51	-71	-91	-124	-146	-178	-214	-258	-335	-445	-585	2	4	5	7	13	19
				-54	-79	-104	-144	-172	-210	-254	-310	-400	-525	-690						
-27+Δ	0		-43	-63	-92	-122	-170	-202	-248	-300	-365	-470	-620	-800	3	4	6	7	15	23
				-65	-100	-134	-190	-228	-280	-340	-415	-535	-700	-900						
				-68	-108	-146	-210	-252	-310	-380	-465	-600	-780	-1000						
-31+Δ	0		-50	-77	-122	-166	-236	-284	-350	-425	-520	-670	-880	-1150	3	4	6	9	17	26
				-80	-130	-180	-258	-310	-385	-470	-575	-740	-960	-1250						
				-84	-140	-196	-284	-340	-425	-520	-640	-820	-1050	-1350						
-34+Δ	0		-56	-94	-158	-218	-315	-385	-475	-580	-710	-920	-1200	-1550	4	4	7	9	20	29
				-98	-170	-240	-350	-425	-525	-650	-790	-1000	-1300	-1700						
-37+Δ	0		-62	-108	-190	-268	-390	-475	-590	-730	-900	-1150	-1500	-1900	4	5	7	11	21	32
				-114	-208	-294	-435	-530	-660	-820	-1000	-1300	-1650	-2100						
-40+Δ	0		-68	-126	-232	-330	-490	-595	-740	-920	-1100	-1450	-1850	-2400	5	5	7	13	23	34
				-132	-252	-360	-540	-660	-820	-1000	-1250	-1600	-2100	-2600						

Δ=8μm，所以 ES=（-2+8）μm=+6μm；18～30mm 段的 S6：Δ=4μm，所以 ES=（-35+4）μm=-31μm。

表 C-4　优先选用的轴的公差带（摘自 GB/T 1800.2—2009）　（单位：μm）

代号		c	d	f	g	h				k	n	p	s	u
公称尺寸/mm		公差等级												
大于	至	11	9	7	6	6	7	9	11	6	6	6	6	6
—	3	-60 -120	-20 -45	-6 -16	-2 -8	0 -6	0 -10	0 -25	0 -60	+6 0	+10 +4	+12 +6	+20 +14	+24 +18
3	6	-70 -145	-30 -60	-10 -22	-4 -12	0 -8	0 -12	0 -30	0 -75	+9 +1	+16 +8	+20 +12	+27 +19	+31 +23
6	10	-80 -170	-40 -76	-13 -28	-5 -14	0 -9	0 -15	0 -36	0 -90	+10 +1	+19 +10	+24 +15	+32 +23	+37 +28
10	14	-95 -205	-50 -93	-16 -34	-6 -17	0 -11	0 -18	0 -43	0 -110	+12 +1	+23 +12	+29 +18	+39 +28	+44 +33
14	18													
18	24	-110 -240	-65 -117	-20 -41	-7 -20	0 -13	0 -21	0 -52	0 -130	+15 +2	+28 +15	+35 +22	+48 +35	+54 +41
24	30													+61 +48
30	40	-120 -280	-80 -142	-25 -50	-9 -25	0 -16	0 -25	0 -62	0 -160	+18 +2	+33 +17	+42 +26	+59 +43	+76 +60
40	50	-130 -290												+86 +70
50	65	-140 -330	-100 -174	-30 -60	-10 -29	0 -19	0 -30	0 -74	0 -190	+21 +2	+39 +20	+51 +32	+72 +53	+106 +87
65	80	-150 -340											+78 +59	+121 +102
80	100	-170 -390	-120 -207	-36 -71	-12 -34	0 -22	0 -35	0 -87	0 -220	+25 +3	+45 +23	+59 +37	+93 +71	+146 +124
100	120	-180 -400											+101 +79	+166 +144
120	140	-200 -450	-145 -245	-43 -83	-14 -39	0 -25	0 -40	0 -100	0 -250	+28 +3	+52 +27	+68 +43	+117 +92	+195 +170
140	160	-210 -460											+125 +100	+215 +190
160	180	-230 -480											+133 +108	+235 +210
180	200	-240 -530	-170 -285	-50 -96	-15 -44	0 -29	0 -46	0 -115	0 -290	+33 +4	+60 +31	+79 +50	+151 +122	+265 +236
200	225	-260 -550											+159 +130	+287 +258
225	250	-280 -570											+169 +140	+313 +284
250	280	-300 -620	-190 -320	-56 -108	-17 -49	0 -32	0 -52	0 -130	0 -320	+36 +4	+66 +34	+88 +56	+190 +158	+347 +315
280	315	-330 -650											+202 +170	+382 +350
315	355	-360 -720	-210 -350	-62 -119	-18 -54	0 -36	0 -57	0 -140	0 -360	+40 +4	+73 +37	+98 +62	+226 +190	+426 +390
355	400	-400 -760											+244 +208	+471 +435
400	450	-440 -840	-230 -385	-68 -131	-20 -60	0 -40	0 -63	0 -155	0 -400	+45 +5	+80 +40	+108 +68	+272 +232	+530 +490
450	500	-480 -880											+292 +252	+580 +540

表 C-5　优先选用的孔的公差带（摘自 GB/T 1800.2—2009）　　（单位：μm）

代号		C	D	F	G	H				K	N	P	S	U
公称尺寸/mm		公差等级												
大于	至	11	9	8	7	7	8	9	11	7	7	7	7	7
—	3	+120 +60	+45 +20	+20 +6	+12 +2	+10 0	+14 0	+25 0	+60 0	0 −10	−4 −14	−6 −16	−14 −24	−18 −28
3	6	+145 +70	+60 +30	+28 +10	+16 +4	+12 0	+18 0	+30 0	+75 0	+3 −9	−4 −16	−8 −20	−15 −27	−19 −31
6	10	+170 +80	+76 +40	+35 +13	+20 +5	+15 0	+22 0	+36 0	+90 0	+5 −10	−4 −19	−9 −24	−17 −32	−22 −37
10	14	+205 +95	+93 +50	+43 +16	+24 +6	+18 0	+27 0	+43 0	+110 0	+6 −12	−5 −23	−11 −29	−21 −39	−26 −44
14	18													
18	24	+240 +110	+117 +65	+53 +20	+28 +7	+21 0	+33 0	+52 0	+130 0	+6 −15	−7 −28	−14 −35	−27 −48	−33 −54
24	30													−40 −61
30	40	+280 +120	+142 +80	+64 +25	+34 +9	+25 0	+39 0	+62 0	+160 0	+7 −18	−8 −33	−17 −42	−34 −59	−51 −76
40	50	+290 +130												−61 −86
50	65	+330 +140	+174 +100	+76 +30	+40 +10	+30 0	+46 0	+74 0	+190 0	+9 −21	−9 −39	−21 −51	−42 −72	−76 −106
65	80	+340 +150											−48 −78	−91 −121
80	100	+390 +170	+207 +120	+90 +36	+47 +12	+35 0	+54 0	+87 0	+220 0	+10 −25	−10 −45	−24 −59	−58 −93	−111 −146
100	120	+400 +180											−66 −101	−131 −166
120	140	+450 +200	+245 +145	+106 +43	+54 +14	+40 0	+63 0	+100 0	+250 0	+12 −28	−12 −52	−28 −68	−77 −117	−155 −195
140	160	+460 +210											−85 −125	−175 −215
160	180	+480 +230											−93 −133	−195 −235
180	200	+530 +240	+285 +170	+122 +50	+61 +15	+46 0	+72 0	+115 0	+290 0	+13 −33	−14 −60	−33 −79	−105 −151	−219 −265
200	225	+550 +260											−113 −159	−241 −287
225	250	+570 +280											−123 −169	−267 −313
250	280	+620 +300	+320 +190	+137 +56	+69 +17	+52 0	+81 0	+130 0	+320 0	+16 −36	−14 −66	−36 −88	−138 −190	−295 −347
280	315	+650 +330											−150 −202	−330 −382
315	355	+720 +360	+350 +210	+151 +62	+75 +18	+57 0	+89 0	+140 0	+360 0	+17 −40	−16 −73	−41 −98	−169 −226	−369 −426
355	400	+760 +400											−187 −244	−414 −471
400	450	+840 +440	+385 +230	+165 +68	+83 +20	+63 0	+97 0	+155 0	+400 0	+18 −45	−17 −80	−45 −108	−209 −272	−467 −530
450	500	+880 +480											−229 −292	−517 −580

参 考 文 献

[1] 机械设计手册编委会. 机械设计手册 [M]. 3版. 北京：机械工业出版社，2009.
[2] 叶玉驹，焦永和，张彤. 机械制图手册 [M]. 5版. 北京：机械工业出版社，2012.
[3] 胡建生. 机械制图（少学时）[M]. 3版. 北京：机械工业出版社，2017.
[4] 胡建生，等. AutoCAD绘图实训教程（2006中文版）[M]. 北京：机械工业出版社，2007.
[5] 胡建生. 工程制图与AutoCAD [M]. 北京：机械工业出版社，2017.

郑 重 声 明